U0150260

多面体硅倍半氧烷阻燃聚合物材料

张文超 杨荣杰 著

科学出版社

北京

内容简介

本书以多面体硅倍半氧烷(POSS)阻燃聚合物材料为研究对象,以作者研究的 POSS 化合物阻燃改性不同聚合物材料为主要内容,并对国内外同行的相关研究内容进行系统和深入的总结与阐述,对 POSS 阻燃聚合物材料的优势、不足以及未来发展趋势进行了详细说明。介绍了包括反应性和非反应性的 40 余种 POSS 化合物在聚烯烃、聚酯、纤维素、聚氨酯、聚碳酸酯及其合金、聚乳酸、环氧树脂、聚酰亚胺、乙烯基酯树脂、橡胶、酚醛树脂、芳炔树脂等 20 余种聚合物材料中的阻燃应用,对 POSS 阻燃聚合物材料的制备方法、性能变化规律、作用机理等进行详细阐述和分析,并结合作者的研究经验,提出相关材料领域重点问题的解决方案和途径。

本书可供从事高分子材料阻燃行业、阻燃剂开发与应用行业相关研究者、技术人员,以及广大高分子材料相关的科技工作者阅读参考。

图书在版编目(CIP)数据

多面体硅倍半氧烷阻燃聚合物材料/张文超,杨荣杰著. —北京:科学出版社,2020.3

ISBN 978-7-03-061739-2

Ⅰ. ①多… Ⅱ. ①张… ②杨… Ⅲ. ①阻燃剂-聚合物-复合材料-研究 Ⅳ. ①TQ569

中国版本图书馆 CIP 数据核字(2019)第 122279 号

责任编辑:周巧龙/责任校对:杜子昂
责任印制:肖 兴/封面设计:铭轩堂

科学出版社 出版
北京东黄城根北街 16 号
邮政编码:100717
http://www.sciencep.com

北京通州皇家印刷厂 印刷
科学出版社发行 各地新华书店经销
*
2020 年 3 月第 一 版 开本:720×1000 1/16
2020 年 3 月第一次印刷 印张:25 1/2
字数:513 000
定价:150.00 元
(如有印装质量问题,我社负责调换)

前　言

　　现代高分子材料广泛应用于我们生活的方方面面。但是，由于多数高分子材料都具有较高的火灾危险性，阻燃性已经成为大多数高分子材料应用的必要条件。在高分子材料的阻燃技术途径中，除了传统阻燃剂以外，纳米结构的引入是提高其阻燃性能的一种非常有效的方式。

　　多面体硅倍半氧烷(polyhedral oligomeric silsesquioxane, POSS)作为一种具有纳米结构的有机-无机杂化材料，已越来越引起研究者的关注。这归因于 POSS 化合物中 Si—O—Si 结构具有很好的热稳定性和热氧稳定性，以及有机基团广泛的可调节性。POSS 结构的尺寸一般在 1～3 nm，可以被认为是最小的硅氧粒子，将 POSS 纳米粒子结合到聚合物材料中，可以显著提高聚合物/POSS 纳米复合材料阻燃性能、耐烧蚀性能、耐热性能、抗氧化性、力学性能和加工性能等，在航空航天、军用舰船、电子电器等诸多领域中具有重要应用价值，被称为新一代高性能聚合物杂化材料。

　　本书聚焦于 POSS 阻燃聚合物材料，以作者对多种 POSS 化合物阻燃不同聚合物材料的研究成果为主要内容，并对国内外同行的相关研究进行了系统的总结。书中囊括了反应性和非反应性的 40 余种 POSS 化合物在聚烯烃、聚酯、纤维素、聚氨酯、聚碳酸酯及其合金、聚乳酸、环氧树脂、聚酰亚胺、乙烯基酯树脂、橡胶、酚醛树脂、芳炔树脂等 20 余种聚合物材料中的阻燃应用，对 POSS 阻燃聚合物材料的制备方法、性能变化规律、作用机理等均进行了详细阐述和分析。本书的著述，何吉宇、李向梅、李定华、李紫千、吴义维、王小霞、范海波、蒋云芸、贾琳、李腊梅、张伟伟等分别对相关研究内容做出了重要贡献。

　　期许这本 POSS 化合物阻燃聚合物材料的专著，能够为我国从事高分子材料、POSS 化合物的研究与应用的科技工作者提供有益的参考与启示，对发展我国先进的聚合物/POSS 复合材料发挥积极的推动作用。

作　者

2019 年 12 月

目 录

第1章 概 述

现在高分子材料几乎应用在我们生活的方方面面,但是,多数高分子材料都具有较高的火灾危险性,使其应用受到限制,目前,阻燃性已经成为大多数高分子材料应用的必要条件。因此,降低高分子材料的燃烧趋势和热释放成了很多研究者的工作目标。对于高分子材料而言,含卤有机化合物是非常有效的阻燃剂[1]。但是随着人们环保意识的增强,一些卤系阻燃剂由于在环境中和人体内的长期毒性问题已经被禁用,还有更多的卤系阻燃剂正在接受毒性评估[2],这使阻燃剂无卤化、环保化的呼声越来越高。环保的无机阻燃剂应用于高分子材料所需的添加量太大,会严重影响材料的物理性能。磷系阻燃剂作为一种无卤阻燃剂已获得快速发展,但大多数磷系阻燃剂在发挥阻燃作用的同时,还具有增塑剂的作用,使高分子材料玻璃化转变温度、热变形温度等热性能降低[3]。此外,在很多其他材料领域,含磷物质对环境影响的问题也已经引起人们的关注[2]。

随着纳米技术的发展和日趋成熟,在聚合物材料中添加纳米粒子成为提高材料阻燃性能的一种非常有效的方式。在聚合物材料中添加纳米粒子不但可以提高材料的阻燃性能,而且可以保持甚至提高材料的物理性能。因此,聚合物纳米复合材料领域近年来引起了聚合物科学家和工程师的极大关注。

多面体硅倍半氧烷 (polyhedral oligomeric silsesquioxane, POSS)作为一种有机-无机杂化材料越来越引起研究者的注意,因为 POSS 化合物结构本身就具有很好的耐热性能和热氧稳定性[4]。POSS 化合物在使聚合物材料获得良好阻燃性能的同时,还可以使材料保持优异的物理性能,甚至获得更佳的物理性能。因此,在材料应用领域表现出了巨大的应用潜力[5-7]。研究表明,POSS 化合物对聚合物的阻燃性能可以产生巨大的影响,它既可以作为独立的阻燃剂使用,还可以作为协同阻燃剂在重要的阻燃材料中或现有的阻燃剂体系中发挥作用[8-10]。目前,由于 POSS 化合物的价格明显高于其他商业无卤阻燃剂,因而它作为阻燃剂并没有大规模的商业化应用,但是,POSS 化合物对聚合物阻燃性能、热稳定性和耐烧蚀性能等的显著改善作用为将来 POSS 化合物的商业化应用提供了巨大的市场潜力。

1.1　硅倍半氧烷化合物合成

　　硅倍半氧烷是有机-无机杂化材料，一般是通过三卤基或三烷氧基的硅烷水解缩合反应制备而成的。如图 1-1 所示，它们呈现无规结构、梯形结构、完整的笼形结构或者缺角笼形结构[11, 12]。近年来，在阻燃材料研究领域，POSS 是最受人关注的硅倍半氧烷类阻燃剂[13, 14]。POSS 的分子通式是 $(RSiO_{1.5})_n$，如图 1-2 所示，其中 R 可以是氢原子，也可以是有机官能团。而且，这些有机官能团可以被设计成反应性有机官能团和非反应性有机官能团。POSS 本身具有纳米结构，笼形尺寸一般在 1～3 nm，可以被认为是最小的硅氧粒子。但是，它又不像二氧化硅，因为 POSS 分子的外部含有有机取代基团，这些有机取代基团可以增加 POSS 分子与聚合物、生物系统或界面的相容性[15, 16]。研究表明，在复合材料中添加 POSS 粒子可以改善材料的物理性能，同时降低材料的可燃性和热释放[4]。

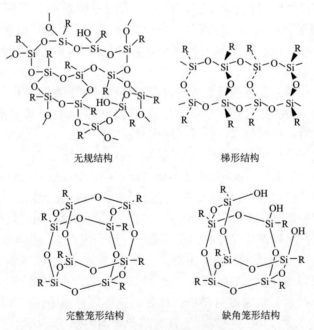

无规结构　　　　　　　　梯形结构

完整笼形结构　　　　　　　缺角笼形结构

图 1-1　硅倍半氧烷的结构类型[12]

　　在 20 世纪早期，Meads 等[17]发现硅酸的缩合反应可以产生一种非常复杂的倍半硅氧烷混合物。直到 1946 年，POSS 才被 Scott[18]等在研究甲基三氯硅烷和二甲基二氯硅烷共聚物的热解产物时分离成功。1998 年，Lichtenhan 博士和他的团队将 POSS® 科技带出美国空军研究实验室并成立 Hybrid Plastics® 公司[19]，从而开始了将 POSS 从小规模的研究开发向商品化转变的过程。经过数十年的发展，POSS 分子的合成方法多种多样，但大致可以分为三大类型。

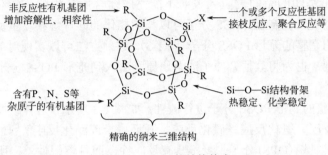

图 1-2　POSS 的结构特点

(1)直接缩合反应：通过三烷氧基硅烷或三卤硅烷($RSiX_3$)的直接缩合反应制备分子通式为$(RSiO_{1.5})_n$的 POSS 分子，其中 n 可以是 4、6、8、10 或 12 等[4]。如图 1-3 所示，R 基团一般为氢原子、甲基、乙基、异丙基、丁基、异戊基、己基、环己基、苯基以及其他取代苯基等[15, 16, 20, 21]。用这种方法合成的 POSS 分子，其中 R 基团多为小的基团，因为大的或者刚性的有机基团空间位阻较大，使缩合反应很难进行完全。另外，通过水解缩合带有不同有机基团的硅烷分子，可以合成带有不同有机基团的 POSS 分子[16]。如果水解缩合反应进行得不完全，还可以制备缺角的笼形 POSS 分子。

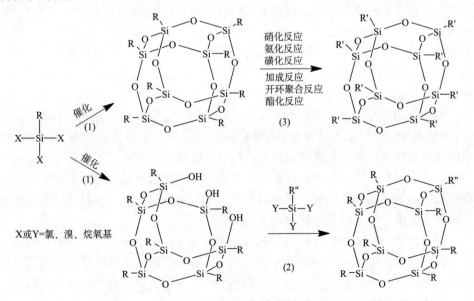

R, R', R''=甲基、乙基、乙烯基、正丁基、异丁基、苯基、氨丙基、氨丙基氨乙基，等等

图 1-3　POSS 分子的合成方法

(2)缺角笼形 POSS 分子的封角反应：通过调整合成条件，研究者可以得到缺角的笼形 POSS 分子。特别是缺一角的笼形三硅醇 POSS 分子，这种分子通常是由于有机基团的空间位阻太大而不能完成缩合所产生的，如环戊基和环己基[22-24]。这种笼形三硅醇 POSS 分子可以与功能化的硅烷继续发生反应，从而获得单官能团的完整的笼形 POSS 分子(图 1-3)。这种方法可以实现对 POSS 分子结构的精确控制，也为将其他杂原子或金属原子引入到笼形 POSS 分子中提供了一种途径[25-27]。

(3)对完整的笼形 POSS 分子进行改性：如图 1-3 所示，这种改性可以是加成反应、硝化反应、氨化反应、磺化反应、开环聚合或酯化反应等[5]。例如，笼形八苯基硅倍半氧烷(OPS)分子本身不具有反应性，而且溶解性差，所以通常与聚合物的相容性较差。但是改性的 OPS 分子则具有很好的溶解性，而且热稳定性并没有受到破坏。对 OPS 的改性通常包括硝化反应、氨化反应和磺化反应等。OPS 改性之后更加容易纯化和应用[28–30]。

1.2 聚合物/POSS 复合材料制备

POSS 纳米粒子可以降低高填充树脂的黏度，因为 POSS 纳米粒子可以与树脂中的填料表面形成很强的作用，并打破原有填充粒子之间的相互作用，从而提高树脂的物理性能和表面光洁度[31]。不像碳纳米管、纳米黏土等填料，POSS 分子的外面带有有机取代基团，这些有机取代基团可以提高 POSS 与聚合物分子之间的相容性[5]。研究者发现，以纳米尺寸分散在聚合物中的 POSS 分子，可以增加聚合物的强度、模量、硬度，并且降低聚合物的可燃性，减少热释放，同时还能保持聚合物的低密度和柔韧性等特点[32–34]。正是由于这些优点，聚合物/POSS 纳米复合材料的应用领域才得以不断扩大[4]。

与传统阻燃剂相比，限制 POSS 大规模应用的主要不足是 POSS 本身昂贵的价格，这是由于其合成方法复杂、耗时长、产率低、某些原料价格高等。目前 POSS 已经在军事领域、航空航天领域以及一些高性能材料领域获得了小规模的应用。另外，纳米材料作为阻燃剂的商业化应用在整个阻燃剂市场中还处于起步阶段，存在着巨大的产品创新空间，因此有关聚合物/POSS 纳米复合材料阻燃性能的研究吸引了大批工业界以及科研领域人员的关注。

聚合物/POSS 纳米复合材料的制备方法主要取决于 POSS 分子和聚合物分子的结构。POSS 分子在聚合物中的分散情况对聚合物/POSS 纳米复合材料的阻燃性能和物理性能至关重要[13]。目前，将 POSS 分子引入到聚合物基材中主要通过两种方法，即化学反应方法和物理混合方法。

在化学反应方法中，POSS 分子可以通过接枝反应或者聚合反应与聚合物之间形成共价键。例如，含有异氰酸酯基团的单官能度的 POSS 分子可以通过与带有羟基的聚合物反应形成聚苯乙烯/POSS 纳米复合材料(图 1-4)、聚乙烯/POSS 纳米复合材料或者聚甲基丙烯酸甲酯/POSS 纳米复合材料[6, 35, 36]。含有甲基丙烯酸基团的单官能度的 POSS 分子可以通过接枝反应获得聚甲基丙烯酸甲酯/POSS 纳米复合材料[37, 38]。含有环氧基团或者氨基的单官能度的 POSS 分子可以作为固化剂或反应单体直接参与环氧树脂、聚酰亚胺、聚氨酯等聚合物交联反应[7, 39, 40]。更多的通过化学反应方法制备聚合物/POSS 纳米复合材料的实例可以参考 Kuo 等和 Fina 等的综述文章[12, 22]。一些在 POSS 与聚合物发生化学反应所用到的催化剂还能与 POSS 分子在阻燃聚合物时出现协同效应[41]。

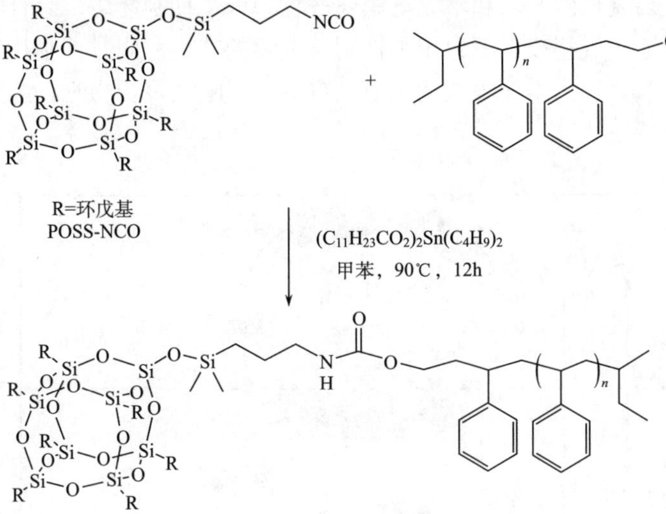

R=环戊基
POSS-NCO

$(C_{11}H_{23}CO_2)_2Sn(C_4H_9)_2$
甲苯，90℃，12h

图 1-4　聚苯乙烯/POSS 纳米复合材料的制备方法[35]

　　在物理混合方法中，POSS 纳米粒子可以通过熔融共混溶剂浇铸的办法与聚合物进行混合。与化学反应方法相比，物理混合方法有加工成本低廉，加工速度快和使用范围广等诸多特点。像双螺杆挤出机等标准的热塑性聚合物加工设备也适合加工热塑性聚合物/POSS 纳米复合材料[22]。对于热固性聚合物材料而言，POSS 可以在控温条件下通过机械搅拌分散到单体或者单体溶液中，而后通过固化反应制得热固性聚合物/POSS 纳米复合材料[42]。无论是热塑性还是热固性聚合物材料，POSS 在聚合物中的最终分散情况是影响材料性能的关键因素。虽然目前通过化学反应方法或者物理复合方法几乎可以将 POSS 纳米粒子添加到所有的聚合物材料当中，但是控制聚合物/POSS 纳米复合材料的结构和性质仍然存在巨大挑战。

1.3 聚合物材料阻燃实验方法

1.3.1 聚合物材料阻燃基本原理

当聚合物产生的可挥发性降解产物与空气的混合物达到可燃极限，而且温度达到引燃温度时，聚合物就可以燃烧。燃烧过程可以分为引燃、火焰扩散、轰燃和熄灭四个阶段。维持燃烧的三个基本因素是热量、可燃物和氧气。如图 1-5 所示，当火源或者燃烧产生的热量持续加热聚合物表面时，能够使聚合物产生挥发性热解产物(包括可燃性气相产物和不燃性气相产物)。气相分解产物在有氧条件下燃烧将产生二氧化碳、水和不完全燃烧产物。为了抑制燃烧，聚合物中添加的阻燃剂应该能够在气相或者凝聚相中抑制可燃物的产生，同时抑制热量和氧气向未燃烧区域扩散。作为本书关注的重点，POSS 在阻燃聚合物时，主要在凝聚相发挥作用。

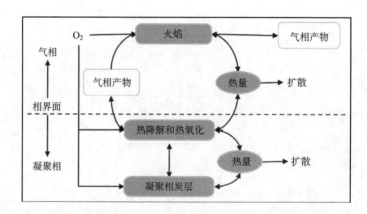

图 1-5 聚合物燃烧原理图

在气相中，大部分可供燃烧的挥发性物质是 RH、R·、H·和·OH 自由基，这些自由基是通过如反应式(1-1)~(1-4)所示的自由基链式反应产生的。

链引发：$RH \longrightarrow RH·$ 或 $RH \longrightarrow R· + H·$ （1-1）

链生长：$R· + O_2 \longrightarrow ROO·$；$RH + ROO· \longrightarrow ROOH + R·$ （1-2）

$ROOH \longrightarrow RO· + ·OH$；$2ROOH \longrightarrow ROO· + RO· + H_2O$ （1-3）

链终止：$2R· \longrightarrow R—$；$R· + ·OH \longrightarrow ROH$；

$2RO· \longrightarrow ROOR$；$2ROO· \longrightarrow ROOR + O_2$ （1-4）

因此气相阻燃机理的主要作用就是清除高活性自由基，从而达到在气相中抑制燃烧及火焰传播的目的。以气相阻燃机理著称的阻燃剂是卤系阻燃剂，例如，含氯或含溴阻燃剂。卤系阻燃剂在热解过程中会产生含卤自由基 X· 和 HX，它们可以与聚合物分解过程中产生的自由基结合而生成活性较低的自由基[1]。除了卤系阻燃剂以外，磷系阻燃剂也具有一定的自由基清除作用[43]。磷系阻燃剂在热分解过程中会产生 PO· 自由基和 HPO·，它们可以与 H· 和 ·OH 自由基发生反应，从而达到清除活性自由基的目的。除了自由基清除原理，气相阻燃机理还包括一些在气相中的物理作用。如氢氧化铝和氢氧化镁等无机阻燃剂可以在燃烧分解过程中释放大量水蒸气，这些水蒸气可以在气相中稀释可燃性分解产物和氧气的浓度，从而达到阻燃的目的[44-46]。另外，卤系阻燃剂在分解过程中可以产生像 HCl 和 HBr 这样不燃的高密度气体，它们甚至可以覆盖那些小分子的可燃性挥发产物从而达到中断火焰的目的[1]。根据以上对气相阻燃机理的描述，可燃性挥发产物是气相阻燃机理达到阻燃目的的直接作用目标。

凝聚相阻燃机理的主要作用形式则是提高燃烧时聚合物表面炭层的数量和质量，这个过程受很多因素影响，因此比较复杂。聚合物表面的炭层可以像一层屏障一样抑制可燃性挥发产物从聚合物分解区域扩散到燃烧区域，同时，炭层可以隔绝热和氧气对未分解的聚合物基材的进一步破坏[47-49]。另外，添加量大的无机氢氧化物可以起到降低可燃性聚合物比例的作用，而且，这些无机氢氧化物在分解以及释放水蒸气的过程中会吸收大量的热，从而对热分解区域起到冷却的作用[50]。如图 1-6 所示，切断气相与凝聚相之间热量、可燃物质、氧气的转移和传播是凝聚相阻燃机理的关键。但实际的阻燃过程是各种作用综合的过程。一种阻燃剂在气相和凝聚相的阻燃行为是很难简单地独立存在的。例如膨胀阻燃机理，它是一种被人们广泛接受的阻燃机理，通过阻燃剂体系的分解、膨胀和成炭过程

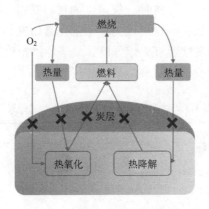

图 1-6　炭层阻隔作用示意图

形成蜂窝状膨胀炭层，这种炭层可以很好地隔绝热量、氧气以及可燃性挥发产物的传播和扩散[51]。膨胀阻燃机理是典型的凝聚相阻燃机理。但是，如果没有气相产物的配合，膨胀炭层是很难形成的。而且，炭层空腔中的气体比凝聚相炭层能够更有效地隔绝热量传播。本书作者[52,53]提出了一种称为吹熄作用的熄灭现象，这一熄灭现象也被认为是由刚性的炭层和快速释放的热解产物配合产生的。

1.3.2 聚合物材料阻燃性能实验方法

极限氧指数(LOI)测试、UL-94 水平或垂直燃烧测试，以及锥形量热仪测试是表征聚合物阻燃性能应用最为广泛的测试方法。极限氧指数测试是用来评价材料可燃性的一种方法。极限氧指数是指维持竖直放置的样品持续燃烧 3 min 或者火焰在样品上传播 5 cm 时的氧气/氮气混合气体的最低氧气浓度[54]，该值越高，一般认为样品阻燃性越高。因为空气中氧气的浓度为21%，材料的极限氧指数低于 21%的称为可燃材料，而极限氧指数高于 21%的称为可自熄材料。根据样品种类及形状的不同，极限氧指数的测试标准有很多种，例如 ASTM D2863、ISO 4589、DIN 4102-B2 或 NF T51-071[55]。

UL-94 水平或垂直燃烧实验是测试材料可燃性和防火安全性最为常见的方法。其测试标准包括 ASTM D635、ASTM D635-77、ASTM D3801、IEC 60695-11-10、IEC 60707 或 ISO 1210 等[56]。在 UL-94 水平燃烧测试过程中，主要依靠火焰传播速率来评价燃烧等级。最常用的评判 UL-94 HB 级的标准是，样品厚度小于 3 mm，火焰传播速度则要小于或等于 75 mm/min。在 UL-94 垂直燃烧测试中，样品垂直放置，并由标准火焰点燃，根据样品两次点燃后到熄灭的时间，两次总的燃烧时间以及样品燃烧过程中是否存在熔滴现象来评价样品的垂直燃烧等级，包括 V-0、V-1、V-2 级和无级别。样品达到 UL-94 垂直燃烧 V-0、V-1 或 V-2 级的具体标准见表 1-1[56]。这种分级可以为材料获得工业许可进而商业化应用提供指导作用。另外，这种测试可以为科研工作者研究材料的燃烧行为提供很多有用的信息，包括可以观察燃烧火焰强度、火焰传播长度、火焰传播速度、熔融/滴落速度、失重比例以及样品燃烧后的炭层形貌等[57, 58]。Wang 等[58]设计了一种

表 1-1 材料的 UL-94 垂直燃烧测试分级[56]

标准条件	V-0	V-1	V-2
每个样品的余焰时间	≤10 s	≤30 s	≤30 s
任何一组 5 个样品的总余焰时间	≤50 s	≤250 s	≤250 s
在第二次施加火焰后，每个样品的余焰加余辉时间	≤30 s	≤60 s	≤60 s
样品的余焰或余辉是否烧至夹持夹	否	否	否
火焰颗粒或滴落物是否点燃脱脂棉	否	否	是

实验装置，可以实时记录样品在 UL-94 垂直燃烧测试过程中样品的质量。如图 1-7
所示，这套装置主要包括本生灯、电子分析天平、计算机和一台摄影机。UL-94 垂
直燃烧测试是一种在特定条件下定性评价样品燃烧行为的方法。因此，该方法不适
合对大尺寸材料进行防火安全评价，但可以用来观察被测材料对点燃的耐受情况。

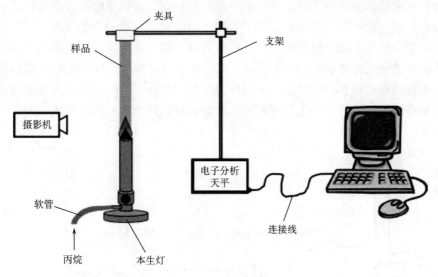

图 1-7　改进的 UL-94 垂直燃烧测试装置示意图[58]

　　锥形量热仪(CONE)测试是评价聚合物阻燃性能的重要方法。锥形量热仪是
一种根据氧耗原理设计的测定材料燃烧放热的仪器。所谓氧耗原理是指，物质完
全燃烧时每消耗单位质量的氧气会产生基本上相同的热量，即氧耗燃烧热(E)基
本相同。这一原理由 Thornton 在 1918 年发现，1980 年 Huggett 应用氧耗原理对
常用易燃聚合物及天然材料进行了系统计算，得到了氧耗燃烧热(E)的平均值为
13.1 kJ/g，材料间的 E 值偏差为 5%。所以，在实际测试中，测定出燃烧体系中氧
气的变化，就可换算出材料的燃烧放热[59]。

　　锥形量热仪测试过程中，聚合物材料在设定的热辐照功率(一般是 25～
110 kW/m²)下进行燃烧，气相产物经过一个排风系统进行收集和分析。锥形量热
仪测试的标准包括 ASTM 1356-90、ASTM E1354、ASTM E1474 和 ISO 5660 等，
它可以给出很多项标准材料燃烧性质的参数，如热释放速率(heat release rate,
HRR)、热释放速率峰值(peak of heat release rate, p-HRR)、点燃时间(time to
ignition, TTI)、总热释放(total heat released, THR)、质量损失速率(mass loss rate,
MLR)、比消光面积(specific extinction area, SEA)、总烟释放(total smoke release,
TSR)、有效燃烧热(effective heat of combustion, EHC)、CO 产量(CO yield, COY)
和 CO₂ 产量(CO₂ yield, CO₂Y)等[60]。另外，很多研究者还通过计算获得火增长速

率(fire growth rate, FIGRA)和耐火性能指数(fire performance index, FPI)两个重要的衍生参数[61, 62]。FIGRA 是以热释放速率峰值与达到热释放速率峰值时间的比值计算得出的，此值越低意味着材料阻燃性越好。而 FPI 是以点燃时间与热释放速率峰值的比值计算得出的，此值越大意味着材料的阻燃性越好。热释放速率是评价材料火灾危害的关键参数，可用来评价材料燃烧时火焰强度、火焰增长速率，以及释放烟气和有毒气体的情况[63, 64]。除了以上的常规实验参数，为了能够进一步研究聚合物降解或燃烧的机理，一些研究者在锥形量热仪测试的基础上添加了一些附件或辅助设备。如图 1-8 所示，傅里叶变换红外光谱(FTIR)可以用来连续分析和检测锥形量热仪测试过程中所释放的气相产物[65]。另外，如图 1-9 所示，凝聚相温度测试系统也用来研究在锥形量热仪测试过程中材料的点燃机理[66]。

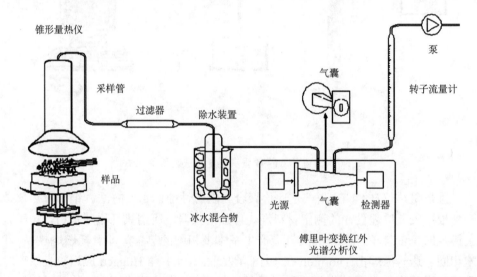

图 1-8　锥形量热仪测试过程中的傅里叶变换红外光谱气体分析系统[65]

1.3.3　阻燃机理的研究方法

1.3.3.1　气相产物研究方法

热重分析仪是用来分析在程序升温过程中样品质量随时间或温度变化情况的仪器。热重分析可以对非常小量的样品进行分析，定量描述材料的热稳定性以及不同时间或温度下的残渣质量。热重分析可以在氮气、氦气、氩气、空气或纯氧气气氛下对材料进行分析，因此可以对材料在惰性气氛中的热降解行为以及有氧气氛中的热氧化分解情况进行研究。热重分析的升温程序可以根据实验需求自

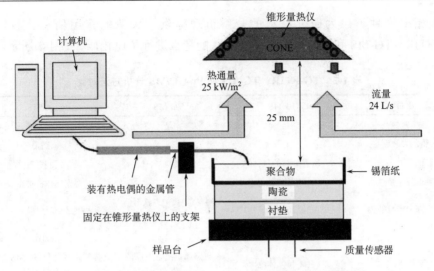

图 1-9　锥形量热仪测试过程中的温度测试装置[66]

行设定，一般分为等温热重分析和非等温热重分析。等温热重分析是通过快速升温的方法将样品加热到设定温度，并将此温度保持实验所需要的时间。而最常见的非等温热重分析是以特定的升温速率将样品温度升到实验设定温度[55]。因为热重分析有多种气氛选择，以及多种升温程序和升温速率，所以热重分析可以用来模拟和研究样品在不同条件下的分解过程。

如果将傅里叶变换红外光谱(FTIR)或者质谱(MS)仪与热重分析仪联合使用(TG-FTIR 或 TG-MS)，那么这些联用设备不但可以给出样品质量随温度变化情况，同时还可以给出不同温度下气相分解产物的红外分析谱图或质谱图[67, 68]。因此，TG-FTIR 或 TG-MS 是分析材料的热分解机理非常重要的测试手段。TG-MS 是一种高灵敏度和高分辨率的分析方法，可以对材料气相分解产物中浓度很低的气体种类进行分析。而 TG-FTIR 则可以对样品整个热分解过程中气相产物的有机官能团进行分析[69]。热分解气体的气相色谱与质谱联用分析(Py-GC/MS)是另外一种重要的气相产物分析方法。这种方法具有测试简单、快速、灵敏和重复性好等特点。Py-GC/MS 可以对样品分解过程中所产生的气体产物的相对组成进行分析[70]。如图 1-10 所示，Fan 等[68]就采用 TG-FTIR 和 TG-MS 分析方法对笼形八苯基硅倍半氧烷、笼形八硝基苯基低聚硅倍半氧烷和笼形八氨基苯基低聚硅倍半氧烷的分解机理进行研究。而本书作者[53]则通过等温条件下的 TG-FTIR 分析发现环氧树脂的分解过程和分解产物种类与分解温度有着非常密切的关系，利用这种分析手段很好地解释了一种环氧树脂的阻燃机理。另外，本书作者[52]还采用 TG-FTIR 和 Py-GC/MS 分析了不同磷系阻燃剂结构对环氧树脂分解过程的影响。TG-FTIR、TG-MS 和 Py-GC/MS 分析方法通过识别不同温度、时间、加速速率下的气相产物种类，为研究材料的分解机理提供了大量的有用信息。我们对 TG-FTIR、TG-MS 和 Py-GC/MS 分析方法的特点进行了比较，如表 1-2 所示。

表 1-2 TG-FTIR、TG-MS 和 Py-GC/MS 分析方法对比

项目	TG-FTIR	TG-MS	Py-GC/MS
实时性	是	是	否
检测灵敏度	一般	高	非常高
测量对象	所有分解的气体	部分裂解气体	部分裂解气体
识别低分子量能力	好(IR 惰性气体除外)	好	根据气体柱类型
识别高分子量能力	是(在最高位置识别)	困难(电离的二次分辨率限制)	是(高精度)
载气	无限制	无限制	无限制
连接方式	气路和气体池	气路和电离室中保持真空	气体裂解装置和 GC/MS 注入装置

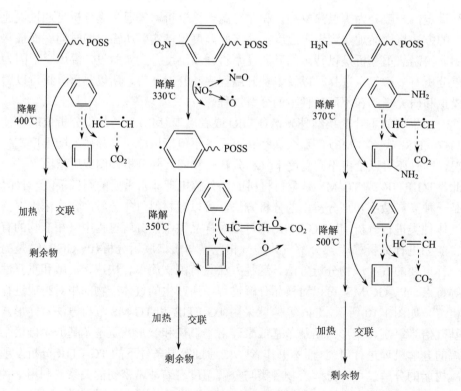

图 1-10 笼形八苯基硅倍半氧烷、笼形八硝基苯基低聚硅倍半氧烷和笼形八氨基苯基低聚硅倍半氧烷的分解机理[68]

微型燃烧量热仪(microscale combustion calorimeter, MCC)也被称作热解气体燃烧热流量计(pyrolysis combustion flow calorimeter, PCFC),可以测量固体材料在惰性气氛中高温分解的气相产物燃烧时所放出的热量。如图 1-11 所示,样品分解产生的可燃气体与氧气混合,并在高温下燃烧。燃烧所释放的热量是通过其消耗的氧气量计算而来的[71]。MCC 测试方法是将燃烧过程中的气相和凝聚相形成过程在非燃烧的实验条件下重现出来,并使它们在可控条件下焖烧,从而了解材料的燃烧性质。由于没有火焰,因此 MCC 测试结果不受样品尺寸和样品方向等外在因素影响,也不受滴落或膨胀等物理因素影响[72]。样品的气相分解产物先与氧气混合,然后再进入燃烧区域进行完全氧化。水蒸气将从燃烧产物的气流中被去除掉,氧气消耗量和气流量将由实验仪器给出。该测试中的热释放速率(HRR)是根据耗氧量计算而来的,单位是 W/g,而总热释放(THR)是通过积分热释放速率曲线得出的,单位是 kJ/g[73]。因此,MCC 测试可被认为是一种气相产物燃烧测试方法。由于 MCC 测试方法需要的样品量较少,通常只有 0.5~50 mg,但它却能给出热释放速率和总热释放等重要的测试数据,所以越来越多的研究工作者采用该方法来研究材料的阻燃性质[71, 72, 74]。

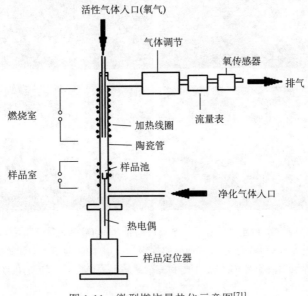

图 1-11　微型燃烧量热仪示意图[71]

1.3.3.2　凝聚相产物与微观结构研究方法

凝聚相表征方法的焦点是如何研究凝聚相的变化情况,研究对象包括热分解、氧化分解或者燃烧过程中特定时间的凝聚相产物。这种凝聚相产物一般是复杂的物质，具有不同的物理结构、化学组成和力学性质。凝聚相的分析对于研究材料的阻燃机理非常重要，尤其是对研究聚合物/POSS 纳米复合材料中阻燃剂的阻燃机理来说，因为目前研究者普遍认为 POSS 主要是在凝聚相发挥阻燃作用。

　　炭层的形貌千变万化，所以研究者通常采用显微手段来观察炭层的微观形貌，主要的显微手段包括光学显微镜、扫描电子显微镜(SEM)和透射电子显微镜(TEM)。而通过显微手段研究炭层形貌主要分为两种方法，包括以原位观察的形式研究炭层形成过程中的形貌变化，以及对事先准备好的炭层样品进行微观形貌分析[75]。研究者通常对炭层外部形貌和内部微观结构进行分析，研究形貌与材料阻燃性能之间的关系。Camino 等[76]曾经报道过不同炭层形貌可以很好地解释由不同膨胀阻燃体系阻燃聚丙烯所导致的不同阻燃性质。另外，如图 1-12 所示，凝聚相的纤维分析对研究织物阻燃机理也非常重要，因为显微分析手段可以给出很多织物燃烧后纤维炭层的详细信息[77]。

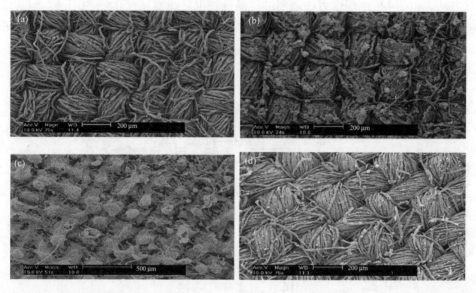

图 1-12　不同阻燃棉织物 LOI 测试炭层的 SEM 照片[77]。(a)为磷酸三丁酯(TBP)处理后的棉织物；(b)为磷酸三丁酯和尿素(UR)处理后的棉织物；(c)为磷酸三丁酯和碳酸胍(GC)处理后的棉织物；(d)为磷酸三丁酯和三聚氰胺甲醛(MF)处理后的棉织物

　　红外光谱和拉曼光谱可以用来研究炭层的化学结构，因此对于研究者来说非常重要。傅里叶变换红外光谱配合多种炭层样品制备方法，可以为凝聚相研究提供很多有价值的信息。目前，研究者通常会分析样品在热分解过程中不同温度下的凝聚相化学结构[78]，或者燃烧过程中不同时间点的凝聚相产物化学结构[79]。用这种分析方法可以很容易地跟踪脂肪族官能团断裂以及稠环芳烃结构形成过程。

另外，只需要得到样品燃烧或热分解过程中不同时间、不同位置的凝聚相样品，就可以通过这种方法很好地跟踪含 Si、P、S 或 N 基团的分解及迁移过程[80]。傅里叶变换红外光谱分析对研究聚合物在 25～600℃温度范围内的样品十分有效，但对分析含有石墨结构的凝聚相则不那么有效，而拉曼光谱则正好可以分析这种炭层的化学结构[81, 82]。石墨具有 12 个标准振动模式，其中 4 个是在拉曼光谱中。跟踪炭层结构的石墨化进程，通常要关注 1580～1600 cm^{-1} 和 1350～1380 cm^{-1} 两处拉曼光谱峰的变化。在 1580～1600 cm^{-1} 处的峰是 G 峰，被认为是对应石墨结构的峰，另一个在 1350～1380 cm^{-1} 处的峰是 D 峰，被认为是对应缺陷的峰，其相对强度表征非石墨化边界的多少，亦即无序化度。两峰的半峰宽反映材料中碳结构的完整性，碳结构的无序化度将使两峰的半峰宽都增大，而且 G 峰比 D 峰更加敏感。两峰的积分强度比率 $R=I_D/I_G$，R 被认为是评价石墨化度的较好参数，R 的倒数 R^{-1} 与网平面上微晶的平均尺寸或无缺陷区域成正比关系[75, 82]。

核磁共振光谱(NMR)分析可以进一步给出残炭的化学结构分析结果。由于残炭是不溶物质，所以一般只能采用固体核磁技术来表征炭层的化学结构。例如，用 ^{13}C-NMR 固体核磁技术分析残炭，最典型的应用是研究残炭中脂肪族结构的消失和芳香结构的形成过程[83, 84]。除了 ^{13}C-NMR 以外，越来越多的研究者采用 ^{31}P-NMR、^{29}Si-NMR、^{27}Al-NMR、^{16}B-NMR 或 ^{15}N-NMR 等固体核磁技术来获得阻燃材料凝聚相中的阻燃元素位置、价态以及相对浓度信息的变化情况，并根据这些结果来分析不同的阻燃机理[84-86]。

X 射线光电子能谱(X-ray photoelectron spectroscopy, XPS)是用 X 射线去辐照样品，使原子或分子的内层电子或价电子受激发射出来。被光子激发出来的电子称为光电子，可以测量光电子的能量，以光电子的动能为横坐标，相对强度(脉冲/s)为纵坐标绘制出光电子能谱图，从而获得待测物组成。XPS 主要应用是测定电子的结合能来实现对表面元素的定性分析，包括价态。XPS 因对化学分析最有用，因此被称为化学分析用电子能谱(electron spectroscopy for chemical analysis, ESCA)[75]。Wang 和 Hao 等就曾报道过阻燃聚合物热分解过程中的成炭与交联过程可以通过准原位 XPS 分析方法进行详细研究[48, 87]。例如，C1s 光谱随时间变化的曲线可以为研究材料分解及成炭过程提供很多重要信息：①通过分析 C1s 曲线的相对强度研究聚合物体系的交联程度变化或碳元素的聚集情况；②通过确定石墨化温度和特殊等离子体损失来确定聚合物成炭的起始点[88]。由于不受样品颜色的影响，也不受无定形的炭层结构所影响，XPS 相比 FTIR 和 NMR 具有一定的优势。

X 射线衍射(XRD)分析在炭层研究中有两个主要应用[89, 90]：一是研究复杂炭层中的不含碳的结晶产物，这些结晶产物可能是由阻燃剂或添加剂在燃烧过程中形成的；二是分析含碳相。在利用 XRD 分析真实炭层的时候，无定形碳使 XRD

分析出现像气体散射一样的谱图,而密度高的坚硬的不完全石墨化的碳则使 XRD 分析出现类似于四面体结构的谱图[75]。

炭层的强度是由它的化学结构和物理结构共同决定的,也是影响聚合物材料最终阻燃性能的一个重要因素。如图 1-13 所示,研究者通过改造应力流变仪设计了一套装置专门用来测试聚合物燃烧后炭层的强度[91, 92]。利用这一方法研究膨胀炭层的物理性能和结构后发现,阻燃的聚合物材料通常都具有更多高强度的炭层,而且这些高强度膨胀炭层中的气泡尺寸也更小更均一。当该材料中添加纳米填料之后,纳米粒子的存在还可以进一步降低气泡的平均尺寸[92]。在炭层强度测试过程中,法向力突然增加之前的力学强度可以被认定为炭层的强度。测试过程中应力大小的变化情况可反映炭层中气泡的尺寸,通常应力小幅度的均匀的起伏代表炭层中气泡较小,而且大小均一,测试过程中应力突然大幅度降低则证明炭层中的气泡尺寸较大[53, 93]。

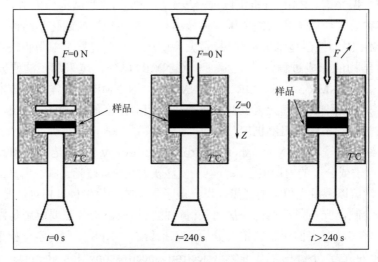

图 1-13　炭层力学强度测试系统示意图 [93]

1.4　POSS 阻燃聚合物材料的特点

POSS 化合物结构及其对聚合物/POSS 纳米复合材料的阻燃机理是阻燃研究者感兴趣的。POSS 发挥阻燃作用,包括增加聚合物/POSS 纳米复合材料热稳定性和耐烧蚀性,其机理主要涉及以下四个方面。

(1)聚合物/POSS 纳米复合材料在燃烧过程中能够形成更加有效的炭层被认为是 POSS 最主要的阻燃模式,POSS 通常是通过这种方式来提高材料最终的阻燃性能。在空气中燃烧时，POSS 分子上的有机基团将会随着 Si—C 键的断裂而失去，随着燃烧的进行，POSS 的无机骨架结构将发生融合并形成热氧稳定的 Si—O 结构类陶瓷表面。

(2) POSS 的催化作用能够影响聚合物的燃烧行为。POSS 分子上的有机基团在热分解过程中形成的自由基可以加速聚合物基材的分解，这种催化作用通常会导致复合材料点燃时间的缩短，但是，这种催化作用将有利于聚合物/POSS 纳米复合材料更快地形成有效炭层，对未燃烧基材进行有效保护。POSS 分子的另外一种催化作用是某些 POSS 分子结构中带有金属元素，这些金属元素可以改变聚合物基材的分解过程，增加材料的残炭量(率)并改善炭层形貌，使炭层发挥更好的物理屏障作用。

(3) POSS 与传统阻燃剂之间存在显著的协同作用，而且这种协同作用经常发生在 POSS 含量非常低的情况下。在采用传统阻燃剂的聚合物材料中添加 POSS 纳米粒子可以有效提高材料最终的阻燃性能，或者在满足原有阻燃性能的前提下大幅度降低传统阻燃剂的添加量。

(4) 由于 POSS 存在多变的结构优势，因此研究者发现 POSS 存在很多分子内协同阻燃作用。很多阻燃元素，包括磷、氮、硫、硼或金属元素已经通过化学方法成功地连接到了 POSS 结构中，由于 POSS 与聚合物具有良好的相容性且添加方式多样，所以这些阻燃物质将能够以更多样的添加形式进入到聚合物基材中，并获得比传统方法更好的分散状态，使材料具有更好的阻燃性能。

参 考 文 献

[1] Georlette P, Simons J, Costa L. Halogen-containing fire-retardant compounds //Grand A F, Wilkie C A. Fire Retardancy of Polymeric Materials. New York: Marcel Dekker Inc, 2000: 245-284.

[2] Birnbaum L S, Staskal D F. Brominated flame retardants: cause for concern? Environ Health Perspect, 2004, 112(1): 9-17.

[3] Weil E D, Levchik S V. Commercial flame retardancy of unsaturated polyester and vinyl resins: Review. J Fire Sci, 2004, 22(4): 293-303.

[4] Chris D. Polyhedral oligomeric silsesquioxanes in plastics//Hartmann-ThompsonC. Applications of Polyhedral Oligomeric Silsesquioxanes. Netherlands, New, York: Springer, 2011: 209-228.

[5] Gnanasekaran D, Madhavan K, Reddy B. Developments of polyhedral oligomeric silsesquioxanes (POSS), POSS nanocomposites and their applications: A review. J Sci Ind Res, 2009, 68(6): 437-464.

[6] Waddon A, Zheng L, Farris R, et al. Nanostructured polyethylene-POSS copolymers: Control of crystallization and aggregation. Nano Letters, 2002, 2(10): 1149-1155.

[7] Wang X, Hu Y, Song L, et al. Thermal degradation behaviors of epoxy resin/POSS hybrids and phosphorus-silicon synergism of flame retardancy. J Polym Sci Part B: Polym Phys, 2010,

48(6): 693-705.

[8] Zhang W C, Li X M, Yang R J. Novel flame retardancy effects of DOPO-POSS on epoxy resins. Polym Degrad Stabil, 2011, 96(12): 2167-2173.

[9] Zeng J, Kumar S, Iyer S, et al. Reinforcement of poly(ethylene terephthalate) fibers with polyhedral oligomeric silsesquioxanes (POSS). High Perform Polym, 2005, 17(3): 403-424.

[10] He Q L, Song L, Hu Y, et al. Synergistic effects of polyhedral oligomeric silsesquioxane (POSS) and oligomeric bisphenyl A bis(diphenyl phosphate) (BDP) on thermal and flame retardant properties of polycarbonate. J Mater Sci, 2009, 44(5): 1308-1316.

[11] Li G, Wang L, Ni H, et al. Polyhedral oligomeric silsesquioxane (POSS) Polymers and copolymers: A review. J Inorg Organomet Polym, 2001, 11(3): 123-154.

[12] Kuo S-W, Chang F-C. POSS related polymer nanocomposites. Prog Polym Sci, 2011, 36(12): 1649-1696.

[13] Qian Y, Wei P, Zhao X, et al. Flame retardancy and thermal stability of polyhedral oligomeric silsesquioxane nanocomposites. Fire Mater, 2013, 37(1): 1-16.

[14] Lu S Y, Hamerton I. Recent developments in the chemistry of halogen-free flame retardant polymers. Prog Polym Sci, 2002, 27(8): 1661-1712.

[15] Li G, Wang L, Ni H, et al. Polyhedral oligomeric silsesquioxane (POSS) polymers and copolymers: a review. J Inorg Organomet Polym, 2001, 11(3): 123-154.

[16] Laine R M, Roll M F. Polyhedral phenylsilsesquioxanes. Macromolecules, 2011, 44(5): 1073-1109.

[17] Meads J A, Kipping F S. LIV.-Organic derivatives of silicon. Part XXIII. Further experiments on the so-called siliconic acids. J Chem Soc, Trans, 1915: 107459-107468.

[18] Scott D W. Thermal rearrangement of branched-chain methylpolysiloxanes. J Am Chem Soc, 1946, 68(3): 356-358.

[19] Hybrid Plastics®. Company History. https://www. hybridplastics.com/us/company-history/ [2019-04-22].

[20] Kannan R Y, Salacinski H J, Butler P E, et al. Polyhedral oligomeric silsesquioxane nanocomposites: The next generation material for biomedical applications. Acc Chem Res, 2005, 38(11): 879-884.

[21] Phillips S H, Haddad T S, Tomczak S J. Developments in nanoscience: Polyhedral oligomeric silsesquioxane (POSS)-polymers. Curr Opin Solid State Mater Sci, 2004, 8(1): 21-29.

[22] Fina A, Monticelli O, Camino G. POSS-based hybrids by melt/reactive blending. J Mater Chem, 2010, 20(42): 9297-9305.

[23] Haddad T S, Viers B D, Phillips S H. Polyhedral oligomeric silsesquioxane (POSS)-styrene macromers. J Inorg Organomet Polym, 2001, 11(3): 155-164.

[24] Haddad T S, Lichtenhan J D. Hybrid organic-inorganic thermoplastics: Styryl-based polyhedral oligomeric silsesquioxane polymers. Macromolecules, 1996, 29(22): 7302-7304.

[25] Carniato F, Boccaleri E, Marchese L. A versatile route to bifunctionalized silsesquioxane (POSS): Synthesis and characterisation of Ti-containing aminopropylisobutyl-POSS. Dalton Trans, 2007, (1): 36-39.

[26] Wheeler P A, Fu B X, Lichtenhan J D, et al. Incorporation of metallic POSS, POSS copolymers,

and new functionalized POSS compounds into commercial dental resins. J Appl Polym Sci, 2006, 102(3): 2856-2862.

[27] Lickiss P D, Rataboul F. Fully condensed polyhedral oligosilsesquioxanes (POSS): from synthesis to application. Adv Organomet Chem, 2008, 571-116.

[28] Fan H, Yang R. Flame-retardant polyimide cross-linked with polyhedral oligomeric octa (aminophenyl) silsesquioxane. Ind Eng Chem Res, 2013, 52(7): 2493-2500.

[29] Li Z, Yang R. Synthesis, characterization, and properties of a polyhedral oligomeric octadiphenylsulfonylsilsesquioxane. J Appl Polym Sci, 2014, 131(20): 1366-1373.

[30] Li Z, Li D, Yang R. Synthesis, characterization, and properties of a novel polyhedral oligomeric octamethyldiphenylsulfonylsilsesquioxane. J Mater Sci, 2015, 50(2): 697-703.

[31] Ayandele E, Sarkar B, Alexandridis P. Polyhedral oligomeric silsesquioxane (POSS)-containing polymer nanocomposites. Nanomaterials, 2012, 2(4): 445-475.

[32] Nusser K, Schneider G J, Pyckhout-Hintzen W, et al. Viscosity decrease and reinforcement in polymer-silsesquioxane composites. Macromolecules, 2011, 44(19): 7820-7830.

[33] Choi J-H, Jung C-H, Kim D-K, et al. Preparation of polymer/POSS nanocomposites by radiation processing. Radiat Phys Chem, 2009, 78(7): 517-520.

[34] Guarrotxena N. Research Methodology on Interfaces of Physics and Chemistry in Micro and Nanoscale Materials. Boca Raton: CRC Press, 2014.

[35] Cardoen G, Coughlin E B. Hemi-telechelic polystyrene-POSS copolymers as model systems for the study of well-defined inorganic/organic hybrid materials. Macromolecules, 2004, 37(13): 5123-5126.

[36] Tan B H, Hussain H, Leong Y W, et al. Tuning self-assembly of hybrid PLA-P(MA-POSS) block copolymers in solution via stereocomplexation. Polym Chem-UK, 2013, 4(4): 1250-1259.

[37] Choi J-H, Jung C-H, Kim D-K, et al. Radiation-induced grafting of inorganic particles onto polymer backbone: A new method to design polymer-based nanocomposite. Nucl Instrum Meth B, 2008, 266(1): 203-206.

[38] Fong H, Dickens S H, Flaim G M. Evaluation of dental restorative composites containing polyhedral oligomeric silsesquioxane methacrylate. Dental Mater, 2005, 21(6): 520-529.

[39] Huang J-C, He C-B, Xiao Y, et al. Polyimide/POSS nanocomposites: interfacial interaction, thermal properties and mechanical properties. Polymer, 2003, 44(16): 4491-4499.

[40] Bliznyuk V, Tereshchenko T, Gumenna M, et al. Structure of segmented poly (ether urethane)s containing amino and hydroxyl functionalized polyhedral oligomeric silsesquioxanes (POSS). Polymer, 2008, 49(9): 2298-2305.

[41] Wu Q, Zhang C, Liang R, et al. Combustion and thermal properties of epoxy/phenyltrisilanol polyhedral oligomeric silsesquioxane nanocomposites. J Therm Anal Calorim, 2010, 100(3): 1009-1015.

[42] Laik S. Investigation of Polyhedral Oligomeric Silsesquioxanes for improved fire retardancy of hybrid epoxy-based polymer systems. Lyon, INSA, 2014.

[43] Braun U, Schartel B. Flame retardant mechanisms of red phosphorus and magnesium hydroxide in high impact polystyrene. Macromol Chem Phys, 2004, 205(16): 2185-2196.

[44] Ye L, Wu Q, Qu B. Synergistic effects and mechanism of multiwalled carbon nanotubes with magnesium hydroxide in halogen-free flame retardant EVA/MH/MWNT nanocomposites. Polym Degrad Stabil, 2009, 94(5): 751-756.

[45] Haurie L, Fernández A I, Velasco J I, et al. Thermal stability and flame retardancy of LDPE/EVA blends filled with synthetic hydromagnesite/aluminium hydroxide/montmorillonite and magnesium hydroxide/aluminium hydroxide/montmorillonite mixtures. Polym Degrad Stabil, 2007, 92(6): 1082-1087.

[46] Hornsby P R. The application of magnesium hydroxide as a fire retardant and smoke-suppressing additive for polymers. Fire Mater, 1994, 18(5): 269-276.

[47] Morgan A B, Jurs J L, Tour J M. Synthesis, flame-retardancy testing, and preliminary mechanism studies of nonhalogenated aromatic boronic acids: A new class of condensed-phase polymer flame-retardant additives for acrylonitrile-butadiene-styrene and polycarbonate. J Appl Polym Sci, 2000, 76(8): 1257-1268.

[48] Wang J, Du J, Zhu J, et al. An XPS study of the thermal degradation and flame retardant mechanism of polystyrene-clay nanocomposites. Polym Degrad Stabil, 2002, 77(2): 249-252.

[49] Wu Q, Lü J, Qu B. Preparation and characterization of microcapsulated red phosphorus and its flame-retardant mechanism in halogen-free flame retardant polyolefins. Polym Int, 2003, 52(8): 1326-1331.

[50] Troitzsch J H. Overview of flame retardants. Chem today, 1998, 16: 18-24.

[51] Camino G, Delobel R. Intumescence//Grand A F, Wilkie C A. Fire Retardancy of Polymeric Materials. New York: Marcel Dekker Inc, 2000: 217-243.

[52] Zhang W, He X, Song T, et al. Comparison of intumescence mechanism and blowing-out effect in flame-retarded epoxy resins. Polym Degrad Stabil, 2015, 112(0): 43-51.

[53] Zhang W, Li X, Yang R. Blowing-out effect and temperature profile in condensed phase in flame retarding epoxy resins by phosphorus-containing oligomeric silsesquioxane. Polym Adv Technol, 2013, 24(11): 951-961.

[54] Troitzsch J. Plastics Flammability Handbook: Principles, Regulations, Testing, and Approval. 3rd ed. Munich: Hanser Publications, 2004.

[55] Chattopadhyay D K, Webster D C. Thermal stability and flame retardancy of polyurethanes. Prog Polym Sci, 2009, 34(10): 1068-1133.

[56] ISBNO-7629-0082-2, UL94-Test for flammability of plastic materials for parts in devices and appliances. Northbrook: Underwriters Laboratories Inc, 1997.

[57] Kandola B K, Price D, Milnes G J, et al. Development of a novel experimental technique for quantitative study of melt dripping of themoplastic polymers. Polym Degrad Stabil, 2013, 98(1): 52-63.

[58] Wang Y, Zhang F, Chen X, et al. Burning and dripping behaviors of polymers under the UL94 vertical burning test conditions. Fire Mater, 2010, 34(4): 203-215.

[59] Kiliaris P, Papaspyrides C D. Polymer/layered silicate (clay) nanocomposites: An overview of flame retardancy. Prog Polym Sci, 2010, 35(7): 902-958.

[60] Lu H, Wilkie C A. Fire performance of flame retardant polypropylene and polystyrene

composites screened with microscale combustion calorimetry. Polym Advan Technol, 2011, 22(1): 14-21.

[61] Lu H, Wilkie C A. Synergistic effect of carbon nanotubes and decabromodiphenyl oxide/Sb$_2$O$_3$ in improving the flame retardancy of polystyrene. Polym Degrad Stabil, 2010, 95(4): 564-571.

[62] Cogen J M, Lin T S, Lyon R E. Correlations between pyrolysis combustion flow calorimetry and conventional flammability tests with halogen-free flame retardant polyolefin compounds. Fire Mater, 2009, 33(1): 33-50.

[63] Beyer G. Nanocomposites: a new class of flame retardants for polymers. Plastics, Additives and Compounding, 2002, 4(10): 22-28.

[64] Kandola B K. Nanocomposites//Horrocks A R, Price D. Fire retardant materials. Cambridge: Woodhead Publishing Ltd, 2001: 204-219.

[65] Bodzay B, Marosfoi B B, Igricz T, et al. Polymer degradation studies using laser pyrolysis-FTIR microanalysis. J Anal Appl Pyrolysis, 2009, 85(1-2): 313-320.

[66] Fina A, Camino G. Ignition mechanisms in polymers and polymer nanocomposites. Polym Advan Technol, 2011, 22(7): 1147-1155.

[67] Feng J, Hao J, Du J, et al. Using TGA/FTIR TGA/MS and cone calorimetry to understand thermal degradation and flame retardancy mechanism of polycarbonate filled with solid bisphenol A bis(diphenyl phosphate) and montmorillonite. Polym Degrad Stabil, 2012, 97(4): 605-614.

[68] Fan H, Yang R. Thermal decomposition of polyhedral oligomeric octaphenyl, octa(nitrophenyl), and octa(aminophenyl) silsesquioxanes. J Therm Anal Calorim, 2014, 116(1): 349-357.

[69] Materazzi S. Thermogravimetry-infrared spectroscopy (TG-FTIR) coupled analysis. Appl Spectrosc Rev, 1997, 32(4): 385-404.

[70] Zhu P, Sui S, Wang B, et al. A study of pyrolysis and pyrolysis products of flame-retardant cotton fabrics by DSC, TGA, and PY-GC-MS. J Anal Appl Pyrolysis, 2004, 71(2): 645-655.

[71] Lowden L, Hull T. Flammability behaviour of wood and a review of the methods for its reduction. Fire Sci Rev, 2013, 2(1): 1-19.

[72] Lyon R E, Walters R N, Stoliarov S I. Screening flame retardants for plastics using microscale combustion calorimetry. Polym Eng Sci, 2007, 47(10): 1501-1510.

[73] Wang X, Hu Y, Song L, et al. Effect of a triazine ring-containing charring agent on fire retardancy and thermal degradation of intumescent flame retardant epoxy resins. Polym Adv Technol, 2011, 22(12): 2480-2487.

[74] Fox D M, Lee J, Citro C J, et al. Flame retarded poly(lactic acid) using POSS-modified cellulose. 1. Thermal and combustion properties of intumescing composites. Polym Degrad Stabil, 2013, 98(2): 590-596.

[75] Levchik S, Wilkie C A. Char Formation//Grand A F, Wilkie C A. Fire Retardancy of Polymeric Materials. New York: Marcel Dekker Inc, 2000: 171-215.

[76] Camino G, Costa L, Luda M P. Mechanistic aspects of intumescent fire retardant systems. Makromol Chem, Macromol Symp, 1993, 74(1): 71-83.

[77] Gaan S, Sun G, Hutches K, et al. Effect of nitrogen additives on flame retardant action of

tributyl phosphate: Phosphorus-nitrogen synergism. Polym Degrad Stabil, 2008, 93 (1): 99-108.

[78] Zanetti M, Bracco P, Costa L. Thermal degradation behaviour of PE/clay nanocomposites. Polym Degrad Stabil, 2004, 85 (1): 657-665.

[79] Zhang W, Li X, Yang R. The degradation and charring of flame retarded epoxy resin during the combustion. J Appl Polym Sci, 2013, 130 (6): 4119-4128.

[80] Zhang W, Li X, Yang R. Study on the change of silicon and phosphorus content in the condensed phase during the combustion of epoxy resin with OPS/DOPO. Polym Degrad Stabil, 2014, 99 (0): 298-303.

[81] Zaida A, Bar-Ziv E, Radovic L R, et al. Further development of Raman microprobe spectroscopy for characterization of char reactivity. P Combust Inst, 2007, 31 (2): 1881-1887.

[82] Sheng C. Char structure characterised by Raman spectroscopy and its correlations with combustion reactivity. Fuel, 2007, 86 (15): 2316-2324.

[83] Bourbigot S, Vanderhart D L, Gilman J W, et al. Solid state NMR characterization and flammability of styrene-acrylonitrile copolymer montmorillonite nanocomposite. Polymer, 2004, 45 (22): 7627-7638.

[84] Gilman J W, Lomakin S, Kashiwagi T, et al. Characterization of flame-retarded polymer combustion chars by solid-state ^{13}C and ^{29}Si NMR and EPR. Fire Mater, 1998, 22 (2): 61-67.

[85] Bourbigot S, Bras M L, Leeuwendal R, et al. Recent advances in the use of zinc borates in flame retardancy of EVA. Polym Degrad Stabil, 1999, 64 (3): 419-425.

[86] Brinkmann A, Litvinov V M, Kentgens A P M. Environmentally friendly flame retardants. A detailed solid-state NMR study of melamine orthophosphate. Magn Reson Chem, 2007, 45 (S1): S231-S246.

[87] Hao J, Lewin M, Wilkie C A, et al. Additional evidence for the migration of clay upon heating of clay-polypropylene nanocomposites from X-ray photoelectron spectroscopy (XPS). Polym Degrad Stabil, 2006, 91 (10): 2482-2485.

[88] Hao J, Wilkie C A, Wang J. An XPS investigation of thermal degradation and charring of cross-linked polyisoprene and polychloroprene. Polym Degrad Stabil, 2001, 71 (2): 305-315.

[89] Gilman J W. Flammability and thermal stability studies of polymer layered-silicate (clay) nanocomposites. Appl Clay Sci, 1999, 15 (1): 31-49.

[90] Ma H, Tong L, Xu Z, et al. Synergistic effect of carbon nanotube and clay for improving the flame retardancy of ABS resin. Nanotechnology, 2007, 18 (37): 375602.

[91] Cheng B, Zhang W, Li X, et al. The study of char forming on OPS/PC and DOPO-POSS/PC composites. J Appl Polym Sci, 2014, 131 (4): 1001-1007.

[92] Toldy A, Anna P, Csontos I, et al. Intrinsically flame retardant epoxy resin—Fire performance and background—Part I. Polym Degrad Stabil, 2007, 92 (12): 2223-2230.

[93] Jimenez M, Duquesne S, Bourbigot S. Multiscale experimental approach for developing high-performance intumescent coatings. Ind Eng Chem Res, 2006, 45 (13): 4500-4508.

第 2 章 聚烯烃/POSS 纳米复合材料及阻燃性能

聚烯烃材料是通用塑料的一种，它主要包括聚乙烯(PE)、聚丙烯(PP)、聚烯烃弹性体(POE)、乙烯-乙酸乙烯共聚物(EVA)、聚甲基丙烯酸甲酯(PMMA)和聚苯乙烯(PS)等烯烃聚合物。聚烯烃塑料是一类产量大、应用多的高分子材料，其中以聚乙烯、聚丙烯最为重要。由于原料丰富、价格低廉、容易加工成型、综合性能优良等特点，聚烯烃在现实生活中应用极为广泛，可用于薄膜、管材、板材及电线电缆等各种成型制品。在农业、包装、电子、电器、汽车、机械、日用杂品等方面有广泛的用途。但由于聚烯烃由碳、氢两种元素组成，它的化学结构使其很容易燃烧，聚烯烃材料极限氧指数一般都在 20%以下，且释放大量烟气和有毒气体。 聚烯烃的易燃性不仅限制了其应用，直接或间接引起的火灾数量也不计其数。火灾不仅造成巨大的经济损失，更为可怕的是，燃烧过程中释放的热量、烟气和有毒气体会危及人们的宝贵生命。因此，提高聚烯烃的阻燃性能成为扩展其应用的必经之路，同时降低它在燃烧过程中释放的可燃气体量对于保护人们的生命财产安全也非常重要。

2.1 聚丙烯/POSS 纳米复合材料及阻燃性能

聚丙烯(PP)是五大通用塑料之一，是应用最广泛的通用塑料之一。自 1957 年在意大利实现工业化以来，由于原料来源丰富、价格便宜、性能优良、密度小、无毒以及电绝缘性好等优点，PP 已成为包装、轻工、建筑、电子、电器、汽车等行业不可缺少的材料，产量仅次于聚乙烯。近年来，新型催化剂以及聚合工艺的不断推陈出新，使 PP 性能不断提高，PP 的应用领域也不断拓展，对其他高性能树脂形成强烈冲击[1, 2]。

PP 的极限氧指数在 17%～19%，离火后能持续自燃，容易熔融滴落，属易燃材料[3]。随着 PP 的应用领域不断拓展和使用数量不断增加，由此带来的火灾危险性也越来越大，因此赋予 PP 材料阻燃性能是十分必要和重要的。

PP 的阻燃方法可归纳为：混合高效阻燃性树脂、结构阻燃化、添加阻燃剂等。相比之下，添加阻燃剂具有工艺简单易行、可选用的阻燃剂种类较多的优点，是目前 PP 所采用的主要阻燃方法。向 PP 塑料中添加单一阻燃剂往往不能获得理想的阻燃性能和综合效果，而复合阻燃体系是弥补这些不足的很好选择，在 PP 阻燃中占有重要地位[4, 5]。其中，膨胀阻燃体系成为无卤、低毒、低烟阻燃剂的发展方向之一，在 PP 的无卤阻燃化中获得广泛应用。

2.1.1　聚丙烯/烷基 POSS 复合材料

　　Fina 等[1]将八甲基 POSS、八异丁基 POSS 和八异辛基 POSS 三种具有不同脂肪族有机官能团的 POSS（如图 2-1 所示）通过熔融共混的方法添加到 PP 基材中。研究发现这三种 POSS 可以使复合材料最大质量损失温度有所升高，尤其是在 POSS 添加量较大的情况下，而且该温度的升高与 POSS 在材料中的分散情况密切相关，POSS 分散程度越高，复合材料热稳定性增加越明显。Fina 等在研究过程中发现 POSS 的分散情况表现出两个重要规律：①POSS 分子上的脂肪族有机基团分子量越大，POSS 在 PP 中的分散情况越好；②POSS 添加量越低，POSS 在 PP 中的分散情况越好。

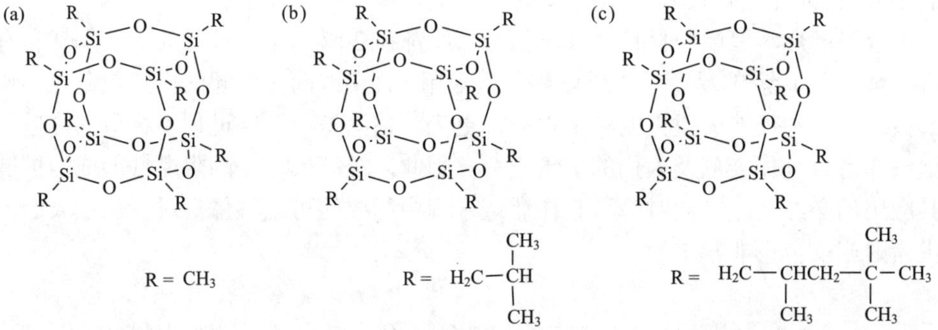

图 2-1　(a) 八甲基 POSS、(b) 八异丁基 POSS 和 (c) 八异辛基 POSS 的结构[1]

　　在另一项研究工作中，如图 2-2 所示，Fina 等[2]将甲基聚硅倍半氧烷（Me-PSS）、乙烯基聚硅倍半氧烷（Vi-PSS）和苯基聚硅倍半氧烷（Ph-PSS）添加到 PP 基材中，研究了 PSS 上有机基团的种类对 PP/PSS 纳米复合材料热稳定性及燃烧行为的影响。因为结晶态的 POSS 在混合过程中不利于能量平衡，从而限制了结晶态的 POSS 分子在聚合物中的分散。而在 Fina 研究中用到的 PSS 是一种具有笼形/梯形混合结构的非晶聚合物，研究者希望通过这种结构降低界面之间的相互作用，从而增加纳米填料的分散程度[1, 3]。研究发现，这三种 PSS 不影响 PP 在氮气气氛下的分解过程，但却对 PP 复合材料的热稳定性产生明显影响。随着 PSS 添加量的增加，PP/PSS 纳米复合材料的热氧稳定性也随之明显增加，使 TG 测试中的质量损失曲线向高温移动。如图 2-3 所示，带有不同有机官能团的 PSS 对 PP 复合材料产生了不同程度的积极作用。其中带有芳香型有机基团的 Ph-PSS 和带有反应型有机基团的 Vi-PSS 比带有非反应型烷基基团的 Me-PSS 表现更加突出。虽然这三种 PSS 可以增加 PP/PSS 纳米复合材料的热稳定性，但与纯 PP 聚合物相比，添加了 PSS 的 PP 复合材料的极限氧指数(LOI)和点燃时间(TTI)却并没有增加。当在 PP 复合材料中添加 1.5wt% 的 PSS 以后，PP/PSS 纳米复合材料的热释放速率曲线并没有发生明显变化。但随着 PSS 添加量的增加，含有不同有机基团的 PSS 使 PP/PSS 纳米复合材料的热释放速率峰值出现了不同程度的降低(Me-PSS，–19 %；Vi-PSS，–31 %；Ph-PSS，–10 %)。Fina 等指出三种 PSS 的分散情况以及它们所带有的不同类型的有机官能团是造成以上结果的主要原因。研究表明，Vi-PSS 可以均一地分散在 PP 基材中，而且反应型的乙烯基基团有利于

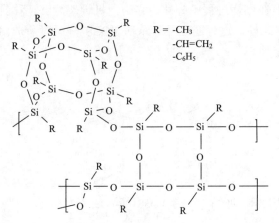

图 2-2　甲基、乙烯基和苯基聚硅倍半氧烷的近似结构[2]

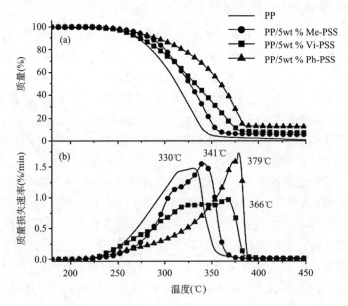

图 2-3　PP 及 PP/5wt%PSS 纳米复合材料的 TG(a)和 DTG(b)曲线(空气)[2]

在燃烧过程中形成交联的类陶瓷层，因此 PP/Vi-PSS 纳米复合材料的燃烧速率最低[4]。而在另一个类似的研究中，Barczewski 等[5]发现添加 0.5wt% 的四硅羟基苯基 POSS(Ph-POSS，图 2-4)就可以明显增加 PP 的热稳定性。而在 Barczewski 等[6]的进一步研究中，他们发现将这种四硅羟基苯基 POSS 添加到等规聚丙烯(*i*PP)中时，Ph-POSS 明显增加了 *i*PP/Ph-POSS 纳米复合材料的阻燃性能。从 UL-94 水平燃烧测试中，研究者发现添加 10wt% 的 Ph-POSS 就可以使 *i*PP/Ph-POSS 纳米复合材料的燃烧速率比纯 *i*PP 的燃烧速率降低超过 50%。研究者指出这是因为 Ph-POSS 纳米填料在燃烧过程中分解，它的无机骨架能够迁移到样品表面并形成有效的保护层[7]。此外，这种四硅羟基苯基 POSS 分解时所放出的水蒸气同样可以降低样品的燃烧速率。

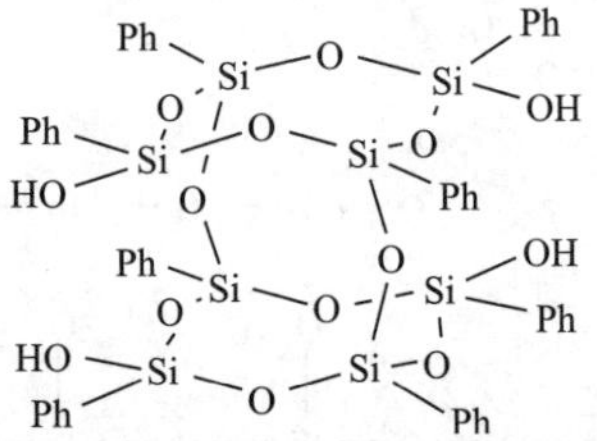

图 2-4　四硅羟基苯基 POSS(Ph-POSS)的分子结构图[6]

2.1.2　聚丙烯/金属 POSS 复合材料

　　不仅是 POSS 分子中有机基团的种类可以影响 PP/POSS 纳米复合材料的热稳定性及阻燃性能，POSS 分子中含有的特定元素同样可以影响 PP/POSS 纳米复合材料的热稳定性及阻燃性能。例如，有些金属纳米粒子就可以对 PP 的阻燃性能产生很好的促进作用，它们通常在分散状态好的情况下，低于 1wt% 的添加量就可以明显增加 PP 的残炭量[8]。Fina 等就曾研究含有金属 Al 和 Zn 的 POSS 分子对 PP 复合材料阻燃性能的影响[9]。研究者期望利用 POSS 在 PP 中良好的分散实现金属粒子在聚合物中的良好分散，同时期望利用这种含金属的 POSS 在阻燃 PP 时既发挥金属粒子催化成炭的作用，又能发挥 POSS 分子有利于形成坚固的类陶瓷炭层的优势。如图 2-5 所示，Al-POSS 或 Zn-POSS 分子上的有机基团为异丁基，同时研究者还将八异丁基 POSS(OI-POSS)的阻燃作用与两种含金属的 POSS 进行对比，从而研究金属元素所起的阻燃作用。如图 2-6 所示，通过热流量为 35 kW/m^2 的锥形量热测试，研究者发现与纯 PP 相比，PP/OI-POSS 纳米复合材料的热释放速率峰值更高。而添加了 10wt%Al-POSS 的 PP 复合材料的热释放速率峰值则明显低于纯 PP，下降了约 43%。但出乎意料的是添加 10wt%Zn-POSS 的 PP 复合材料的热释放速率曲线与纯 PP 的热释放速率曲线相比并没有明显变化。实际上，

OI-POSS 与 Al-POSS 分子上的有机基团均为异丁基,它们之间的不同主要是 POSS 结构中是否含有金属 Al 元素。因此,研究者推断 Al-POSS 在阻燃 PP 复合材料时所表现出的比 OI-POSS 更好的阻燃作用主要是因为在燃烧过程中 Al 元素发挥的催化成炭作用造成的。研究者指出这项研究中导致燃烧速率下降的机理主要来自于化学作用,而非物理作用。在 PP/OI-POSS 和 PP/Zn-POSS 纳米复合材料中,由于它们燃烧过程中只形成了不连续的、薄的炭层,因此不能很好地发挥物理阻隔作用保护未燃烧的基材。另外,研究者还发现 Al-POSS 和 Zn-POSS 中的金属元素可以通过化学催化作用改变 PP 的降解路径,从而使 PP/POSS 纳米复合材料的热稳定性有所增加[9]。而其他研究者也报道过类似的金属元素通过化学催化作用改变 PP 分解路径的研究。

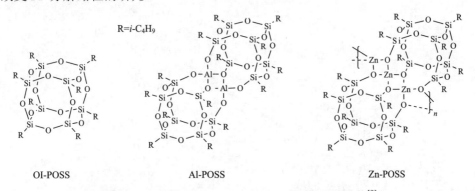

图 2-5　OI-POSS、Al-POSS 和 Zn-POSS 的分子结构[9]

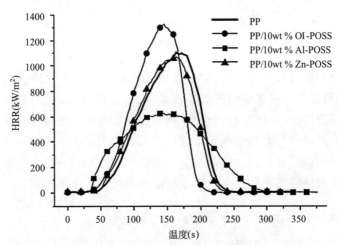

图 2-6　PP 及 PP/POSS 纳米复合材料的热释放速率(HRR)曲线[9]

Carniato 等[10]报道称他们通过对异丁基三硅醇(trisilanolisobutyl-POSS,TIB-POSS)进行封角反应合成了含 Ti^{IV} 和 V^{V} 的两种含金属元素的 POSS,如图 2-7

所示，POSS 分子中的有机基团也是异丁基。研究者通过熔融共混的方式将 3wt%Ti-POSS 或 3wt%V-POSS 添加到了 PP 基材当中，他们发现这两种含金属的 POSS 可以明显增加 PP 复合材料的热稳定性及残炭量。在等温热失重分析过程中，纯的 PP 经过 50 min 250℃ 等温测试之后的残炭量不足 10%，而添加了含金属 POSS 的 PP/V-POSS 和 PP/Ti-POSS 纳米复合材料在经过超过 250 min 的 250℃ 等温测试后的残炭量仍然高达 28% 和 42%。研究者指出，这一结果是由于 Ti-POSS 或 V-POSS 可以对 PP 的降解过程起到化学催化的作用，它们可以明显改变聚合物的氧化脱氢反应，使 PP 复合材料残炭量明显增加，并显著增加炭层的热氧化稳定性。

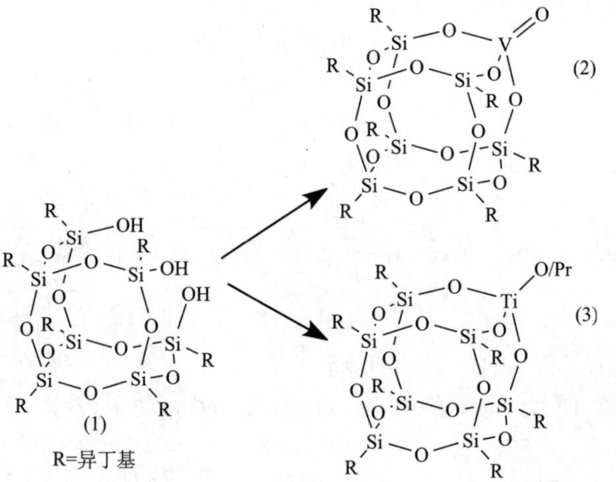

图 2-7　TIB-POSS(1)、V-POSS(2) 和 Ti-POSS(3) 的分子结构[10]

除了含金属的 POSS 分子，Wei 等[11]曾经制备出一种含磷的聚硅倍半氧烷（图 2-8），并研究了这种含磷聚硅倍半氧烷对 PP 复合材料阻燃性能的影响。他们发现添加含磷聚硅倍半氧烷只能使 PP 基材在燃烧过程中形成少量炭层，点燃后火焰保持持续燃烧并伴有熔滴现象。这是因为 PP 表面所形成的残炭主要来源于含磷聚硅倍半氧烷本身，而含磷聚硅倍半氧烷对 PP 基材并没有起到化学催化成炭的作用，所以该炭层数量很少，基本不能起到明显的阻燃作用。

2.1.3　聚丙烯/梯形聚苯基 POSS 复合材料

意大利 Camino 等在揭示化学膨胀阻燃机理研究方面做了大量有意义的工作，为当今膨胀阻燃聚合物材料的发展奠定了基础，同时对化学膨胀阻燃体系商业化应用起到了积极的推动作用。最具典型意义的是以聚磷酸铵/季戊四醇（APP/PER）体系为切入点，对体系热分解过程中化学反应的研究[6]。本书作者采用梯形聚苯

基硅倍半氧烷(PPSQ，图 2-9)对 PP 进行阻燃，同时将 PPSQ 添加到传统 PP/APP/
双季戊四醇(DPER)体系中，考察 PPSQ 对 PP 及 PP/APP/DPER 体系力学、热、
阻燃等性能的影响。

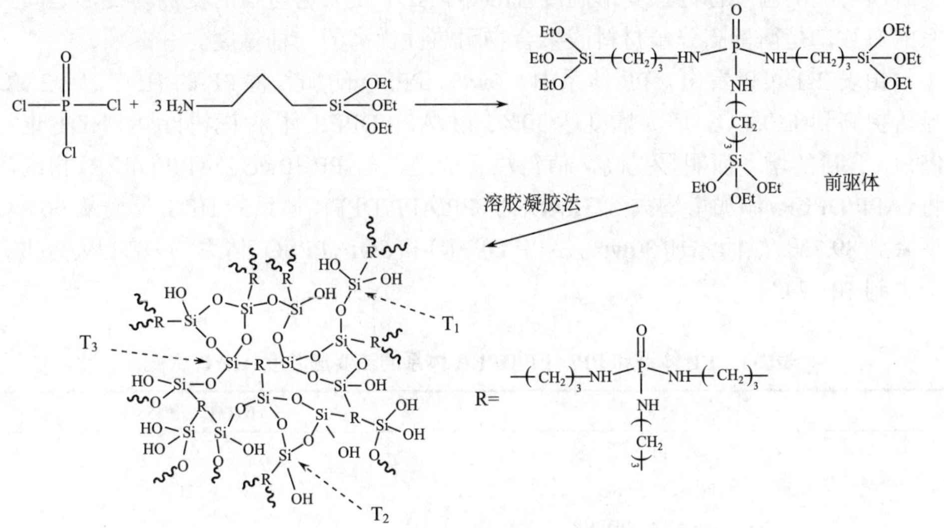

图 2-8 含磷的聚硅倍半氧烷结构和制备方法

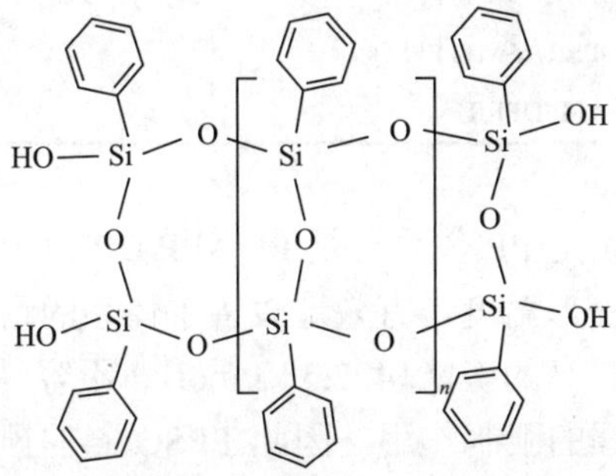

图 2-9 PPSQ 结构式

2.1.3.1 阻燃样品制备

PP/PPSQ 和 PP/APP/DPER/PPSQ 复合材料都是通过挤出、注塑工艺完成加工
的。在此阻燃 PP 体系中，PPSQ 添加量为 6wt%，抗氧剂 1010 添加量为 0.1wt%，
抗氧剂 168 添加量为 0.2wt%。在 PP/APP/DPER 体系中，PPSQ 添加量为 1 wt%～
5wt%，APP/DPER 添加量为 25 wt%～35wt%(APP∶DPER=2.5∶1)，抗氧剂 1010
添加量为 0.1wt%，抗氧剂 168 添加量为 0.2wt%。

2.1.3.2　热性能

对高分子材料或聚合物施加一定的负荷并且程序升温，被测材料达到规定形变时所对应的温度称为热变形温度（HDT）。HDT 是表达材料的受热与变形之间关系的参数，是衡量高分子材料或聚合物耐热性优劣的一种量度。

由表 2-1 可以看出，PP 体系中，6wt% PPSQ 的加入将 PP 的 HDT 从 92.6℃显著提高到 120.4℃，增大幅度达 30%；PP/APP/DPER 体系中，样品的 HDT 也随 PPSQ 含量的增多而明显提高，值得注意的是，与 PP/30wt%（APP/DPER）相比，将（APP/DPER）添加量增大到 35wt%时，PP/APP/DPER 体系的 HDT 反而从 96.8℃下降到 89.7℃，然而添加 30wt%（APP/DPER）和 5wt%PPSQ，体系的 HDT 从 96.8℃增大到 105.7℃。

表 2-1　PP 体系和 PP/APP/DPER 体系的热变形温度（HDT）数据

样品	HDT/℃　（0.45MPa）
PP	92.6
PP/6wt%PPSQ	120.4
PP/30wt%（APP/DPER）	96.8
PP/30wt%（APP/DPER）/1wt% PPSQ	99.3
PP/30wt%（APP/DPER）/3wt% PPSQ	103.8
PP/30wt%（APP/DPER）/5wt% PPSQ	105.7
PP/35wt%（APP/DPER）	89.7

以上数据表明，无论是 PP 体系还是 PP/APP/DPER 体系，PPSQ 的加入均可以显著地提高体系的热变形温度，有效地改善了体系的耐热性能。PPSQ 结构中的硅氧烷 Si—O 键具有较高的键能（422.5 kJ/mol），不容易断裂，且 PPSQ 链的梯形结构对链运动具有较强的限制作用，因此 PPSQ 链呈刚性。PPSQ 刚性颗粒在 PP 体系和 PP/APP/DPER 体系中的均匀分散，有助于基体抵抗热变形，进而使体系的热性能提高。

2.1.3.3　热稳定性及热裂解行为

由图 2-10 可以看出，PP 的降解是一步完成的，在 370～485℃之间有一个快速的质量损失峰。PP/6wt%PPSQ 样品在 800℃时的残炭量有所增加。

由图 2-11 可以看出，PP/APP/DPER 体系存在两个质量损失阶段，第一个质量损失阶段在 200～350℃之间，200～250℃时 APP 与 DPER 发生醇解反应，形成磷酸酯，同时释放出水和氨气；300～350℃时，APP 与 DPER 进一步脱水、脱氨和酯化，形成交联的网络结构[8]；第二个质量损失阶段在 350～485℃，主要是 PP 的降解。添加 5wt%PPSQ 后，样品第二个质量损失阶段的降解温度略有降低，800℃时的残炭量有所增加，这个现象与 PP 体系的热重测试结果一致。

　　以上分析表明 PPSQ 对 PP 和 PP/APP/DPER 的热稳定性影响较小，没有改变其热分解过程，仅使体系中特定阶段的热分解温度略微降低；此外，800℃时体系残炭量的增加归因于 PPSQ 的加入。

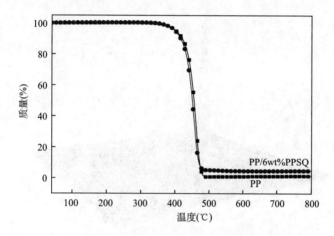

图 2-10　PP 体系的 TG 曲线图（N₂）

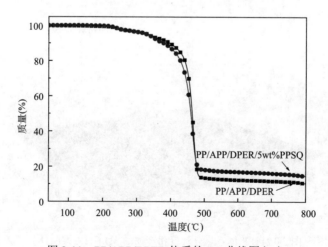

图 2-11　PP/APP/DPER 体系的 TG 曲线图（N₂）

　　采用热重-红外联用分析(TG-FTIR)的方法研究 PPSQ 对 PP 体系和 PP/APP/DPER 体系热分解气相产物释放过程的影响，其三维红外谱图(3D FTIR) 如图 2-12 和图 2-13 所示。由图 2-12 和图 2-13 可以看出，无论是 PP 体系还是 PP/APP/DPER 体系，PPSQ 的加入对体系热分解气相产物的释放均没有产生明显 的影响。图 2-12 显示，PP 体系中，纯 PP 和加入 6wt%PPSQ 的 3D FTIR 谱图没 有明显的差别，说明两者的热分解气相产物相同。图 2-13 也显示 PP/APP/DPER 体系中，PPSQ 的添加并没有改变体系的热分解气相产物种类。

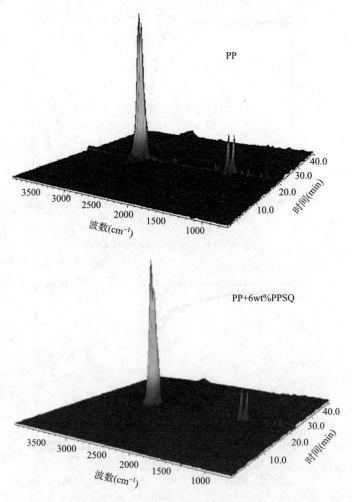

图 2-12　PP 体系热分解气相产物的 3D FTIR 谱图(N_2)

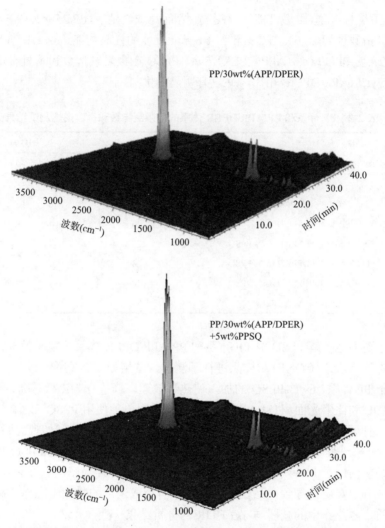

图 2-13　PP/APP/DPER 体系热分解气相产物的 3D FTIR 谱图(N_2)

2.1.3.4　阻燃性能

表 2-2 给出了 PP 体系和 PP/APP/DPER 体系样品的极限氧指数(LOI)和垂直燃烧(UL-94)测试结果。PP 体系中，虽然 6wt%PPSQ 使 PP 的极限氧指数从 17.8% 提高到 20.4%，但是 LOI＜24%为易燃，极限氧指数测试结果显示 PP/6wt%PPSQ 仍属于易燃材料，并且 PP/6wt%PPSQ 也和 PP 一样在 UL-94 测试中没有燃烧级别。PP/APP/DPER 体系中，与 PP/30wt%(APP/DPER)相比，随 PPSQ 含量的增多样品的 LOI 提高，且含量为 5wt%的 PPSQ 可使 3.2 mm 和 1.6 mm 厚度的样品都达到

UL-94 V-0 燃烧级别,阻燃性能明显提高。然而,表 2-2 显示,PP/35wt%(APP/DPER)的极限氧指数也为 28.6%,3.2 mm 和 1.6 mm 厚度的样品均能达到 UL 94 V-0 燃烧级别。这表明 PP/30wt%(APP/DPER)/5wt%PPSQ 在极限氧指数和垂直燃烧测试中与 PP/35wt%(APP/DPER)相比,并没有明显的优势。

表 2-2　PP 体系和 PP/APP/DPER 体系的极限氧指数和垂直燃烧测试结果

样品	LOI (%)	UL-94	
		3.2 mm	1.6 mm
PP	17.8	NR	NR
PP/6wt%PPSQ	20.4	NR	NR
PP/30wt%(APP/DPER)	26.8	V-0	NR
PP/30wt%(APP/DPER)/1wt% PPSQ	27.5	V-0	NR
PP/30wt%(APP/DPER)/3wt% PPSQ	28.5	V-0	V-1
PP/30wt%(APP/DPER)/5wt% PPSQ	28.6	V-0	V-0
PP/35wt%(APP/DPER)	28.6	V-0	V-0

为了更多地了解 PPSQ 对 PP 体系和 PP/APP/DPER 体系的阻燃效果,本书作者采用锥形量热仪(CONE)对样品进行了测试,结果如表 2-3 所示。

对于 PP 体系,6wt%PPSQ 的加入使热释放速率峰值(p-HRR)升高,同时总热释放(THR)和比消光面积(SEA)也明显升高。说明单独使用 PPSQ 对 PP 没有阻燃效果,并且导致样品的热释放和烟释放等更为强烈,这是由于具有高热稳定性的 PPSQ 的分解过程与 PP 基体的分解过程并不匹配,PP 基体中的 PPSQ 增加了界面效应,从而促进 PP 基材的分解,同时这种高热稳定性粒子的存在也不利于 PP 快速形成有效炭层,导致样品在燃烧过程中所形成炭层的物理阻隔作用减弱,而炭层隔质、隔热作用的减弱与 TG-FTIR 的分析结果一致。

对于 PP/APP/DPER 体系,与 PP/30wt%(APP/DPER)相比,随 PPSQ 含量的增多,样品的 p-HRR 和 THR 降低。此外,PP/30wt%(APP/DPER)/5wt%PPSQ 的 p-HRR 还远低于 PP/35wt%(APP/DPER),降低幅度达 24.6%。这说明 PPSQ 可以改善 PP/APP/DPER 体系的阻燃性能。不过,样品的 SEA 随 PPSQ 含量的增多而大幅度升高(表 2-3)。

对于纯 PP 体系,在 CONE 测试实验中,PP 没有残炭残留,PP/6wt%PPSQ 也只有些许残炭。对于 PP/APP/DPER 体系,样品的残炭较多且差别明显。如图 2-14 所示,PP/30wt%(APP/DPER)的残炭相对较少,且残炭集中在铝箔纸四周,中间区域没有残炭;添加 5wt%PPSQ 后,样品残炭量明显增加,炭层变得致密,可以阻止可燃物进入有焰区,也阻碍热量和氧气进入聚合物内层进行热氧化反应,从而使燃烧仅限于高聚物表层，达到阻燃的目的。取 PP/30wt%（APP/DPER）和 PP/30wt%（APP/DPER）/5wt%PPSQ 残炭做 SEM 分析（图 2-15）发现，PP/30wt%（APP/DPER）残炭结构疏松，存在大量孔洞，且孔洞直径大。但是，含 5wt%PPSQ 的样品残炭结构变得较为连续、致密，这种连续致密的炭层是使热释放速率峰值大幅度降低的重要原因之一。

表 2-3　PP 体系和 PP/APP/DPER 体系的锥形量热仪测试数据

样品	p-HRR (kW/m²)	THR (MJ/m²)	SEA (m²/kg)
PP	1025.0	106.8	2260.3
PP/6wt%PPSQ	1182.8	149.1	4786.9
PP/30wt%（APP/DPER）	352.6	117.0	2546.2
PP/30wt%（APP/DPER）/1wt% PPSQ	326.3	107.3	2957.0
PP/30wt%（APP/DPER）/3wt% PPSQ	266.0	109.5	4185.8
PP/30wt%（APP/DPER）/5wt% PPSQ	253.9	94.8	4956.8
PP/35wt%（APP/DPER）	336.7	97.2	1779.4

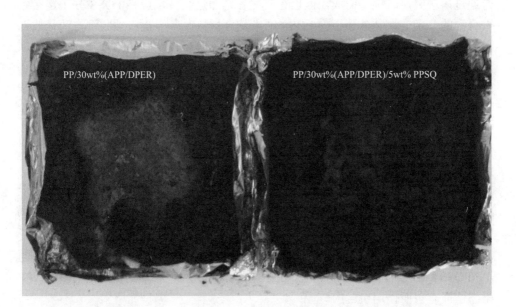

图 2-14　PP/APP/DPER 体系在 CONE 测试实验后的残炭照片

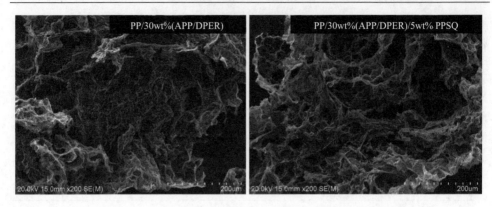

图 2-15　PP/APP/DPER 体系在 CONE 测试后残炭的 SEM 照片

研究表明，单独使用 PPSQ 对 PP 没有明显的阻燃效果，但对 PP/APP/DPER 体系有明显的阻燃作用，尤其在降低 PP 材料热释放速率方面具有优势。

2.1.4　聚丙烯/反应型 POSS 复合材料

目前报道的聚合物/POSS 纳米复合材料大都是采用一步法直接聚合得到或者是通过熔融共混法制备而成，但也有研究者是通过接枝反应将 POSS 分子连接到聚合物的分子链上制备聚合物/POSS 纳米复合材料[12, 13]。反应性共混方法是改性聚合物工业的关键技术方法，尤其是对通过连续聚合反应制备的聚合物以及可以进一步化学改性的聚合物产品特别有效。Zhou 等[14]报道通过接枝反应将八乙烯基 POSS（OV-POSS）成功地接枝到了 iPP 的主链上，此接枝反应是以过氧化二异丙苯（DCP）为引发剂进行的。与普通的通过物理共混法制备的 iPP/POSS 纳米复合材料相比，通过反应性共混法制备的 iPP/POSS 纳米复合材料表现出更好的力学性能和热稳定性。而对于阻燃性能来说，物理共混方法和反应性共混方法分别使 iPP/POSS 纳米复合材料的热释放速率峰值下降 22%和 18%。添加 OV-POSS 以后，iPP 复合材料的点燃时间并没有发生明显变化，只是锥形量热测试过程中的熄灭时间被明显延长。对于 iPP 复合材料来说，添加 OV-POSS 意味着材料在较低的热释放情况下燃烧了更长的时间，这就是 OV-POSS 对 iPP 阻燃性能的影响。至于反应性复合的 iPP/POSS 纳米复合材料的热释放速率峰值略高于物理复合制备的 iPP/POSS 纳米复合材料，Zhou 等[14]指出这是由于反应性添加的引发剂 DCP 对 iPP 阻燃性能有负面作用引起的。

如图 2-16 所示，Fina 等[15]将氨乙基氨丙基七异丁基 POSS（AM-POSS）与聚丙烯接枝马来酸酐（PPgMA）通过一步反应挤出方法制备出了 PPgMA/AM-POSS 纳米复合材料。此反应方法产率高，而且通过化学反应可以真正实现 POSS 分子在 PPgMA 基材中的纳米分散。当将 AM-POSS 分子接枝到 PPgMA 分子链上之后，

PPgMA/AM-POSS 纳米复合材料的热稳定性在空气气氛中明显高于 PPgMA 基材的热稳定性，同时也高于 AM-POSS 本身的热稳定性。Du 等[16]通过类似的反应将氨丙基异丁基 POSS（AIB-POSS）添加到含有马来酸酐的聚丙烯复合材料中，制备出了 PP/AIB-POSS 纳米复合材料。AIB-POSS 以纳米球的形式均匀地分散在整个 PP 基材中。添加 2.5wt%的 AIB-POSS 就可以使 PP/AIB-POSS 纳米复合材料的热释放速率峰值从 62 kW/m^2 下降到 55 kW/m^2，同时 PP/AIB-POSS 纳米复合材料的总热释放也下降约 33%。虽然 AIB-POSS 可以明显降低 PP 复合材料的热释放速率峰值和总热释放量，但是它却使 PP/AIB-POSS 纳米复合材料的烟释放量大大增加。在另一利用 AIB-POSS 阻燃 iPP 的研究中，Bouza 等[17]指出，AIB-POSS 可以提高 iPP 的极限氧指数。他们同样用 PPgMA 作为增溶剂来提高 AIB-POSS 在 iPP 中的分散情况。当添加 2wt%AIB-POSS 和 10wt%PPgMA 时，AIB-POSS 在 iPP 中的分散状态最好，可以明显提高 iPP/AIB-POSS 纳米复合材料的极限氧指数。同时，热重分析结果显示，添加 AIB-POSS 还可以显著提高 iPP/AIB-POSS 纳米复合材料的热稳定性。

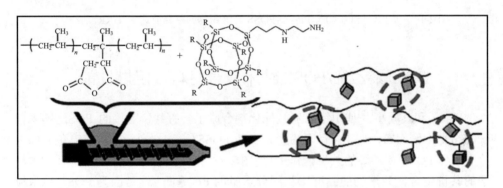

图 2-16　反应挤出方法制备 PPgMA/AM-POSS 纳米复合材料的示意图[15]

以 POSS 作为阻燃剂阻燃纤维材料近年来引起了很多人的注意，Bourbigot 等[18]证实了通过熔融纺丝方法制备阻燃 PP/POSS 单丝或纱线的可行性。他们将乙烯基聚硅倍半氧烷（FQ-POSS 或 Vi-PSS）添加到 PP 基材中，并通过熔融纺丝方法制备出了 PP/FQ-POSS 纤维。PP/FQ-POSS 纤维在外观上与 PP 纤维并没有明显不同，只是 PP/FQ-POSS 纤维显得更加柔软。热重分析是在空气气氛中以 10°C/min 的升温速率进行的，分析结果显示 PP/FQ-POSS 纤维具有与纯 PP 纤维几乎相同的起始分解温度，只是 PP/FQ-POSS 纤维的分解速率更慢。纯 PP 纤维在 500°C 时的残炭量约 0.2%，而 PP/FQ-POSS 纤维在 800°C 时的残炭量仍然高达 7%左右。Bourbigot 等通过热流量为 35 kW/m^2 的锥形量热测试来对比研究 PP/FQ-POSS 纤维织物与纯 PP 纤维织物的阻燃性能。如图 2-17 所示，纯 PP 纤维织物的点燃时间只有 21 s，而 PP/FQ-POSS 纤维织物的点燃时间却增加到了 76 s，研究者指出 PP/FQ-POSS 纤维织物良好的热稳定性是引起点燃时间大幅度延长的直接原因。但出人意料的是 PP/FQ-POSS 纤维织物的热释放速率峰值与纯 PP 纤维织物几乎相同，而且两种纤维织物的总热释放也没有明显差异，均为 200 kJ 左右。

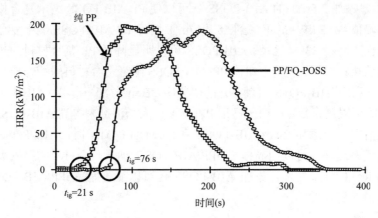

图 2-17　纯 PP 纤维织物与 PP/FQ-POSS 纤维织物的热释放速率(HRR)曲线[18]

2.2　聚乙烯/POSS 纳米复合材料及阻燃性能

Wang 和其同事[19]使用钯二亚胺催化剂合成了含有共价连接的 POSS 纳米粒子的超支化聚乙烯，通过含有丙烯腈异丁基-POSS(acryloisobutyl-POSS)单元的大分子单体 POSS 和乙烯的共聚合作用(如图 2-18 所示)。分子量大的 POSS 纳米粒子的共价结合使共聚物的黏度比相同分子量的 PE 更低，这是因为 POSS 纳米粒子具有高度紧凑的球形笼状结构。热性能方面的研究证明掺入 POSS 单元可以显著提高聚合物的热氧化稳定性，增加 POSS 的含量时，共聚物的玻璃化温度会提高。

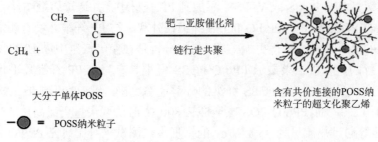

图 2-18　丙烯腈异丁基-POSS 和乙烯的共聚反应示意图[19]

Joshi 等[20]用熔融混合法制备了高密度聚乙烯(HDPE)/八甲基 POSS (OM-POSS)纳米复合材料。流变学结果显示，在较低的 POSS 含量时(0.25 wt%~ 0.5 wt%)，POSS 颗粒作为润滑剂可以降低材料的复合黏度。在较高的 POSS 含量(1 wt%~5 wt%)时，纳米复合材料的黏度会增加。POSS 衍生物与 HDPE 在低浓度和较低的温度下，仍然可保持易混性，但是更容易在较高的温度和浓度下混合，从 HDPE/OM-POSS 纳米复合材料的非等温结晶研究中发现[21]，只有那些在分子水平上分散的 POSS 才可以作为成核剂，并且 POSS 纳米晶体不会影响结晶过程。

Karlsson 等[22]研究了 OM-POSS 对聚乙烯/碳酸钙/硅树脂(CaSiEMAA)复合材料体系阻燃性能的影响。在热流量为 35 kW/m^2 的锥形量热测试中，OM-POSS 几乎没有起到明显的正面作用。在 CaSiEMAA 复合材料体系添加 OM-POSS 之后，材料的点燃时间缩短，且热释放速率竟然比未添加 OM-POSS 的材料体系有所增加。OM-POSS 对 CaSiEMAA 复合材料体系仅有的阻燃作用就是明显增加了材料体系的残炭量并抑制了熔滴的发生。当添加 1wt%OM-POSS 时，CaSiEMAA 复合材料体系的熔滴减少 52%，当添加 2.5wt% OM-POSS 时，CaSiEMAA 复合材料体系的熔滴则完全消失。通过化学分析电子能谱(ESCA)方法对锥形量热测试所产生的残炭进行分析发现，在 CaSiEMAA 复合材料体系中添加 OM-POSS 以后，残炭表面的 Si、O 元素比例明显增加，同时 C 元素含量则明显下降，这说明 OM-POSS 可能促使聚合物表面形成类陶瓷结构炭层。

2.3　聚苯乙烯/POSS 纳米复合材料及阻燃性能

2.3.1　聚苯乙烯/苯乙烯基 POSS 纳米复合材料

如图 2-19 所示，很多研究者已经通过自由基聚合反应[23]、傅-克(Friedel-Crafts)反应[24]、原位聚合反应[25, 26]或接枝反应[27]将无机笼形倍半硅氧烷结构引入到聚苯乙烯(PS)的主链上来。用以上方法制备的 PS/POSS 纳米复合材料通常具有更好的热稳定性和更高的热分解残炭量，因为 PS 主链上所含有的无机 POSS 骨架使聚合物具有更高的耐热性。Zheng 等[28]以 CpTiCl$_3$ 为催化剂，通过苯乙烯单体与苯乙烯基七环戊基 POSS(SC-POSS)之间的共聚反应成功制备出了 PS/SC-POSS 纳米复合材料。当 SC-POSS 含量达到 3.2 mol%的时候，PS/SC-POSS 纳米复合材料在空气气氛下 700℃时的残炭量从 0 wt%显著增加到了 21.8 wt%。Blanco 等[29]通过双三乙氧基烷类与异丁基三硅醇 POSS 之间的顶角盖帽反应，成功制备出了桥接模式的异丁基-POSS 化合物(HIB-POSS)。含有这种 HIB-POSS 的 PS/HIB-POSS 的纳米复合材料可以很容易地通过苯乙烯单体的原位聚合反应制备而成[30, 31]。PS/HIB-POSS 纳米复合材料与纯 PS 相比，具有更好的热稳定性，这种热稳定性要高于含有没有发生桥连反应的 POSS 的 PS 复合材料，同时，PS/HIB-POSS 纳米复合材料的热稳定性随着 HIB-POSS 中脂肪族桥链长度的增加而提高。

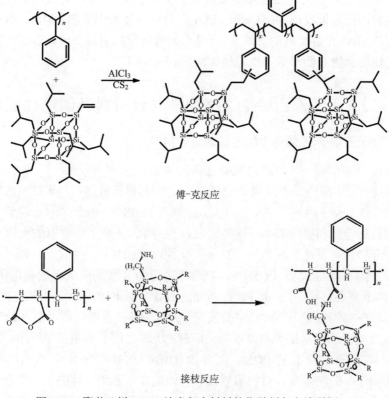

自由基聚合反应

傅-克反应

接枝反应

图 2-19　聚苯乙烯/POSS 纳米复合材料的化学制备方法举例

2.3.2　聚苯乙烯/八聚(四甲基铵)POSS 纳米复合材料

Liu 等[32]通过将 PS 与八聚(四甲基铵)POSS(OTMA-POSS，如图 2-20 所示)进行熔融共混制备出了 PS/OTMA-POSS 纳米复合材料。如图 2-21 所示，在 PS/OTMA-POSS 纳米复合材料的透射电镜照片中，我们可以清楚地看出 OTMA-POSS 在 PS 基材中以纳米纤维状存在。如图 2-22 所示，当 OTMA-POSS 的添加量从 5 wt%逐渐增加到 30 wt%的过程中，PS/OTMA-POSS 纳米复合材料的热释放速率峰值和平均热释放速率几乎呈线性下降趋势。与纯 PS 相比，含有 30 wt%OTMA-POSS 的 PS/OTMA-POSS 纳米复合材料的热释放速率峰值下降约为 54.6%。同时，PS/OTMA-POSS 纳米复合材料的 CO 释放速率峰值(p-CORR)和 CO 浓度峰值(p-COC)也都有明显下降。1wt%、2 wt%、3 wt%和 5 wt%添加量的 OTMA-POSS 分别可以使 PS/OTMA-POSS 纳米复合材料的 p-CORR 下降 51.2%、53.1%、50.7%和 52.7%。当 OTMA-POSS 添加量为 30 wt%时，复合材料 p-CORR 下降幅度超过 70%，CO 释放的降低对减轻材料燃烧后烟气产生的毒性至关重要。因此，在 PS 基材中添加 OTMA-POSS 可以显著提高 PS 复合材料的火灾安全性。Liu 等[32]指出以上这些性质的改善，都是由于 OTMA-POSS 在 PS 基材中形成的有机-无机纳米纤维而成的，因为这些纳米纤维可以将 PS 基材分割成很多纳米尺寸的区域，这些 OTMA-POSS 纳米纤维像护板一样阻碍热量和分解物质的传播。以 OTMA-POSS 为基础，研究者还利用 OTMA-POSS 与表面活性剂之间的模板导向合成反应制备出了含有 POSS 的薄层状杂化材料。而 Liu 等[33]正是通过熔融共混的方法将这种薄层状的杂化材料引入到 PS 基材中制备出了新型的 PS/POSS 纳米复合材料。研究发现，在 PS 基材中只需添加 1wt%的含 POSS 薄层状杂化材料就可以使 PS 纳米复合材料的热释放速率峰值下降 50.6%，而且 CO 释放速率峰值和 CO 浓度峰值也都下降超过 60%。PS 纳米复合材料阻燃性质的显著提升主要是因为这种含 POSS 薄层状杂化材料，有助于 POSS 在 PS 中呈现良好分散状态的结果(如图 2-23 所示)。这种方法为制备阻燃聚合物材料提供了一种新的思路。

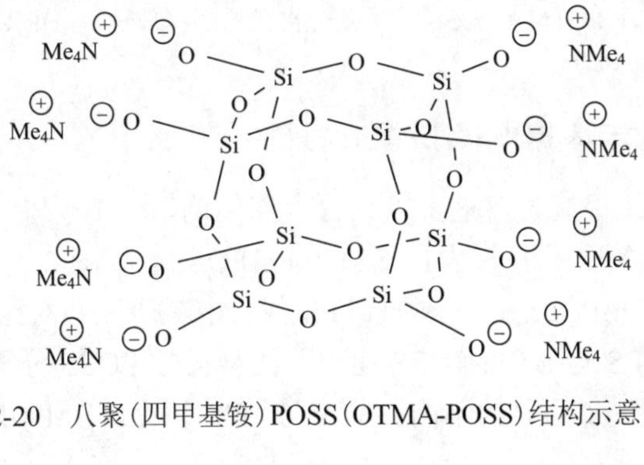

图 2-20　八聚(四甲基铵)POSS(OTMA-POSS)结构示意图[32]

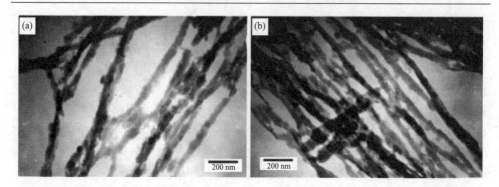

图 2-21　PS/OTMA-POSS 纳米复合材料的透射电镜照片：(a) PS/20wt% OTMA-POSS；
(b) PS/30wt% OTMA-POSS[32]

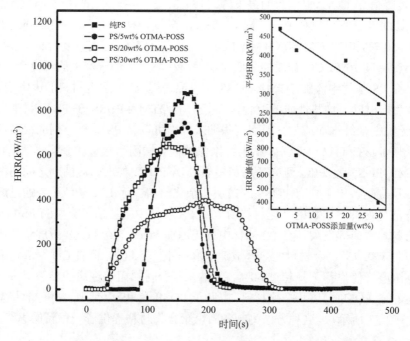

图 2-22　PS/OTMA-POSS 纳米复合材料的热释放速率(HRR)曲线[32]

2.3.3　聚苯乙烯/溴苯基 POSS 纳米复合材料

Liu 等[34]以二氯甲烷为溶剂，以铁粉为催化剂，使 Br₂ 与八苯基 POSS(OPS) 发生反应，成功制备出了溴苯基 POSS(Br.Ph-POSS，如图 2-24 所示)纳米粒子。然后将 OPS 和 Br.Ph-POSS 分别添加到 PS 基材中，研究并对比它们对 PS 阻燃性能的影响。由于 OPS 与 Br.Ph-POSS 属于不同种类的 POSS 分子，所以它们对 PS 的阻燃性质确实产生了明显的不同影响。与 OPS 相比，Br.Ph-POSS 对于降低 PS

复合材料的热释放速率峰值更加有效，它可以使 PS 复合材料的热释放速率峰值降低超过 84%。而 OPS 则可以显著降低 PS 复合材料燃烧过程中的烟释放速率，同时降低 CO 释放速率峰值和 CO 浓度峰值超过 80%。研究者指出以上这些不同主要是因为 Br.Ph-POSS 中的 Br 元素本身就是通过气相阻燃机理发挥阻燃作用的高效阻燃剂。

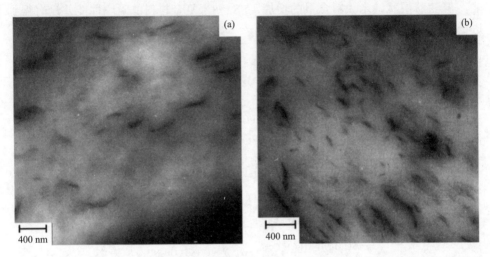

图 2-23　添加 1wt%含 POSS 薄层状杂化材料(a)及添加 5wt%含 POSS 薄层状杂化材料(b)的 PS 纳米复合材料 TEM 照片[33]

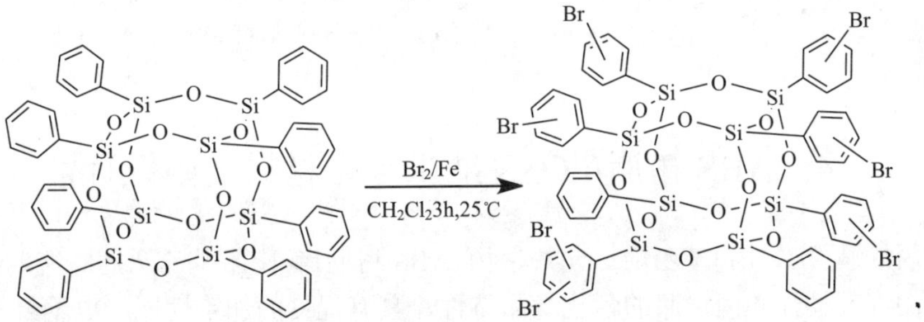

图 2-24　八苯基 POSS(OPS)的溴化反应示意图[34]

2.3.4　聚苯乙烯/八氯化氨丙基 POSS 纳米复合材料

Liu 等[35]将八氯化氨丙基 POSS(OCAP-POSS)与十二烷基苯磺酸钠(DBSS)进行反应制备出了层状杂化材料。如图 2-25 所示，OCAP-POSS 上的所有氯离子都被十二烷基苯磺酸钠反应掉了，最后形成了一种二维的多层结构[36]。Liu 等[35]将这种含有 POSS 的层状纳米填料添加到 PS 基材中，TEM 结果显示这种层状填料在 PS 基材中分散状态良好。锥形量热测试结果显示,在纯 PS 中添加 1 wt%、3wt%、5wt% 和 10wt% 的层状纳米填料均可使 PS 纳米复合材料的热释放速率峰值下降超过 50%。含 POSS 的层状纳米填料还可以有效降低 PS 纳米复合材料燃烧过程中的 CO 释放速率峰值和 CO 浓度峰值。该研究显示,这种含 POSS 的层状纳米填料在低添加量的情况下就可显著提高 PS 纳米复合材料的阻燃性能,但随着层状纳米填料含量的增加,PS 纳米复合材料的阻燃性能并没有得到进一步的提高。

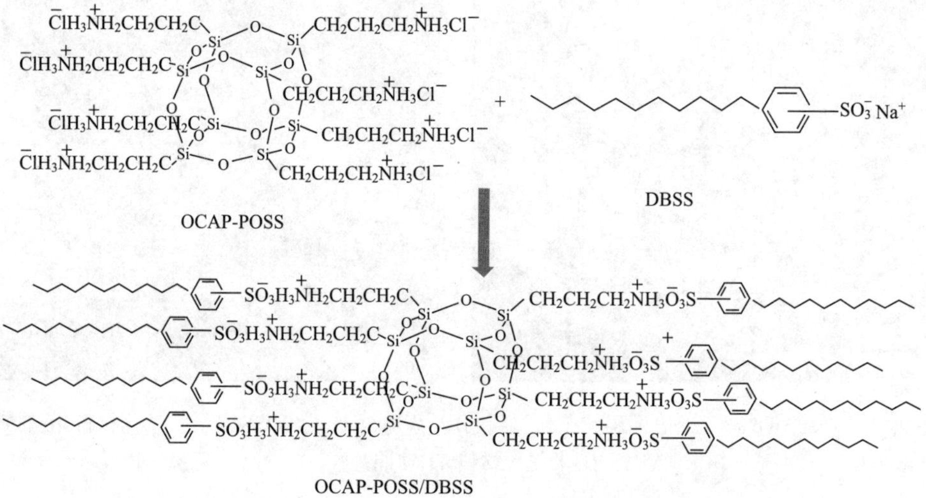

图 2-25　含 POSS 的层状纳米填料制备过程[36]

2.4　ABS 树脂/POSS 纳米复合材料及阻燃性能

丙烯腈-丁二烯-苯乙烯三元共聚物(ABS 树脂)集中了苯乙烯的高流动性、丁二烯的橡胶韧性和丙烯腈的耐化学品特性,具有优良的加工性能、电绝缘性能、耐化学腐蚀性能、综合物理性能及高光泽和优异的电镀性能,是用量最大、用途最广的工程塑料之一。ABS 树脂在汽车工业、电气仪表、机械工业、家用电器、办公设备等领域中具有非常广泛的应用前景。然而,ABS 树脂的极限氧指数(LOI)只有 18%,水平燃烧测试中,火焰传播速度为 2.5～5 cm/min,属于易燃材料,燃烧过程中会伴随产生大量的黑烟,对生命安全造成了极大的威胁。因此,如何改善 ABS 的阻燃性能、降低其所带来的火灾安全隐患成为当前重要研究课题。

八乙烯基 POSS(OV-POSS)中含有 8 个活性的乙烯基官能团,因此可以通过共混或共聚的方法与其他单体和聚合物形成 POSS-聚合物杂化材料,也可用于制备星形、多臂的树枝状聚合物，有着广泛的应用前景。本书作者采用一步水解法合成了 OV-POSS，并利用熔融共混法将 OV-POSS 与膨胀阻燃体系(IFR：聚磷酸铵+三聚氰胺+季戊四醇)复合用于阻燃 ABS 树脂，研究了二者之间的协效阻燃作用。

(1) ABS 树脂/IFR/OV-POSS 复合材料阻燃性能

分别在 ABS/IFR 质量比为 70/30、65/35 和 60/40 的三个基础配方中外添加 1 份、2 份、3 份的 OV-POSS，如表 2-4 所示，随着 OV-POSS 用量的增加，阻燃 ABS 树脂的极限氧指数获得相应的提高，在 ABS/IFR/POSS 质量比 65/35/3 时，阻燃 ABS 的极限氧指数达到 28.5%，通过 UL 94 垂直燃烧 V-0 级。

表 2-4　OV-POSS 对 ABS/IFR 体系燃烧性能的影响

OV-POSS	ABS/IFR/POSS (70/30/n)				ABS/IFR/POSS (65/35/n)				ABS/IFR/POSS (60/40/n)			
	0	1	2	3	0	1	2	3	0	1	2	3
LOI /%	23.5	—	24.5	25.5	26.5	26.5	28	28.5	27.5	27.8	—	29.3
UL 94	NR	—	NR	NR	NR	NR	V-1	V-0	V-0	V-0	—	V-0

(2) ABS 树脂/IFR/OV-POSS 复合材料热性能

POSS 笼形骨架全部由 Si—O—Si 组成，热稳定性较好，整个分子就像一个刚性球。对于聚合物基材来说，POSS 笼形结构的存在起到物理交联作用，可提高聚合物的热稳定性。图 2-26 为加入 POSS 前后阻燃材料的 TG 曲线，基础配方

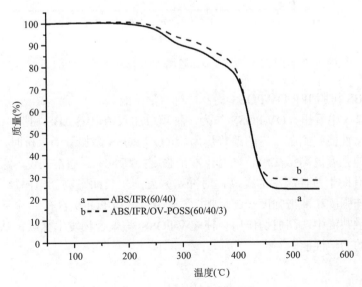

图 2-26　添加 OV-POSS 前后阻燃 ABS 树脂体系的 TG 曲线

中阻燃 ABS 树脂的初始分解温度为 263℃，添加 3 wt%的 OV-POSS 后，初始分解温度变为 278℃，提高了 15℃，550℃时残余物量也由 24 wt%提高到 28 wt%。说明 OV-POSS 的添加有利于促进膨胀阻燃 ABS 树脂体系成炭，提高了阻燃性。

(3) ABS 树脂/IFR/OV-POSS 复合材料锥形量热分析

在基础配方中外添加 3 份的 OV-POSS 后，热释放速率峰值由 506 kW/m^2 降低为 418 kW/m^2，降低了 17%，且达到 p-HRR 的时间也延迟了 35 s，点燃时间没有太大变化。从图 2-27 上看，曲线 c 出现了明显的平台，可见 OV-POSS 的添加有助于阻燃 ABS 树脂在燃烧时表面形成阻隔层，减缓热量传递，抑制可燃气体的溢出，保护内部基材，提高材料的火灾安全性。

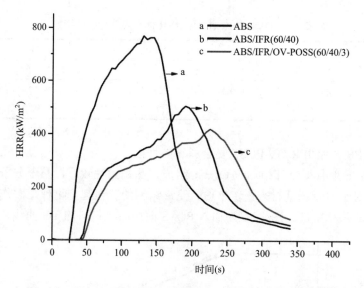

图 2-27   添加 OV-POSS 前后阻燃 ABS 树脂体系的 HRR 曲线

(4) ABS 树脂/IFR/OV-POSS 复合材料力学性能

从表 2-5 中看出，OV-POSS 作为一种填料加入到阻燃 ABS 树脂中，对 ABS 树脂的力学性能起到了一定的改善作用。当 OV-POSS 添加量为 3 份时，阻燃 ABS 树脂的拉伸强度提高了 22%，同时，冲击强度提高 80%。通常来说，添加填料到聚合物中有助于拉伸强度的提高，对冲击强度产生负面影响，但添加 OV-POSS 却使得拉伸强度和冲击强度一起增加。这是由于 OV-POSS 含有 8 个活性的乙烯基，在熔融共混中，高剪切作用会使 OV-POSS 与聚合物发生交联，从而有助于提高材料的力学性能。

表 2-5　OV-POSS 对 ABS/IFR 体系力学性能的影响

OV-POSS	ABS/IFR/OV-POSS (60/40/n)			
	0	1	2	3
拉伸强度 /MPa	20.1	20.9	22.1	24.7
悬臂梁冲击强度 /kJ/m^2	0.91	1.05	1.27	1.63

2.5　聚甲基丙烯酸甲酯/POSS 纳米复合材料及阻燃性能

聚甲基丙烯酸甲酯(PMMA)是一种透明聚合物,它的树脂溶液主要应用于涂料领域,PMMA 树脂本身由于具有优异的透明性而被广泛地应用于灯具、光学玻璃、仪器仪表、光导纤维以及特殊建筑等领域。人们通常称聚甲基丙烯酸甲酯为有机玻璃或者亚克力,但 PMMA 属于易燃材料,极限氧指数仅为 17.3%左右。目前,研究者利用 POSS、有机改性蒙脱土(OMMT)、水滑石(LDH)、层状羟基盐(LHS)、TiO$_2$、Fe$_2$O$_3$ 或碳纳米管(CNT)等纳米填料对 PMMA 进行阻燃研究,制备出了一系列阻燃 PMMA 纳米复合材料[37-39]。代表性的制备 PMMA 纳米复合材料的方法包括直接聚合法、溶液混合法、熔融混合法,这些方法均可使纳米填料在 PMMA 基材中实现良好分散。对于 PMMA/POSS 纳米复合材料来说,POSS 纳米粒子的添加方式对材料最终的热稳定性和阻燃性能有重要影响[40, 41]。

2.5.1　聚甲基丙烯酸甲酯/苯基三硅醇 POSS 复合材料

Jash 等[42]以偶氮二异丁腈(AIBN)为自由基引发剂通过本体聚合方式制备PMMA,同时将苯基三硅醇 POSS(T-POSS)加入其中,制备了 PMMA/T-POSS 纳米复合材料。如表 2-6 所示,通过对比纯 PMMA 和 PMMA/T-POSS 纳米复合材料的热稳定,研究者发现 T-POSS 添加量为 0.1wt%的 PMMA/0.1wt%T-POSS 纳米复合材料的热稳定性低于纯 PMMA,其他 T-POSS 含量的 PMMA/T-POSS 纳米复合材料的热稳定性均高于纯 PMMA。从表 2-6 中可以看出,T-POSS 可以使PMMA/T-POSS 纳米复合材料质量损失 50%时的温度比纯 PMMA 提高 30~60℃。在锥形量热测试中,T-POSS 对 PMMA/T-POSS 纳米复合材料阻燃性能的影响结果如表 2-7 所示。结果出乎研究者的意料,虽然 T-POSS 可以增加 PMMA 的热稳定性,但对 PMMA/T-POSS 纳米复合材料的点燃时间(TTI)、热释放速率峰值(p-HRR)、总热释放(THR)和质量损失速率(MLR)却没有任何改进。相反的是,添加 T-POSS 后 PMMA/T-POSS 纳米复合材料的比消光面积(SEA)比纯 PMMA 有大幅度增加,这意味 T-POSS 使 PMMA 产生了更多烟,使火灾危害性进一步提高。在 Jash 等[42]的研究中,在 PMMA 本体聚合时添加 T-POSS 似乎对 PMMA 的阻燃性能并没有起到正面作用。

表 2-6　PMMA 及 PMMA/T-POSS 纳米复合材料的热重分析数据(N_2, 20℃/min)[42]

样品	10%质量损失(℃)	50%质量损失（℃）	600℃时残炭量/%
PMMA	271	309	0
PMMA/0.1wt%T-POSS	247	340	0
PMMA/1wt%T-POSS	291	357	0
PMMA/3wt%T-POSS	283	366	0
PMMA/6wt%T-POSS	290	368	6

表 2-7　PMMA 及 PMMA/T-POSS 纳米复合材料的锥形量热分析数据(35 kW/m^2)[42]

样品	TTI(s)	p-HRR (kW/m^2)	THR(MJ/m^2)	MLR[g/(s·m^2)]	SEA (m²/kg)
PMMA	21±0	790±1	76±3	20.3	270
PMMA/0.1wt%T-POSS	19±3	758±35	72	19.2	259
PMMA/1wt%T-POSS	17±2	789±35	74	19.0	300
PMMA/3wt%T-POSS	17±2	825±40	68	20.0	440
PMMA/6wt%T-POSS	20±2	765±20	71	18.8	400

2.5.2　聚甲基丙烯酸甲酯/乙基甲基丙烯酸基 POSS 复合材料

Vahabi 等[43]以四氢呋喃为溶剂，以溶液混合的方式分别将苯基三硅醇 POSS(T-POSS)和乙基甲基丙烯酸基 POSS(MAE-POSS)添加到聚甲基丙烯酸甲酯(PMMA)或一种磷酸化改性的 PMMA 聚合物(P-m-PMMA)中，对比不同种类的 POSS 对 PMMA 和 P-m-PMMA 热降解行为和阻燃性能的影响。T-POSS、MAE-POSS、PMMA 和 P-m-PMMA 的分子结构式如图 2-28 所示。研究者发现热稳定高的 T-POSS 可以提高 PMMA 及 P-m-PMMA 的热稳定性，但对它们的分解过程没有明显影响。而对于添加热稳定性较低的 MAE-POSS 的 PMMA 及 P-m-PMMA 复合材料，它们的热稳定性要比不添加 MAE-POSS 的 PMMA 及 P-m-PMMA 明显降低，研究者指出这主要是因为 MAE-POSS 的热稳定性低造成的，因为 MAE-POSS 的质量损失从 165℃ 开始,而且很快质量损失就会超过80%。通过微型燃烧量热仪(MCC)对这些复合材料进行研究，发现 MAE-POSS 可以使 PMMA/MAE-POSS 纳米复合材料的总热释放量下降 21%，而热稳定性较好的 T-POSS 却只能使 PMMA/T-POSS 纳米复合材料的总热释放量下降 5%。MAE-POSS 可以使 PMMA/MAE-POSS 纳米复合材料的总热释放量显著下降，是因为 MAE-POSS 与 PMMA 的降解产物很容易发生相互作用而形成稳定炭层。由于

T-POSS 热稳定性较高，它的分解过程明显滞后于 PMMA 的分解，所以 PMMA 与 T-POSS 分解产物之间的相互作用在 T-POSS 分解之前很难发生，所以 T-POSS 对 PMMA 的作用并不明显。对于磷酸化改性的 PMMA 聚合物(P-m-PMMA)而言，以溶液混合法制备的 P-m-PMMA/MAE-POSS 纳米复合材料和 P-m-PMMA/T-POSS 纳米复合材料的总热释放量均高于纯 P-m-PMAA 本身，研究表明，该体系中也没有硅/磷协同阻燃效应发生。

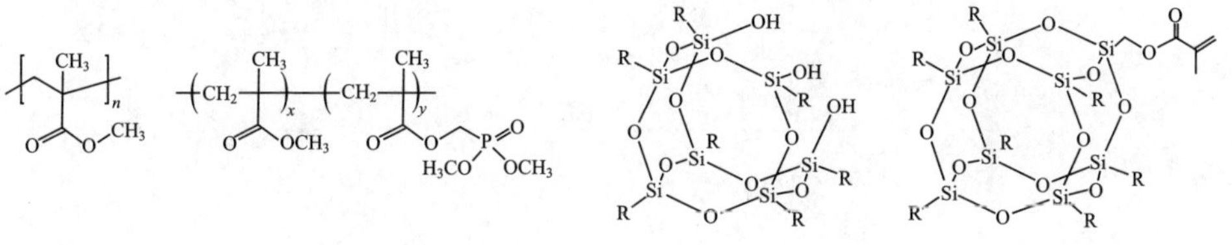

图 2-28　(a) 聚甲基丙烯酸甲酯(PMMA)、(b) 磷酸化改性的 PMMA 聚合物(P-m-PMMA)、(c) 苯基三硅醇 POSS(T-POSS)和(d) 乙基甲基丙烯酸基 POSS(MAE-POSS)的分子结构式[43]

　　Vahabi 等[43]还通过共聚方式制备了 PMMA/MAE-POSS 纳米复合材料和 P-m-PMMA/MAE-POSS 纳米复合材料，如图 2-29 所示。自由基聚合发生在 MMA 单体、P-m-MMA 单体和 MAE-POSS 之间。他们发现，通过化学方法将 MAE-POSS 引入到 PMMA 主链上之后[图 2-29(a)]，PMMA/MAE-POSS 纳米复合材料的热稳定性、残炭量以及阻燃性都要明显高于以物理混合方式制备的 PMMA/MAE-POSS 纳米复合材料。但是通过化学方法将 MAE-POSS 引入到 P-m-PMMA 主链之后得到的 P-m-PMMA/MAE-POSS 纳米复合材料[图 2-29(b)]，其热稳定性和阻燃性能却要明显低于以物理方式添加 MAE-POSS 制备出的 P-m-PMMA/MAE-POSS 纳米复合材料。该研究表明同一种 POSS 的添加方式不同，对材料最终的热稳定性和阻燃性会有很大的影响。

2.5.3　聚甲基丙烯酸甲酯/三苯基磷酸酯/苯基聚硅倍半氧烷复合材料

　　Wang 等[44]将三苯基磷酸酯(TPP)与苯基聚硅倍半氧烷(PPSQ)纳米微球复合使用，用于阻燃聚甲基丙烯酸甲酯(PMMA)。阻燃剂 TPP 和 PPSQ 的总添加量为 20wt%，不同 PMMA/TPP/PPSQ 纳米复合材料中 PPSQ 的添加量分别为 0wt%、1wt%、3wt%或 5wt%。对 PMMA/TPP/PPSQ 纳米复合材料的热稳定性进行研究发现，添加 PPSQ 纳米微球可以使材料质量损失 10%和质量损失 50%时的温度明显向高温方向移动，说明材料的热稳定性有所增加。在锥形量热测试结果中(表 2-8)，PMMA/TPP/PPSQ 纳米复合材料的点燃时间(TTI)以及达到热释放速率峰值的时间($t_{p\text{-HRR}}$)都要明显高于 PMMA/TPP 复合材料。而且 PMMA/TPP/PPSQ 纳米复合

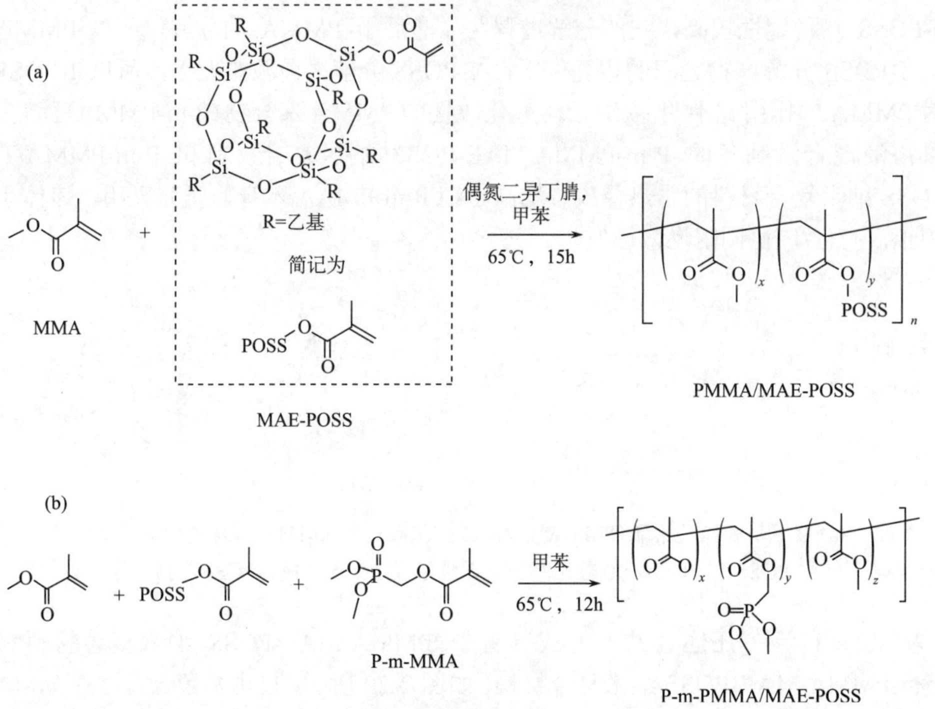

图 2-29　共聚法制备 PMMA/MAE-POSS 和 P-m-PMMA/MAE-POSS 两种纳米复合材料示意图[43]

材料的热释放速率峰值（p-HRR）、总热释放（THR）和平均质量损失速率（AMLR）都随着 PPSQ 纳米微球含量的增加而逐渐降低。Wang 等[44]指出阻燃剂 TPP 与 PPSQ 纳米微球的分解产物将在凝聚相中相互反应生成硅-磷复合结构，这种结构将与 PPSQ 分解形成的类陶瓷结构共同作用进而提升 PMMA/TPP/PPSQ 纳米复合材料炭层的热稳定性和密实度。Qin 等[45]就曾报道过由于 PPSQ 的特殊结构，它的产物可以形成很好的保护层以防止聚合物基材的分解产物向外扩散，同时抑制氧气和热量向基材传播。

表 2-8　**PMMA/TPP/PPSQ 纳米复合材料的锥形量热测试数据（35 kW/m²）**[44]

样品	TTI (s)	p-HRR (kW/m²)	$t_{p\text{-HRR}}$ (s)	THR (MJ/m²)	AMLR [g/(s · m²)]
PMMA/20wt%TPP	22	551.3	116	88.3	16.5
PMMA/19wt%TPP/1wt% PPSQ	23	523.8	127	85.6	15.8
PMMA/17wt%TPP/3wt% PPSQ	35	519.1	128	82.2	15.1
PMMA/15wt%TPP/5wt% PPSQ	38	450.4	139	80.9	14.8

参 考 文 献

[1] Fina A, Tabuani D, Frache A, et al. Polypropylene-polyhedral oligomeric silsesquioxanes (POSS) nanocomposites. Polymer, 2005, 46(19): 7855-7866.

[2] Fina A, Tabuani D, Camino G. Polypropylene-polysilsesquioxane blends. Eur Polym J, 2010, 46(1): 14-23.

[3] Fina A, Tabuani D, Camino G. Nanostructure surface interaction with polymers: the key factor in nanocomposite preparation //Lazzari M, Kenny J, Camino G, et al. Nanostructured and Functional Polymer-based Materials and Nanocomposites. Santigo: Santigo de Compostela Press, 2007: 80-84.

[4] Fina A, Tabuani D, Carniato F, et al. Polyhedral oligomeric silsesquioxanes (POSS) thermal degradation. Thermochim Acta, 2006, 440(1): 36-42.

[5] Barczewski M, Dobrzyńska-Mizera M, Dudziec B, et al. Influence of a sorbitol-based nucleating agent modified with silsesquioxanes on the non-isothermal crystallization of isotactic polypropylene. J Appl Polym Sci, 2014, 131(8): 631-644.

[6] Barczewski M, Chmielewska D, Dobrzyńska-Mizera M, et al. Thermal stability and flammability of polypropylene-silsesquioxane nanocomposites. Int J Polym Anal Charact, 2014, 19(6): 500-509.

[7] Zhou Q, Wang Z, Shi Y, et al. The migration of POSS molecules in PA6 matrix during phase inversion process. Appl Surf Sci, 2013, 284(0): 118-125.

[8] Antonov A, Yablokova M, Costa L, et al. The effect of nanometals on the flammability and thermooxidative degradation of polymer materials. Molecular Crystals and Liquid Crystals Science and technology. Section A. Mol Cryst Liq Cryst, 2000, 353(1): 203-210.

[9] Fina A, Abbenhuis H C L, Tabuani D, et al. Metal functionalized POSS as fire retardants in polypropylene. Polym Degrad Stabil, 2006, 91(10): 2275-2281.

[10] Carniato F, Boccaleri E, Marchese L, et al. Synthesis and characterisation of metal isobutylsilsesquioxanes and their role as inorganic-organic nanoadditives for enhancing polymer thermal stability. Eur J Inorg Chem, 2007, 2007(4): 585-591.

[11] Qian Y, Wei P, Jiang P, et al. Preparation of hybrid phosphamide containing polysilsesquioxane and its effect on flame retardancy and mechanical properties of polypropylene composites. Composites Part B, 2013, 45(1): 1541-1547.

[12] Fu B X, Lee A, Haddad T S. Styrene-butadiene-styrene triblock copolymers modified with polyhedral oligomeric silsesquioxanes. Macromolecules, 2004, 37(14): 5211-5218.

[13] Drazkowski D B, Lee A, Haddad T S. Morphology and phase transitions in styrene-butadiene-styrene triblock copolymer grafted with isobutyl-substituted polyhedral oligomeric silsesquioxanes. Macromolecules, 2007, 40(8): 2798-2805.

[14] Zhou Z, Zhang Y, Zeng Z, et al. Properties of POSS-filled polypropylene: Comparison of physical blending and reactive blending. J Appl Polym Sci, 2008, 110(6): 3745-3751.

[15] Fina A, Tabuani D, Peijs T, et al. POSS grafting on PPgMA by one-step reactive blending. Polymer, 2009, 50(1): 218-226.

[16] Du B, Ma H, Fang Z. How nano-fillers affect thermal stability and flame retardancy of intumescent flame retarded polypropylene. Polym Adv Technol, 2011, 22(7): 1139-1146.

[17] Bouza R, Barral L, Díez F J, et al. Study of thermal and morphological properties of a hybrid system, iPP/POSS. Effect of flame retardance. Compos Part B, 2014, 58(0): 566-572.

[18] Bourbigot S, Le Bras M, Flambard X, et al. Polyhedral oligomeric silsesquioxanes: application to flame retardant textiles //M. LE BRAS, C. A. WILKIE, S. BOURBIGOT, et al. Fire Retardancy of Polymers: New Applications of Mineral Fillers. Cambridge: The Royal Society of Chemistry, 2005: 189-201.

[19] Wang J, Ye Z, Joly H. Synthesis and characterization of hyperbranched polyethylenes tethered with polyhedral oligomeric silsesquioxane (POSS) nanoparticles by chain walking ethylene copolymerization with acryloisobutyl-POSS. Macromolecules, 2007, 40:6150-6163.

[20] Joshi M, Butola B S, Simon G, et al. Rheological and viscoelastic behavior of HDPE/ octamethyl-POSS nanocomposites. Macromolecules, 2006, 39:1839-1849.

[21] Bùi L N, Thompson M, Mckeown N B, et al. Surface modification of the biomedical polymer poly(ethylene terephthalate). Analyst, 1993, 118(5): 463-474.

[22] Karlsson L, Lundgren A, Jungqvist J, et al. Effect of nanofillers on the flame retardant properties of a polyethylene-calcium carbonate-silicone elastomer system. Fire Mater, 2011, 35(7): 443-452.

[23] Patel R R, Mohanraj R, Pittman C U. Properties of polystyrene and polymethyl methacrylate copolymers of polyhedral oligomeric silsesquioxanes: A molecular dynamics study. J Polym Sci, Part B: Polym Phys, 2006, 44(1): 234-248.

[24] Li L, Liu H. Facile construction of hybrid polystyrene with a string of lantern shape from monovinyl-substituted POSS and commercial polystyrene via Friedel-Crafts reaction and its properties. Rsc Adv, 2014, 4(87): 46710-46717.

[25] Blanco I, Bottino F A. Thermal study on phenyl, hepta isobutyl-polyhedral oligomeric silsesquioxane/polystyrene nanocomposites. Polym Composite, 2013, 34(2): 225-232.

[26] Blanco I, Abate L, Bottino F A, et al. Thermal degradation of hepta cyclopentyl, mono phenyl-polyhedral oligomeric silsesquioxane (hcp-POSS)/polystyrene (PS) nanocomposites. Polym Degrad Stabil, 2012, 97(6): 849-855.

[27] Monticelli O, Fina A, Ullah A, et al. Preparation, characterization, and properties of novel PSMA-POSS systems by reactive blending. Macromolecules, 2009, 42(17): 6614-6623.

[28] Zheng L, Kasi R M, Farris R J, et al. Synthesis and thermal properties of hybrid copolymers of syndiotactic polystyrene and polyhedral oligomeric silsesquioxane. J Polym Sci, Part A: Polym Chem, 2002, 40(7): 885-891.

[29] Blanco I, Abate L, Bottino F. Synthesis and thermal properties of new dumbbell-shaped isobutyl-substituted POSSs linked by aliphatic bridges. J Therm Anal Calorim, 2014, 116(1): 5-13.

[30] Blanco I, Abate L, Bottino F A, et al. Thermal behaviour of a series of novel aliphatic bridged polyhedral oligomeric silsesquioxanes(POSSs)/polystyrene(PS) nanocomposites: The influence of the bridge length on the resistance to thermal degradation. Polym Degrad Stabil,

2014, 102(0): 132-137.

[31] Blanco I, Bottino F A, Cicala G, et al. A kinetic study of the thermal and thermal oxidative degradations of new bridged POSS/PS nanocomposites. Polym Degrad Stabil, 2013, 98(12): 2564-2570.

[32] Liu L, Hu Y, Song L, et al. Combustion and thermal properties of OctaTMA-POSS/PS composites. J Mater Sci, 2007, 42(12): 4325-4333.

[33] Liu L, Hu Y, Song L, et al. Preparation and characterizations of novel PS composites containing octaTMA-POSS-based lamellar hybrids. Int J Polym Mater Polym Biomater, 2011, 60(12): 947-958.

[34] Liu L, Hu Y, Song L, et al. Preparation, characterization and properties of polystyrene composites using octaphenyl polyhedral oligomeric silsesquioxane and its bromide derivative. Iran Polym J, 2010, 19(12): 937-948.

[35] Liu L, Hu Y, Song L, et al. Novel PS composites by using artificial lamellar hybrid from octa(γ-chloroaminopropyl) POSS and surfactant. Polym-Plast Technol, 2011, 50(1): 73-79.

[36] Liu L, Hu Y, Song L, et al. Lamellar hybrid from octa(γ-chloroaminopropyl) polyhedral oligomeric silsesquioxanes and anionic surfactant by ion-exchange reaction. Mater Lett, 2007, 61(4-5): 1077-1081.

[37] Laachachi A, Leroy E, Cochez M, et al. Use of oxide nanoparticles and organoclays to improve thermal stability and fire retardancy of poly(methyl methacrylate). Polym Degrad Stabil, 2005, 89(2): 344-352.

[38] Kim S, Wilkie C A. Transparent and flame retardant PMMA nanocomposites. Polym Adv Technol, 2008, 19(6): 496-506.

[39] Jiang Z, Chow W K, Tang J, et al. Preliminary study on the suppression chemistry of water mists on poly(methyl methacrylate) flames. Polym Degrad Stabil, 2004, 86(2): 293-300.

[40] Leszczyńska A, Njuguna J, Pielichowski K, et al. Polymer/montmorillonite nanocomposites with improved thermal properties: Part II. Thermal stability of montmorillonite nanocomposites based on different polymeric matrixes. Thermochim Acta, 2007, 454(1): 1-22.

[41] Leszczyńska A, Njuguna J, Pielichowski K, et al. Polymer/montmorillonite nanocomposites with improved thermal properties: Part I. Factors influencing thermal stability and mechanisms of thermal stability improvement. Thermochim Acta, 2007, 453(2): 75-96.

[42] Jash P, Wilkie C A. Effects of surfactants on the thermal and fire properties of poly(methyl methacrylate)/clay nanocomposites. Polym Degrad Stabil, 2005, 88(3): 401-406.

[43] Vahabi H, Ferry L, Longuet C, et al. Combination effect of polyhedral oligomeric silsesquioxane (POSS) and a phosphorus modified PMMA, flammability and thermal stability properties. Mater Chem Phys, 2012, 136(2-3): 762-770.

[44] Wang X, Wu L, Li J. Study on the flame-retarded poly(methyl methacrylate) by triphenylphosphate and nano-poly(phenylsilsesquioxane) spheres. Adv Polym Tech, 2011, 30(1): 33-40.

[45] Qin H, Zhang S, Zhao C, et al. Thermal stability and flammability of polypropylene/montmorillonite composites. Polym Degrad Stabil, 2004, 85(2): 807-813.

第 3 章 聚酯及纤维素/POSS 纳米复合材料及阻燃性能

聚酯是由多元醇和多元酸缩聚而得的聚合物总称，主要指聚对苯二甲酸乙二醇酯(PET)、聚对苯二甲酸丁二醇酯 (PBT)和聚丁二酸丁二醇酯 (PBS)等线形热塑性树脂。聚酯材料具有良好的加工性能、力学性能、化学特性，并且价格便宜，因此被广泛地应用于日常生活中，而且用量逐年递增。聚酯材料也可制成聚酯纤维和聚酯薄膜。然而，聚酯属于可燃材料，极限氧指数仅为 22%～23%。由聚酯纤维制成的纺织品引起的火灾逐年增加，世界各国的研究部门都在竞相开发阻燃产品，特别是作为合成纤维之首的聚酯纤维，它的阻燃化也早已为人们所重视，阻燃化研究更成为一个非常活跃的领域。

3.1 聚对苯二甲酸乙二醇酯/POSS 纳米复合材料及阻燃性能

Yoon 等[1]通过熔融混合和原位聚合的方法,制备了 PET/POSS 纳米复合材料，PET/POSS 复合材料制备的时候，加入少量的 POSS 可以导致相分离和力学性能变差。为了获得均匀的共混物相，他们在原位聚合中利用了环氧基 POSS 衍生物的环氧基和 PET 中羟基的反应，可以大幅度地提高材料的力学性能。但是 PET 易燃且伴有大量熔滴，因此其火灾危险性一直是一个亟待解决的问题[2]。

Vannier 等[3]采用八甲基 POSS (octamethyl POSS, OM-POSS)和次磷酸锌 (zinc phosphinate, OP950)复配用于阻燃回收再利用的 PET。单独使用 OP950 对 PET 进行阻燃，通过膨胀阻燃效应可以提高 PET/OP950 复合材料的阻燃性能。但当在 PET/OP950 复合材料中添加少量 OM-POSS 时，虽然 OM-POSS 在 PET 基材中分散情况不好，但是 OM-POSS 与 OP950 之间仍产生了显著的协同阻燃效应，使 PET/OP950/OM-POSS 复合材料的极限氧指数和锥形量热测试结果出现明显改善。如图 3-1 所示，当在回收 PET 基材中添加 1wt%OM-POSS 和 9wt%OP950 时，PET/OP950/OM-POSS 复合材料的热释放速率峰值(p-HRR)显著低于单独添加 10wt%OP950 的 PET/OP950 复合材料。同时，热释放速率曲线的形状也从 PET/OP950 复合材料的一个大热释放速率峰变成了 PET/OP950/OM-POSS 复合材料的两个小的热释放速率峰，这说明添加 OM-POSS 后，PET/OP950 复合材料的成炭过程发生了明显的变化。另外，PET/OP950/OM-POSS 复合材料的极限氧指数也从 PET/OP950 复合材料的 29%提高到了 36%。但是，添加 OM-POSS 之后，PET/OP950/OM-POSS 复合材料的点燃时间和 CO 释放量并没有比 PET/OP950 复合材料有所改善。

Vannier 等[4]对 OP950 与 OM-POSS 之间的协同阻燃机理做了进一步深入研究。他们指出 OM-POSS 分解产物主要是二氧化硅和一些 Si—O 碎片，而 OP950 分解产物主要是磷化氢、磷酸酯或多聚磷酸酯之类的物质，但是 OM-POSS 与 OP950 之间并没有发生化学反应。因此 Vannier 等[4]指出，OM-POSS 与 OP950 之间的协同作用并不是由于化学反应，而是由于 OM-POSS 对炭层的增强作用以及 OM-POSS 升华或分解可以在膨胀阻燃体系起到气源的作用等物理效果。

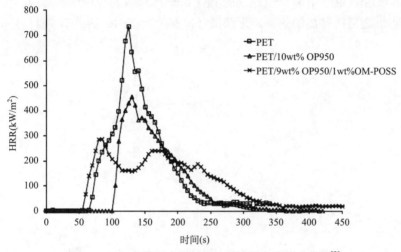

图 3-1　PET 及其复合材料的热释放速率(HRR)曲线[3]

Didane 等[5]分别使用三种不同分子结构的 POSS 与 OP950 复配用于阻燃PET。这三种不同分子结构的 POSS 分别是八甲基 POSS(OM-POSS)、乙烯基聚硅倍半氧烷(FQ-POSS)和十二苯基 POSS(dodecaphenyl POSS, DP-POSS, 如图 3-2 所示)。分别在 PET/OP950 复合材料中添加 1wt%的 POSS 颗粒，发现 FQ-POSS 和 DP-POSS 比 OM-POSS 可以更好地提高 PET/OP950 复合材料的热稳定性。如表 3-1 所示，添加三种不同 POSS 颗粒的 PET/OP950/POSS 复合材料的热释放速率峰值比纯 PET 下降约 50%，但 PET/OP950/OM-POSS 和 PET/OP950/FQ-POSS 的总热释放量却与 PET/OP950 复合材料的总热释放量基本相同，只有 PET/OP950/DP- POSS 复合材料的总热释放量比 PET/OP950 复合材料有较大幅度的下降。Didane 等[5]指出燃烧过程中 PET/OP950/DP-POSS 复合材料形成的炭层质量最好，炭层内部呈现蜂窝状薄壁炭层，而这种形貌的炭层与 DP-POSS 分解时所产生的芳烃自由基是分不开的。

Didane 等[6]在后续研究中将 OP950 用次磷酸铝(OP1230)代替，通过熔融纺丝方法将 OM-POSS 或 DP-POSS 与 OP1230 复配用于阻燃 PET 纤维，并发现了不同的协同阻燃趋势。他们报道称复合阻燃剂 OP1230/OM-POSS 可以使 PET/OP1230/OM-POSS 复合材料的热释放速率峰值比纯 PET 下降超过 50%，总热释放量下降超过 38%。但是复合阻燃剂 OP1230/DP-POSS 却使 PET/OP1230/DP-POSS 复合材料的总热释放量与纯 PET 相比没有明显变化，热释放速率峰值仅下降 20%左右。Didane 等[6]指出当 PET 纤维内添加 OM-POSS/OP1230 复合阻燃剂之后，样品的点燃时间缩短，因为该阻燃剂可以使样品尽快生成有效炭层，隔绝外部热量向材料内部传播，同时抑制内部的可燃性分解产物向外部扩散。相反，添加 DP-POSS/OP1230 复合阻燃剂的 PET 纤维所形成的炭层膨胀有限，不足以对抗样品点燃之后所释放的热量，无法很好地保护炭层内部的 PET 基材。

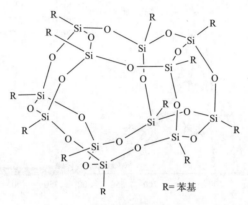

R= 苯基

图 3-2　十二苯基 POSS（DP-POSS）的分子结构示意图[5]

表 3-1　**PET 及其复合材料的锥形量热测试数据**（25 kW/m²）[5]

样品	TTI(s)	p-HRR（kW/m²） （降低百分比，%）	THR （MJ/m²）
PET	270±7	500±0	39±3
PET/10wt%OP950	280±7	365±9（27）	27±2
PET/9wt%OP950/1wt%OM-POSS	255±21	244±19（51）	25±4
PET/9wt%OP950/1wt%FQ-POSS	243±11	214±1（57）	26±4
PET/9wt%OP950/1wt%DP-POSS	250±0	226±7（55）	18±1

　　Didane 等[7]也通过熔融纺丝方法将复合阻燃剂 OM-POSS/OP950 添加到 PET 复丝中。在这种织物中，添加 OM-POSS 粒子对 PET/OP950 纤维的阻燃性能有所破坏，使它的热释放速率峰值从 PET/OP950 的 218 kW/m² 增加到 PET/OP950/OM-POSS 的 312 kW/m²。图 3-3 为样品燃烧过程中释放气体的密度随燃烧时间的变化曲线。PET/10wt%OP950 复合材料表现出最快的烟释放速率，并在燃烧 250 s

时烟密度达到最大，而纯 PET 则要在燃烧约 500 s 时烟密度才能达到最大，而且它的烟密度明显高于 PET/10wt%OP950 复合材料。但添加 OM-POSS 以后，PET/OP950/OM-POSS 表现出了完全不同的烟释放行为，它的烟密度在整个燃烧过程中缓慢递增，在燃烧超过 1200 s 时也仅仅达到了纯 PET 最大烟密度的 40%，因此在该研究中，OM-POSS 表现出了良好的抑烟作用。

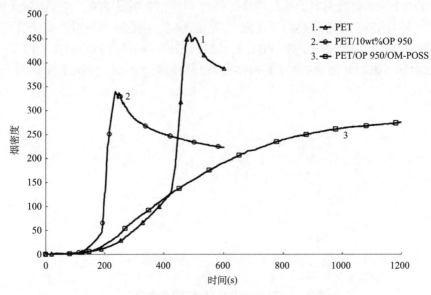

图 3-3　不同 PET 织物在 25 kW/m² 热辐照功率下的烟密度曲线[7]

3.2　聚对苯二甲酸丁二醇酯/POSS 纳米复合材料及阻燃性能

聚对苯二甲酸丁二醇酯(polybutylene terephthalate, PBT)是一种非常重要的工程塑料，通常采用玻璃纤维(GF)对其进行增强(GF-PBT)以达到更强的力学性能来满足商业应用[8]，但由于 PBT 本身具有较高的可燃性，所以 GF-PBT 在很多方面的应用会受到一定的限制。

Louisy 等[9]报道称他们采用磷系阻燃剂二乙基次磷酸铝(aluminum diethylphosphinate, OP1240)或二乙基次磷酸铝与三聚氰胺氰尿酸盐的混合物(OP1200)与 POSS 复配对 GF-PBT 进行阻燃。他们采用的 POSS 分子分别是氨乙基氨丙基异丁基 POSS(amino-ethyl-amino-propyl-isobutyl POSS, AEAPI-POSS, 如图 3-4 所示)、八甲基 POSS(OM-POSS)和苯基三硅醇 POSS(T-POSS)。如表 3-2 所示，Louisy 等发现在 GF-PBT 复合材料中，OM-POSS 可以与含二乙基次磷酸铝的阻燃剂 OP1240 或 OP1200 产生正协同作用，这种协同作用可使

GF-PBT/OP1240/OM-POSS 或 GF-PBT/OP1200/OM-POSS 复合材料的热释放速率峰值比 GF-PBT/OP1240 或 GF-PBT/OP1200 的热释放速率峰值下降 30%左右，且极限氧指数也同时有所提高。但是在相同的聚合物体系中，T-POSS 与含二乙基次磷酸铝的阻燃剂 OP1240 或 OP1200 却在 UL-94 垂直燃烧测试和 LOI 测试中产生了明显的反协同作用，复配的阻燃剂使 GF-PBT/OP1240/T-POSS 或 GF-PBT/OP1200/T-POSS 复合材料的垂直燃烧等级和 LOI 都有明显下降。但是这种反协同作用并没有出现在锥形量热测试过程中，复配的阻燃剂也使热释放速率峰值降低。对添加了 AEAPI-POSS 的 GF-PBT 复合材料来说，AEAPI-POSS 与 OP1240 或 OP1200 复配在 LOI 测试中对 GF-PBT 呈现反协同阻燃效果，但是在 UL-94 测试

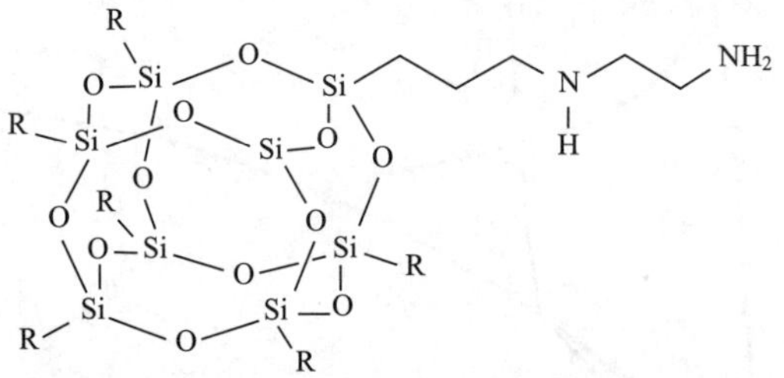

R=异丁基

图 3-4　氨乙基氨丙基异丁基 POSS（AEAPI-POSS）分子结构示意图[9]

表 3-2　GF-PBT 复合材料阻燃性能数据[9]

样品(括号中为质量比)	极限氧指数 LOI（%）	UL-94 (0.8 mm)		Cone (50 kW/m^2)	
		级别	燃烧时间 (s)	热释放峰值 (kW/m^2)	点燃时间 (s)
GF-PBT/OP1200（80120）	42±1	V-0	36	250	66
GF-PBT/OP1200/AEAIP-POSS（80118/2）	36±1	V-0	25	/	/
GF-PBT/OP1200/OM-POSS（80118/2）	43±1	V-0	37	172 (−31%)	70
GF-PBT/OP1200/T-POSS（80118/2）	38±1	V-1	63	214 (−14%)	62
GF-PBT/OP1240（80120）	40±1	V-0	40	191	67
GF-PBT/OP1240/AEAIP-POSS（80118/2）	38±1	V-0	29	/	/
GF-PBT/OP1240/OM-POSS（80118/2）	42±1	V-0	35	135 (−29%)	70
GF-PBT/OP1240/T-POSS（80118/2）	38±1	V-1	82	134 (−30%)	64

中却表现出正协同阻燃效果。Louisy 等[9]指出，当采用 POSS 分子与含二乙基次磷酸铝的阻燃剂复配阻燃 GF-PBT 时，阻燃剂之间的相互作用不仅与 POSS 本身的结构特征有关，而且与实际样品燃烧条件也有很大关系，因为燃烧条件不同，意味着样品分解速率和成炭过程等都将产生很大变化。

3.3　聚丁二酸丁二醇酯/POSS 纳米复合材料及阻燃性能

聚丁二酸丁二醇酯(polybutylene succinate, PBS)被认为是一种重要的且非常具有发展前景的生物可降解聚合物，它本身具有很高的热稳定性和优异的力学性能。但是，像大多数热塑性聚酯一样，PBS 较高的燃烧性限制了它在交通、电子电器等领域的应用，因此对 PBS 的阻燃研究也越来越受到研究者的关注[10, 11]。Wang 等[12]通过熔融共混方法将八氨苯基 POSS(octaaminophenyl POSS, OAPS，分子结构见图 3-5)与三聚氰胺磷酸盐(melamine phosphate, MP)复配添加到 PBS 中，研究 PBS/MP/POSS 纳米复合材料的阻燃性能。结果发现，在 PBS/MP 复合材料体系中添加 OAPS 之后，PBS/MP/POSS 纳米复合材料的极限氧指数、UL-94 垂直燃烧等级以及锥形量热测试结果均没有比 PBS/MP 复合材料有明显提高。虽然添加 OAPS 以后，PBS/MP/POSS 纳米复合材料的残炭量有所增加，但是炭层中心依旧出现了严重的破裂。也说明 OAPS 并没有提高炭层的热氧化稳定性，也说明 OAPS 对 PBS/MP 复合材料阻燃性能没有明显作用。

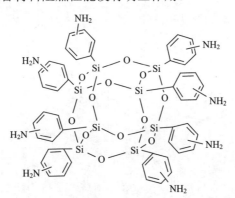

图 3-5　八氨苯基 POSS(OAPS)分子结构

3.4　纤维素/POSS 纳米复合材料及阻燃性能

纤维素织物(cellulose fabric)是指如棉、苎麻、黄麻、大麻、蕉麻、剑麻、木棉及粘胶纤维、TENCEL 纤维、铜氨纤维等以纤维素为主要组成结构的纤维材料编织而成的织物。纤维素织物具有生物可降解、质轻、无毒、价格低等特点，因此越来越受到人们的关注[13]。然而，纤维素织物非常容易燃烧并传播火焰，因此存在较高的火灾安全隐患，从健康、安全和经济等角度出发，纤维素织物必须具备一定的阻燃性能。

3.4.1 纤维素/环氧丙基苯基 POSS 纳米复合材料

Fox 等[14, 15]在离子液体中制备了一种环氧丙基苯基 POSS（Gly-Ph POSS）改性的纳米原纤化的纤维素（POSS-modified nanofibrillated cellulose, PNFC）。随着 Gly-Ph POSS 含量的增加，PNFC 的初始分解温度以及最终的残炭量都会随之增加。热解气体燃烧流量计（PCFC）测试显示，采用 Gly-Ph POSS 改性的 PNFC 的热释放能力（HRC）比未经改性的纤维素织物下降 25%~30%，而且残炭量可以提高 3 倍。

3.4.2 纤维素/八氯化氨丙基 POSS 纳米复合材料

Alongi 等[16]采用八氯化氨丙基 POSS（OCAP-POSS）对棉织物进行阻燃处理，研究显示 OCAP-POSS 可以有效提高棉织物的热稳定性及阻燃性能。如图 3-6 所示，OCAP-POSS 是通过二羟甲基二羟基乙烯脲与棉纤维的分子链连接在一起的，

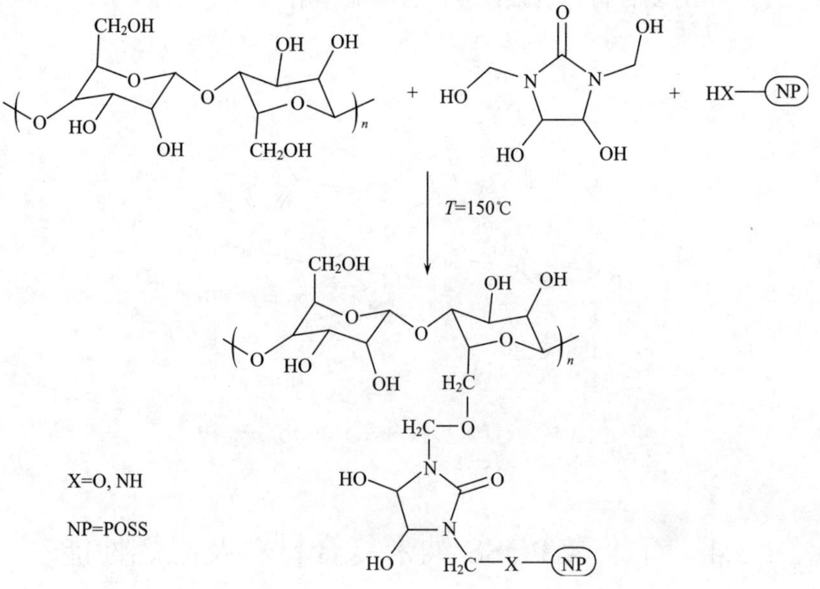

图 3-6　纤维素分子和 OCAP-POSS 经二羟甲基二羟基乙烯脲连接的反应示意图[16]

因为二羟甲基二羟基乙烯脲既能与棉纤维分子链上的羟基反应，又能与 OCAP-POSS 分子上的氨基反应。因此，OCAP-POSS 纳米粒子可以均匀地分布在纤维织物的表面，且不发生团聚。棉纤维织物外层的 OCAP-POSS 纳米粒子可以有效保护棉纤维基材，提高处理过的棉纤维织物的抗热氧化能力。研究者指出，与纯棉纤维织物相比，经过 OCAP-POSS 阻燃处理的棉纤维织物的燃烧过程已经发生了很大的变化。锥形量热测试数据显示经过 OCAP-POSS 处理的棉纤维织物在点燃过程中可以迅速形成类陶瓷结构的炭层，从而使点燃时间明显延长，且可以使热释放速率峰值下降超过 40%。

3.4.3　纤维素/八聚(四甲基铵)POSS 纳米复合材料

Li 等[17]以 POSS 作为阻燃剂，通过层层自组装技术成功地将不同的 POSS 分子一层一层地从水溶液中沉积到棉纤维的外表面，形成薄膜状阻燃剂保护层。所用的 POSS 分子是作为阳离子的水溶性的八铵 POSS(Octaammonium POSS, (+)POSS)和作为阴离子的八聚(四甲基铵)POSS(OTMA-POSS, (−)POSS)。通过层层自组装技术用 POSS 分子处理棉纤维以后，可以有效地提高棉纤维的阻燃性能[18]。Li 等首先采用(+)POSS(−)POSS 制备完全由 POSS 分子组成的自组装薄膜

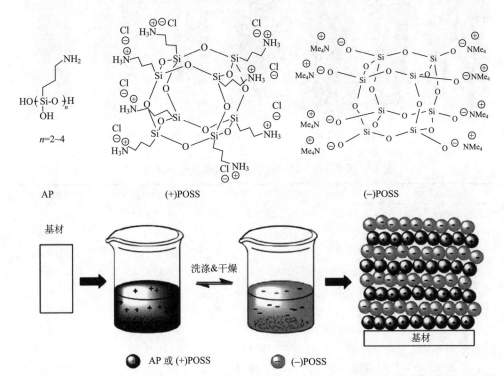

图 3-7　棉纤维表面阻燃剂分子结构以及层层自组装过程示意图[17]

对棉纤维进行阻燃处理。另外，他们还采用氨丙基聚硅倍半氧烷((+)AP)作为阳离子与(-)POSS 制备自组装薄膜对棉纤维进行阻燃处理。研究用到的阳离子((+)POSS、(+)AP)和阴离子((-)POSS)的分子结构式以及层层自组装制备方法见图3-7。经过 UL-94 垂直燃烧测试，如图3-8 所示，纯棉纤维织物完全烧尽，没有炭层残留，而所有经过层层自组装阻燃处理过的棉纤维织物都有明显的炭层残留。随着棉纤维织物外阻燃剂薄膜层数的增加，棉纤维织物燃烧后的残炭越多，颜色也越深。

　　表3-3 给出了不同阻燃棉纤维织物经过微型燃烧量热仪(MCC)给出的热释放速率峰值和总热释放量等关键参数。由表可见，所有经过层层自组装阻燃处理的棉纤维织物的残炭量都比纯棉纤维织物(空白)的残炭量高，而且残炭量随着阻燃剂薄膜层数的增加而逐渐提高。良好的炭层有助于降低棉纤维织物的热释放速率和总热释放量，20 层以(+)AP/(-)POSS 组成的阻燃剂薄膜就可以使棉纤维织物

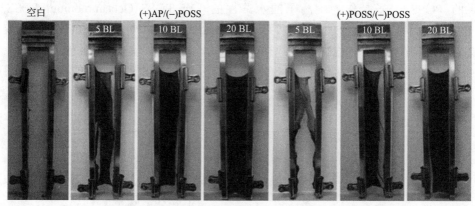

图 3-8　层层自组装处理过的棉纤维织物垂直燃烧测试后的残炭照片[17]

表 3-3　不同棉纤维织物的微型燃烧量热仪测试数据[17]

样品	残炭量（%）	热释放速率峰值（W/g）	最大热释放温度（℃）	总热释放（kJ/g）
空白	4.98±0.03	285±2	380.67±0.58	12.83±0.06
(+)AP/(-)POSS				
5 BL	7.47±0.11	296±4	373.33±0.58	12.07±0.06
10 BL	9.87±0.19	274.33±10.41	374.67±1.15	11.67±0.12
20 BL	14.13±0.25	227.33±5.86	377±2	9.9±0.2
(+)POSS/(-)POSS				
5 BL	6.02±0.08	268±18	374.33±2.31	11.53±0.15
10 BL	6.95±0.06	292.33±8.08	372±1	12.33±0.06
20 BL	12.23±0.05	253.33±6.11	376.67±1.53	10.6±0.1

注：BL 表示阻燃剂薄膜层数。

的热释放速率峰值下降约 20%，总热释放量下降约 23%。而 20 层以(+)POSS/(−)POSS 组成的阻燃剂薄膜则可以使棉纤维织物的热释放速率峰值下降约 11%，总热释放量下降约 17%。

3.4.4　纤维素/八乙烯基 POSS 纳米复合材料

　　Gao 等[19]制备了八乙烯基 POSS、甲基丙烯酸甲酯和 4-乙烯基苄基氟代羧酸的共聚物 P(POSS-MMA-VBFC)，采用 P(POSS-MMA-VBFC)对棉纤维进行阻燃处理以提高其阻燃性能。如图 3-9 所示，P(POSS-MMA-VBFC)是通过自由基聚合制备而成，POSS 分子的引入显著提高了 P(POSS-MMA-VBFC)的热稳定性[20]。然而，采用 P(POSS-MMA-VBFC)对棉纤维织物进行阻燃后处理之后，棉纤维织物的极限氧指数只是从 18.1%略微增加到 19.4%。虽然这一点提高很难满足实际应用的要求，但没有经过 P(POSS-MMA-VBFC)后处理的棉纤维织物燃烧后炭层不完整，只留下了一些细的、松散的纤维状炭残渣[图 3-10(a)]。而经过 P(POSS-MMA-VBFC)后处理的棉纤维织物燃烧后炭层仍保持原有的十字交叉编织形貌[图 3-10(b)]，这说明这类杂化聚合物在作为棉纤维阻燃剂方面具有巨大的潜力，值得人们更多地去研究。

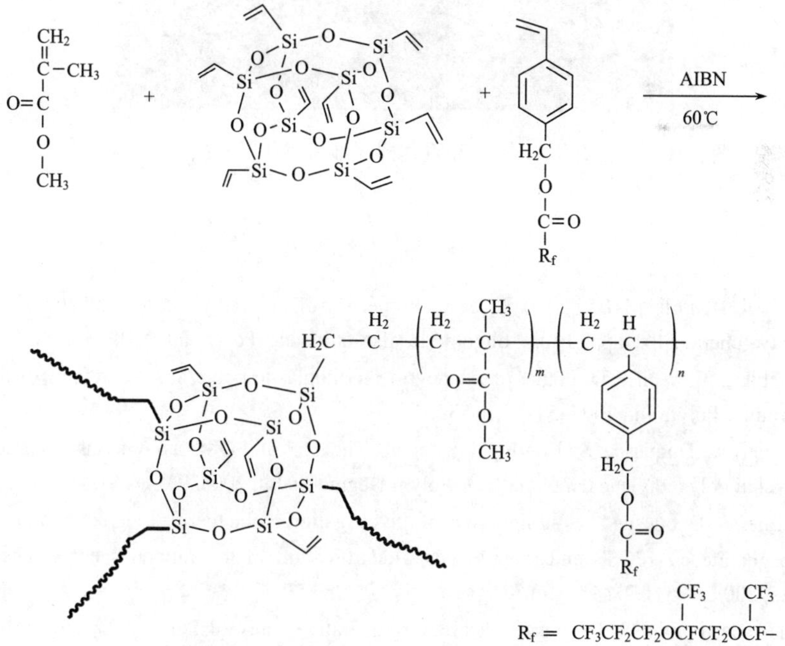

图 3-9　制备 P(POSS-MMA-VBFC)示意图[19]

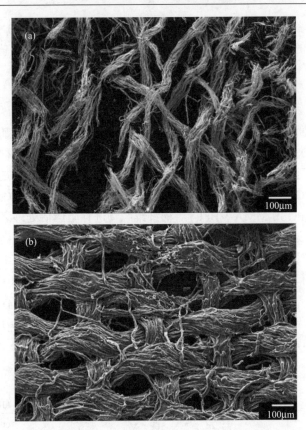

图 3-10　纯棉纤维织物(a)和阻燃棉纤维织物(b)残炭的 SEM 照片[19]

参 考 文 献

[1] Yoon K H, Polk M B, Park J H, et al. Properties of poly(ethylene terephthalate) containing epoxy-functionalized polyhedral oligomeric silsesquioxane. Polym Int，2005，54:47-53.

[2] Levchik S V, Weil E D. Flame retardancy of thermoplastic polyesters—A review of the recent literature. Polym Int, 2005, 54(1): 11-35.

[3] Vannier A, Duquesne S, Bourbigot S, et al. The use of POSS as synergist in intumescent recycled poly(ethylene terephthalate). Polym Degrad Stabil, 2008, 93(4): 818-826.

[4] Vannier A, Duquesne S, Bourbigot S, et al. Investigation of the thermal degradation of PET, zinc phosphinate, OMPOSS and their blends—Identification of the formed species. Thermochim Acta, 2009, 495(1-2): 155-166.

[5] Didane N, Giraud S, Devaux E, et al. A comparative study of POSS as synergists with zinc phosphinates for PET fire retardancy. Polym Degrad Stabil, 2012, 97(3): 383-391.

[6] Didane N, Giraud S, Devaux E, et al. Development of fire resistant PET fibrous structures based on phosphinate-POSS blends. Polym Degrad Stabil, 2012, 97(6): 879-885.

[7] Didane N, Giraud S, Devaux E, et al. Thermal and fire resistance of fibrous materials made by PET containing flame retardant agents. Polym Degrad Stabil, 2012, 97(12): 2545-2551.

[8] Hine P J, Duckett R A. Fiber orientation structures and mechanical properties of injection molded short glass fiber reinforced ribbed plates. Polym Composite, 2004, 25(3): 237-254.

[9] Lousiy J, Bourbigot S, Duquesne S, et al. Novel synergists for flame retarded glass-fiber reinforced poly(1, 4-butylene terephthalate). Polimery, 2013, 58(5): 403-412.

[10] Tachibana Y, Masuda T, Funabashi M, et al. Chemical synthesis of fully biomass-based poly(butylene succinate) from inedible-biomass-based furfural and evaluation of its biomass carbon ratio. Biomacromolecules, 2010, 11(10): 2760-2765.

[11] Bin T, Qu J-p, Liu L-m, et al. Non-isothermal crystallization kinetics and dynamic mechanical thermal properties of poly(butylene succinate) composites reinforced with cotton stalk bast fibers. Thermochim Acta, 2011, 525(1-2): 141-149.

[12] Wang X, Hu Y, Song L, Yang H, et al. Comparative study on the synergistic effect of POSS and graphene with melamine phosphate on the flame retardance of poly(butylene succinate). Thermochim Acta, 2012, 543: 156-164.

[13] Khelfa A, Finqueneisel G, Auber M, et al. Influence of some minerals on the cellulose thermal degradation mechanisms. J Therm Anal Calorim, 2008, 92(3): 795-799.

[14] Fox D M, Lee J, Jones J, et al. Microencapsulated POSS in cellulose using 1-ethyl-3-methylimidazolium acetate. ECS Transactions, 2010, 33(7): 99-108.

[15] Fox D M, Lee J, Zammarano M, et al. Char-forming behavior of nanofibrillated cellulose treated with glycidyl phenyl POSS. Carbohyd Polym, 2012, 88(3): 847-858.

[16] Alongi J, Brancatelli G, Rosace G. Thermal properties and combustion behavior of POSS- and bohemite-finished cotton fabrics. J Appl Polym Sci, 2012, 123(1): 426-436.

[17] Li Y C, Mannen S, Schulz J, et al. Growth and fire protection behavior of POSS-based multilayer thin films. J Mater Chem, 2011, 21(9): 3060-3069.

[18] Alongi J, Carosio F, Malucelli G. Current emerging techniques to impart flame retardancy to fabrics: An overview. Polym Degrad Stabil, 2014, 106(0): 138-149.

[19] Gao Y, He C, Qing F-L. Polyhedral oligomeric silsesquioxane-based fluoroether-containing terpolymers: Synthesis, characterization and their water and oil repellency evaluation for cotton fabric. J Polym Sci, Part A: Polym Chem, 2011, 49(24): 5152-5161.

[20] Gao Y, He C, Huang Y, et al. Novel water and oil repellent POSS-based organic/inorganic nanomaterial: Preparation, characterization and application to cotton fabrics. Polymer, 2010, 51(25): 5997-6004.

第4章　聚氨酯/POSS 纳米复合材料及阻燃性能

热塑性聚氨酯(thermoplastic polyurethane, TPU)是一类非常重要的高分子材料，它具有耐磨性优异、耐臭氧性极好、硬度大、强度高、弹性好、耐低温，有良好的耐油、耐化学药品和耐候性能等特点，在工业和民用领域应用都相当广泛。但 TPU 同其他热塑性高分子材料一样容易燃烧，使它在实际应用时受到了很多限制[1]。因此，为 TPU 寻找合适的阻燃剂或者合成一种本质阻燃的 TPU 材料成了 TPU 阻燃性能研究领域的主要挑战。

4.1　聚氨酯/梯形聚苯基 POSS 复合材料

本书作者以 4,4'-二苯基甲烷二异氰酸酯(MDI)、聚四氢呋喃醚二醇(PTMG)($M_n \sim 2000$)和 1,4-丁二醇(1,4-BDO)为原料合成热塑性聚氨酯(TPU)弹性体，在合成过程中将分散在 DMF 中的梯形聚苯基硅倍半氧烷(PPSQ)加入到 TPU 的合成体系中，获得 PPSQ 原位改性聚氨酯复合材料。按照 PPSQ 在材料中的含量(1wt%，3 wt%，5 wt%，7 wt%)标记 TPU/PPSQ 复合材料，不添加 PPSQ 的聚氨酯弹性体记为空白 TPU。

4.1.1　聚氨酯/PPSQ 复合材料分子量及微观形貌

添加 PPSQ 的 TPU 的分子量相关数据(GPC 测定)如表 4-1 所示：从表中数据可以看出，PPSQ 的原位添加，对 TPU 分子量并未造成负面影响，峰 1 分子量均在 4×10^4 以上。

表 4-1　含 PPSQ 的 TPU 分子量

样品	峰 1		峰 2	
	$M_n/10^4$	M_w/M_n	$M_n/10^4$	M_w/M_n
空白 TPU	4.87	1.33	—	—
TPU/1wt%PPSQ	6.45	1.56	1.34	1.01
TPU/3wt%PPSQ	4.94	1.96	1.47	1.03
TPU/5wt%PPSQ	7.56	1.59	2.01	1.23
TPU/7%wt%PPSQ	4.13	1.80	1.91	1.11

　　图 4-1 为 TPU 中 PPSQ 分散情况对比图，由于 PPSQ 在 DMF 中的溶解性较好，因此可以观察到 PPSQ 在 TPU 树脂基材中均匀分散，颗粒较小，团聚现象随着添加量的增加略有增加，导致颗粒粒径小幅增大。

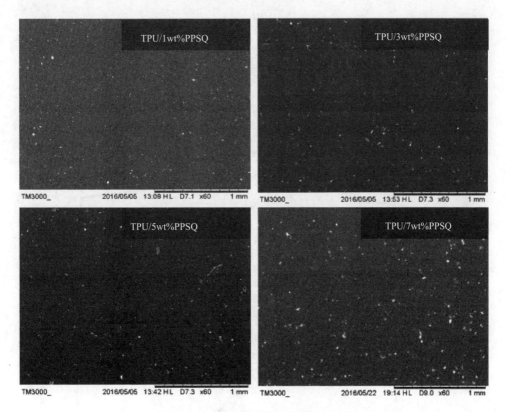

图 4-1　TPU/PPSQ 复合材料微观形貌

4.1.2　聚氨酯/PPSQ 复合材料热性能及热稳定性

　　图 4-2 给出了原位改性的 TPU/PPSQ 复合材料的差示扫描量热 (DSC) 曲线，从图中可以看出，空白 TPU 和 TPU/PPSQ 复合材料均出现一个吸热峰，该峰为 TPU 中软段 PTMG 的熔点，PPSQ 的引入明显降低了该吸热峰出现的温度，这是因为 PPSQ 的引入影响了 PTMG 的结晶性，从而导致其熔点降低。

　　PPSQ 对热塑性聚氨酯热稳定性影响如图 4-3 和表 4-2 所示，从图表中可以看出，TPU 的热分解主要分两个阶段，第一阶段在 300~375℃，为 TPU 分子中硬段的分解区间；第二阶段在 375~475℃区域，对应 TPU 分子中软段的分解。PPSQ 的添加使 TPU 的热分解速率下降，残炭量增加，说明 PPSQ 对聚氨酯基体起到了一定的保护作用，使得易挥发物质的释放速率下降。随着 PPSQ 添加量的增加，复合材料的残炭量增加，当 PPSQ 添加量为 5 wt%时，残炭量由 0.27 wt%上升到 3.90 wt%，最大热质量损失速率有较大程度的降低，但当添加量继续增加至 7wt% 时残炭量反而下降。

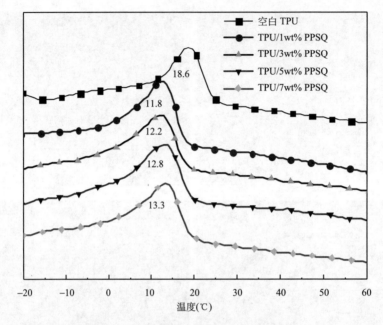

图 4-2 TPU/PPSQ 复合材料的 DSC 曲线

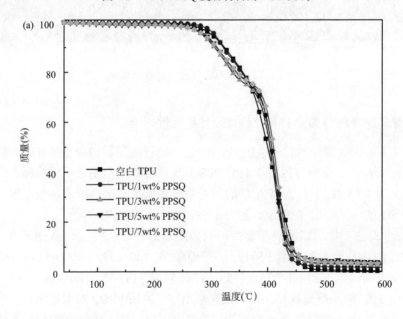

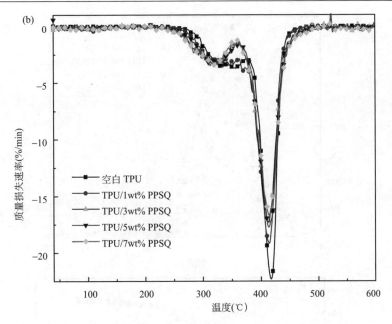

图 4-3　不同含量 PPSQ 聚氨酯弹性体的 TG(a)和 DTG(b)曲线

表 4-2　不同含量 PPSQ 聚氨酯弹性体的 TG 和 DTG 参数

样品	T_{onset}(℃)	T_{max}(℃)	最大质量损失速率 (%/min)	600℃时的残炭量 (wt%)
空白 TPU	301.3	417.0	−22.31	0.27
TPU/1wt%PPSQ	306.2	414.0	−19.14	1.84
TPU/3wt%PPSQ	284.8	413.4	−17.32	2.79
TPU/5wt%PPSQ	290.1	413.3	−17.73	3.90
TPU/7wt%PPSQ	286.7	413.6	−16.68	3.22

4.1.3　聚氨酯/PPSQ 复合材料阻燃性能

　　PPSQ 对 TPU 热释放的影响见图 4-4 和表 4-3，从图表中可以看出，PPSQ 的添加能够有效降低聚氨酯的最大热释放速率和总热释放量。当 PPSQ 的添加量为 5wt%时，p-HRR 由 1928.1 kW/m^2 降至 809.4 kW/m^2，降低了 58.02%，THR 由 169.9 MJ/m^2 降至 90.5MJ/m^2，降低了 46.73%。与空白样的热释放速率曲线相比，PPSQ/TPU 材料的峰宽且矮，说明 PPSQ 的添加对 TPU 的燃烧起到了明显的抑制作用，显著降低了燃烧速率和热释放速率。同时，PPSQ 的加入使 PPSQ/TPU 材料的平均 CO$_2$ 产量(平均 CO$_2$Y)与平均 CO 产量(平均 COY)均明显下降，大大降低了材料烟气释放量和烟气毒性。

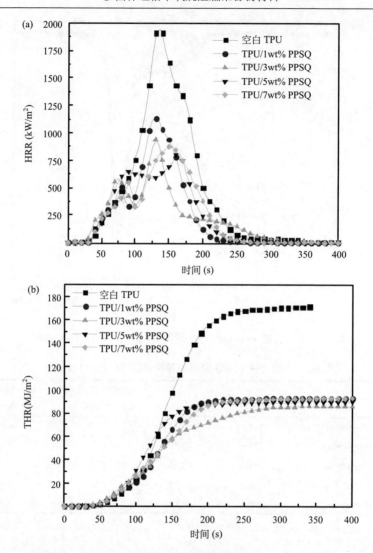

图 4-4　TPU/PPSQ 复合材料热的 HRR（a）和 THR（b）曲线

表 4-3　TPU/PPSQ 复合材料锥形量热测试数据

样品	点燃时间 (s)	熄灭时间 (s)	p-HRR (kW/m²)	THR (MJ/m²)	平均 CO₂Y (kg/kg)	平均 COY (kg/kg)
空白 TPU	25	283	1928.1	169.9	4.52	0.081
TPU/1wt%PPSQ	32	275	1136.2	93.9	2.58	0.030
TPU/3wt%PPSQ	28	320	936.2	85.1	2.36	0.022
TPU/5wt%PPSQ	33	280	809.4	90.5	2.62	0.039
TPU/7wt%PPSQ	37	297	876.8	93.1	2.50	0.030

4.2　聚氨酯/八苯基 POSS 复合材料

与在合成 TPU 的过程中添加 PPSQ 在 DMF 中的分散液不同，本书作者则采用熔融共混的方式，将 TPU 与笼形八苯基 POSS（OPS）进行物理混合，制备了一系列 TPU/OPS 复合材料，研究了其阻燃性能和热性能，并对其作用机理进行了初步探讨。OPS 熔融共混改性聚氨酯复合材料的具体配方如表 4-4 所示。

表 4-4　TPU/OPS 复合材料配方

样品	TPU（wt%）	OPS（wt%）
纯 TPU	100	0
TPU/5wt%OPS	95	5
TPU/10wt%OPS	90	10
TPU/15wt%OPS	85	15
TPU/20wt%OPS	80	20
TPU/30wt%OPS	70	30

4.2.1　聚氨酯/OPS 复合材料热性能

通过 OPS 熔融共混方式改性的 TPU 复合材料热稳定性如表 4-5 和图 4-5 所示，TPU 的热降解过程可分为两个阶段，370℃以前，由于 TPU 中硬段的分解而引起 TPU 质量损失，该质量损失约占总质量的 20%；在 370~440℃温度区间内，由于 TPU 软段聚醚热裂解生成小分子气体和大分子可挥发成分而造成质量损失，此阶段质量损失最为明显，在整个热质量损失过程中，该阶段质量损失均占总质量的 80%左右。由图 4-5 可以看出，添加 OPS 后，聚氨酯的 T_{onset} 没有发生大的变化，OPS 并没有延迟第一阶段的质量损失开始的时间；而在第二阶段，OPS 明显地延

表 4-5　TPU/OPS 的 TG 和 DTG 测试结果

样品	T_{onset}（℃）	T_{max1}（℃）	T_{max2}（℃）	残炭量（wt%）
TPU	310	358	396	0
TPU/5wt%OPS	316	359	411	4.9
TPU/10wt%OPS	312	351	412	6.4
TPU/15wt%OPS	313	350	411	6.4
TPU/20wt%OPS	309	347	413	10.1
TPU/30wt%OPS	309	354	417	10.3

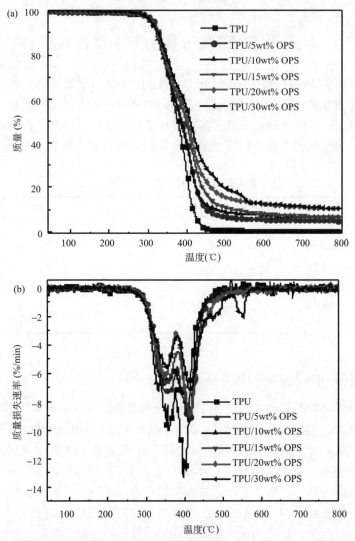

图 4-5　纯 TPU 及 TPU/OPS 复合材料的 TG(a)和 DTG(b)曲线

缓了该阶段质量损失的时间,说明 OPS 可以提高聚氨酯在高温下的稳定性,延缓它的分解。当温度达到 500℃后,纯 TPU 几乎烧完,没有残余物,但是 TPU/OPS 复合材料的残炭量随着 OPS 添加量的增加而增加,最高可以达到 10.3%,说明 OPS 不仅可提高复合材料的稳定性,而且可增加复合材料的残炭量。

4.2.2　聚氨酯/OPS 复合材料阻燃性能

4.2.2.1　极限氧指数和垂直燃烧测试分析

如表 4-6 所示,TPU/OPS 复合材料的极限氧指数(LOI)随着 OPS 含量的增加而有少许的增加，当添加量为 15 wt%时极限氧指数最高，为 20.9%，总体来说，OPS 对 TPU 极限氧指数的影响并不明显。由测试后样条 (图 4-6) 可以看出，纯 TPU 点燃后，有大量熔滴，几乎不成炭，而添加 OPS 后的 TPU/OPS 复合材料显示出良好的成炭能力，燃烧过程中的熔滴也减少了，其中 OPS 添加量为 15 wt%、20 wt% 和 30 wt%的聚氨酯复合材料没有熔滴产生。

表 4-6　TPU 及 TPU/OPS 复合材料的 LOI 和 UL-94 测试结果

样品	LOI(%)	UL-94	
		级别	熔滴
纯 TPU	19.4	NR	有
TPU/5wt%OPS	19.4	NR	有
TPU/10wt%OPS	19.7	NR	有
TPU/15wt%OPS	20.9	NR	无
TPU/20wt%OPS	19.9	NR	无
TPU/30wt%OPS	20.1	NR	无

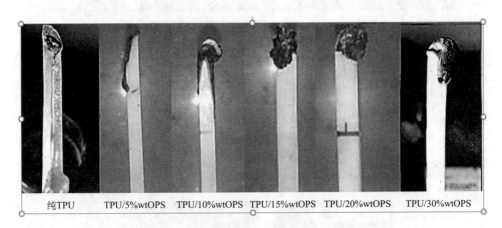

| 纯TPU | TPU/5%wtOPS | TPU/10%wtOPS | TPU/15%wtOPS | TPU/20%wtOPS | TPU/30%wtOPS |

图 4-6　TPU 及 TPU/OPS 复合材料 LOI 测试后的照片

垂直燃烧测试表明，纯 TPU 和 TPU/OPS 复合材料的 UL-94 垂直燃烧均没有等级，但其燃烧特征却有很大差别。纯 TPU 垂直燃烧过程出现明显熔融滴落现象，而且一直燃烧至夹具部分。相反，虽然 TPU/OPS 复合材料同样燃烧至夹具部分且没有燃烧等级，但是随着 OPS 含量的增加，熔滴现象有所减小，燃烧现象的视频截图如图 4-7 所示。通过图中可以看出，纯 TPU 在点燃后马上产生熔体，熔体黏度极低，燃烧产生的分解气体来不及排出，熔体就掉落了，而添加 OPS 后，由于 OPS 有促进成炭的效果，使熔体表面有一定的强度，OPS 含量低时，熔体强度

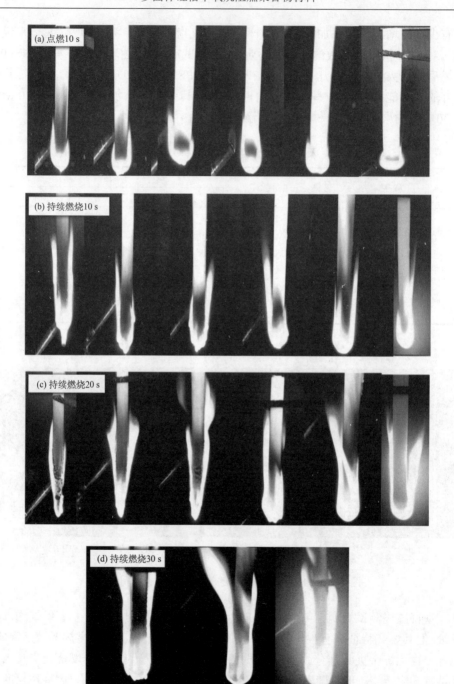

图 4-7　垂直燃烧测试过程中的视频截图。(a)、(b)、(c)图中从左至右的顺序均为纯 TPU、
TPU/5wt%OPS、TPU/10wt%OPS、TPU/15wt%OPS、TPU/20wt%OPS、TPU/30wt%OPS；(d)
图的顺序从左至右依次为 TPU/15wt%OPS、TPU/20wt%OPS、TPU/30wt%OPS

并不是特别大，燃烧产生的分解气体可以冲破熔体，于是在火焰处有小气泡，当OPS 含量较大时，熔体强度变大，相当于形成了一块较为坚硬的炭层，可以包裹住气体，所以火焰处没有气泡，这个炭层也可能起到了支架的作用，从而抑制了熔体的熔滴。该结果表明 OPS 能够有效地抑制聚氨酯的熔融滴落现象，对改善聚氨酯的阻燃性能具有一定的效果。

4.2.2.2 锥形量热仪测试分析

锥形量热测试结果见表 4-7，TPU 和 TPU/OPS 复合材料的 HRR 和 THR 曲线如图 4-8 所示。从图和表中可以看出，纯 TPU 点燃后迅速燃烧并很快达到热释放速率峰值(p-HRR) 1339 kW/m^2，总热释放为 103 MJ/m^2，而随着 OPS 含量的增加，p-HRR 明显降低，添加量为 30 wt%时，p-HRR 为 712 kW/m^2，降低了约 46.8%，总热释放为 92 MJ/m^2，降低了约 10.7%。这归因于 OPS 可以促进样品成炭，在样

表 4-7 TPU 及 TPU/OPS 复合材料锥形量热测试结果

样品	TTI (s)	p-HRR (kW/m^2)	THR (MJ/m^2)	TSR (m^2/m^2)	平均 CO (kg/kg)	平均 CO$_2$ (kg/kg)
TPU	23	1339	103	1615	0.07	2.46
TPU/5wt%OPS	22	1234	103	1928	0.08	2.36
TPU/10wt%OPS	19	957	102	2125	0.08	2.31
TPU/15wt%OPS	18	924	96	1921	0.05	2.22
TPU/20wt%OPS	18	875	96	2307	0.07	2.15
TPU/30wt%OPS	22	712	92	2051	0.08	2.31

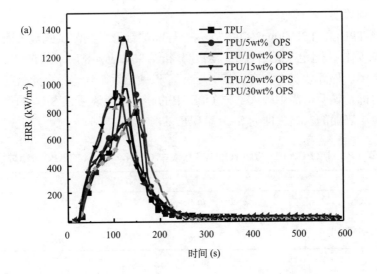

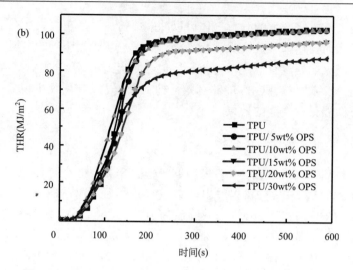

图 4-8　TPU 及 TPU/OPS 复合材料的 HRR(a) 和 THR(b) 曲线

品被点燃之后，表面形成了厚厚的炭层，能够抑制聚氨酯的燃烧，使 *p*-HRR 和 THR 值降低。而且，添加了 OPS 后，炭层的表面是灰白色的，OPS 的添加量越多，表面越显灰白色，推测这可能是 OPS 的燃烧产物 SiO_2 迁移到炭层表面，形成隔热层，从而阻止燃烧时炭层的内外层间热量和可燃气体的交换。

4.2.3　聚氨酯/OPS 复合材料燃烧残余物分析

图 4-9 为纯 TPU 和 TPU/OPS 复合材料锥形量热测试后残炭的照片，从图中可以看出，纯 TPU 燃烧以后，几乎没有残炭留下，只有少量的絮状物；而 TPU/OPS 复合材料燃烧后有灰白色的保护层覆盖在聚合物的表面，而且 OPS 的含量越高，该保护层越紧实，颜色越白。

对纯 TPU 和 TPU/20wt%OPS 这两个样品的锥形量热测试残炭表面保护层进行了 XPS 分析，测定其元素含量。XPS 分析结果如表 4-8 所示，TPU/20wt%OPS 样品残炭中，外部残炭中含有大量的硅元素和氧元素，且这两个元素的含量均高于残炭内部，说明样品中的大部分 OPS 中的硅元素燃烧后以 SiO_2 的形式迁移到表面，炭层表面的灰白色即为 SiO_2 呈现出的颜色。

表 4-8　纯 TPU 和 TPU/20wt%OPS 残炭中 C、N、O、Si 的 XPS 分析数据

样品		C(%)	N(%)	O(%)	Si(%)
TPU		68.96	7.84	22.44	0.76
TPU/20wt%OPS	内部	58.61	3.37	28.93	9.09
	外部	33.91	0.73	46.43	18.93

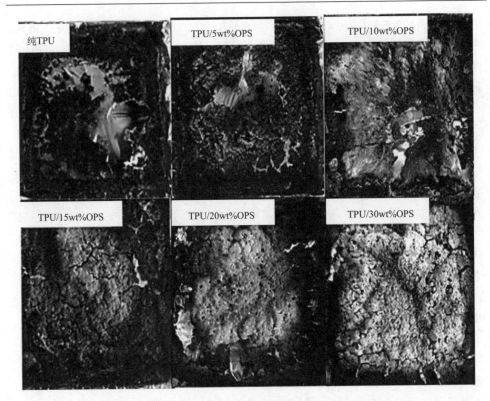

图 4-9　TPU 及 TPU/OPS 复合材料锥形量热测试后残炭的照片

4.3　聚氨酯/乙烯基 POSS 复合材料

　　Bourbigot 等[2]通过熔融共混方法将乙烯基聚硅倍半氧烷(FQ-POSS)添加到 TPU 中，制备了阻燃 TPU/FQ-POSS 纳米复合材料。FQ-POSS 以 200～400 nm 的椭球形均匀地分布在 TPU 树脂基材中。FQ-POSS 对 TPU/FQ-POSS 纳米复合材料起到了非常显著的阻燃作用，如图 4-10 所示，添加 10wt%的 FQ-POSS 就可以使 TPU/FQ-POSS 纳米复合材料的热释放速率峰值(p-HRR)比纯 TPU 下降80%左右。Bourbigot 等[2]用膨胀阻燃机理解释 TPU/FQ-POSS 纳米复合材料 p-HRR 显著降低的原因。FQ-POSS 以及 TPU 的热降解产物作为气源，由—Si—O—交联网络和 TPU 的分解产物组成的膨胀炭层可以有效抑制热量及可燃物质的传播，有效地保护炭层内部未燃烧的基材(图 4-11)，从而使材料的 p-HRR 显著降低。但是，TPU/FQ-POSS 纳米复合材料的点燃时间却从纯 TPU 的 120 s 降低到了 60 s 左右，TPU/FQ-POSS 纳米复合材料的极限氧指数和 UL-94 垂直燃烧等级与纯 TPU 相比也没有明显提高。在另一项研究中，Bourbigot 等[3, 4]在合成 TPU 的过程中分别添加 10wt%FQ-POSS 和 10wt%十二苯基 POSS（DP-POSS）从而得到 TPU/FQ-POSS 纳米复合材料和 TPU/DP-POSS 纳米复合材料。FQ-POSS 和 DP-POSS 对 TPU 基材的初始分解温度并没有影响，只是少量地提高了 TPU 纳米复合材料的残炭量，而残炭量的增高也主要是由于 POSS 分解后无机骨架保留到了残炭中。如图 4-12 所示，与涂有纯 TPU 涂层的 PET 纤维织物相比，涂有 TPU/POSS 复合涂层的 PET 纤维织物的热释放速率（rate of heat release, RHR）下降非常明显。涂有 TPU/DP-POSS 和 TPU/FQ-POSS 涂层的 PET 纤维织物热释放速率峰值分别下降31%和50%左右，且总热释放量也从纯 TPU 涂层的 70 kJ 分别下降到了 60 kJ 和 40 kJ。研究指出 DP-POSS 和 FQ-POSS 对于 TPU 来说是有效的阻燃剂，可以显著降低材料的热释放速率和总热释放量。Devaux 等[5]采用含有八甲基 POSS（OM-POSS）或 FQ-POSS 的 TPU/POSS 纳米复合材料作为 PET 纤维的阻燃涂层。其中涂有 TPU/FQ-POSS 纳米复合材料的 PET 纤维在阻燃性能上与 Bourbigot 等[3, 4]报道的结果非常相似。但是涂有 TPU/OM-POSS 纳米复合材料的 PET 纤维的阻燃性能与涂有纯 TPU 的 PET 纤维相比并没有明显变化，只是总热释放量比涂有纯 TPU 的 PET 纤维有少量降低。

Devaux 等[5]指出 POSS 分子上的有机官能团种类对 POSS 分子最终的阻燃作用影响很大，TPU/POSS 纳米复合材料阻燃性能的提高主要是因为 POSS 具有促进成炭的作用。研究结果表明 POSS 分子上的有机官能团会在 300~350℃之间从笼形骨架上断裂下来，与此同时 POSS 的笼形 Si—O 骨架也会熔融并有助于材料形成高热氧稳定性的炭层，该炭层可以起到很好的隔热、隔氧等作用[6, 7]。

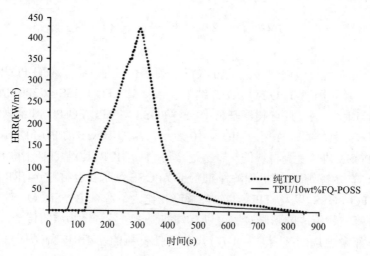

图 4-10　纯 TPU 和 TPU/10wt%FQ-POSS 的热释放速率（HRR）曲线（35kW/m²）[2]

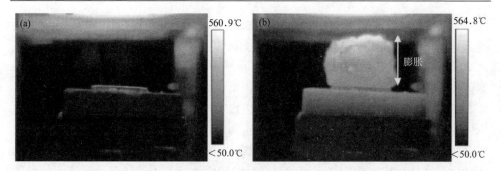

图 4-11　TPU/POSS 纳米复合材料在锥形量热测试开始时 (a) 以及炭层膨胀到最大时 (b) 的热红外影像[2]

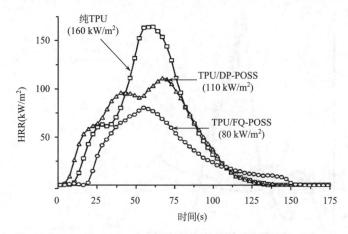

图 4-12　涂有纯 TPU、TPU/DP-POSS 纳米复合材料和 TPU/FQ-POSS 纳米复合材料的 PET 纤维织物的热释放速率 (HRR) 曲线 (35 kW/m²) [3]

4.4　聚脲/乙烯基 POSS 纳米复合材料

聚脲是由异氰酸酯组分与氨基化合物组分反应生成的一种弹性体物质，分为纯聚脲和半聚脲，聚脲最基本的特性就是防腐、防水、耐磨等。聚脲很容易燃烧，并散发出大量有毒气体，因此存在巨大的火灾安全隐患，研制并开发阻燃性聚脲材料尤为重要。

Awad 等[8]将 FQ-POSS 添加到聚脲 (polyurea) 中，成功制备出了聚脲/FQ-POSS 纳米复合材料。在超声设备的帮助下，FQ-POSS 纳米颗粒均匀地分散在聚脲基材当中。添加均匀分散的 FQ-POSS 纳米颗粒，可使聚脲/FQ-POSS 纳米复合材料的热释放速率峰值下降明显，降幅超过 70%（图 4-13）。从图 4-13 中可以看出，这样显著的降低只需在聚脲中添加　3wt%FQ-POSS　就可以获得，但是继续增加

FQ-POSS 的添加量并不能使聚脲/FQ-POSS 纳米复合材料的阻燃性能进一步提高。研究者还指出,如果将 FQ-POSS 复配上聚磷酸铵(APP)或者可膨胀石墨(EG),那么聚脲/FQ-POSS 纳米复合材料的热释放速率峰值将能够降低超过 90%。在聚脲体系中,FQ-POSS 与传统阻燃剂表现出来很好的协同作用。

在另一项研究中,Awad 等[9]将 FQ-POSS 与商品化的膨胀阻燃涂料复配涂覆到聚脲基材的表面,并研究 FQ-POSS 对聚脲阻燃性能的影响。商品化的阻燃涂料分别是溶剂性膨胀阻燃涂料和水性膨胀阻燃涂料。结果发现,聚脲基材涂覆这两种含有 FQ-POSS 的膨胀阻燃涂料之后的阻燃性能并不比单独涂覆这两种商品化膨胀阻燃涂料后的阻燃性能有明显改善。

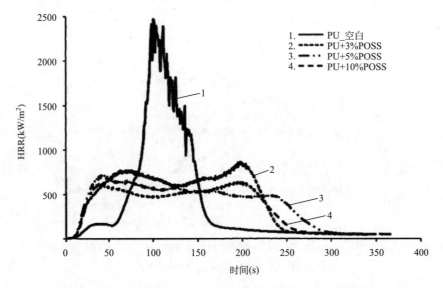

图 4-13 聚脲/POSS 纳米复合材料的热释放速率(HRR)曲线[8]

4.5 聚苯醚/笼形氨基 POSS 纳米复合材料

聚苯醚[poly(phenylene ether), PPE]又称聚亚苯基氧化物或聚苯撑醚,是一类耐高温的热塑性树脂,本身具有很高的玻璃化转变温度和热变形温度,并具有良好的火焰自熄性。但是其熔融指数(MFR)偏低,非常不利于熔融挤出加工[10]。因此,为了提高 PPE 的加工性能,多种 PPE 合金被设计和制备出来,例如 PPE/PS 合金已经作为工程塑料被商业化应用[11, 12]。在 PPE/PS 合金中,PS 可以有效提高 PPE 的熔融指数使其更利于加工,但这种提高是以牺牲 PPE 的热稳定性和阻燃性为代价的。在 PPE 产业界,开发一种具有良好加工性能,并保持 PPE 原有优异热稳定性和阻燃性能的 PPE 复合材料一直是相关研究者的工作目标。

　　Ikeda 等[13]报道在 PPE 中添加少量的笼形氨基 POSS（amino-POSS）可以同时提高 PPE 的熔融加工性能和阻燃性能，并保持 PPE 本身良好的热稳定性。研究中的四种添加剂的结构示意图及它们对 PPE 熔融指数的影响如图 4-14 所示。其中二氨基聚硅氧烷（A）和苯基聚硅倍半氧烷（B）对 PPE 的熔融指数没有影响。但笼形氨基 POSS（C 和 D）却明显提高了 PPE 的熔融指数，这意味着 PPE/amino-POSS 纳米复合材料将更容易进行熔融挤出加工。另外，如图 4-14 所示，PPE/amino-POSS 纳米复合材料在 UL-94 垂直燃烧测试过程中的平均熄灭时间也明显低于纯 PPE 的熄灭时间，这说明 amino-POSS 还可以进一步提高 PPE 的阻燃性能。Ikeda 等[13]指出纯 PPE 在受热的时候内部呈现出破裂的泡沫层[图 4-15（a）]，这意味着可燃性分解气体比较容易扩散到燃烧区域维持燃烧。而 PPE/amino-POSS 纳米复合材料受热分解后内部则呈现出封闭的泡沫层[图 4-15（b）]，它可以有效抑制可燃性分解气体的扩散，因而可以缩短 PPE/amino- POSS 纳米复合材料的自熄时间。

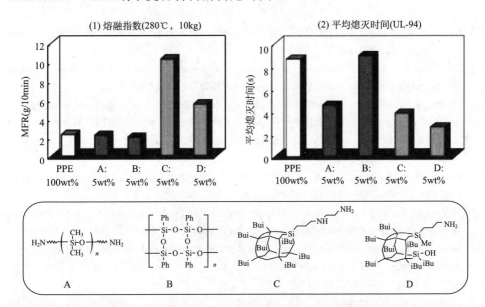

图 4-14　硅系添加剂对 PPE 熔融指数和平均熄灭时间的影响[13]

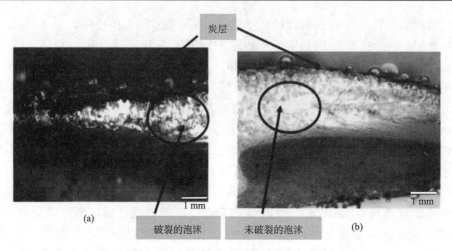

图 4-15　纯 PPE(a)和 PPE/amino-POSS 纳米复合材料(b)受热分解后材料内部的显微照片[13]

参 考 文 献

[1] Chattopadhyay D K, Webster D C. Thermal stability and flame retardancy of polyurethanes. Prog Polym Sci, 2009, 34(10): 1068-1133.

[2] Bourbigot S, Turf T, Bellayer S, et al. Polyhedral oligomeric silsesquioxane as flame retardant for thermoplastic polyurethane. Polym Degrad Stabil, 2009, 94(8): 1230-1237.

[3] Bourbigot S, Le Bras M, Flambard X, et al. Polyhedral oligomeric silsesquioxanes: application to flame retardant textiles //M. LE BRAS, C. A. WILKIE, S. BOURBIGOT, et al., Fire Retardancy of Polymers: New Applications of Mineral Fillers. Cambridge: the Royal Society of Chemistry, 2005: 189-201.

[4] Bourbigot S, Duquesne S, Jama C. Polymer nanocomposites: How to reach low flammability? Macromol Symp, 2006, 233(1): 180-190.

[5] Devaux E, Rochery M, Bourbigot S. Polyurethane/clay and polyurethane/POSS nanocomposites as flame retarded coating for polyester and cotton fabrics. Fire Mater, 2002, 26(4-5): 149-154.

[6] Bourbigot S, Duquesne S, Fontaine G, et al. Characterization and reaction to fire of polymer nanocomposites with and without conventional flame retardants. Mol Cryst Liq Cryst, 2008, 486(1): 325/[1367]-1339/[1381].

[7] Janowski B, Pielichowski K. Thermo(oxidative) stability of novel polyurethane/POSS nanohybrid elastomers. Thermochim Acta, 2008, 478(1-2): 51-53.

[8] Awad W H, Nyambo C, Kim S, et al. Development of polyurea nanocomposites with improved fire retardancy //WILKIE C A, MORGAN A B, NESLON G L, Fire and Polymers V, Materials and Concepts for Fire Retardancy. Washington: American Chemical Society, 2009: 102-117.

[9] Awad W H, Wilkie C A. Further study on the flammability of polyurea: the effect of intumescent coating and additive flame retardants. Polym Advan Technol, 2011, 22(8):

1297-1304.

[10] Son Y, Ahn K H, Char K. Morphology of injection molded modified poly(phenylene oxide)/polyamide-6 blends. Polym Eng Sci, 2000, 40(6): 1376-1384.

[11]Hwang S H, Kim Y S, Cha H C, et al. Thermal and physical properties of poly(phenylene oxide) blends with glass fiber reinforced syndiotactic polystyrene. Polymer, 1999, 40(21): 5957-5960.

[12] Zoller P, Hoehn H H. Pressure-volume-temperature properties of blends of poly(2,6-dimethyl-1,4-phenylene ether) with polystyrene. J Polym Sci: Polym Phys Edit, 1982, 20(8): 1385-1397.

[13] Ikeda M, Saito H. Improvement of polymer performance by cubic-oligosilsesquioxane. React Funct Polym, 2007, 67(11): 1148-1156.

第5章　聚碳酸酯/POSS 纳米复合材料及其阻燃性能

聚碳酸酯(PC)是目前增长最快的工程塑料之一,本身具有良好的力学性能及电性能。纯 PC 本身就可以达到 UL-94 V-2 阻燃级别,但很多电子、电气应用领域对 PC 提出了更严格的阻燃要求[1]。含硅化合物如 $R_3SiO_{1/2}$、R_2SiO、$RSiO_{3/2}$ 或 SiO_2 等近年来作为新型无卤阻燃剂阻燃 PC 越来越受到研究者的关注[2]。而作为硅系阻燃剂的一员,POSS 分子由于具有多变的结构,它在 PC 中的分散情况以及对 PC/POSS 纳米复合材料的阻燃性能影响是研究者感兴趣的。

5.1　聚碳酸酯/笼形苯磺酸盐基硅倍半氧烷纳米复合材料

磺酸盐系阻燃剂是阻燃 PC 的极有效的阻燃剂,对产品的力学性能影响较小,但是水解稳定性欠佳且价格偏高,也常与其他阻燃剂复配使用[3]。苯磺酰基苯磺酸钾(KSS)是 PC 的磺酸盐系阻燃剂中最成功的一种。报道称,添加 0.1wt%的 KSS 即可使 PC 的极限氧指数达到 38%,而 0.05wt%~0.2wt%的 KSS 可以使 PC 的 UL-94 垂直燃烧达到 V-0 级(3.2mm)。

本书作者将磺酸盐和 POSS 两种阻燃剂的优势集于一身合成了含有磺酸钾基的 POSS 化合物(S-POSS,图 5-1),并将 S-POSS 与 PC 进行熔融混合,制备了一系列 PC/S-POSS 纳米复合材料,配方比例见表 5-1。

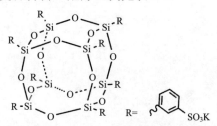

图 5-1　磺酸钾基 POSS 化合物(S-POSS)结构式

表 5-1　PC/S-POSS 复合材料配方

样品	PC (wt%)	S-POSS (wt%)	PTFE (wt%)	添加剂 (wt%)
PC-空白	99.10	0.00	0.30	0.60
PC-S1	98.85	0.25	0.30	0.60
PC-S2	98.60	0.50	0.30	0.60
PC-S3	98.10	1.00	0.30	0.60

5.1.1　PC/S-POSS 复合材料热性能

PC/S-POSS 复合材料的玻璃化转变温度(T_g)由 DSC 测得。复合材料的 DSC 曲线如图 5-2 所示。从图中可以看出，随着 S-POSS 在复合材料中含量的提高，复合材料的 T_g 略有降低，从 144℃ 降低到 141℃。导致 T_g 连续降低的原因是 S-POSS 的增塑作用。这种增塑作用可以降低 PC 基体在 S-POSS 周围的堆积密度，从而导致复合材料的 T_g 有所下降[4]。

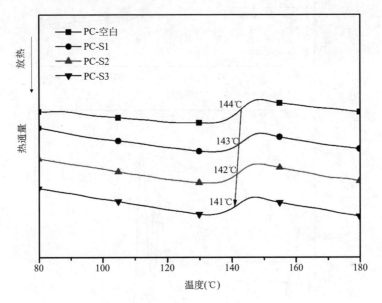

图 5-2　PC/S-POSS 复合材料的 DSC 曲线

PC/S-POSS 复合材料在氮气中的热重(TG)分析曲线及相关数据如表 5-2 和图 5-3 所示。在氮气中，复合材料只存在一个快速的热降解过程。PC-空白的初始热降解温度(T_{onset})为 509℃，热释放速率峰值所对应的温度(T_{max})为 541℃。复合材料的 T_{onset} 和 T_{max} 都随着 S-POSS 添加量的提高而降低，说明 S-POSS 能够有效地促

表 5-2　PC/S-POSS 复合材料 TG 分析数据(氮气，20℃/min)

样品	T_{onset} (℃)	T_{max} (℃)	850℃ 的残炭率 (%)
PC-空白	509	541	22
PC-S1	453	498	18
PC-S2	437	490	20
PC-S3	425	485	20

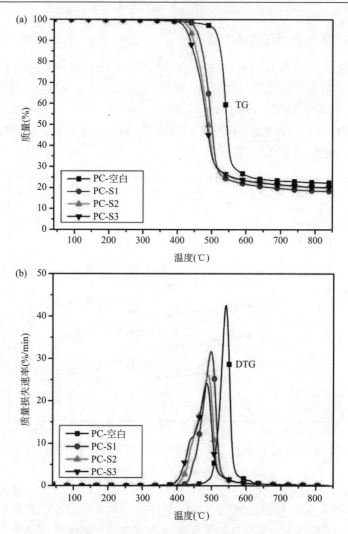

图 5-3　PC/S-POSS 复合材料在氮气中的 TG(a) 和 DTG(b) 曲线

进 PC 基体在更低的温度下降解。虽然 PC 热降解的温度降低了，但是 S-POSS 却延缓了其降解速率，即随着 S-POSS 添加量的提高，复合材料的降解速率随之降低。S-POSS 对 PC 残炭率的影响并不明显，因为其极低的添加量并没有发挥出 POSS 化合物对凝聚相的增强作用。

　　PC/S-POSS 复合材料在空气中的热重分析曲线及相关数据如表 5-3 和图 5-4 所示。在空气中，复合材料经历了两个快速的热降解过程。PC-空白的 T_{onset} 为 504℃，T_{max1} 和 T_{max2} 分别为 538℃和 671℃。与氮气中相似，复合材料的 T_{onset} 和 T_{max} 都随着 S-POSS 添加量的提高而降低，说明在空气中 S-POSS 一样能够促进

表 5-3　PC/S-POSS 复合材料 TG 分析数据(空气，20℃/min)

样品	T_{onset}（℃）	T_{max1}（℃）	T_{max2}（℃）	850℃ 的残炭率（%）
PC-空白	504	538	671	1
PC-S1	458	493	643	1
PC-S2	451	487	632	2
PC-S3	424	461	597	2

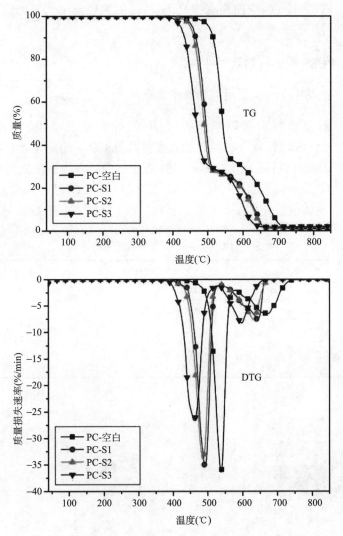

图 5-4　PC/S-POSS 复合材料在空气中的 TG 和 DTG 曲线

PC 基体在更低的温度下降解。并且在第一个快速热降解阶段，S-POSS 同样延缓了复合材料的热降解速率。氧气能够加速 PC 基体表面的支化反应，在 PC 的表面形成隔热层[1, 5]。那么，PC 越早降解就越有利于隔热层的形成。这就是在较低温度的第一个快速热降解阶段，复合材料的质量损失速率随着 S-POSS 添加量的提高而降低的原因。在第二个快速热降解阶段，复合材料的热降解速率又高于了 PC-空白。这是因为这一阶段的温度较高，热降解过程主要针对第一阶段所形成炭层的进一步热氧降解。在空气气氛下，S-POSS 同样对 PC 残炭率的影响不大，复合材料的残炭率较 PC-空白略有提高，可能是因为残炭中二氧化硅的含量有所提高[6]。

5.1.2　PC/S-POSS 复合材料阻燃性能

5.1.2.1　PC/S-POSS 复合材料的极限氧指数

S-POSS 对复合材料极限氧指数（LOI）的影响见表 5-4。当添加极少量（0.25wt%）的 S-POSS 时，复合材料的 LOI 值就得到了显著的提高。当添加 0.50wt% 的 S-POSS 时，复合材料的 LOI 达到最大值 33.4%，而随着添加量提高至 1.00wt%，复合材料的 LOI 反而降低至 29.5%。可见，复合材料的 LOI 值并不会随着 S-POSS 含量的提高而单调地升高。图 5-5 展示了 PC-空白和 PC-S1 在 LOI 测试后的形貌

表 5-4　PC/S-POSS 复合材料的阻燃性能

样品	LOI (%)	UL-94 (3.2mm)			UL-94 (1.6mm)		
		级别	t_1	t_2	级别	t_1	t_2
PC-空白	25.9	V-2	26	4	V-2	13	3
PC-S1	33.3	V-0	2	1	V-0	2	3
PC-S2	33.4	V-0	3	2	V-0	3	2
PC-S3	29.5	V-2	3	5	V-2	3	3

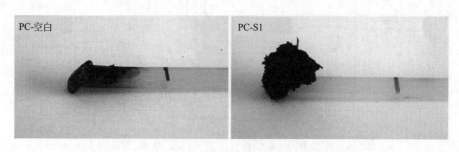

图 5-5　PC-空白和 PC-S1 在 LOI 测试后的形貌照片

照片。在燃烧过程中，PC-空白的燃烧表面没有形成明显的炭层，而 PC-S1 的燃烧表面形成了明显的膨胀炭层。而膨胀炭层的形成有效地阻止了火焰继续蔓延，并最终导致火焰的熄灭。磺酸盐可以通过加速二氧化碳的释放和促进聚合物降解形成膨胀的炭层，从而提高 PC 的 LOI 值。

5.1.2.2　PC/S-POSS 复合材料的垂直燃烧(UL-94)结果分析

PC/S-POSS 复合材料的垂直燃烧(UL-94)结果如表 5-4 所示，很明显 S-POSS 可以显著提高复合材料的阻燃性。仅添加 0.25wt%的 S-POSS 就可以使 1.6 mm 和 3.2mm 的复合材料样条均达到 UL-94 垂直燃烧的 V-0 级，两次点燃后 PC-S1 都能够很快自熄。图 5-6 展示的是 PC-空白和 PC-S1 在垂直燃烧测试后的形貌照片。PC-空白在燃烧时表面没有形成膨胀炭层，而且会产生熔滴。而 PC-S1 在燃烧时会在与火焰的接触面形成明显的膨胀炭层，从而有效地避免 PC 基体在高温火焰下融化成熔滴[7]。S-POSS 缩短了复合材料降解过程中炭层的形成时间。当添加量增加到 1wt%时，复合材料在燃烧过程中的熔体黏度降低了，并最终导致了熔滴的产生，UL-94 的燃烧级别为 V-2 级。

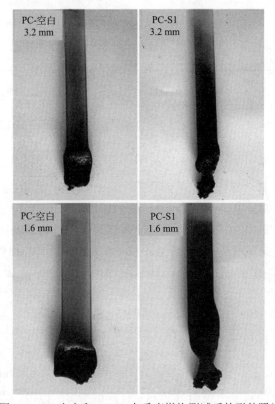

图 5-6　PC-空白和 PC-S1 在垂直燃烧测试后的形貌照片

5.1.2.3 PC/S-POSS 复合材料锥形量热分析

采用锥形量热仪分析 PC/S-POSS 复合材料在火焰燃烧条件下样品的燃烧性质。PC/S-POSS 复合材料在 50 kW/m² 辐射热通量下的锥形量热分析数据列于表 5-5 中。

点燃时间(TTI)用来衡量阻燃剂对材料点火性的影响。如表 5-5 所示，随着 S-POSS 的加入，复合材料的点燃时间明显缩短，说明 S-POSS 促进了复合材料更快地降解；随着 S-POSS 添加量的增加，复合材料的 TTI 进一步降低。由 TG 的分析可知，复合材料的初始热分解温度随着 S-POSS 添加量的增加而降低，因此 PC-S3 首先降解生成可燃产物被点火器引燃。

表 5-5 **PC/S-POSS 复合材料锥形量热分析数据**(50 kW/m²)

样品	PC-空白	PC-S1	PC-S2	PC-S3
TTI (s)	84	63	59	44
p-HRR (kW/m²)	578	602	511	541
THR (MJ/m²)	97	109	103	105
TSR (m²/m²)	2872	2529	2808	2767
平均 COY (kg/kg)	0.15	0.11	0.10	0.09
平均 CO₂Y (kg/kg)	2.42	2.65	2.57	2.63

PC/S-POSS 复合材料在 50 kW/m² 辐射热通量下的热释放速率(HRR)曲线如图 5-7 所示，虽然 S-POSS 的添加对 PC 的热释放速率峰值(p-HRR)影响不大，但却明显地改变了 PC 的燃烧行为。随着 S-POSS 添加量的增加，PC 复合材料的降解和成炭速率显著提高，表现为 PC-S3、PC-S2、PC-S1 和 PC-空白的 HRR 曲线依次达到第一个热释放峰值后回落。可见，S-POSS 能够加速 PC 基体的热降解并促进膨胀炭层的形成，从而降低复合材料的 HRR。然而，炭层过早地形成和过大的膨胀体积所引起的负面效应是复合材料暴露于辐射锥体下的受热面积增大，导致炭层的稳定性下降。表现为复合材料的 p-HRR 均为第二个热释放速率峰值，且该峰值均高于 PC-空白的第二个热释放速率峰值，同时复合材料的总热释放(THR)也均高于 PC-空白。可见，在强制热辐射条件下，复合材料过快的成炭速率虽然有利于前期 HRR 的快速降低，但是也会导致炭层过早地受到热辐射的破坏，并最终影响复合材料的 p-HRR 和 THR。

另外，S-POSS 的加入降低了 PC 的总烟释放(TSR)和 CO 的平均释放量(平均 COY)，而 CO 的释放量是烟气毒性的一个重要指标，因此复合材料燃烧的烟释放和有毒气体释放量的减少，说明 S-POSS 有抑烟抑毒的作用，增加了复合材料使用的安全性。PC/S-POSS 复合材料 CO_2 平均释放量（平均 CO_2Y）的提高，再次印证了磺酸盐阻燃剂对 CO_2 释放的促进作用，而高的 CO_2 释放量有助于炭层在燃烧过程中的快速膨胀。

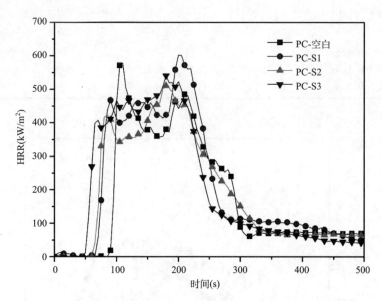

图 5-7　PC/S-POSS 复合材料在 $50kW/m^2$ 辐射热通量下的 HRR 曲线

　　为了更全面地分析 S-POSS 对复合材料成炭性能的影响，在 $35\ kW/m^2$ 的辐射热通量下对复合材料的锥形量热数据进行了分析，数据列于表 5-6。PC/S-POSS 复合材料在 $35\ kW/m^2$ 辐射热通量下的 HRR 曲线如图 5-8 所示，与 $50\ kW/m^2$ 辐射热通量下的 HRR 曲线类似，各曲线都呈现出"M"形，符合材料燃烧成炭的特征。在 $35\ kW/m^2$ 辐射热通量下，S-POSS 同样加速了复合材料的降解和成炭，表现为 PC-S3、PC-S2、PC-S1 和 PC-空白的 HRR 曲线依次达到第一个热释放峰值后回落。由于辐射热通量的降低，复合材料过早地膨胀成炭所带来的负面影响并没有及时表现出来，因此各复合材料的 HRR 回落后达到的第二个热释放峰值均低于 PC-空白且 p-HRR 也均低于 PC-空白。这说明复合材料的炭层抵御 $35\ kW/m^2$ 辐射热通量的能力较好，成炭速率的提高有利于 HRR 的降低。由于 S-POSS 对复合材料降解的加速作用，炭层的膨胀速率和体积明显高于 PC-空白，使复合材料暴露于辐射锥体下的受热面积增大，导致在持续热辐射下，复合材料的 THR 均高于 PC-空白。随着 S-POSS 添加量的提高，复合材料的 THR 也随之提高。

表 5-6　PC/S-POSS 复合材料锥形量热分析数据（35 kW/m²）

样品	PC-空白	PC-S1	PC-S2	PC-S3
TTI (s)	266	182	116	111
p-HRR (kW/m²)	420	397	338	292
THR (MJ/m²)	53	59	60	65
TSR (m²/m²)	2338	2291	2265	2652
平均 COY (kg/kg)	0.09	0.12	0.06	0.07
平均 CO₂Y (kg/kg)	1.83	1.91	2.71	2.04

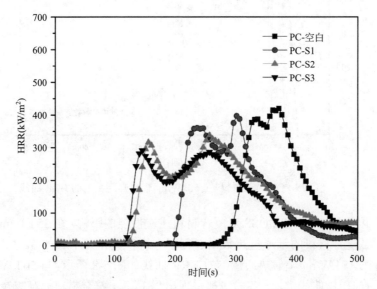

图 5-8　PC/S-POSS 复合材料在 35kW/m² 辐射热通量下的热释放速率（HRR）曲线

5.1.2.4　PC/S-POSS 复合材料凝聚相燃烧产物分析

　　FTIR 和 SEM 被用来进一步分析 PC/S-POSS 复合材料经锥形量热测试（辐射热通量为 50 kW/m²）后的炭层。如图 5-9 的 FTIR 谱图所示，残炭中相同的吸收峰是 1590 cm⁻¹ 处苯环的伸缩振动，证明了残炭中芳香结构的存在。PC-S2 和 PC-S3 在 1088 cm⁻¹ 处的吸收峰为 Si—O 的伸缩振动峰，说明 S-POSS 热降解后可形成类似于 SiO₂ 的结构，该结构在凝聚相中有利于提高炭层的热稳定性。然而，由于 S-POSS 的添加量极低，SiO₂ 结构在凝聚相优异的隔热作用并没有得到充分地发挥。

　　锥形量热测试后（辐射热通量为 50 kW/m²），样品炭层的形貌如图 5-10 所示。PC-空白残炭炭层的高度较高，而 PC-S2 复合材料残炭的高度略低。PC-S2 在锥形量热测试中炭层的膨胀速率要高于 PC-空白，但由于过早地膨胀和过大的膨胀体积使得炭层暴露于辐射锥体下的受热面积增大，导致炭层稳定性下降和残留高度降低。从俯视图可以看出 PC-S2 残炭的外表面覆盖有一层白色物质，结合 FTIR 分析这层白色物质含有 Si—O 的结构。

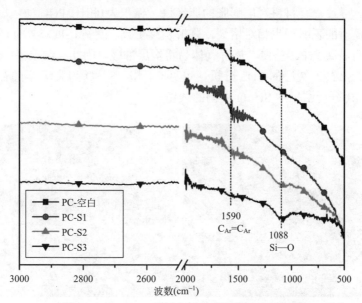

图 5-9　PC/S-POSS 复合材料残炭的 FTIR 谱图

图 5-10　PC-空白和 PC-S2 在锥形量热测试后的残炭照片(辐射热通量为 50 kW/m²)

左图为平视图；右图为俯视图

　　PC-空白与 PC-S2 在锥形量热测试(辐射热通量为 50 kW/m^2)后外部炭层的 SEM 照片如图 5-11 所示。PC-空白的外部炭层光滑平整,而 PC-S2 的炭层则孔洞密布。造成两种炭层截然不同的外观结构的原因可能是:S-POSS 加速了 PC 的降解成炭后,导致复合材料炭层膨胀的速率快、体积大(相比 PC-空白),在锥形量热仪内被辐射的表面积也相对增大,降解程度更高。另外,PC-S2 的 CO_2 的平均释放量也明显高于 PC-空白,热解气体易将炭层冲破,因此孔洞很多。图 5-12 显示的是 PC-S2 外部炭层的 EDS 分析,可见 C、Si、S、O 和 K 元素的存在。这也佐证了 FTIR 分析结果中 Si—O 结构的残留。

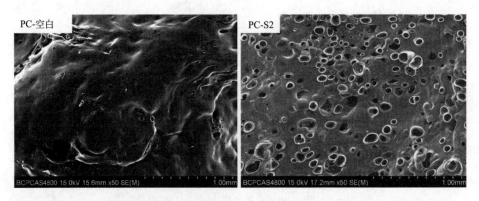

图 5-11　PC-空白和 PC-S2 外部炭层的 SEM 照片

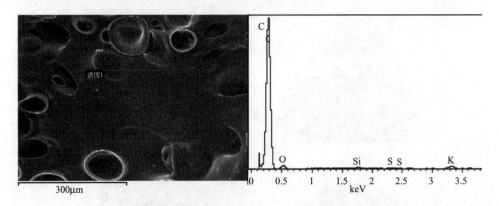

图 5-12　PC-S2 外部炭层的 EDS 分析

5.2　聚碳酸酯/含铝梯形聚苯基硅倍半氧烷复合材料

　　本书作者将含铝梯形聚苯基硅倍半氧烷(Ph-LPSQ-Al)与 PC 进行熔融混合,制备了一系列 PC/Ph-LPSQ-Al 复合材料,Ph-LPSQ-Al 添加量分别为 2wt%、4wt%、

6wt%和 8wt%（内添加）。各个体系中，PTFE 均为 0.3wt%，抗氧剂、偶联剂等合计为 0.9wt%。

5.2.1　PC/Ph-LPSQ-Al 复合材料热性能

　　Ph-LPSQ 链的梯形结构对链运动有较强的限制作用，使 Ph-LPSQ 链呈刚性。DSC 测试表明，实验室合成的 Ph-LPSQ-Al 在室温至 350℃范围内没有出现玻璃化转变。图 5-13 和表 5-7 显示，与 PC 相比，PC/Ph-LPSQ-Al 复合物的玻璃化转变温度(T_g)略有降低，添加 8wt%Ph-LPSQ-Al 的 PC 复合物的 T_g 也只是降低了 1.3℃。表 5-7 列出了 PC 和 PC/Ph-LPSQ-Al 的热变形温度（HDT），PC/Ph-LPSQ-Al 复合物的 HDT 都略高于 PC。由此可见，Ph-LPSQ-Al 可提高 PC 的使用温度。

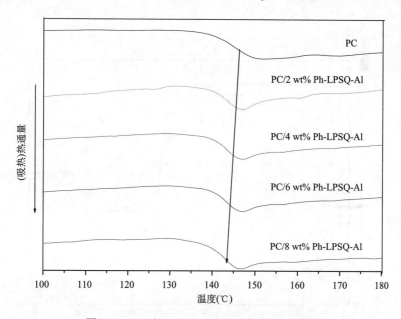

图 5-13　PC 和 PC/Ph-LPSQ-Al 的 DSC 曲线图

表 5-7　PC 和 PC/Ph-LPSQ-Al 的 DSC、HDT 数据

样品	T_g（℃，DSC）	HDT（℃，0.45 MPa）
PC	145.1	133.0
PC/2 wt % Ph-LPSQ-Al	144.7	135.1
PC/4 wt % Ph-LPSQ-Al	144.2	135.0
PC/6 wt % Ph-LPSQ-Al	144.0	134.6
PC/8 wt % Ph-LPSQ-Al	143.8	134.0

上述结果表明，Ph-LPSQ-Al 对 PC 的 T_g 没有明显的影响，Ph-LPSQ-Al 略微提高 PC 的 HDT。HDT 的提高应该归因于 Ph-LPSQ 稳定的梯形结构，一方面是由于硅氧烷 Si—O 键具有较高的键能(422.5 kJ/mol)[8]，不容易断裂；另一方面是由于 Ph-LPSQ 具有双链梯形结构，梯形结构上局部化学链的断裂不会对整个链结构的完整性产生显著影响。Ph-LPSQ-Al 刚性颗粒在 PC 基体中的均匀分散，有助于 PC 热性能的提高。

5.2.2　PC/Ph-LPSQ-Al 复合材料热稳定性和热重-红外联用分析

图 5-14 和图 5-15 是 PC 和 PC/Ph-LPSQ-Al 在氮气和空气气氛中的 TG 曲线图。可以看出，Ph-LPSQ-Al 对 PC 的热稳定性影响很小，没有改变其热分解过程，仅使 PC 的初始热分解温度略微升高；此外，800℃时 PC 残炭量的增加归因于 Ph-LPSQ-Al 的加入。

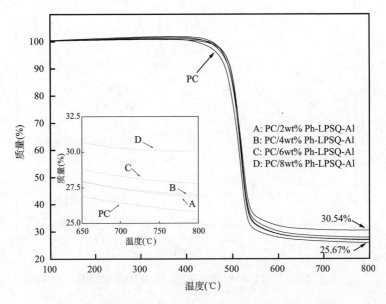

图 5-14　PC 和 PC/Ph-LPSQ-Al 在氮气气氛中的 TG 曲线图

为了更清楚地了解 PC 和 PC/Ph-LPSQ-Al 复合物在高温分解过程中的不同，采用热重-红外联用分析(TG-FTIR)的方法研究 Ph-LPSQ-Al 的加入对 PC 热分解气相产物释放过程的影响。图 5-16 是两个三维红外(3D FTIR)谱图，分别显示了 PC 和 PC/6 wt%Ph-LPSQ-Al 复合物在整个热失重过程中的气相产物释放情况。

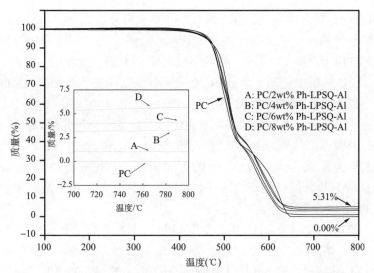

图 5-15 PC 和 PC/Ph-LPSQ-Al 在空气气氛中的 TG 曲线图

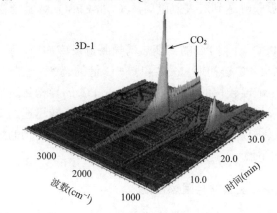

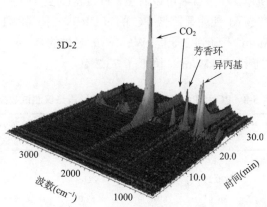

图 5-16 PC(3D-1)和 PC/Ph-LPSQ-Al(3D-2)热分解气相产物的 3D FTIR 谱图(氮气气氛)

PC 具有很好的热稳定性,温度低于 250 ℃时不会发生分解,高温下 PC 最多的挥发性降解产物是二氧化碳(CO_2)和双酚 A[9]。图 5-16(3D-1)为 PC 热分解气相产物的 3D FTIR 谱图,2340 cm^{-1} 处的强峰表明 CO_2 的大量释出;1783 cm^{-1} 处的吸收归因于 PC 结构中的酯基,是 PC 断裂为较小链段的气相产物;3000 cm^{-1},1187 cm^{-1},1248 cm^{-1} 的峰,证明了异丙基的存在;而 1602 cm^{-1} 和 1511 cm^{-1} 两个谱带是芳环的特征吸收峰。同样地,图 5-16(3D-2)显示 PC/Ph-LPSQ-Al 热分解气相产物的红外吸收峰位置与 PC 气相产物的一致,并且 PC 和 PC/Ph-LPSQ-Al 中各类气相产物释放量达到最大值的时间也大致相同。由此可知,PC、PC/Ph-LPSQ-Al 热分解气相产物的种类和释放时间相似,也就是说 Ph-LPSQ-Al 并未改变 PC 的热分解过程。

然而,值得注意的是,PC 和 PC/Ph-LPSQ-Al 两者热分解气相产物的释放量有着较大差异。相对于主要的 CO_2 吸收峰,酯基(1783 cm^{-1})、芳环(1602 cm^{-1},1511 cm^{-1})和异丙基(1187 cm^{-1},1248 cm^{-1})的吸收峰,PC/Ph-LPSQ-Al 都明显高于 PC。此外,CO_2 吸收峰达到最大值以后,PC/Ph-LPSQ-Al 复合物的 CO_2 释放量明显低于 PC。

以上说明 Ph-LPSQ-Al 使 PC 的初期热诱导断链反应加速,使 PC 热分解后期气相产物的释放变少。PC 链初期 C—C 和 C—O 键的裂解,会导使 CO_2、酯类和芳环类气相产物的生成,较快的断链反应意味着 PC 的异构化迅速进行,异构化能加速 PC 的交联和成炭。也就是说,凝聚相正在进行较迅速的交联成炭反应,而较早形成保护炭层可以有效地抑制 PC 热分解后期气相产物的生成。这些状况的发生有利于 PC 的阻燃。

5.2.3　PC/Ph-LPSQ-Al 复合材料阻燃性能

PC 和 PC/Ph-LPSQ-Al 复合物的锥形量热仪测试数据和测试结果如表 5-8、图 5-17 及图 5-18 所示。由表 5-8 可以看出,PC/Ph-LPSQ-Al 的 TTI 相较于 PC 均有所提前; Ph-LPSQ-Al 能明显降低 PC 的 p-HRR,2wt%Ph-LPSQ-Al 使 PC 的 p-HRR 从 570.2 kW/m^2 下降到 268.0 kW/m^2,最明显的是 8wt%Ph-LPSQ-Al 能使 PC 的 p-HRR 下降到 152.9 kW/m^2,降低了 73.2%。

表 5-8　PC 和 PC/Ph-LPSQ-Al 的锥形量热仪测试数据

样品	PC	PC/2 wt% Ph-LPSQ-Al	PC/4 wt% Ph-LPSQ-Al	PC/6 wt% Ph-LPSQ-Al	PC/8 wt% Ph-LPSQ-Al
TTI (s)	70	46	60	57	60
p-HRR (kW/m^2)	570.2	268.0	221.9	212.2	152.9
THR (MJ/m^2)	86.5	89.4	63.0	55.0	34.5

续表

样品	PC	PC/2 wt% Ph-LPSQ-Al	PC/4 wt% Ph-LPSQ-Al	PC/6 wt% Ph-LPSQ-Al	PC/8 wt% Ph-LPSQ-Al
p-SEA/(m^2/kg)	2521	2325	2170	1745	1472
平均 COY/(kg/kg)	0.15	0.13	0.13	0.11	0.11
平均 CO_2Y/(kg/kg)	2.58	2.43	2.41	2.39	1.74

点燃时间(TTI)越长，表明聚合物越难点燃。PC/Ph-LPSQ-Al 复合物 TTI 的缩短与图 5-16 中 TG-FTIR 分析的结果一致，Ph-LPSQ-Al 使 PC 的初期热诱导断链反应变得更快，PC 链初期 C—C 和 C—O 键的迅速断裂，会致使可燃气体的快速生成，因此 PC/Ph-LPSQ-Al 比 PC 容易点燃。$T_{p\text{-HRR}}$ 是样品达到热释放峰值的时间，将 p-HRR/$T_{p\text{-HRR}}$ 的比值定义为 FGI[10]，即火势增长指数，它反映了材料对热反应的能力。火势增长指数越大，表明材料在暴露于过强的热环境时，着火燃烧速度越快，火势会迅速蔓延扩大，火灾危险越大。其中 PC 的 FGI 值为 3.35 kW/$(m^2\cdot s)$，加入 2wt%、4wt%、6wt%和 8wt%Ph-LPSQ-Al 后，体系对应的 FGI 分别为 2.44 kW/$(m^2\cdot s)$、2.01 kW/$(m^2\cdot s)$、1.77 kW/$(m^2\cdot s)$ 和 1.53 kW/$(m^2\cdot s)$，均低于 PC 的 FGI 值，特别是 PC/6wt%Ph-LPSQ-Al、 PC/8wt%Ph-LPSQ-Al 的 FGI 相较于 PC 分别降低了 47.2%和 54.3%。

在图 5-17 中应该注意到，PC 的热释放峰很高、较窄，说明热量的释放集中在很短的时间范围内；PC/Ph-LPSQ-Al 复合物的最大热释放峰变矮、变宽，且样

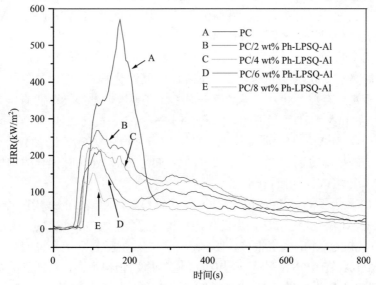

图 5-17　PC 和 PC/Ph-LPSQ-Al 的热释放速率(HRR)曲线

品在 250 s 后会出现一个很矮的热释放峰，说明热量在较长的时间范围内逐步释放，降低了因为热量快速释放而造成火灾的可能性。

PC/Ph-LPSQ-Al 复合物呈现两个热释放阶段，第一个阶段是从 TTI 到 250 s 左右，热的释放速率比较快；第二个阶段是从 250 s 到 500 s 左右，出现相对平缓的热释放峰。这一现象可能的原因是，Ph-LPSQ-Al 在 PC 第一阶段燃烧时，促使 PC 的初期热诱导断链反应变得更快，促进了 PC 熔体的交联和成炭，从而迅速形成具有较强阻隔性的炭层，炭层有效阻止了热量的传递，减缓了挥发物产生的速率，显著减少了可燃气体的燃烧放热反应，从而使复合物的 HRR 和 p-HRR 显著降低；但是，随着温度的升高和炭层内部气体压力的升高，稳定性不够的炭层会发生破裂，被阻隔的可燃气体释放出来并燃烧，形成了相对平缓的第二个阶段的热释放过程。可以注意到，PC/Ph-LPSQ-Al 复合物第二阶段的热释放峰明显低于第一阶段的热释放峰，并且第二阶段的热释放峰随 Ph-LPSQ-Al 含量的增加而明显降低。可以推断出，第一阶段形成的炭层强度高、耐热性好，炭层并不容易被破坏，因此第二阶段形成的热释放峰较矮。特别是在 Ph-LPSQ-Al 含量较高时，PC 第一阶段燃烧的可燃气体释放已大为减少，形成的炭层更加密实、耐热性更好，物理阻隔作用更强，其第二阶段内部积聚的可燃气体冲破炭层后的燃烧反应热释放就更少了。此外，表 5-8 也显示，随 Ph-LPSQ-Al 添加量的增多，PC 的 THR 显著降低，特别是 8wt%Ph-LPSQ-Al 可使 PC 的 THR 从 86.5 MJ/m^2 降低到 34.5 MJ/m^2，说明复合物体系在锥形量热测试中能形成隔热隔质的炭层，使聚合物不完全燃烧，经历明显的炭化过程，保护下层的基材。

烟雾是火灾发生时对人生命威胁最大的因素，PC 和 PC/Ph-LPSQ-Al 的总烟释放(TSP)曲线如图 5-18 所示。PC/Ph-LPSQ-Al 复合物的烟释放也和热释放一样，可以分成两个阶段，第一个阶段是从 TTI 到 250 s 左右，烟的释放速率比较快；第二个阶段是从 250 s 到 500 s 左右，烟释放出现相对平缓。这现象也与复合体系形成的致密炭层有关。此外，样品燃烧时 CO 产生量也是烟气毒性的一个重要参数。从表 5-8 和图 5-18 可以看出，随着 Ph-LPSQ-Al 含量的增加，PC 样品的最大比消光面积(p-SEA)、TSP 明显降低，平均 COY 和平均 CO$_2$Y 也有所降低，说明复合物燃烧的烟释放和有害气体释放量减少，Ph-LPSQ-Al 具有优异的抑烟抑毒作用，增加了阻燃 PC 使用的安全性。

图 5-19 显示了 PC 和 PC/Ph-LPSQ-Al 在锥形量热测试后的残炭照片，可以看出 Ph-LPSQ-Al 具有增强 PC 炭层的作用：PC 残炭很少，并且疏松，炭层呈坍塌状；PC/Ph-LPSQ-Al 的残炭很多，膨胀得很高，炭层呈直立状，说明强度较大。PC/Ph-LPSQ-Al 在 CONE 测试过程中的炭层膨胀得很快很高，测试后的炭层可以分为两部分，上层为大量的白色疏松残余物，X 射线能谱仪对其进行测试得知 Si、O、C 的原子分数分别为 28.24%、71.76% 和~0%，因此白色物质应该是 SiO$_2$；下

层为坚硬的黑色残余物，Si、O、C 的原子分数分别为 1.35%、13.11%和 85.54%，此残余物应该为碳质产物。这说明 Ph-LPSQ-Al 受热分解的产物向表面迁移，形成以 Si—O 为主要结构的残余物覆盖在聚合物表面，同时特定的键或基团与聚合物的燃烧残渣、碳化物构成复合炭层，使炭层变得致密坚硬，阻止可燃物进入有焰区，也阻碍热量和氧气进入聚合物内层进行热氧化反应，从而使燃烧仅限于高聚物表层，达到阻燃的目的。

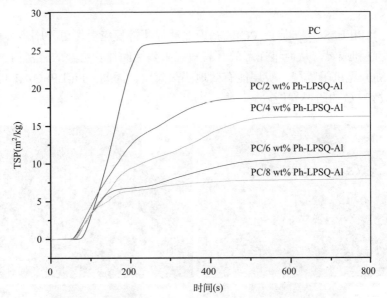

图 5-18　PC 和 PC/Ph-LPSQ-Al 的总烟释放（TSP）曲线

图 5-19　PC（a）和 PC/Ph-LPSQ-Al（b）在锥形量热测试后的残炭照片

取 PC/Ph-LPSQ-Al 复合物在 CONE 测试后坚硬黑色残炭的内部炭层做 SEM 分析，SEM 照片如图 5-20 所示，显示出连续、光滑、致密、片状层叠的炭层结构。这样错综复杂的致密的片状层叠炭层结构在 PC 燃烧过程中可以有效地阻碍热量的传递，抑制可燃挥发物的逸出，发挥隔热隔质的作用，降低热和烟的释放。比较分别添加 4wt%和 8wt%Ph-LPSQ-Al 的 PC 的炭层，可以看出，前者的炭层上存在一些孔洞，而后者的片状层叠炭层更为连续密实，基本没有发现孔洞的存在。高 Ph-LPSQ-Al 含量的 PC 产生更密实的炭层，能起到更好的隔热隔质作用，因而具有更好的阻燃性能，这与图 5-17 和图 5-18 的热和烟释放规律是相互支持的。

　　总之，Ph-LPSQ-Al 促使 PC 的初期热诱导断链反应变得更为剧烈，促进 PC 熔体的交联和成炭，从而迅速形成具有较强阻隔性的片状层叠的致密内部炭层以及外部 SiO_2 无机阻隔层。炭层能有效地隔热隔质，因此，Ph-LPSQ-Al 可以极大限度地改善 PC 的阻燃性能。

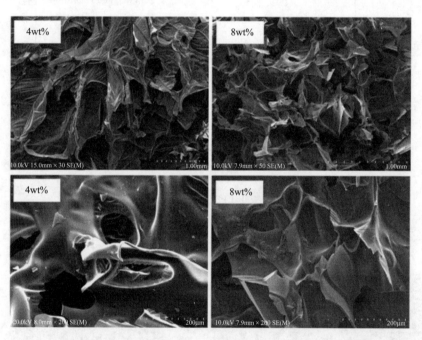

图 5-20　不同放大倍数下 PC/Ph-LPSQ-Al 复合物在 CONE 测试
后黑色残炭内层的 SEM 照片

　　垂直燃烧性能是产品实际应用中的一个重要指标，表 5-9 给出了 PC 和 PC/Ph-LPSQ-Al 复合物的极限氧指数(LOI)和垂直燃烧(UL-94)的测试结果。可以看出，4wt%Ph-LPSQ-Al 就能使 PC 达到难燃的程度(LOI=32.7%)，添加 8wt%Ph-LPSQ-Al 可以使 PC 的极限氧指数从 26.0%提高到 42.0%。相应地，添加 4wt%和 6wt%Ph-LPSQ-Al 可分别使 3.2 mm 和 1.6 mm 厚度的 PC 复合物达到 UL

94 V-0 燃烧级别。LOI 实验和垂直燃烧(UL-94)测试的实验结果相符合，Ph-LPSQ-Al 含量越高，PC 越难燃烧，阻燃性能越好。实验结果均显示 Ph-LPSQ-Al 有利于 PC 的阻燃，Ph-LPSQ-Al 是 PC 有效的阻燃剂。

表 5-9　PC 和 PC/Ph-LPSQ-Al 的极限氧指数和垂直燃烧测试结果

样品	LOI (%)	UL-94	
		3.2 mm	1.6 mm
PC-空白	26.0	V-2	NR
PC/2 wt % Ph-LPSQ-Al	27.6	V-1	V-2
PC/4 wt % Ph-LPSQ-Al	32.7	V-0	V-1
PC/6 wt % Ph-LPSQ-Al	39.8	V-0	V-0
PC/8 wt % Ph-LPSQ-Al	42.0	V-0	V-0

5.3　聚碳酸酯/笼形八苯基硅倍半氧烷复合材料

本书作者采用笼形八苯基 POSS(OPS)对聚碳酸酯(PC)塑料进行阻燃改性，得到 PC/OPS 复合材料。按表 5-10 中的配比将 PC、OPS、PTFE 和抗氧剂均匀混合，然后将混合均匀的配方利用双螺杆挤出机进行熔融共混，挤出造粒。挤出机从喂料口到机头的温度设置为 245℃，250℃，255℃，255℃，250℃，240℃，螺杆转速设置为 150 r/min。造粒后的粒子烘干 2～3 h，在注塑机上以不同模具注塑得到性能测试所需的标准样条。注塑机各段的温度设为 280℃，285℃，285℃，290℃，285℃，280℃，模具温度为常温。

表 5-10　PC 及 PC/OPS 复合材料的配比

样品组分	PC(wt%)	OPS(wt%)	PTFE(wt%)	添加剂(168/1010=2/1)
PC	99.1	0	0.3	0.6
PC/3wt%OPS	95.1	3	0.3	0.6
PC/6wt%OPS	91.1	6	0.3	0.6

5.3.1　PC/OPS 复合材料流变性能

5.3.1.1　OPS 含量对 PC/OPS 复合材料熔融指数的影响

熔融指数(melt flow indexer)是指在规定的温度和规定负荷的作用下，熔体材料从标准口模流出的数量。它代表了熔体的流动能力，是聚合物材料加工性能最重要的技术参数之一。本实验采用的是 260℃，2.160 kg 的负荷。熔体的流动性能有两种表达方式：一是质量流动指数(MFR)——10 分钟内熔体流出的质量，单位是 g/10 min；另一个是体积流动指数(MVR)——10 分钟内熔体流出的体积，单位是 cm³/10 min。

表 5-11 列出了不同 OPS 添加量时 PC/OPS 复合材料的 MVR 和 MFR 的值。从表中可以看出，当 OPS 添加量在 6wt%以下时，随着 OPS 添加量的增加，MVR 和 MFR 的值单调增加，并且可以看出在 1wt%添加量的情况下 MVR 和 MFR 的值增加幅度最大；在添加量为 6wt%时，MVR 和 MFR 的值出现最大值，MVR 和 MFR 的值分别为 114.908 cm³/10 min 和 85.93 g/10 min；在添加量超过 6wt%时，MVR 和 MFR 的值反而下降。这表明 6wt%的添加量最利于聚碳酸酯的加工。PC 的主要缺点是熔融黏度大，成型加工困难，加入一定比例的 OPS 可以使这样的困难得以解决。

表 5-11　PC 及 PC/OPS 复合材料的 MVR 和 MFR

样品编号	MVR (cm³/10 min)	密度 (g/cm³)	MFR (g/10 min)
PC	5.302	1.11	5.87
PC/1wt%OPS	20.622	1.11	22.90
PC/2wt%OPS	30.405	1.09	33.01
PC/3wt%OPS	43.889	1.08	47.59
PC/6wt%OPS	114.908	0.75	85.93
PC/9wt%OPS	86.577	0.83	71.74

5.3.1.2　OPS 含量对 PC/OPS 复合材料熔体扭矩的影响

MiniLab 微型共混流变仪以少量样品即可在对材料进行共混时同时进行流变测量，其基本原理是被测试样品抵抗混合的阻力与样品黏度成正比，转矩流变仪通过作用在转子或螺杆上的反作用扭矩测得这种阻力。它可进行昂贵材料的共混流变表征，用于昂贵材料和微量材料的开发和研究。

图 5-21 为 PC 及 PC/OPS 复合材料的扭矩(M)曲线。从图中我们可以看出，OPS 的添加可以缩短聚碳酸酯的熔融时间，这个时间指的是从开始到达到最大扭矩所对应的时间；同时 OPS 的添加可以降低聚碳酸酯的最大扭矩和平衡扭矩；随着 OPS 添加量的增加，最大扭矩和平衡扭矩都单调减小。这表明加工工程中聚碳酸酯的熔体黏度减小，有利于聚碳酸酯的加工成型。

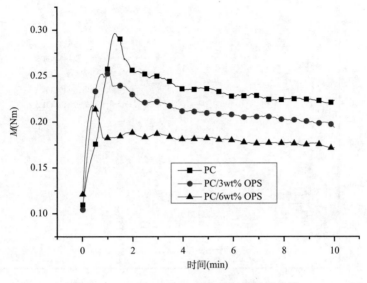

图 5-21　PC 及 PC/OPS 复合材料的扭矩曲线

5.3.1.3　OPS 含量对 PC/OPS 复合材料流变性的影响

图 5-22 为不同配方的复数黏度(η^*)曲线。在测试范围内，所有配方的 η^* 均随频率 ω 的增加而降低，显示非牛顿特性。同时可以明显发现两类流变现象：第一类流变现象是 PC、PC/6wt%OPS 和 PC/9wt%OPS 体系在低频区有明显的剪切变稀现象，随频率 ω 的增加，振荡剪切敏感性下降；第二类流变现象是 PC/1wt%OPS、PC/2wt%OPS 和 PC/3wt%OPS 体系对振荡剪切不敏感，η^*随频率 ω 的增加没有发生明显的变化。这说明在 OPS 添加量超过 6wt%时体系发生了质的变化。

在低频区可以发现，在 OPS 的量超过 6wt%时，随着 OPS 含量的升高，体系表现出明显的剪切变稀行为，低频区的储能模量明显上升(图 5-23)，这意味着 OPS 粒子在聚碳酸酯体系中形成了三维网络结构，这是一种流变逾渗现象。

图 5-23 和图 5-24 分别是不同配方的储能模量(G')和损耗模量(G")的频率扫描曲线。在整个扫描范围内随着频率 ω 的增加，同一配方的 G'和 G"都随之增加，这可能由于在高频的振荡下，体系产生共振的结果。在低频区，储能模量随着 OPS 添加量的增加而增加，这表明 OPS 对聚碳酸酯储能模量有明显的提升作用；OPS 添加量低于 6wt%时的储能模量小于聚碳酸酯的储能模量，OPS 添加量达到 9wt%时的储能模量则超过了聚碳酸酯的储能模量。损耗模量随着 OPS 添加量的增加不是单调地增加，在低频区，OPS 添加量从 1wt%到 3wt%的区间内单调增加，添加量达到 6wt%时，损耗模量反而降低了，添加量达到 9wt%时损耗模量稍高于 1wt%

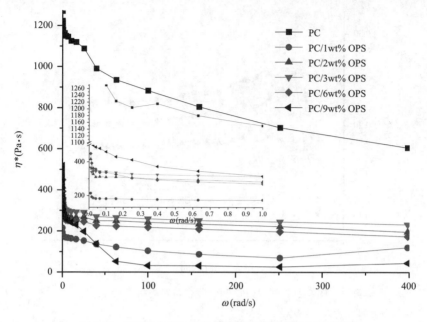

图 5-22 PC 及 PC/OPS 复合材料体系的复数黏度曲线

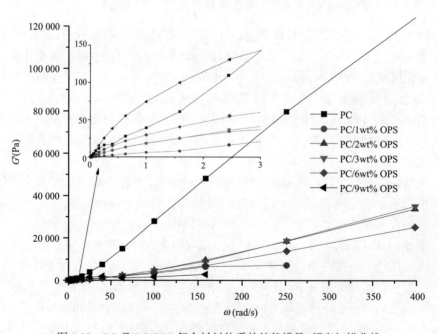

图 5-23 PC 及 PC/OPS 复合材料体系的储能模量-频率扫描曲线

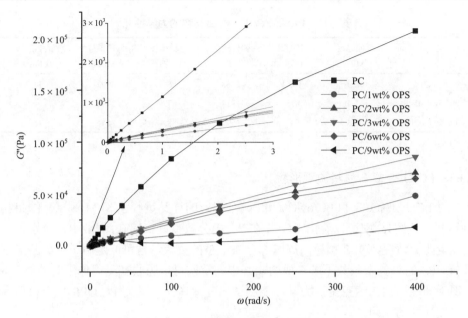

图 5-24　PC 及 PC/OPS 复合材料体系的损耗模量-频率扫描曲线

时的损耗模量，表明 PC/6wt%OPS 体系在发生形变时，由于黏性形变（不可逆）而损耗的能量小，反映材料黏性小。这和熔融指数的测定结果一致。在高频区，PC/9wt%OPS 体系的储能模量没出现数值，可能由于体系的黏度过低，在高频测量时，熔体在传感器平板之间打滑。储能模量和损耗模量随着 OPS 添加量的增加先增加后减小，但都低于聚碳酸酯的储能模量和损耗模量。PC/6wt%OPS 储能模量 G'在 PC/1wt%OPS 和 PC/3wt%OPS 的储能模量之间，与 PC/2wt%OPS 储能模量接近，而 PC/9wt%OPS 体系的损耗模量则低于聚碳酸酯和其他配方的损耗模量，表现为黏流态时的行为。

5.3.2　PC/OPS 复合材料力学性能

表 5-12 列出了 PC/OPS 复合材料的力学性能测试结果。从表 5-12 中看出，PC/OPS 复合材料的拉伸强度和断裂伸长率随着 OPS 的增加稍有降低；弯曲强度和弯曲模量随着 OPS 含量的增加有所增加，这和流变学测试部分的 OPS 对聚碳酸酯具有增强作用一致。弹性模量和缺口冲击强度明显高于 PC 的弹性模量和缺口冲击强度。缺口冲击强度的增加说明 OPS 的添加可以提高 PC 的韧性。

表 5-12　PC 及 PC/OPS 复合材料的力学性能

样品	拉伸强度 (MPa)	断裂伸长率 (%)	弹性模量 (MPa)	弯曲强度 (MPa)	弯曲模量 (MPa)	缺口冲击强度 (kJ/m²)
PC	63.3	102	1368	86.3	2392	11
PC/3wt%OPS	61.4	81	1717	87.5	2464	—
PC/6wt%OPS	59.3	64	1699	88.4	2544	15

5.3.3　PC/OPS 复合材料微观形貌

　　对 PC/3wt%OPS 和 PC/6wt%OPS 两个配方的样品进行了 SEM 测试，结果见图 5-25。从图(a)中可以看出，OPS 在 PC 中分散良好，而在图(b)中，个别处出现少量团聚情况，OPS 颗粒的周围都存在小小的空穴，这可能是由于聚碳酸酯基材和 OPS 的热膨胀系数不同造成的，其中的空穴可以吸收在受力作用时的能量，表现为韧性增加，这也是在力学性能测试部分缺口冲击强度 PC/OPS 复合材料高于聚碳酸酯的原因。

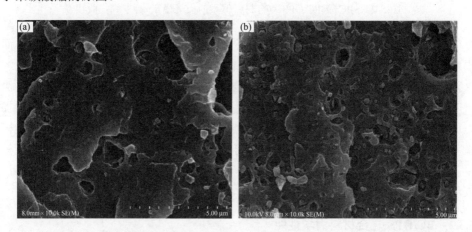

图 5-25　PC/OPS 复合材料的 SEM 照片：(a) PC/3wt%OPS；(b) PC/6wt%OPS

5.3.4　PC/OPS 复合材料热性能

5.3.4.1　DSC 和 DMA 分析

　　PC 及 PC/OPS 复合材料的 DSC 测试结果见图 5-26 和表 5-13，可以看出 PC 的玻璃化转变温度为 145.1℃，而加入 OPS 后，玻璃化转变温度有所降低，其中 PC/3wt%OPS 和 PC/6wt%OPS 对应的玻璃化转变温度分别为 141.2℃和 139.9℃。玻璃化转变温度的降低使聚碳酸酯分子链在较低的温度下就可以由玻璃态进入高弹态，有利于聚碳酸酯的加工。

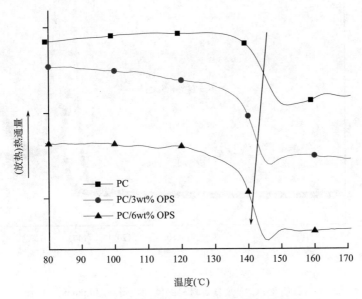

图 5-26　PC 及 PC/OPS 复合材料的 DSC 曲线

为了进一步证实 OPS 的加入可以降低 PC 的玻璃化转变温度，我们对样品进行了 DMA 测试，测试结果见图 5-27 和表 5-13。

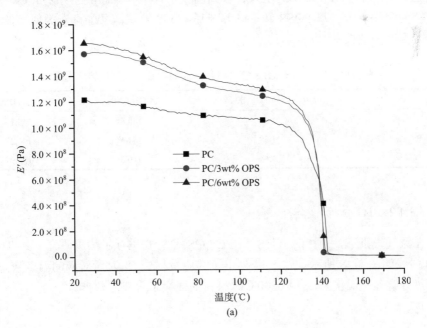

(a)

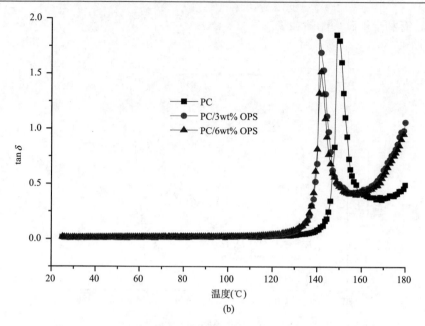

图 5-27 PC 及 PC/OPS 复合材料的储能模量(a)和 $\tan\delta$(b)曲线

从测试结果中可以看出，由 DMA 测得的玻璃化转变温度和 DSC 测得的值具有相同的下降趋势，并且 PC/3wt%OPS 和 PC/6wt%OPS 两个配方的玻璃化转变温度接近。这是因为 OPS 周围的空穴在较高温度条件下为聚碳酸酯分子的运动提供了足够的空间。苯乙基-POSS 和三硅醇苯基-POSS 对聚碳酸酯都有类似降低玻璃化转变温度的效果[11, 12]。

表 5-13 PC 及 PC/OPS 复合材料的储能模量和玻璃化转变温度

样品	E'(GPa，30℃，DMA)	T_g(℃，DMA)	T_g(℃，DSC)
PC	1.19	148.6	145.1
PC/3wt%OPS	1.58	141.6	141.2
PC/6wt%OPS	1.64	140.3	139.9

5.3.4.2 TG 分析

在氮气气氛下，对 PC、OPS 和 PC/OPS 复合物进行了热重研究。其 TG 和 DTG 曲线如图 5-28 所示。表 5-14 列出了其质量损失 5%时所对应的温度(T_{onset})、最大热分解速率温度(T_{max})和 800℃时材料的残炭量等典型数据。

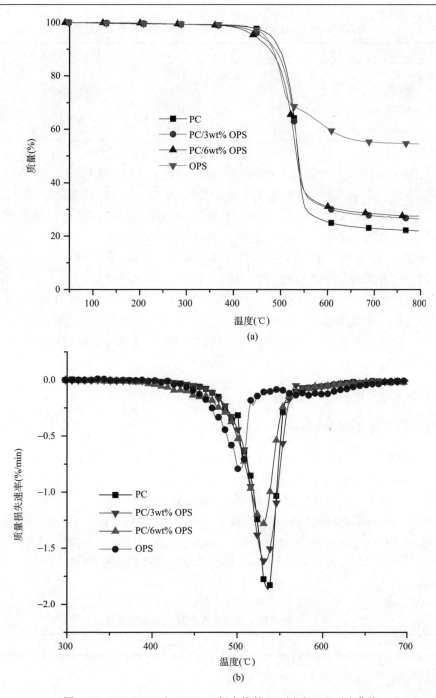

图 5-28　PC、OPS 和 PC/OPS 复合物的 TG（a）和 DTG（b）曲线

表 5-14　PC、OPS 和 PC/OPS 复合物的 TG 和 DTG 数据

样品	T_{onset}（℃）	T_{max}（℃）	800℃时残炭量（%）
PC	478	535	22.0
OPS	465	501，572	54.6
PC/3wt%OPS	458	533	26.6
PC/6wt%OPS	457	532	27.4

从图 5-28（a）中可以看出 OPS 在氮气中是两步分解的，但是 PC 和 PC/OPS 复合物则是一步分解，PC 的 T_{onset} 为 478℃，OPS 的 T_{onset} 为 465℃，而 PC/3wt%OPS 和 PC/6wt%OPS 的 T_{onset} 分别为 458℃和 457℃。该结果表明 OPS 可以促使 PC 分解进而形成对阻燃起作用的炭层，但是图 5-28（b）中 PC/OPS 复合物的最大热分解速率温度（T_{max}）与 PC 非常接近，这说明 OPS 对 PC 的 T_{max} 影响较小，但是在 T_{max} 下，对应的分解速率随着 OPS 添加量的增加而减小，这说明在 T_{max} 下，OPS 添加量的增加可以减缓 PC 的分解，进而可以形成较多的残炭。OPS 在氮气中的残炭为 54.6%，表明 OPS 具有较高的残炭，对阻燃 PC 非常有利。残炭量随着 OPS 添加量的增加而增大，将 6wt%OPS 添加到 PC 中时，可以使 PC 的残炭量从 22.0% 提高到 27.4%。

5.3.5　PC/OPS 复合材料阻燃性能

5.3.5.1　垂直燃烧（UL-94）和 LOI 分析

表 5-15 列出了 PC 和 PC/OPS 复合物的 LOI 及垂直燃烧（UL-94）等级结果。从表中的结果可以看出，OPS 的添加可以明显提高聚碳酸酯的 LOI 值和垂直燃烧等级，且 LOI 值和垂直燃烧（UL-94）等级随着 OPS 添加量的增加而提高。当 OPS 的添加量为 3wt%时，极限氧指数从 PC 的 26.0%提高到 31.8%，3.2 mm 厚的样品可以达到垂直燃烧（UL-94）V-0 的等级；当 OPS 的添加量为 6wt%时，极限氧指数从 PC 的 26.0%提高到 33.8%，1.6 mm 厚的样品可以达到垂直燃烧（UL-94）V-0 的等级。

表 5-15　PC 和 PC/OPS 复合物的 LOI 及垂直燃烧等级结果

样品	UL-94（3.2 mm/1.6 mm）	LOI（%）
PC	V-2 / NR	26.0
PC/3wt%OPS	V-0 /V-1	31.8
PC/6wt%OPS	V-0 / V-0	33.8

5.3.5.2　CONE 分析

图 5-29 为 PC 及 PC/OPS 复合材料的热释放速率(HRR)和总热释放(THR)曲
线，表 5-16 是 PC 及 PC/OPS 复合材料的 CONE 典型参数。由图 5-29 和表 5-16
可知，在研究的范围之内，随着 OPS 的添加量的增大，复合物的点燃时间(TTI)

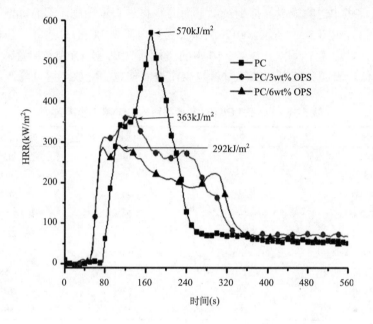

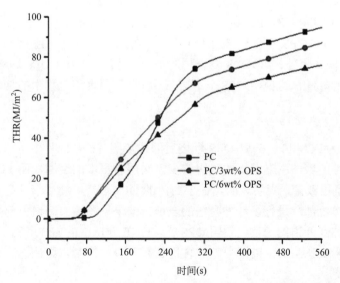

图 5-29　PC 及 PC/OPS 复合材料的热释放速率(HRR)和总热释放(THR)曲线

降低，这和热分解部分的结果具有一定的相关性，因为 OPS 的存在，使 PC 的起始分解温度降低。从图 5-29 中可以看到，随着 OPS 添加量的增加，PC/3wt%OPS 的热释放速率峰值(p-HRR)从 PC 的 570 kJ/m² 降到 363 kJ/m²，而 PC/6wt%OPS 的 p-HRR 则下降到了 292 kJ/m²。PC 的 HRR 曲线较尖锐，而 PC/3wt%OPS 和 PC/6wt%OPS 的 HRR 曲线则有两个肩峰的出现，表明在聚碳酸酯的燃烧过程中，OPS 可以促进 PC 的成炭，抑制炭层下面的基材进一步燃烧，因而降低了 PC 的热释放速率。如图 5-29 所示，OPS 的添加还可以降低 PC 的总热释放(THR)，这与材料是否燃烧完全有关，由表 5-16 中的质量损失知道，OPS 添加量越大，质量损失就越低，表明参与燃烧的基材就越少，进而使总的释放热得以降低。

表 5-16 PC 及 PC/OPS 复合材料的 CONE 典型参数

样品名称	PC	PC/3 wt% OPS	PC/6 wt% OPS
TTI(s)	75	47	43
p-HRR(kJ/m²)	570	363	292
THR(MJ/m²)	94.9	87.2	76.3
EHC (MJ/kg)	23.3	24.8	24.9
残炭量 (g)	32.9	31.8	22.9
平均 COY (kg/kg)	0.151	0.105	0.008
平均 CO_2Y (kg/kg)	2.58	2.13	0.58
TSR(m²/m²)	3032	2394	2877
MARHE (kW/m²)	239.1	229.2	189.5

另一方面，OPS 对 PC 的烟密度和产烟毒性也产生了明显的改善作用，如表 5-16 所示，PC/OPS 复合材料的 TSR 比 PC 都有所降低，并且 PC/3wt%OPS 样品的 TSR 最低。另外，PC/OPS 复合物的平均 COY 及平均 CO_2Y 均随着 OPS 含量的增加有所降低，这说明 OPS 显著降低了 PC 材料燃烧过程中的烟气毒性。

5.3.5.3 残炭分析

图 5-30 为 PC 和 PC/6wt%OPS 燃烧后的残炭照片。从照片中可以看出，没有经过阻燃改性的聚碳酸酯燃烧的残炭较少，炭层有很多的空洞，而 PC/6wt%OPS 的炭较多、且很致密，炭层表面覆盖了白色的 OPS 燃烧产物二氧化硅。对炭层中白色部分和黑色部分进行了红外光谱的表征，结果见图 5-31。白色部分的红外谱图和二氧化硅红外谱图一致，表明 OPS 在 CONE 测试中的燃烧产物为二氧化硅，硅含量接近于 SEM-EDX 谱图中硅的含量(图 5-32)，同时，黑色部分证实有新的 Si—C 键生成。

(a)　　　　　　　　　　　　　　　　(b)

图 5-30　PC（a）和 PC/6wt%OPS（b）燃烧后的残炭照片

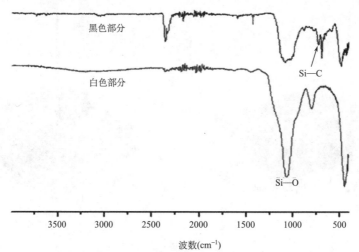

图 5-31　PC/6wt%OPS 燃烧后的残炭的红外光谱

图 5-32　残炭的 SEM-EDX 谱图

5.3.6　PC/OPS 复合材料阻燃机理

图 5-33 为 OPS、PC 和 PC/6wt%OPS 的 3D 红外光谱。由图 5-33(a)可以看出在 540℃的 1130 cm^{-1}处出现了明显的 Si—O—Si 的反对称伸缩振动峰，这较热重分析 OPS 第一个最大质量损失的温度有 40℃的退后，原因是分解的产物到达红外检测池需要经过一段路径。同时 Si—O—Si 的对称伸缩振动峰也有出现，但强度不大。结合图 5-34 知道，OPS 分子上的苯环出现两次，一次是在 540℃(24.2 min)左右随着 OPS 分子的挥发而出现的，另一次是由于苯环和硅原子之间的断裂形成自由苯基，出现的温度大概在 640℃(27.2 min)和 680℃(29.0 min)之间。

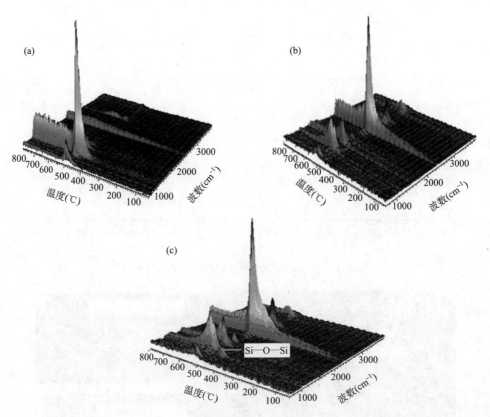

图 5-33　OPS(a)，PC(b)和 PC/6wt%OPS(c)的 3D 红外光谱

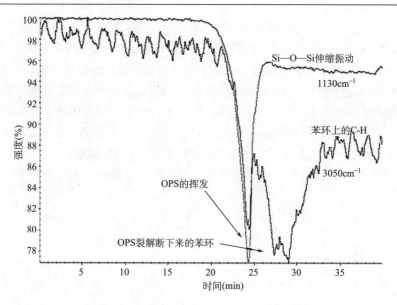

图 5-34　1130 cm^{-1} 和 3050 cm^{-1} 处红外吸收强度随时间变化曲线

由图 5-33（b）看到聚碳酸酯的分解产物主要是二氧化碳，具体位于 2400 cm^{-1} 处，500℃后强度开始变大，并迅速达到最大值。比较图 5-33（c）和图 5-33（b）可以看出，除了在 1100 cm^{-1} 左右由于 OPS 的挥发作用出现新的 Si—O—Si 反对称伸缩振动峰外，没有其他新峰的出现。由图 5-35 可以看出 PC/OPS 中 OPS 在气相中出现的时间较早，大概在 460℃（21.9 min），而纯 OPS 体系出现较晚，大概在 540℃（24.2 min）左右，这说明 OPS 在聚碳酸酯基材中，较容易迁移到聚合物的表面[13, 14]，OPS 的挥发对阻燃聚碳酸酯起到了一定的物理隔离的作用。

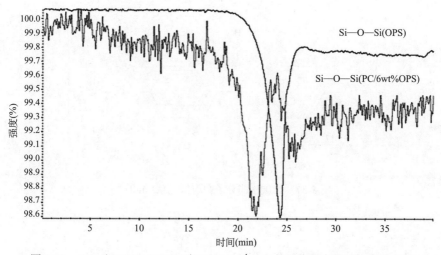

图 5-35　OPS 和 PC/6wt%OPS 在 1130 cm^{-1} 处红外吸收强度随时间变化曲线

为了研究 OPS 在聚碳酸酯基材凝聚相中的作用，对经过高温处理的
PC/6wt%OPS 样品进行了红外光谱表征，见图 5-36。PC/6wt%OPS 样品在 530℃时
的红外光谱，相比于室温时的红外光谱出现了两个明显的新吸收位置。728.8 cm^{-1}
为 Si—C 的振动吸收峰，由于聚碳酸酯分子中的叔碳和甲基碳之间 C—C 键的裂
解能较低(251 kJ/mol，图 5-37)，高温条件下裂解为叔碳自由基，叔碳自由基和
Si 自由基发生反应，可能的反应见图 5-38。而另外一个新的位于 954.4 cm^{-1} 处的
吸收峰是 Si—O—Ph 的振动吸收峰[16]，该结构是 Si—Ph 裂解产生的 Si 自由基和
羰基中碳氧单键裂解的苯氧自由基发生化学反应，可能的反应见图 5-39。

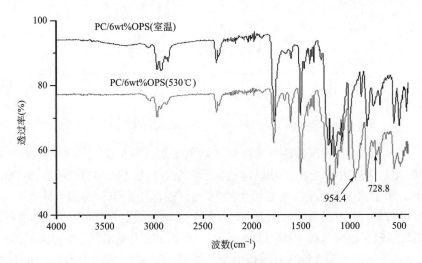

图 5-36　不同温度下 PC/6wt%OPS 的红外光谱

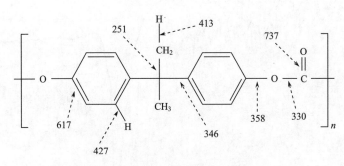

图 5-37　聚碳酸酯分子键裂解能(kJ/mol)[15]

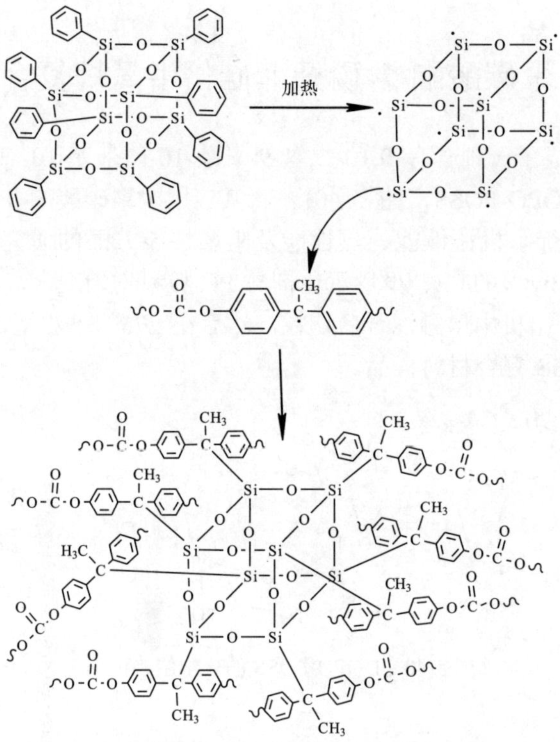

图 5-38　Si—C 键生成的反应

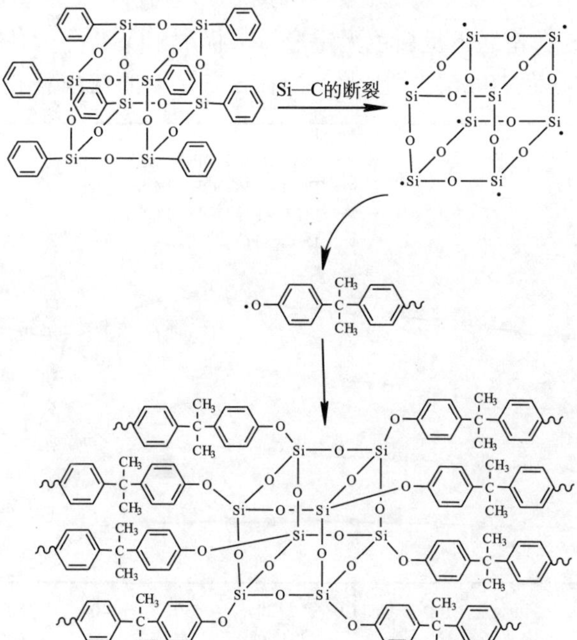

图 5-39　Si—O—Ph 键生成的反应

5.4　聚碳酸酯/含磷杂菲硅倍半氧烷复合材料

本书作者合成了一种含有 9,10-二氢-9-氧杂-10-磷杂菲-10-氧化物的新型多面体硅倍半氧烷(DOPO-POSS，图 5-40)，将其应用于聚碳酸酯(PC)材料中，对形成的复合材料进行了机械性能、热性能及阻燃性能方面的研究。将不同比例的 DOPO-POSS、0.3wt%PTFE、少量氧化剂与 PC 粒料均匀混合，再于 100 rpm 和 275℃的双螺杆挤出机中熔融混合后切粒，然后在 275℃下注塑，最终得到纯 PC 与 PC/DOPO-POSS 复合材料样品。

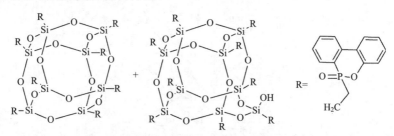

图 5-40　DOPO-POSS 的化学结构组成

5.4.1　PC/DOPO-POSS 复合材料动态热力学分析

DOPO-POSS 在室温下呈白色无定形粉末状，由 DSC 分析(图 5-41)可知其玻璃化转变温度(T_g)为 106.6℃，因此，当在 275℃下的双螺杆挤出机中加工时，

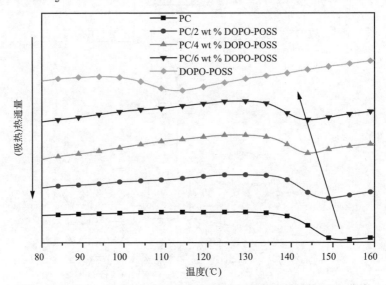

图 5-41　PC、DOPO-POSS 和 PC/DOPO-POSS 复合材料的 DSC 曲线

DOPO-POSS 处于熔融状态，利于与 PC 充分混合，使其在复合材料内的粒径尺寸最小化。目前仅对 DOPO-POSS 添加量为 2wt%、4wt%和 6wt%的 DOPO-POSS/PC 复合材料进行了 T_g 表征。由图 5-41 和表 5-17 可知，随着 DOPO-POSS 添加量的增加，T_g 呈单调下降的趋势，这可能是因为一部分 DOPO-POSS 分子进入了 PC 结构的空隙中，导致 PC 相的自由体积增加[17, 18]，也可能是在加热过程中，熔融的 DOPO-POSS 溶解在了 PC 基材中，从而降低了 PC 复合材料的 T_g。

图 5-42 和图 5-43 分别为不同 DOPO-POSS 添加量下的 PC/DOPO-POSS 复合材料的储能模量(E')和损耗因子 tanδ 曲线图，从图中可以看出，无论 DOPO-POSS 的添加量是 2wt%、4wt%或 6wt%，复合材料都有且仅有一个对应的玻璃化转变 α 弛豫过程，进一步证明了 DOPO-POSS 以纳米级别分散在 PC 中。表 5-17 中 DMA 显示的玻璃化转变温度(T_g)与 DSC 中的 T_g 具有相同的变化趋势。在玻璃化转变温度前，储能模量(表 5-17 和图 5-42)会随着 DOPO-POSS 量的增加而增加，这表明 DOPO-POSS 对 PC 基材的储能模量有一定的增强作用。据文献[12, 19]报道，一些 POSS(苯基三硅醇-POSS 和异辛基三硅醇-POSS)对 PC 或聚酯 PET 的储能模量有类似的增强作用。而在玻璃化转变温度之后，储能模量会随着 DOPO-POSS 添加量的增加而减小，这可能是因为 DOPO-POSS 的 T_g(106.6℃) 低于 PC，温度较高时 DOPO-POSS 熔化后对 PC 基材有增塑作用，从而降低了 PC 复合材料的 T_g。

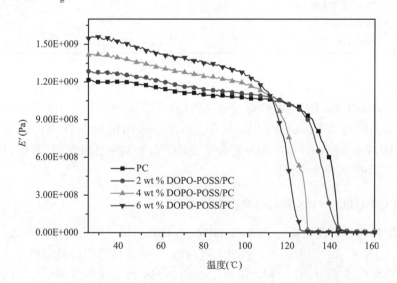

图 5-42　1 Hz 时 PC 及 PC/DOPO-POSS 复合材料的动态储能模量

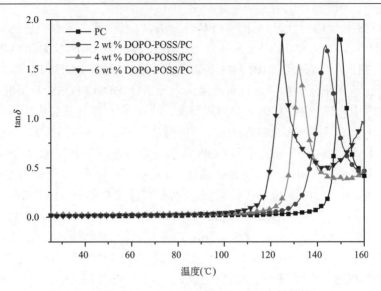

图 5-43　1 Hz 时 PC 及 PC/DOPO-POSS 复合材料的 tanδ

表 5-17　纯 PC 与 PC/DOPO-POSS 复合材料的 DMA 和 DSC 数据

样品	30℃下的储能模量(G/Pa)	T_g（℃）（DMA）	T_g（℃）（DSC）
PC	1.19	148.6	145.1
2 wt% DOPO-POSS/PC	1.27	143.6	141.5
4 wt% DOPO-POSS/PC	1.41	132.1	139.3
6 wt% DOPO-POSS/PC	1.56	124.4	138.1

　　此外，纯 PC 的热变形温度（HDT）为 136.3℃，DOPO-POSS 添加量为 2wt%、4wt%、6wt%的 PC/DOPO-POSS 复合材料的 HDT 分别为 133.0℃、131.1℃、128.5℃，呈明显的下降趋势。但是，若将 6wt% 的 BDP 加入 PC 中，制成的复合材料的 HDT 仅为 101.4℃，这就说明经过 DOPO-POSS 阻燃的 PC 复合材料具有比 BDP 更高的抗热变形性能。

5.4.2　PC/DOPO-POSS 复合材料力学性能

　　采用拉伸和弯曲实验对 PC/DOPO-POSS 复合材料进行力学性能测试，相关数据如表 5-18 所示。由表可见，PC/DOPO-POSS 复合材料的屈服应力、抗弯强度和弯曲模量均高于纯 PC 材料，随着 DOPO-POSS 添加量的增加呈现单调递增的趋势，与此同时，断裂应力和断裂应变却呈单调下降趋势。

表 5-18　纯 PC 与 PC/DOPO-POSS 复合材料的力学性能

样品	屈服应力 (MPa)	断裂应力 (MPa)	断裂应变(%)	抗弯强度 (MPa)	弯曲模量 (MPa)
PC	61.2±1.0	68.3±1.5	119.9±10	87.5±1.5	2298±20
2 wt% DOPO-POSS/PC	63.8±1.1	63.4±1.6	101.8±8	91.1±1.3	2402±24
4 wt% DOPO-POSS/PC	66.5±1.8	54.1±2.0	64.1±8.5	91.7±1.7	2445±18
6 wt% DOPO-POSS/PC	67.5±1.3	50.8±2.2	15.9±5.0	94.5±1.6	2548±27

5.4.3　PC/DOPO-POSS 复合材料微观形貌

图 5-44 为纯 PC 与 PC/DOPO-POSS 复合材料的脆断面 SEM 图像。从图像上可以看出，大多数 DOPO-POSS 呈直径为 100～250 nm 的纳米球状，与 PC 的相分离现象明显。但在 DMA 和 DSC 测试中该复合材料具有单一的玻璃化转变温度，与 SEM 观察到的相分离现象似乎相背，这可能是因为纳米分散的 DOPO-POSS 颗粒（100～250 nm）不会明显进行玻璃化转变导致的；同时，DOPO-POSS 结构中存在硅烷醇基团(Si—OH)，据文献报道，该结构会增强颗粒-聚合物的相互作用（极性或共价），改善其与 PC 的相容性。

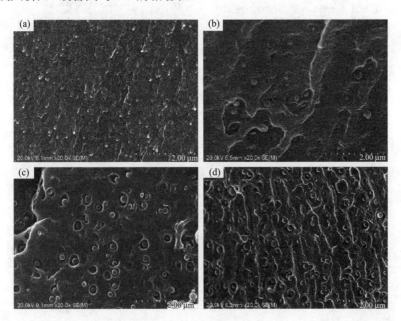

图 5-44　PC 及 PC/DOPO-POSS 复合材料的脆断面 SEM 图像：(a) PC；(b) PC/2 wt% DOPO-POSS；(c) PC/4 wt% DOPO-POSS；(d) PC/6 wt% DOPO-POSS

随着 DOPO-POSS 添加量的增加，PC/DOPO-POSS 复合材料的屈服应力、抗弯强度和弯曲模量均略有提高，但断裂应力和断裂应变则明显低于纯 PC，这些现象可能与 DOPO-POSS 的纳米级分散和它与 PC 基材呈现一定的相分离有关，虽然这些在 PC 基材中纳米级分散的 DOPO-POSS 小球具有力学增强的效果，但纳米球与基材之间的结合较为脆弱。不过，结合以上数据分析推测，在高于 DOPO-POSS 的 T_g 温度下，DOPO-POSS 或许能改善 PC 复合材料的断裂性能。

5.4.4　PC/DOPO-POSS 复合材料热分解性质

DOPO-POSS、PC 和 PC/DOPO-POSS 复合材料的 TG 曲线如图 5-45 所示。相关的热分解数据如表 5-19 所示，其中包括 T_{onset}、T_{max}（最大热分解速率下的温度）和 700℃下的残炭量。

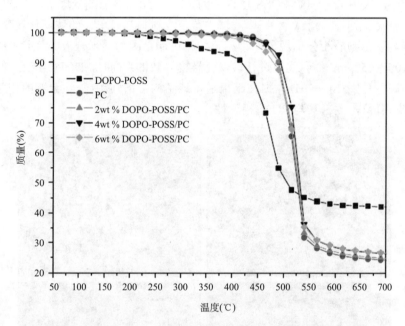

图 5-45　DOPO-POSS、PC 和 PC/DOPO-POSS 复合材料的 TG 曲线

表 5-19　DOPO-POSS、PC 和 PC/DOPO-POSS 复合材料的 TG 数据

样品	T_{onset}(℃)	T_{max}(℃)	700℃下残炭量(%)
DOPO-POSS	334	479	42.0
PC	474	521	24.3
PC/2wt% DOPO-POSS	473	522	24.9
PC/4wt% DOPO-POSS	477	525	26.4
PC/6wt% DOPO-POSS	454	523	26.6

从图中可以看出，在 250～400℃的氮气气氛下，DOPO-POSS 会缓慢分解，而一旦超过 400℃就会发生快速分解，只在 100℃左右的温度区间内便会产生 49% 的质量损失。此外，DOPO-POSS 的残炭率较高，在 700℃时为总质量的 42%。对比文献中 BDP、RDP 和 TPP 的最大分解温度[20, 21]，显然 DOPO-POSS 的 T_{max} 更高，可达 479℃，且这一数值与纯 PC 的最大分解温度相近，说明 DOPO-POSS 可以在 PC 快速降解之前发挥阻燃作用。当在 PC 中分别添加2wt%、4 wt%和 6 wt% 的 DOPO-POSS 时，PC 复合材料的热降解过程均与纯 PC 相似，因此推断，DOPO-POSS 对 PC 复合材料的热稳定性能基本没有影响。

5.4.5　PC/DOPO-POSS 复合材料阻燃性能

PC 与 PC/DOPO-POSS 复合材料的极限氧指数（LOI）和垂直燃烧等级（UL-94）如表 5-20 所示。从表 5-20 中可以看出，当 PC 中 DOPO-POSS 的添加量增加时，复合材料的极限氧指数会随之增加，UL-94 的 t_1 和 t_2 也会逐渐减少，特别是当添加量为6wt%时，极限氧指数可以达到 31.3%，而当添加量为 4wt%时，垂直燃烧的熔滴就已经消失，可达 V-0 级。据文献报道，若在 PC 中添加 BDP 和 RDP，那么达到同样的级别需要在 PC 中添加的量为 6wt%，因此 DOPO-POSS 显示出更优异的阻燃性。

表 5-20　PC 与 PC/DOPO-POSS 的极限氧指数（LOI）和垂直燃烧等级（UL-94）

样品	LOI(%)	UL-94 (3.2 mm)	t_1 (s)	t_2 (s)	熔滴
PC	24.1	V-2	5.4	13.2	有
PC/2wt% DOPO-POSS	25.5	V-2	6.7	8.4	有
PC/4wt% DOPO-POSS	30.5	V-0	2.8	5.6	无
PC/6wt% DOPO-POSS	31.3	V-0	1.6	5.1	无

DOPO-POSS 的含磷和含硅量分别为 10.5%和 9.5%，因此 DOPO-POSS 具有提高 PC 阻燃性的能力。当聚合物被点燃后，阻燃剂中的硅会向表面迁移并积聚，形成二氧化硅层，起到保护未燃烧基材的作用[22]，而结构中的 DOPO 基团与 TPP、BDP 和 RDP 等芳香族磷酸酯类似，可在凝聚相和气相中发挥阻燃作用[1, 19]。为证明 PC/4wt% DOPO-POSS 的阻燃性能，因此进一步对它与纯 PC 进行了 CONE 测试，相关数据如表 5-21 和图 5-46 所示。

表 5-21　PC 与 PC/DOPO-POSS 的 CONE 数据

样品	PC	PC/4wt% DOPO-POSS
TTI (s)	75	45
p-HRR (kW/m^2)	570	409
M-HRR (kW/m^2)	118	109
THR (MJ/m^2)	79.6	78.6

　　从表 5-21 中可以看出，PC/4wt% DOPO-POSS 比纯 PC 的点燃时间更短，这可能是由于 DOPO-POSS 本身比 PC 的热稳定性差，从而加速了 PC 基材的热分解。

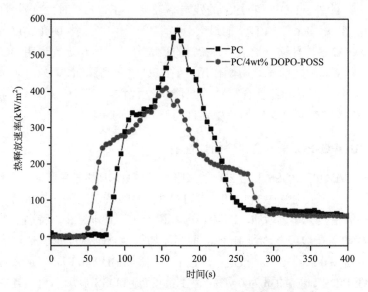

图 5-46　PC 及 PC/4wt% DOPO-POSS 的 HRR 图像

　　由图 5-46 可见，PC/4wt% DOPO-POSS 的 p-HRR 更低，但 THR 与 PC 相当。除此之外，在燃烧过程中复合材料的最大热释放速率出现两个明显的尖峰，这与纯 PC 的情况有很大不同，原因在于点燃后 PC/4wt% DOPO-POSS 的燃烧更缓慢，成炭更迅速，形成的炭热稳定性和硬度更强[23]，最终呈现出更缓慢的热释放速率。

　　图 5-47 为 CONE 测试后的残炭图片，从图中可以直观地看出，测试完成后 PC/4 wt% DOPO-POSS 的残炭更坚固，能继续维持原状，而纯 PC 的残炭却极易破碎，这也能说明 DOPO-POSS 对复合材料的凝聚相阻燃具有非常重要的作用。

图 5-47　CONE 测试后的残炭图片：（a）PC；（b）PC/4wt% DOPO-POSS

5.4.6　PC/DOPO-POSS 复合材料阻燃机理

5.4.6.1　氮气气氛 TG-FTIR 分析

氮气气氛下，TG-FTIR 测试中纯 PC 和 PC/6wt% DOPO-POSS 复合材料的 TG 曲线如图 5-48 所示。

在 450~550℃的氮气气氛中，纯 PC 仅存在一步降解，其中 T_{onset} 和 T_{max} 分别为 502℃和 543℃，800℃下的最终残炭量占总质量的 24.9%。与纯 PC 相比，PC/6wt% DOPO-POSS 样品的 T_{onset} 下降到了 479℃，同时 T_{max} 也下降到 527℃，但却将相同温度下的最终残炭量提高到 27.5%。

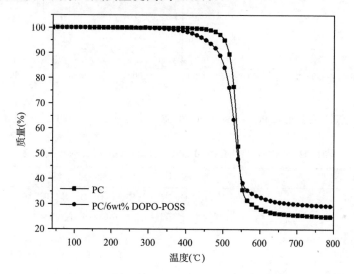

图 5-48　氮气气氛下 PC 与 PC/6wt% DOPO-POSS 复合材料的 TG 曲线

图 5-49 为氮气气氛下纯 PC 与 PC/6wt% DOPO-POSS 复合材料在各自的最大热分解温度时气相产物的 TG-FTIR 谱图，各吸收峰所代表的物质种类如表 5-22 所示。

PC 热解气相产物的主要 FTIR 吸收峰在 3656 cm^{-1}、3036 cm^{-1}、3016 cm^{-1}、2972 cm^{-1}、2360 cm^{-1}、1780 cm^{-1}、1604 cm^{-1}、1510 cm^{-1}、1243 cm^{-1}、1184 cm^{-1} 和 831 cm^{-1} 位置处出现[24]，虽然 PC/6wt% DOPO-POSS 与 PC 的热解气相产物极为相似，但是在 943 cm^{-1} 处还是出现了来自 DOPO-POSS 的 P—O 键的伸缩振动峰，原因可能是·P—O，·P 和 P₂ 这样的自由基与·H 和·OH 自由基反应形成了·HPO 自由基[20]，这意味着 DOPO-POSS 参与了气相阻燃。

在 PC 和 PC/6wt% DOPO-POSS 的热分解过程中检测到的主要气相产物为：苯酚衍生物/水（3656 cm^{-1}），苯乙烯衍生物（3036 cm^{-1}），甲烷（3016 cm^{-1}），脂肪族组分（2972 cm^{-1}），CO_2（2360 cm^{-1}）和芳香醚/酯（1243 cm^{-1} 和 1184 cm^{-1}）（图 5-50）。

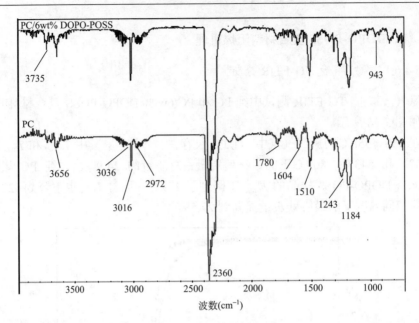

图 5-49　氮气气氛下纯 PC 与 PC/6wt% DOPO-POSS 复合材料在 T_{max} 时的气相产物 TG-FTIR 谱图

表 5-22　PC/6wt% DOPO-POSS 复合材料在 T_{max} 的气相产物

波数（cm^{-1}）	对应峰的归属
3656	C_{Ar}—OH 及 H_2O 中 O—H 的伸缩振动
3036	苯乙烯衍生物的 C_{Ar}—H 伸缩振动
3016	甲烷上 C—H 伸缩振动
2972	脂肪族组分的 R—CH_2—R, R—CH_3 的伸缩振动
2360	CO_2
1780	C＝O 的伸缩振动
1604, 1510	芳环上 C＝C 伸缩振动
1243, 1184	C_{Ar}—O 伸缩振动（醚/酯）
943	P—O 伸缩振动
831	苯环上 C—H 的变形振动

　　由图 5-50 可得，样品 PC/6wt% DOPO-POSS 的各热分解产物均先于纯 PC 释放，这与 TG 结果相一致，它表明 DOPO-POSS 的存在会导致 PC 基材的提早分解，此现象是由于 DOPO-POSS 中含有的酸性硅烷醇基团造成的[1]。除此之外还观察到，样品 PC/6wt% DOPO-POSS 在热分解中产生的苯乙烯衍生物、CO_2、芳香醚/酯的最大吸收强度均低于纯 PC，由于苯乙烯衍生物和芳香醚/酯等气相产物来自复合材料凝聚相的分解，因此，证明 DOPO-POSS 的加入可以令更多的结构保留

在凝聚相中[24]，但甲烷的吸收强度几乎是没有太大变化的。

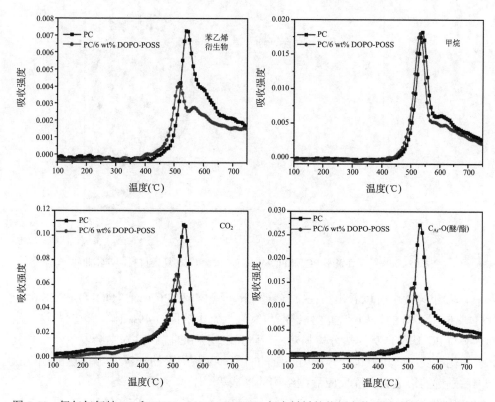

图 5-50　氮气气氛纯 PC 和 PC/6wt% DOPO-POSS 复合材料的热解产物释放速率与温度的关系

5.4.6.2　空气气氛 TG-FTIR 分析

空气气氛下，TG-FTIR 测试中纯 PC 和 PC/6wt% DOPO-POSS 复合材料的 TG 曲线如图 5-51 所示。与氮气气氛下不同，PC 在空气中的热分解历程呈现出明显的两步分解。如图 5-51 所示，纯 PC 的 T_{onset} 为 484℃，且分别在 528℃和 636℃出现两个最大热分解速率，800℃下的最终残炭量仅为 0.4%，而 PC/6wt% DOPO-POSS 复合材料的热分解行为与纯 PC 相似，T_{onset} 为 450℃，两个最大热分解温度（T_{max1} 和 T_{max2}）分别出现在 522℃和 634℃。图 5-51 表明，PC 与 DOPO-POSS 之间的相互作用会降低较低温度下复合材料的热稳定性，但是随着温度的升高，热稳定性会有所提高，最终令 800℃下的最终残炭量达到 4.9%。

为进一步探究复合材料的热分解机理，这里对空气气氛下纯 PC 和 PC/6wt% DOPO-POSS 复合材料在 T_{max1}（一步热解）和 T_{max2}（二步热解）的气相产物做了详细的分析，对应的 FTIR 光谱如图 5-52 和图 5-53 所示。

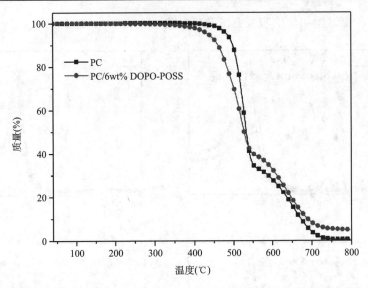

图 5-51　空气气氛下 PC 和 PC/6wt% DOPO-POSS 复合材料的 TG 曲线

　　从图 5-52 中可以看出，在空气气氛下，纯 PC 和 PC/6wt% DOPO-POSS 复合材料在 T_{max1} 处的气相产物红外谱图与氮气气氛中的图 5-49 相似，也就是说一步热解与 PC 基材自身的热分解相对应。研究表明，PC 降解过程中会发生一系列复杂的化学反应，其中包括异亚丙基键的断裂，碳酸酯键的水解/醇解，碳酸酯键重排后醚键的形成和交联反应后碳结构的形成等[25]。

　　从图 5-53 中可以看出，空气气氛下纯 PC 和 PC/6wt% DOPO-POSS 复合材料在 T_{max2} 处的气相产物主要是 CO（2180 cm^{-1} 和 2100 cm^{-1}）和 CO_2（2360 cm^{-1}），除此之外还能观察到苯酚衍生物/水、芳香族组分的生成，这些热解产物是由第一步热解形成的残炭进一步热氧化分解而得到的[26, 27]。

　　图 5-54 显示，在空气气氛中，样品 PC/6wt% DOPO-POSS 的各热分解产物均比纯 PC 更早，苯乙烯衍生物、CO_2、芳香醚/酯的最大吸收强度也均低于纯 PC，即残炭量更多，这一结果与氮气气氛下结论一致。与氮气气氛下不同的是，在空气气氛中随着 PC 和 PC/6wt% DOPO-POSS 分解过程中温度的升高，CO_2 和苯乙烯衍生物出现了二次释放，这归因于第一步热解形成的残炭的进一步热氧化分解。由图 5-54 可知，在 PC 中加入 DOPO-POSS 后，复合材料二次分解所释放的 CO_2 和苯乙烯衍生物的强度较第一次更低，这意味着 PC/6wt% DOPO-POSS 在第一步热解后形成的炭层具有更好的性能，隔离了下面的基体与氧气，减缓了热氧化分解。

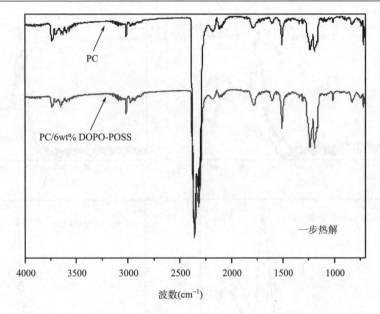

图 5-52　空气气氛下纯 PC 与 PC/6wt% DOPO-POSS 复合材料在 T_{max1} 处的
气相产物红外谱图

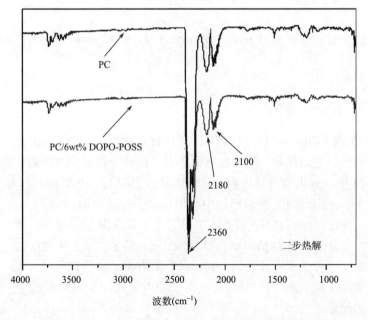

图 5-53　空气气氛下纯 PC 与 PC/6wt% DOPO-POSS 复合材料在 T_{max2} 处的
气相产物红外谱图

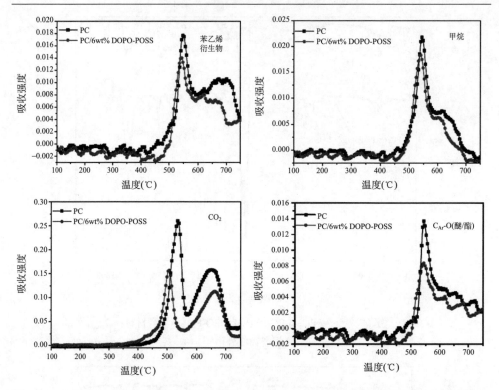

图 5-54   空气气氛下纯 PC 和 PC/6wt% DOPO-POSS 复合材料的热解产物释放速率与温度的关
系曲线

5.4.6.3   TG-MS 分析

图 5-55 为 PC/6wt% DOPO-POSS 复合材料的热解产物形成的离子电流曲线图，每一种离子电流代表一种气相热解挥发性组分碎片。碎片可能代表的结构被列在表 5-23 中，列出的各结构相对分子质量范围在 $16 \sim 108\,(m/z)$ 之间。

从表 5-23 可以看出，热解产物中有相对分子质量为 16 和 44 的碎片，证明热解产物中的确存在甲烷(CH_4)和 CO_2，与上述 TG-FTIR 的结果相一致。另外，还能检测到相对分子质量为 51、65、78 和 92 (m/z) 的苯乙烯衍生物碎片[26]，这些碎片在整个热解过程中都能被看到。94、107 和 108 (m/z) 的信号峰代表一些苯酚衍生物，47 和 63 处 (m/z) 的信号峰代表离子 OP^+ 和 O_2P^+，这些结果也同样印证了 TG-FTIR 的结论。

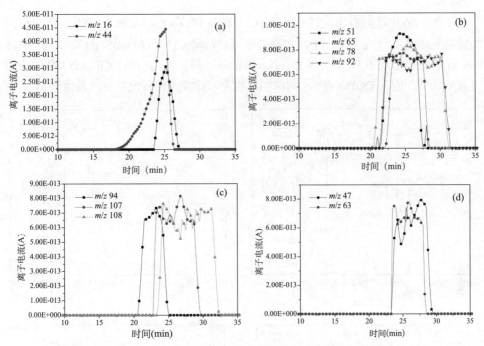

图 5-55　PC/6wt% DOPO-POSS 复合材料热解产物的离子电流曲线图

表 5-23　PC/6wt% DOPO-POSS 复合材料热解产物可能代表的分子结构

相对分子质量(m/z)	结构式	相对分子质量(m/z)	结构式
16	CH_4	78	⬡
44	CO_2	92	⬡—CH_3
47	OP^+		
51	▢$^+$	94	⬡—OH
63	O_2P^+	107	$^+CH_2$—⬡—OH
65	⬠⊕	108	H_3C—⬡—OH

5.4.6.4　凝聚相 FTIR 分析

图 5-56 展示了 TG 测试中特定温度下 PC 及 PC/6wt%DOPO-POSS 复合材料的凝聚相产物红外谱图。表 5-24 列出了 25℃下 PC/6wt%DOPO-POSS 复合材料凝聚相产物的 FTIR 特征吸收带所代表的结构。

从图 5-56 中能够看出，25℃下纯 PC 与样品 PC/6wt% DOPO-POSS 的凝聚相红外特征光谱基本一致，唯一不同之处在于 PC/6wt% DOPO-POSS 的凝聚相产物在 909 cm^{-1} 处还出现了 P—O—苯基(phenyl)的特征峰，这是由于 DOPO-POSS 的添加造成的[28,29]，因为 DOPO-POSS 的添加量极少，除此之外并没有发现其他区别。

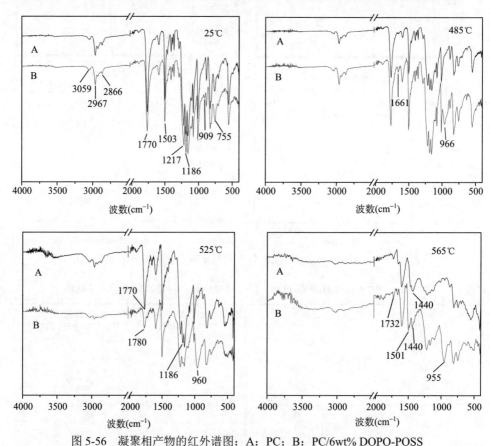

图 5-56　凝聚相产物的红外谱图：A：PC；B：PC/6wt% DOPO-POSS

表 5-24　PC/6wt% DOPO-POSS 复合材料在 25℃时的 FTIR 特征吸收峰指认

波数(cm^{-1})	归属
3059	芳环上 C—H 的伸缩振动
2967, 2929, 2866	脂肪族组分 C—的伸缩振动
1770	羰基上 C=O 的伸缩振动
1600, 1503	芳环
1217, 1157	C—O 伸缩振动
1186	异丙基 C—C 的变形振动
909	P-O-phenyl 伸缩振动
755	苯环上 C—H 伸缩振动

比较图 5-56 中 PC 在 485℃和 25℃的红外谱图发现，它们是极其相似的，这说明 PC 的主要结构在低于 485℃时未遭到破坏。但就 PC/6wt% DOPO-POSS 样品来看，它在 485℃时呈现出芳环特有的 C≡C—伸缩振动峰（1661 cm^{-1}），这可能是 PC 链断裂[24, 30]或热解产物发生交联反应[31]而产生的新的芳香结构，说明 DOPO-POSS 可以催化 PC 基体分解。另外，样品 PC/6wt% DOPO-POSS 在 485℃下还产生了 966 cm^{-1} 的宽吸收带，根据文献[24]，该吸收带是 Si—O—phenyl 和 P—O—phenyl 的伸缩振动峰。

与 525℃下纯 PC 的羰基伸缩带相比，PC/6wt% DOPO-POSS 在该处的强度更弱，这表明 PC/6wt% DOPO-POSS 中碳酸酯键的断链发生得更早，与上述 TG-FTIR 部分的结论相符。同时 525℃下观察到 966 cm^{-1} 处的峰呈现逐渐增强的趋势，并向 960 cm^{-1} 处移动，说明凝聚相中有更多的 Si—O—phenyl 和 P—O—phenyl 结构生成。

565℃时，纯 PC 与 PC/6wt% DOPO-POSS 的凝聚相产物产生了两个明显的变化。第一，C≡C—的伸缩振动峰明显减弱，并在 1501 cm^{-1} 和 1440 cm^{-1} 处分裂成两个特征吸收峰，这表明通过分解产物之间的交联反应产生了一些新的芳香结构。第二，Si—O—phenyl 和 P—O—phenyl 的特征波长移到了 955 cm^{-1} 处，且成为红外谱图中最强的吸收带，说明残炭的主要成分是由 Si—O—phenyl 和 P—O—phenyl 结构构成的，即 DOPO-POSS 的主要阻燃性表现在凝聚相中。

5.4.6.5　凝聚相 SEM 和 XPS 分析

图 5-57 为纯 PC 与 PC/6wt% DOPO-POSS 复合材料的内外层锥形量热残炭 SEM 图像。纯 PC 的外部残炭呈现光滑且连续的炭层，而内部残炭呈现多孔多泡结构的炭层，这是燃烧时炭层快速膨胀形成的。同样，PC/6wt% DOPO-POSS 复合材料的外部残炭也是连续的，只是可以清楚地将其分成粗糙区域（Ⅰ）和平滑区域（Ⅱ）。粗糙区域（Ⅰ）和平滑区域（Ⅱ）的 EDXS 结果如图 5-58 所示，由图可知，粗糙区域（Ⅰ）中的 Si 和 P 浓度均高于光滑区域（Ⅱ），炭层中 P 和 Si 元素含量的浓度不匀意味着它们是逐渐富集的。P 和 Si 来源于 DOPO-POSS，在燃烧过程中它们随着热分解的进行被带到炭层表面[23]，由于黏度不同，富含 P 和 Si 的炭聚集在一起，并与 PC 基体所产生的残炭分离。综上可以得出结论，富含 P 和 Si 的区域在燃烧过程中是逐渐增加的。

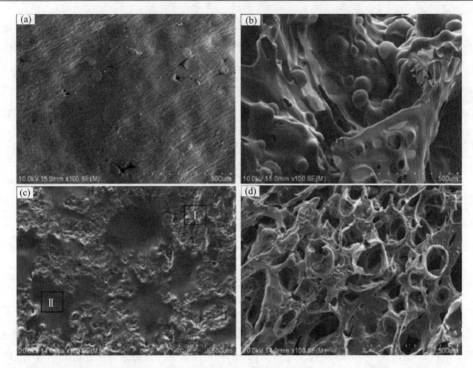

图 5-57　纯 PC 与 PC/6wt% DOPO-POSS 锥形量热测试后残炭形貌 SEM 图像：（a）PC 外层；（b）PC 内层；（c）PC/6wt%DOPO-POSS 外层；（d）PC/6wt%DOPO-POSS 内层

　　为进一步探究 DOPO-POSS 在燃烧时对基材的保护作用，采用 XPS 对残炭进行再分析。表 5-25 列出的是 C、O、P 和 Si 的原子浓度百分数。从表中可以看出，PC/6wt% DOPO-POSS 的外部残炭中 P 和 Si 元素含量均高于内部残炭，证明 DOPO-POSS 燃烧时产生的 P 和 Si 元素有向表面迁移的趋势，类似的结果曾被 He[23]等报道过，Si 和 P 对于形成坚固的高热稳定性残炭具有重要作用[32, 33]。

　　表 5-25 还列出了这些残炭中的 C/O 比例，由表可知，与 PC/6wt% DOPO-POSS 相比，纯 PC 的外部残炭 C/O 比例十分接近，但内部残炭的 C/O 比例却低一些，这证实炭的形成可以隔绝下面的基材与氧气，达到减缓热氧化分解的目的。

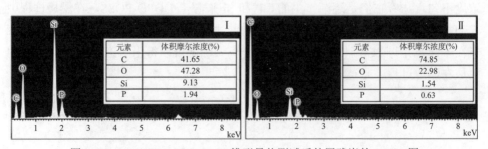

图 5-58　PC/6wt% DOPO-POSS 锥形量热测试后外层残炭的 EDXS 图

表 5-25　纯 PC 与 PC/6wt% DOPO-POSS 锥形量热测试后外层残炭的 XPS 结果

样品	原子浓度(%)				C/O[a]
	C	O	P	Si	
PC(外部)	60.42	39.58	0	0	1.53
PC(内部)	70.98	29.02	0	0	2.45
PC/6wt% DOPO-POSS(外部)	57.66	37.18	3.58	1.58	1.55
PC/6wt% DOPO-POSS(内部)	75.21	22.54	1.80	0.46	3.34

a 表示残炭中的碳/氧原子浓度之比。

5.5　聚碳酸酯/含二苯基氧膦硅倍半氧烷复合材料

本书作者通过水解缩合反应设计并合成了一种笼形含磷多面体低聚硅倍半氧烷混合物(DPOP-POSSs，图 5-59)，然后将不同比例的 DPOP-POSSs 和质量分数为 0.3wt%的抗氧化剂与聚碳酸酯混合均匀后，利用双螺杆挤出机熔融、混炼、挤出、冷却、切粒、干燥，最终得到聚碳酸酯复合材料粒料。其中，熔融混炼的温度为 275℃。然后，将粒料用注塑机注塑成型，最终得到 PC/DPOP-POSSs 纳米复合材料样品。各复合材料的成分组成如表 5-26 所示。

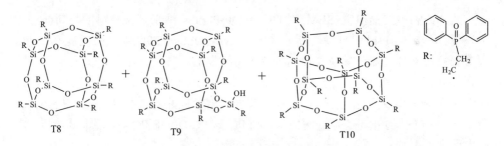

图 5-59　DPOP-POSSs 结构式

表 5-26　PC 及 PC/DPOP-POSSs 复合材料的成分组成

样品	PC(wt%)	DPOP-POSSs 含量 (wt%)	抗氧化剂(wt%)
PC	99.7	0	0.3
PC/DPOP-POSSs-2	97.7	2	0.3
PC/DPOP-POSSs-4	95.7	4	0.3
PC/DPOP-POSSs-6	93.7	6	0.3

5.5.1　PC/DPOP-POSSs 纳米复合材料透明性

DPOP-POSSs 的玻璃化转变温度为 99.0℃，在 275℃ 的双螺杆加工温度下，DPOP-POSSs 呈现熔融态，不但提高了它与 PC 的混合均匀性，还减小了 DPOP-POSSs 在 PC 中的分散粒径。因此，最终 DPOP-POSSs 在聚合物中能够达到纳米级别的分散（图 5-60）。

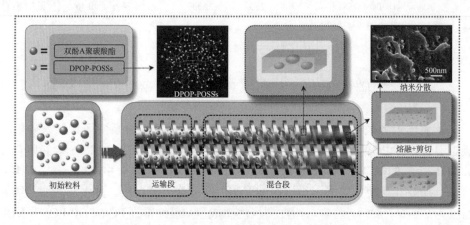

图 5-60　PC/DPOP-POSSs 纳米复合材料的形成机理

此外，利用扫描电镜（SEM）对 PC/DPOP-POSSs 纳米复合材料的脆断面进行了表征。从图 5-61（a）中可以清晰地看出 DPOP-POSSs 在 PC 中分散性良好，呈现圆形颗粒状，且大部分颗粒直径约为 200 nm 左右，该尺寸小于可见光波长。因此，当可见光照射在样品上时，由于衍射作用，大部分入射光可以直接透过 PC/DPOP-POSSs 纳米复合材料，宏观上就表现出了良好的透明性。正如图 5-61（b）所示，无论样品的外观还是透明情况，纯 PC 与 PC/DPOP-POSSs 都十分接近，肉眼上区别不大。

为了进一步说明 PC/DPOP-POSSs 纳米复合材料的透明情况，采用紫外-可见（UV-Vis）分光光度计对 1.6 mm 的复合材料样片的光学透明度进行测定。图 5-61（c）为纯 PC 与含不同比例 DPOP-POSSs 的 PC 纳米复合材料样片在不同波长下的透光率。根据图 5-61 可以看出，在纯 PC 中添加质量分数为 2wt%、4wt%、6wt% 的 DPOP-POSSs 后，透光率（83%）仅下降了 3%～5%，说明 DPOP-POSSs 的加入，并不会显著影响 PC 基体的透明性。

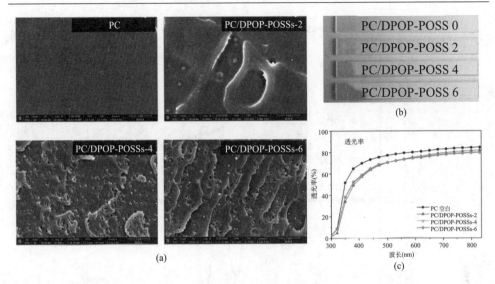

图 5-61　PC/DPOP-POSSs 纳米复合材料微观结构和相关透明性表征：(a) SEM 图；(b) 宏观照片；(c) UV-Vis 吸收光谱

5.5.2　PC/DPOP-POSSs 复合材料热解行为

图 5-62 和表 5-27 是采用 TG-FTIR 测试得到的 PC/DPOP-POSSs 纳米复合材料的热重数据及谱图。结合图表可以得到，在添加 DPOP-POSSs 之后，PC 纳米复合材料的初始分解温度(T_{onset})明显降低，造成这一结果的原因之一是基材中添加的 DPOP-POSSs 的 T_{onset} 仅为 391.4℃，其较早分解导致 PC/DPOP-POSSs 纳米纳米复合材料整体 T_{onset} 降低。然而，DPOP-POSSs 的加入却并没有导致纳米复合材料 T_{max} 的明显变化，而且稍微增加了残炭量。

如表 5-27 所示，在加入 DPOP-POSSs 后，复合材料的玻璃化转变温度(T_g)和热变形温度(HDT)与纯 PC 相比几乎没有改变。这些现象归因于 DPOP-POSSs 优异的热性能和在复合材料中良好的分散性。

表 5-27　DPOP-POSSs、PC 和 PC/DPOP-POSSs 纳米复合材料的 TG、DSC 和热变形温度数据表

样品	T_g (℃)	HDT (℃)	T_{onset} (℃)	T_{max} (℃)	850℃残炭量 (%)
DPOP-POSSs	99.0	—	391.4	436.6	34.7
PC	144.0	131.8	480.2	528.4	22.9
PC/DPOP-POSSs-2	142.8	134.6	475.5	528.9	23.4
PC/DPOP-POSSs-4	142.0	133.1	447.5	528.5	25.0
PC/DPOP-POSSs-6	143.0	133.6	435.3	527.0	25.8

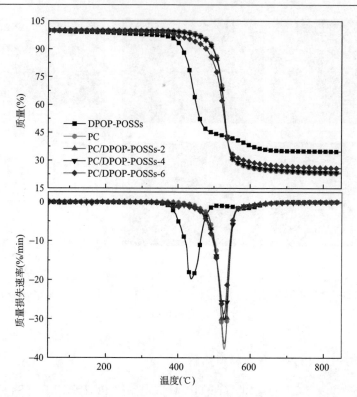

图 5-62　TG-FTIR 测试中 PC、DPOP-POSSs 及 PC/DPOP-POSSs-纳米复合材料的 TG 与 DTG
曲线（N$_2$，20℃/min）

　　图 5-63 展示了在 TG-FTIR 测试中热分解过程所释放的气相产物的 3D 红外光
谱图。与纯 PC 相比，PC/DPOP-POSSs-4 和 PC/DPOP-POSSs-6 的分解过程中存在
CO$_2$ 的早期释放，这是由于 DPOP-POSSs 的加入导致了 PC 基体的早期分解[1]。
此结果表明，PC/DPOP-POSSs 纳米复合材料 T_{onset} 的减小不仅源于 DPOP-POSSs
的分解，而且还源于 PC 基体的早期分解，这可能与 DPOP-POSSs 中含羟基的 T$_9$
结构具有酸性硅烷醇基团有关。除上述现象外，纯 PC 与 PC/DPOP-POSSs 纳米复
合材料的气相产物 3D 红外光谱图中没有观察到其他明显差异。

　　PC/DPOP-POSSs 纳米复合材料在最大分解温度下的气相产物 FTIR 谱图及其
各峰对应的基团如图 5-64 和表 5-28 所示。从图中可以看出，PC/DPOP-POSSs 纳
米复合材料与纯 PC 热分解产生的气相产物的特征吸收带相一致，均包含芳香族
结构、羟基（—OH）伸缩振动峰、亚甲基（R—CH$_2$—R）和甲基（R—CH$_3$）伸缩振动
峰、碳氧键（C—O）伸缩振动峰等。以上产生的全部分解产物基团种类与对应峰位
置与文献中报道一致[34]。除此之外，在 T_{max} 时，类似 P═O 和 P—O—C 等来自
DPOP-POSSs 的含磷结构的气相分解产物均未被观察到。然而，在图 5-65 中，即

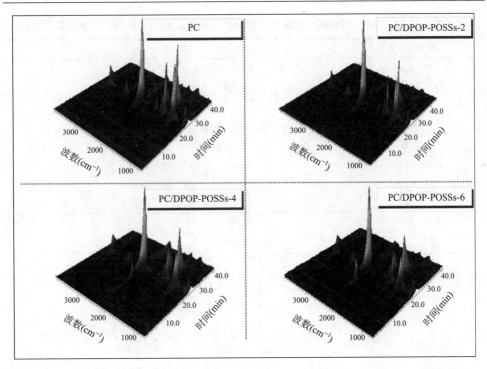

图 5-63　纯 PC 与 PC/DPOP-POSSs 纳米复合材料的 TG-FTIR 气相产物 3D 红外光谱图

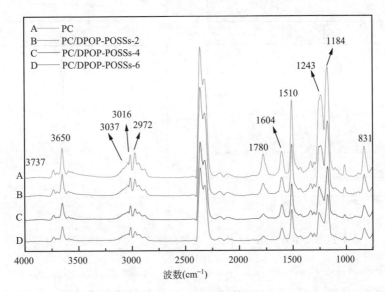

图 5-64　纯 PC 与 PC/DPOP-POSSs 纳米复合材料在 T_{max} 下的气相产物 FTIR 谱图

表 5-28　纯 PC 与 PC/DPOP-POSSs 纳米复合材料在 T_{max} 时气相产物红外谱图峰的指认

波数 (cm^{-1})	归属
3737, 3650	C_{Ar}—OH 或 H_2O 中 O—H 的伸缩振动
3037	苯乙烯衍生物上 C_{Ar}—H 的伸缩振动
3015	甲烷上 C—H 伸缩振动
2972	R—CH_2—R, R—CH_3 上 C—H 的伸缩振动
1780	羰基(C=O)的伸缩振动
1604, 1510	芳香环的伸缩振动
1243, 1184	C—O 伸缩振动
831	C_{Ar}—H 的变形振动

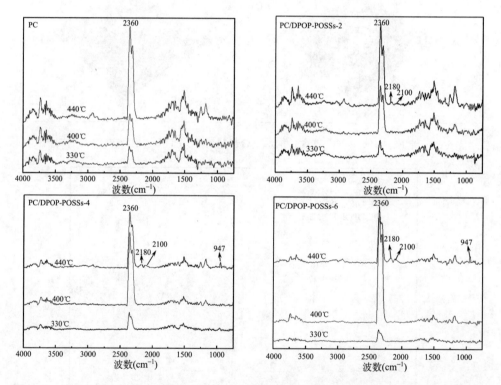

图 5-65　纯 PC 与 PC/DPOP-POSSs 纳米复合材料分别在 330℃、400℃和 440℃下的气相产物
FTIR 谱图

在 440℃的分解温度下，PC/DPOP-POSSs-4 和 PC/DPOP-POSSs-6 的气相分解产物 FTIR 光谱中可以检测到 P—O—C[35]引起的 947 cm^{-1} 处的小峰存在，这意味着 DPOP-POSSs 的含磷结构可能作用于 PC 基体的早期分解。

图 5-66 显示了氮气气氛下，纯 PC 与 PC 纳米复合材料的气相产物释放率与温度的关系谱图。从图中可以看出，DPOP-POSSs 的添加并没有影响 PC 的 T_{max}，但是当 DPOP-POSSs 的添加量达到 4wt% 和 6wt% 时 [如图 5-66（a）所示]，在 400℃ 左右产生了少量 CO_2 的释放，这一现象在纯 PC 和 DPOP-POSSs 中均未见到，这意味着此处分解产生的 CO_2 不是来源于 DPOP-POSSs 的分解，而源于在 DPOP-POSSs 的影响下 PC 复合材料的早期分解，与 3D TG-FTIR 谱图所观察到的现象一致。

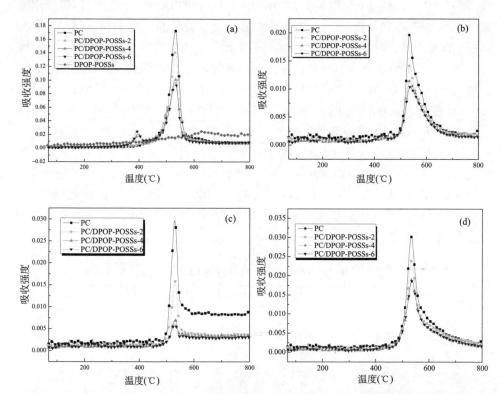

图 5-66　氮气气氛下，纯 PC 与 PC/DPOP-POSSs 纳米复合材料的气相产物释放率与温度的关系谱图：（a）CO_2；（b）苯乙烯衍生物；（c）芳香醚/酯；（d）甲烷

除此之外，从图 5-66 中复合材料的各气相产物释放总量和释放速率来看，无论是 CO_2 还是苯乙烯衍生物、芳香醚/酯和甲烷，在添加 DPOP-POSSs 后均有明显的减小，其中芳香醚/酯的变化最为明显。由于诸如苯乙烯衍生物和芳族醚/酯等气相挥发产物是 PC 复合材料凝聚相的分解所产生的物质，那么这些气相产物量的减少便意味着残炭量的增加。在燃烧过程中，较慢的分解速率和高的残炭量意味着较低的热释放速率和更小的总热释放量，也就是说，将 DPOP-POSSs 加入

PC 中可以实现良好的阻燃性。

5.5.3　PC/DPOP-POSSs 复合材料阻燃性能

5.5.3.1　UL-94 和 LOI 分析

作者利用极限氧指数 (LOI) 法和垂直燃烧试验方法 (UL-94) 测定 PC/DPOP-POSSs 纳米复合材料的阻燃性能，相关数据记录在表 5-29 中。从表 5-29 中可以看出，在 PC 中添加 4wt% 和 6wt% 的 DPOP-POSSs 可以将复合材料的 LOI 分别提高到 29.8% 和 30.1%，同时，垂直燃烧试验中复合材料的 t_1 和 t_2 也有明显减少，分别达到 3.6 s/5.2 s 和 3.6 s/4.2 s，而熔滴的质量损失也从纯 PC 的 5.1% 降低到 4.7% 与 2.7%，这些结果都表明 DPOP-POSSs 的加入可以提高 PC 复合材料的阻燃性能。虽然 PC/DPOP-POSSs-4 和 PC/DPOP-POSSs-6 都因为有熔滴而没能达到 UL-94 V-0 级，但是在加入抗滴落剂 (PTFE) 后 PC/DPOP-POSSs-4 和 PC/DPOP-POSSs-6 可以分别达到 UL-94 V-1 和 V-0 级。通过比较图 5-67 中纯 PC 和 PC 复合材料的垂直燃烧测试后的样条形貌可以看出，PC/DPOP-POSSs-6[图 5-67 (d)] 具有更好更完整的炭层。而在极限氧指数测试中，PC/DPOP-POSSs-6[图 5-67 (e)] 能形成更明显的条形且连续的膨胀炭层，并能从点火开始持续到燃烧结束，这正是由于膨胀炭层可以延迟基体与氧气的混合速率，以及加热时基体的流动，进而提高了复合材料的 LOI 值。

表 5-29　PC 及 PC/DPOP-POSS 纳米复合材料的 LOI 及 UL-94 测试数据汇总

样品	LOI (%)	UL-94 (3.2 mm)	t_1^a (s)	t_2^a (s)	熔滴	Δ^b%
PC	25.6	V-2	28.1	/	是	5.1
PC/DPOP-POSSs-2	26.1	V-2	25.8	/	是	5.4
PC/DPOP-POSSs-4	29.8	V-2	3.6	5.2	是	4.7
PC/DPOP-POSSs-6	30.1	V-2	3.6	4.2	是	2.7
PC/DPOP-POSSs-4-PTFE	29.7	V-1	6.3	7.6	否	—
PC/DPOP-POSSs-6-PTFE	30.3	V-0	4.0	5.0	否	—

a. t_1、t_2 均为五个测试样品的平均值。

b. $\Delta = (B_{A.w.} - A_{A.w.}) / B_{A.w.}$，$B_{A.w.}$ 表示 UL-94 测试前样品的平均质量，$A_{A.w.}$ 表示测试后 UL-94 样品的平均质量。

5.5.3.2　锥形量热分析

锥形量热仪对 PC/DPOP-POSSs 纳米复合材料的阻燃性能的测定结果如表 5-30 所示，当在 PC 中添加 2wt% 的 DPOP-POSSs 时，与纯 PC 相比，复合材料的点燃时间 (TTI) 略微延长，而进一步增加 DPOP-POSSs 的添加量至 4wt% 或 6wt% 后，复合材料的点燃时间却缩短了很多，这种结果可能是由于 DPOP-POSSs

会造成 PC 基体早期分解，与之前所述的 TG-FTIR 的结果相一致。除此之外，在锥形量热测试过程的前期，还观察到靠近辐射锥的复合材料外表面迅速产生泡状结构的现象（如图 5-68 所示），因此，点燃时间的减少也有可能是因为其中包裹的可燃性气体逸出造成的。

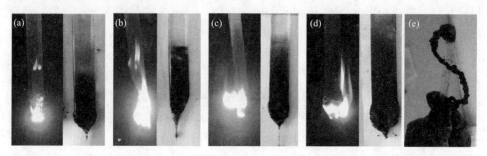

图 5-67　UL-94 测试过程中和测试后的视频截图和样条照片：(a) 纯 PC；(b) PC/DPOP-POSSs-2；(c) PC/DPOP-POSSs-4；(d) PC/DPOP-POSSs-6；(e) 氧浓度为 29.6%时样品 PC/DPOP-POSSs-6 在 LOI 试验后的照片

表 5-30　PC 及 PC/DPOP-POSSs 纳米复合材料的锥形量热测试数据

测试参数	PC	PC/DPOP-POSSs-2	PC/DPOP-POSSs-4	PC/DPOP-POSSs-6
TTI (s)	52±2	57±3	51±1	40±2
p-HRR (kW·m^{-2})	642±28	524±21	455±16	435±13
到达 p-HRR 的时间 (s)	150±5	155±3	105±2	95±2
THR (MJ·m^{-2})	83.22±2	79.14±2	77.63±3	58.3±4
平均 CO$_2$Y (kg·kg^{-1})	2.25±0.01	2.02±0.01	14.61±1	15.77±2
残炭量 (%)	9.16±1	14.56±2	51±1	40±2

图 5-68　样品 PC/DPOP-POSSs-6 在锥形量热测试早期的泡状结构形成过程

PC 和 PC/DPOP-POSSs 纳米复合材料的 HRR 均在点燃后迅速增加（图 5-69），而随着 DPOP-POSSs 添加量的增加，热释放速率峰值（p-HRR）呈现明显的降低趋势。与纯 PC 相比，PC/DPOP-POSSs-6 能将 p-HRR 的数值从 642 kW·m^{-2} 降低到 435 kW·m^{-2}。进一步观察图 5-69 发现，无论是纯 PC 还是 PC/DPOP-POSSs 复合材料，样品的 HRR 曲线都具有两个峰，其中，第一个峰是由于早期产生的热解气体被点燃而形成的，早期燃烧过后，会产生一定程度的炭层，此时炭层不稳定，便会导致二次燃烧，即第二个 HRR 峰的形成。随着 DPOP-POSSs 含量的增加，第二个 HRR 峰强度逐渐变弱，这就意味着在第一次达到 p-HRR 时形成的炭层更具保护性。特别是当 DPOP-POSSs 的添加量达到 6wt%时，PC/DPOP-POSSs 复合材料热释放速率增加更快，能够更早地形成有效炭层保护内部基材，使得热释放速率不能进一步增加，最终导致第二个 HRR 峰几乎消失不见，这一现象可以更清晰地解释为什么 PC/DPOP-POSSs-6 到达 p-HRR 所需时间最短和具有最低的 THR。

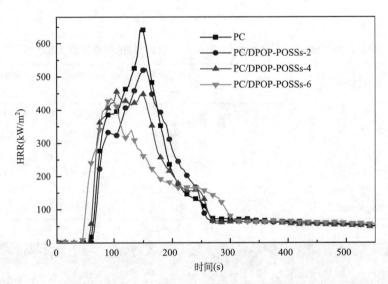

图 5-69　纯 PC 与 PC/DPOP-POSSs 纳米复合材料的热释放速率（HRR）曲线

图 5-70 中锥形量热测试后的炭层照片可以进一步解释上述现象。若在 PC 基材中添加 DPOP-POSSs，那么在燃烧过程中样品炭层便能迅速形成，宏观上表现为炭层高度迅速增加，说明 DPOP-POSSs 可以促进 PC 中炭层快速和定向地形成，这与极限氧指数测试的结果一致。对于 PC/DPOP-POSSs-6 来说，燃烧后炭层的高度可以高达 15.0 cm，能起到更有效地保护未燃烧的 PC 基体的作用。正因如此，随着 DPOP-POSSs 含量的增加，PC/DPOP-POSSs 复合材料的 THR 才能表现出逐渐降低的趋势。

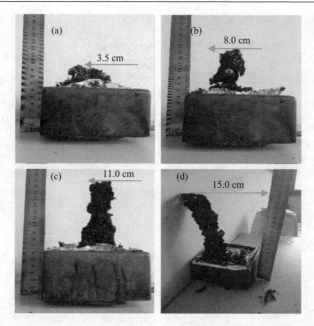

图 5-70　锥形量热测试后纯 PC 与 PC/DPOP-POSSs 纳米复合材料残炭的宏观形貌图像：(a)　纯 PC；(b) PC/DPOP-POSSs-2；(c) PC/DPOP-POSSs-4；(d) PC/DPOP-POSSs-6

5.5.4　PC/DPOP-POSSs 复合材料阻燃机理

图 5-71 为锥形量热测试后 PC 及 PC/DPOP-POSSs 纳米复合材料的内外残炭 SEM 图像，该图可进一步证实阻燃过程中的炭化机理。通过观察内层残炭（图 5-71A～D）发现，无论是纯 PC 还是 PC/ DPOP-POSSs 纳米复合材料在燃烧后均形成了类似的连续化炭层，但添加 DPOP-POSSs 后内部炭层更加完整密实。而从外部残炭（图 5-71A～D）来看，纯 PC 比 PC/DPOP-POSSs 复合材料的炭层更薄而脆，这样的炭层更容易被破坏。当在 PC 中添加 2wt%的 DPOP-POSSs 时（图 5-71B），可以看到更大的残炭，但此时的炭层却更容易破裂，这可能与炭层的多孔结构太薄有关。图 5-71C 和图 5-71D 则进一步表明，随着 PC 中 DPOP-POSSs 含量的增加，炭层中具有更多的叠层炭结构和更致密的孔隙，此时，孔隙之间的间隔会更小，构建起以多孔结构为主要单元的骨架，最终通过多个单元的连续堆叠形成高炭层结构。

纯 PC 与 PC/DPOP-POSSs 纳米复合材料的残炭化学结构分析可以通过 FTIR 与 XPS 技术实现，相关数据如图 5-72 与表 5-31 所示。

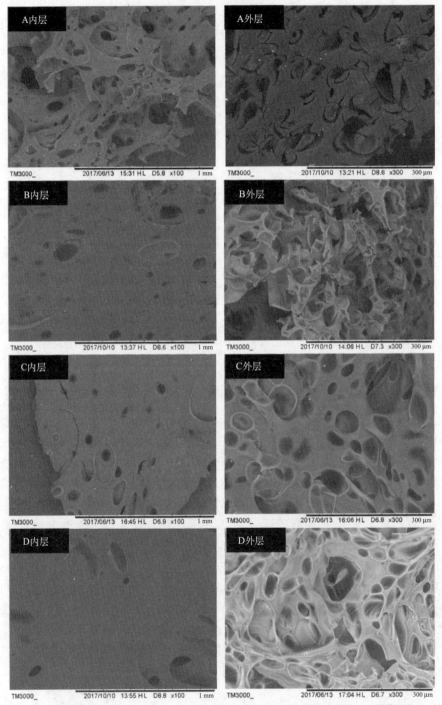

图 5-71　锥形量热测试后纯 PC 与 PC/DPOP-POSSs 纳米复合材料残炭的 SEM 图像：纯 PC（A）；
PC/DPOP-POSSs-2（B）；PC/DPOP-POSSs-4（C）；PC/DPOP-POSSs-6（D）

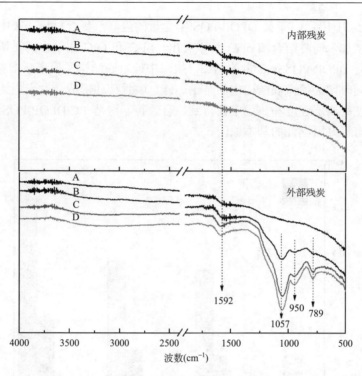

图 5-72　PC 及 PC/DPOP-POSSs 纳米复合材料在锥形量热测试后的内外残炭 FTIR 谱图：A—PC；B—PC/DPOP-POSSs-2；C—PC/DPOP-POSSs-4；D—PC/DPOP-POSSs-6

表 5-31　PC 复合材料在锥形量热测试后的内外残炭 XPS 结果

样品	内层(%)				外层（%）			
	C	O	Si	P	C	O	Si	P
PC	87.73	12.27	0	0	80.65	19.35	0	0
PC/DPOP-POSSs-2	88.99	9.64	1.04	0.33	48.79	38.65	11.94	0.63
PC/DPOP-POSSs-4	86.53	12.05	1.01	0.41	46.38	39.55	12.90	1.16
PC/DPOP-POSSs-6	86.99	11.35	1.20	0.47	34.32	48.41	16.21	1.06

　　对于内部炭层，无论是纯 PC 还是添加了不同比例 DPOP-POSSs 后的 PC 纳米复合材料都具有相近的化学结构和元素组成，不同的是，PC/DPOP-POSSs 纳米复合材料的内部残炭中带有少量的 Si、P 组分。对于外部残炭，PC/DPOP-POSSs 纳米复合材料比纯 PC 在 1592 cm⁻¹ 处的峰明显更强，该峰代表多环芳烃中 C=C 的伸缩振动，与此同时，还产生了新的特征吸收峰，即 789 cm⁻¹ 处 C_{Ar}—H 变形振动吸收峰、1057 cm⁻¹ 处 C—O 和 Si—O 伸缩振动吸收峰及 950 cm⁻¹ 处 P—O 伸缩振动吸收峰。

如表 5-31 所示，随着 DPOP-POSSs 含量的提高，复合材料残炭中硅、磷的含量逐渐增加，同时结合图 5-73 可以看出，Si/C 和 O/C 比率也明显增加，也就是说，随着 DPOP-POSSs 含量的增加，炭层中硅、磷结构呈现不断增长的趋势，这些结果同时印证了微观结构中的结论。硅、磷骨架的形成会令炭层结构发生显著变化，使得炭层强度和热稳定性得到显著改善，这是 PC/DPOP-POSSs 纳米复合材料具有良好阻燃性的基本原因。

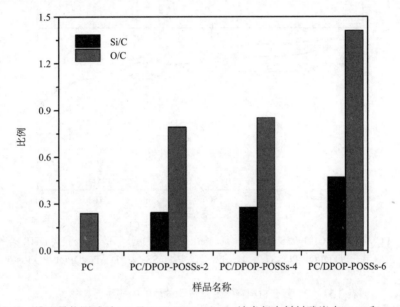

图 5-73　锥形量热测试后 PC 及 PC/DPOP-POSSs 纳米复合材料残炭中 Si/C 和 O/C 的元素比例图

参 考 文 献

[1] Levchik S V, Weil E D. Overview of recent developments in the flame retardancy of polycarbonates. Polym Int, 2005, 54(7): 981-998.

[2] Nishihara H, Suda Y, Sakuma T. Halogen- and phosphorus-free flame retardant PC plastic with excellent moldability and recyclability. J Fire Sci, 2003, 21(6): 451-464.

[3] Zhang W, Li X, Fan H, et al. Study on mechanism of phosphorus-silicon synergistic flame retardancy on epoxy resins. Polym Degrad Stabil, 2012, 97(11): 2241-2248.

[4] Ayandele E, Sarkar B, Alexandridis P. Polyhedral oligomeric silsesquioxane (POSS)-containing polymer nanocomposites. Nanomaterials, 2012, 2(4): 445-475.

[5] Liu S, Ye H, Zhou Y, et al. Study on flame-retardant mechanism of polycarbonate containing sulfonate-silsesquioxane-fluoro retardants by TGA and FTIR. Polym Degrad Stabil, 2006, 91(8): 1808-1814.

[6] Zeng K, Zheng S X. Synthesis and characterization of organic/Inorganic polyrotaxanes from polyhedral oligomeric silsesquioxane and poly(ethylene oxide)/alpha-cyclodextrin polypseudorotaxanes via click chemistry. Macromol Chem Phys, 2009, 210(9): 783-791.

[7] Bourbigot S, Duquesne S. Fire retardant polymers: recent developments and opportunities. J Mater Chem, 2007, 17(22): 2283-2300.

[8] Lu T L, Liang G Z, Guo Z. Preparation and characterization of organic-inorganic hybrid composites based on multiepoxy silsesquioxane and cyanate resin. J Appl Polym Sci, 2006, 101(6): 3652-3658.

[9] Becker L, Lenoir D, Matuschek G, et al. Thermal degradation of halogen-free flame retardant epoxides and polycarbonate in air. J Anal Appl Pyrolysis, 2001, 60(1): 55-67.

[10] Weil E D, Patel N G, Said M M, et al. Oxygen index: Correlations to other fire tests. Fire Mater, 2010, 16(4): 159-167.

[11] Sánchez-Soto M, Schiraldi D A, Illescas S. Study of the morphology and properties of melt-mixed polycarbonate-POSS nanocomposites. Eur Polym J, 2009, 45(2): 341-352.

[12] Zhao Y Q, Schiraldi D A. Thermal and mechanical properties of polyhedral oligomeric silsesquioxane (POSS)/polycarbonate composites. Polymer, 2005, 46(25): 11640-11647.

[13] Zhang W, Li X, Yang R. Flame retardancy mechanisms of phosphorus-containing polyhedral oligomeric silsesquioxane (DOPO-POSS) in polycarbonate/acrylonitrile-butadiene-styrene blends. Polym Advan Technol.

[14] Wang X, Hu Y, Song L, et al. Thermal degradation behaviors of epoxy resin/POSS hybrids and phosphorus-silicon synergism of flame retardancy. J Polym Sci Part B: Polym Phys, 2010, 48(6): 693-705.

[15] Jang B N, Wilkie C A. A TGA/FTIR and mass spectral study on the thermal degradation of bisphenol A polycarbonate. Polym Degrad Stabil, 2004, 86(3): 419-430.

[16] Hayashida K, Ohtani H, Tsuge S, et al. Flame retarding mechanism of polycarbonate containing trifunctional phenylsilicone additive studied by analytical pyrolysis techniques. Polym Bull, 2002, 48(6): 483-490.

[17] Morgan A B. Flame retarded polymer layered silicate nanocomposites: A review of commercial and open literature systems. Polym Advan Technol, 2010, 17(4): 206-217.

[18] Schartel B, Balabanovich A I, Braun U, et al. Pyrolysis of epoxy resins and fire behavior of epoxy resin composites flame-retarded with 9,10-dihydro-9-oxa-10-phosphaphenanthrene-10-oxide additives. J Appl Polym Sci, 2010, 104(4): 2260-2269.

[19] Zeng J, Kumar S, Iyer S, et al. Reinforcement of poly(ethylene terephthalate) fibers with polyhedral oligomeric silsesquioxanes (POSS). High Perform Polym, 2005, 17(3): 403-424.

[20] Pawlowski K H, Schartel B. Flame retardancy mechanisms of triphenyl phosphate, resorcinol bis(diphenyl phosphate) and bisphenol A bis(diphenyl phosphate) in polycarbonate/acrylonitrile-butadiene-styrene blends. Polym Int, 2010, 56(11): 1404-1414.

[21] Laoutid F, Bonnaud L, Alexandre M, et al. New prospects in flame retardant polymer materials: From fundamentals to nanocomposites. Mater Sci Eng R, 2009, 63(3): 100-125.

[22] Lu S Y, Hamerton I. Recent developments in the chemistry of halogen-free flame retardant

polymers. Prog Polym Sci, 2002, 27(8): 1661-1712.

[23] He Q, Song L, Hu Y, et al. Synergistic effects of polyhedral oligomeric silsesquioxane (POSS) and oligomeric bisphenyl A bis(diphenyl phosphate) (BDP) on thermal and flame retardant properties of polycarbonate. J Mater Sci, 2009, 44(5): 1308-1316.

[24] Perret B, Schartel B. The effect of different impact modifiers in halogen-free flame retarded polycarbonate blends. I. Pyrolysis. Polym Degrad Stabil, 2009, 94(12): 2194-2203.

[25] Jang B N, Costache M, Wilkie C A. The relationship between thermal degradation behavior of polymer and the fire retardancy of polymer/clay nanocomposites. Polymer, 2005, 46(24): 10678-10687.

[26] Zhou W, Yang H. Flame retarding mechanism of polycarbonate containing methylphenyl-silicone. Thermochim Acta, 2007, 452(1): 43-48.

[27] Jash P, Wilkie C A. Effects of surfactants on the thermal and fire properties of poly(methyl methacrylate)/clay nanocomposites. Polym Degrad Stabil, 2005, 88(3): 401-406.

[28] Zhang W, Yang R. Synthesis of phosphorus-containing polyhedral oligomeric silsesquioxanes via hydrolytic condensation of a modified silane. J Appl Polym Sci, 2011, 122(5): 3383-3389.

[29] Wang X, Hu Y, Song L, et al. Flame retardancy and thermal degradation mechanism of epoxy resin composites based on a DOPO substituted organophosphorus oligomer. Polymer, 2010, 51(11): 2435-2445.

[30] Song L, He Q L, Hu Y, et al. Study on thermal degradation and combustion behaviors of PC/POSS hybrids. Polym Degrad Stabil, 2008, 93(3): 627-639.

[31] Levchik S V, Weil E D. Flame retardancy of thermoplastic polyesters—A review of the recent literature. Polym Int, 2005, 54(1): 11-35.

[32] Zhang W, Li X, Guo X, et al. Mechanical and thermal properties and flame retardancy of phosphorus-containing polyhedral oligomeric silsesquioxane (DOPO-POSS)/polycarbonate composites. Polym Degrad Stabil, 2010, 95(12): 2541-2546.

[33] Hu Z, Chen L, Zhao B, et al. A novel efficient halogen-free flame retardant system for polycarbonate. Polym Degrad Stabil, 2011, 96(3): 320-327.

[34] Li L, Li X, Yang R. Mechanical, thermal properties, and flame retardancy of PC/ultrafine octaphenyl-POSS composites. J Appl Polym Sci, 2012, 124(5): 3807-3814.

[35] Cheng B, Zhang W, Li X, et al. The study of char forming on OPS/PC and DOPO-POSS/PC composites. J Appl Polym Sci, 2014, 131(131): 1001-1007.

第6章 聚碳酸酯/丙烯腈-丁二烯-苯乙烯/POSS复合材料及阻燃性能

聚碳酸酯(PC)是一种热塑性工程塑料，具有优良的力学性能，良好的耐热性和耐低温性，电性能稳定，尺寸稳定性好。然而，PC加工流动性较差，易应力开裂，耐化学药品性差，价格偏高，限制了其应用范围。ABS也是一种热塑性树脂，具有较好的耐化学腐蚀性，良好的加工性。PC与ABS经共混、挤出，制备成PC/ABS合金，可综合两者的优良性能，一方面可提高ABS的耐热性和拉伸强度；另一方面可降低PC的熔体黏度，改善加工性能，减少制品对应力的敏感性并可降低成本。因此，PC/ABS合金在汽车、机械、家电、计算机、通工具、办公设备等行业获得了广泛应用。近年来，为了满足防火安全的特殊要求，PC/ABS合金的阻燃技术成为人们研究的热点。尤其是欧盟RoHS指令(The Restriction of the Use of Certain Hazardous Substances in Electrical and Electronic Equipment，限制电子电器设备中使用有害物质指令)及 WEEE指令(Waste Electrical and Electronic Equipment，废弃电子电器设备指令)的颁布更是限制了卤系阻燃 PC/ABS 合金在很多行业中的应用。因此，研究开发PC/ABS合金专用高效环保型无卤阻燃剂成为阻燃领域研究的焦点。

6.1 PC/ABS/笼形八苯基 POSS 复合材料

本书作者采用八苯基 POSS(OPS) 对 PC/ABS 合金进行阻燃，得到PC/ABS/OPS复合材料。将PC树脂、ABS树脂和OPS在100℃的鼓风干燥箱中分别烘至恒重，然后按表6-1中的配比将其和PTFE和抗氧剂均匀混合。将混合均匀后的配方利用双螺杆挤出机进行熔融共混，挤出造粒。挤出机从喂料口到机头的温度设置为 235℃, 240℃, 245℃, 245℃, 240℃, 230℃，螺杆转速设置为

表 6-1　PC/ABS 及 PC/ABS/OPS 复合材料的配方

样品	PC/ABS(85/15, wt%)	OPS(wt%)	PTFE(wt%)	抗氧剂(wt%)
PC/ABS	99.1	0	0.3	0.6
PC/ABS1	95.1	4	0.3	0.6
PC/ABS2	91.1	8	0.3	0.6
PC/ABS3	83.1	16	0.3	0.6

150 r/min。造粒后的粒子烘干 2～3h，在注塑机上以不同模具注塑，得到性能测试所需的标准样条。注塑机各段的温度设为 270℃，275℃，275℃，280℃，275℃，270℃，模具温度为常温。

6.1.1　PC/ABS/OPS 复合材料加工性能

转矩流变仪通过记录物料在混合过程中对转子或螺杆产生的反扭矩随时间的变化，可研究物料在加工过程中的分散性能、流动行为及结构变化，同时也可作为生产质量控制的有效手段。由于转矩流变仪与实际生产设备结构类似，且物料用量少，所以可在实验室中模拟混炼、挤出等过程，常被用来研究聚合物复合材料的流变性质[1]。图 6-1 为 PC/ABS 及 PC/ABS/OPS 复合材料在 280℃下扭矩随时间的变化曲线，从图中可以看到 PC/ABS/OPS 复合材料的最大扭矩和平衡扭矩小于 PC/ABS，而且随着 OPS 添加量的增加而单向地逐渐减小，这表明 OPS 可以降低体系加工工程中的黏度，对材料的成型加工非常有利。

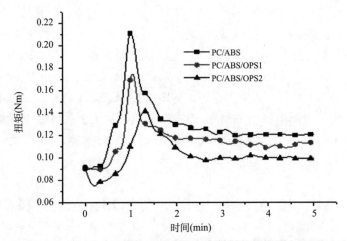

图 6-1　PC/ABS 及 PC/ABS/OPS 复合材料的扭矩图（280℃）

6.1.2　PC/ABS/OPS 复合材料力学性能

表 6-2 列出了 PC/ABS/OPS 复合材料的力学性能测试结果。从表 6-2 中看出，PC/ABS/OPS 复合材料的拉伸强度和断裂伸长率均比 PC/ABS 低，且随着 OPS 的增加而呈现单调降低的趋势；此外，PC/ABS/OPS 复合材料的拉伸模量、弯曲强度和弯曲模量随着 OPS 含量的增加而略有降低。OPS 的含量对 PC/ABS/OPS 复合材料断裂伸长率的影响非常大，这可能与 OPS 和 PC/ABS 的相容性有关；PC/ABS 合金的断裂伸长率本来就不高，说明基材本身相容性就不好，所以 PC 和 ABS 的相容性以及合金与功能填料的相容性一直是功能型 PC/ABS 合金研究的重点方向。

表6-2　PC/ABS 及 PC/ABS/OPS 复合材料的力学性能

样品	拉伸强度 /MPa	断裂伸长 /%	拉伸模量 /MPa	弯曲强度 /MPa	弯曲模量 / MPa
PC/ABS	59.4	26.5	1778	85.8	1879
PC/ABS/OPS1	55.7	10.3	1782	84.8	1885
PC/ABS/OPS2	53.5	6.3	1723	83.1	1844
PC/ABS/OPS3	51.4	4.7	1709	82.8	1809

6.1.3　PC/ABS/OPS 复合材料热稳定性

表 6-3 列出氮气气氛中 OPS、PC、ABS 和 OPS 阻燃 PC/ABS 的 TG 和 DTG 参数，图 6-2 至图 6-5 分别为在氮气气氛中 OPS、PC、ABS，以及 PC/ABS 和 PC/ABS/OPS 复合材料的 TG 和 DTG 图。

从图 6-2 和图 6-3 可以看出，在氮气中，PC 和 ABS 都是一步分解，其 T_{onset} 分别为 478℃和 386℃，T_{max} 分别为 535℃和 424℃，800℃时的残炭分别为 22.0% 和 5.1%（表 6-3）；OPS 则是两步分解，其 T_{onset} 和 T_{max1}/ T_{max2} 分别为 423℃和 493/527，在 T_{max1}/ T_{max2} 处的质量损失速率分别为 13.3/7.4（%/min），800℃时的残炭量为 20.5%（表 6-3）。

从图 6-4 和图 6-5 可以看出，在氮气中，PC/ABS 和 PC/ABS/OPS 都是两步分解。有关这种现象，已有研究者做过详细的分析[2,3]。PC/ABS 与 PC/ABS/OPS 的 T_{onset} 和 T_{max1} 相差不大，但 T_{max2} 及此温度对应的质量损失速率差别较大，而且

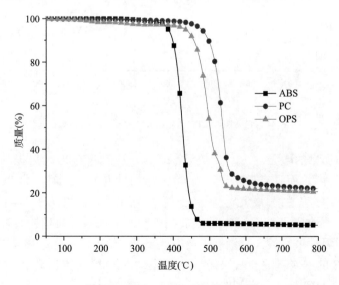

图 6-2　OPS、PC、ABS 的 TG 图

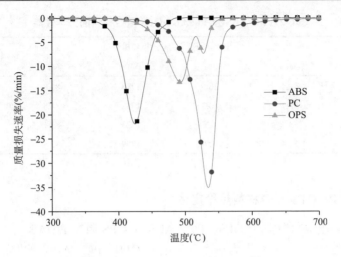

图 6-3 OPS、PC、ABS 的 DTG 图

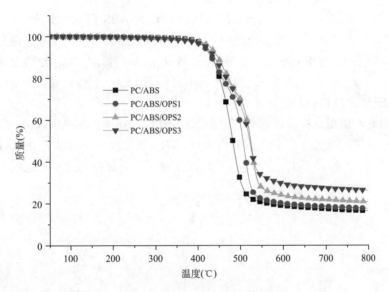

图 6-4 PC/ABS 和 PC/ABS/OPS 复合材料的 TG 图

随着 OPS 添加量的增大，T_{max2} 的值逐渐增大，这表明 OPS 可以提高 PC/ABS 的最大热分解温度。而且有趣的是，当 OPS 添加量为 8 wt%时，即 PC/ABS/OPS2 明显呈现三步分解过程,最大质量损失速率分别出现在温度 463℃,443℃和 514℃ 处；当 OPS 添加量为 16 wt%,即 PC/ABS/OPS3 的最大质量损失时的温度高于 PC/ABS、此温度下的最大质量损失速率低于 PC/ABS。随着 OPS 添加量的增大，PC/ABS/OPS 的残炭量逐渐增加(表 6-3)，这说明 OPS 可以促进 PC/ABS 的成炭，这对阻燃 PC/ABS 是十分有利的。

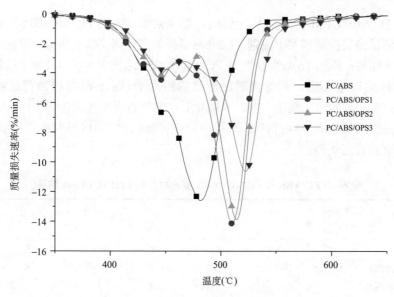

图 6-5 PC/ABS 和 PC/ABS/OPS 复合材料的 DTG 图

表 6-3 PC/ABS 和 PC/ABS/OPS 复合材料的 TG 和 DTG 参数

样品	T_{onset}(℃)	T_{max1}/T_{max2}	质量损失速率 (%/min)	800℃时的 残炭量(%)
OPS	423	493/527	13.3/7.4	20.5
ABS	386	424	21.9	5.1
PC	478	535	35.1	22.0
PC/ABS	418	446/482	6.7/12.6	16.5
PC/ABS/OPS1	415	446/510	4.5/14.1	17.5
PC/ABS/OPS2	415	463(443)/514	4.4(4.3)/13.8	20.8
PC/ABS/OPS3	418	447/523	3.8/10.6	26.3

6.1.4 PC/ABS/OPS 复合材料阻燃性能

6.1.4.1 极限氧指数和 UL-94 垂直燃烧

PC/ABS/OPS 复合材料的 UL-94 垂直燃烧测试结果见表 6-4 和图 6-6。从表 6-4 中可以看出，PC/ABS/OPS 复合材料的 LOI 值大于 PC/ABS，且随着 OPS 添加量的增加，呈现单调增加的趋势，当 OPS 添加量达到 16 wt%时，PC/ABS3 的氧指数达到 28.5%。

从 UL-94 垂直燃烧等级的结果可以看出，PC/ABS 为无级别（NR），添加 4 wt%

OPS 的 PC/ABS/OPS1 提高到 V-2 级别；添加 8 wt% OPS 的 PC/ABS/OPS2，3.2 mm
试样的测试结果提高到 V-1 级别，1.6 mm 试样的燃烧级别没有提高，但是燃烧的
时间有所缩短；添加 16 wt% OPS 的 PC/ABS/OPS3 达到 V-0 级，且整个过程没有
熔融滴落的现象发生。从垂直燃烧测试的照片上（图 6-6）可以清楚地看出，
PC/ABS 有严重的熔融滴落，PC/ABS/OPS 在燃烧过程中生成了更多的炭，并且
有熔融态的物质生成，这使得周围环境中的热和氧和 PC/ABS 基材很好地被隔离，
并且燃烧的长度变短。

表 6-4　PC/ABS 和 PC/ABS/OPS 复合材料的 LOI 和 UL-94 结果

样品	UL-94 (3.2 mm)	t_1/t_2 (s，平均)	融滴	UL-94 (1.6mm)	t_1/t_2 (s，平均)	融滴	LOI (%)
PC/ABS	NR	9.4/8.3	YES	NR	6.5/5.2	有	23.7
PC/ABS/OPS1	V-2	16.4/14.3	NO	V-2	13.5/14.1	有	24.6
PC/ABS/OPS2	V-1	13.3/10.8	NO	V-2	12.7/11.4	有	25.9
PC/ABS/OPS3	V-0	3.2/1.8	NO	V-1	10.4/8.2	无	28.5

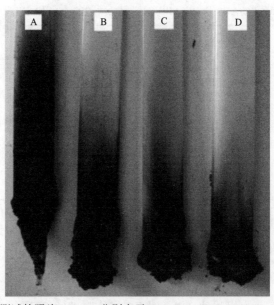

图 6-6　垂直燃烧测试的照片：A～D 分别表示 PC/ABS、PC/ABS/OPS1、PC/ABS/OPS2 和
PC/ABS/OPS3

6.1.4.2　锥形量热分析

PC/ABS/OPS 复合材料的热释放速率（HRR）曲线和总热释放（THR）曲线分别

示于图 6-7 和图 6-8 中,表 6-5 列出了 PC/ABS 和 PC/ABS/OPS 复合材料的 CONE 测试相关参数值。

　　由图 6-7 和表 6-5 可见,　PC/ABS 合金的点燃时间(TTI)为 33 s,OPS 添加量为 8 wt%的 PC/ABS2 的 TTI 为 28 s,而 OPS 添加量为 16 wt%的 PC/ABS/OPS3 TTI 延长到 36 s。这说明 OPS 只有在添加量较大的情况下才能延长材料的点燃时间。PC/ABS/OPS 的热释放速率峰值比 PC/ABS(热释放速率峰值为 451 kJ/m²),且随着 OPS 添加量的增加而逐渐降低: 添加 8 wt% OPS 的 PC/ABS/OPS2 热释放速率峰值为 352 kJ/m²,添加 16 wt% OPS 的 PC/ABS/OPS3 热释放速率峰值为 312 kJ/m²。PC/ABS 的热释放速率曲线明显表现为两步热释放过程,在 100 s 之前的热释放主要是 ABS 的燃烧,在 100 s 之后的热释放主要来自于 PC 的燃烧,这和 PC/ABS 热重分析中两段分解结果吻合。与 PC/ABS 相比,　OPS 添加量为 8 wt%的 PC/ABS/OPS2 的 HRR 曲线中两个 p-HRR 值明显提前并且降低,这说明在 PC/ABS 的受热燃烧过程中,OPS 和 PC/ABS 发生了反应或者在燃烧的过程中迁移到 PC/ABS 的表面,抑制了 PC/ABS 的进一步燃烧。OPS 添加量为 16 wt%的 PC/ABS/OPS3 的 HRR 曲线中,两个 p-HRR 的值偏差不太明显,这说明 PC/ABS 在燃烧过程中,OPS 促进了 PC/ABS 的成炭。同时,由 PC/ABS 及 PC/ABS/OPS 的 THR 曲线(图 6-8)也可以看出,体系的总热释放量随着 OPS 添加量的增加而降低。

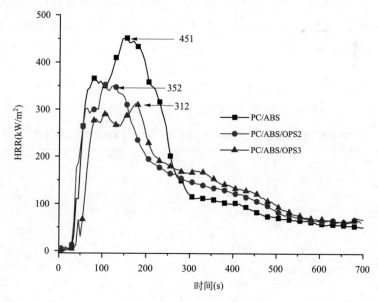

图 6-7　PC/ABS 及 PC/ABS/OPS 复合材料的 HRR 曲线

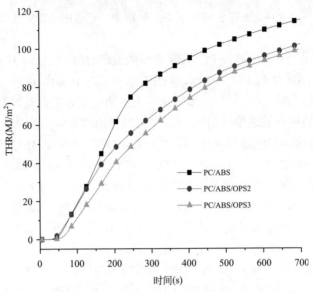

图 6-8　PC/ABS 及 PC/ABS/OPS 复合材料的 THR 曲线

由表 6-5 中可见，用 OPS 阻燃的 PC/ABS，不论是质量损失还是质量损失率（mass loss rate, MLR）都稍有降低，CO 的释放量也较低，主要原因还是源于阻燃 PC/ABS 材料燃烧的质量少。最大平均热释放速率（MAHRE）随着 OPS 添加量的增大而呈现单调减小的趋势，说明用 OPS 阻燃的 PC/ABS 燃烧时对外释放的热量降低，进而降低了其在现实发生火灾的危险程度。PC/ABS、添加 8 wt% OPS 的 PC/ABS/OPS2 和添加 16 wt% OPS 的 PC/ABS/OPS3 的 MAHRE 分别为 305.6 kW/m^2、239.9 kW/m^2 和 203.5 kW/m^2，最大降幅达到 30% 以上。由平均热释放速率（mean HRR）和平均有效燃烧热（mean EHC）的数值看出，OPS 加入到 PC/ABS 后，mean EHC 的数值变化不大，而 mean HRR 却减小，说明 OPS 阻燃主要在凝聚相中发挥作用。

表 6-5　PC/ABS 及 PC/ABS/OPS 复合材料 CONE 测试参数值

测试参数	PC/ABS	PC/ABS/OPS2	PC/ABS/OPS3
TTI（s）	33	28	36
p-HRR（kJ/m^2）	451	352	313
THR（MJ/m^2）	117.6	107.0	99.2
残炭量（g）	34.4	31.0	28.7
MLR（g/s）	0.05	0.04	0.04
平均 EHC（MJ/kg）	29.9	30.4	30.5
平均 HRR（kW/m^2）	164.3	142.9	152.4
COY（kg/kg）	0.10	0.08	0.09
CO$_2$Y（kg/kg）	2.29	2.39	2.25
MAHRE（kW/m^2）	305.6	239.9	203.5

6.1.5　PC/ABS/OPS 复合材料阻燃机理

6.1.5.1　TG-FTIR 联用分析

采用 TG-FTIR 联用装置研究 PC/ABS 及 PC/ABS/OPS 复合材料的分解失重过程,并通过红外检测器来确认该分解过程中气相产物的种类[4-7]。图 6-9 为其 3D 红外光谱图。对比图 6-9(a)和图 6-9(b),发现加入了 16wt%OPS 的 PC/ABS/OPS3,热

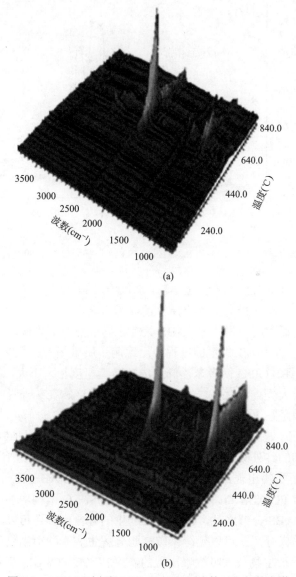

图 6-9　PC/ABS(a)和 PC/ABS/OPS3(b)的 3D 红外光谱

分解后的产物除 $1100\ cm^{-1}$ 处出现新吸收峰外，其他各峰位置几乎相同。$2361\ cm^{-1}$ 为 CO_2 的特征振动吸收峰位置。由图 6-10 可知，PC/ABS3 相对于 PC/ABS 而言，CO_2 吸收峰的强度较低，出现峰值的温度较高。该结果说明 OPS 在 PC/ABS 的燃烧过程中不但可以起到阻燃作用，而且延迟了最快速分解出现的时间。这个和热分析部分的 T_{max2} 向高温方向移动的结果一致。

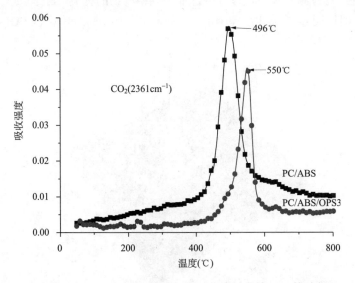

图 6-10　PC/ABS 和 PC/ABS/OPS3 热分解释放 CO_2 的过程

　　图 6-11 和图 6-12 分别为 PC/ABS 和 PC/ABS/OPS3 中组分 ABS 和 PC 的主要分解产物苯乙烯和苯酚衍生物的释放过程图，苯乙烯和苯酚衍生物的最大吸收峰出现的温度明显不同，说明 PC/ABS 具有不同的热分解阶段，该结果可以很好地解释为什么在 PC/ABS 失重的过程中出现两步质量损失。从图 6-11 可以看出 PC/ABS 和 PC/ABS/OPS3 两者苯乙烯生成的最大温度相差不大，表现在热重分析曲线上第一个最大失重温度上。生成的苯乙烯气体产物在红外吸收上只表现出强度的变小，原因是在 PC/ABS/OPS3 加热的过程中，OPS 分解产生的 Si—O 结构在 PC/ABS 表面富集，增加了炭层的热稳定性和残炭量，可以抑制 ABS 分解，所以生成的苯乙烯的红外吸收强度变弱。从图 6-12 可以看出 PC/ABS/OPS3 相比较 PC/ABS，苯酚衍生物出现最大红外吸收峰的强度较 PC/ABS 低，而出现最大红外吸收峰的温度较 PC/ABS 高。除 OPS 分解产生的 Si—O 结构增加了炭层的热稳定性，抑制了 PC/ABS 分解之外，OPS 分解产生的硅自由基还可以与聚碳酸酯分子反应生成交联的大分子，可以延缓聚碳酸酯分解生成苯酚衍生物的速度，所以添加了 OPS，苯酚衍生物最大吸收峰出现的温度相比较 PC/ABS 高将近 $31℃$。

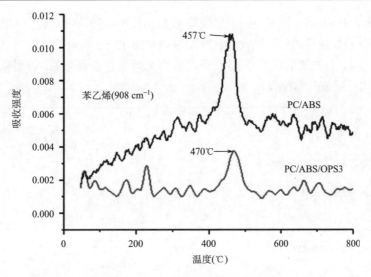

图 6-11　PC/ABS 和 PC/ABS/OPS3 热分解释放苯乙烯的过程

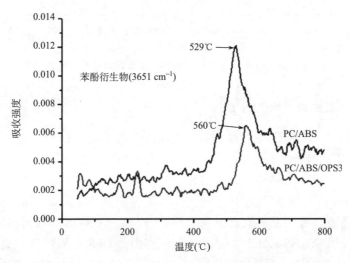

图 6-12　PC/ABS 和 PC/ABS/OPS3 热分解释放苯酚衍生物的过程

6.1.5.2　凝聚相产物的 FTIR 分析

为了验证凝聚相中是否有化学反应的发生，对 PC/ABS 和 PC/ABS/OPS3 及其在两个最大质量损失速率处对应的温度附近的凝聚相产物做了红外分析。如图 6-13 所示，对比 PC/ABS 和 PC/ABS/OPS3 的红外光谱图可以发现，在 1100 cm^{-1} 附近的位置出现了明显的 Si—O—Si 的对称伸缩振动吸收峰。PC/ABS/OPS3 在 450℃时的红外光谱曲线在 955 cm^{-1} 出现新的吸收峰，根据相关的文献可知这是 OPS 分子中 Si—Ph 键发生断裂生成的 Si 自由基和羰基基团中 C—O 单键断裂生成的 Si—O—Ph 结构的特征吸收峰。PC/ABS/OPS3 在 523℃时的红外光谱曲线相对于 450℃时的红外光谱曲线而言，各个基团的吸收峰强度明显减弱，说明高温下更多的有机结构已经被分解释放。

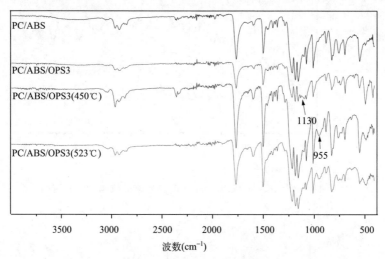

图 6-13　PC/ABS 和 PC/ABS/OPS3 在不同温度的红外光谱图

6.1.5.3　凝聚相产物 XPS 分析

X 射线光电子能谱是以射线为激发光源的光电子能谱，简称 XPS，可以用来分析燃烧后凝聚相产物中元素种类、价态，并可以实现半定量分析。表 6-6 列出了 PC/ABS 和 PC/ABS/OPS3 的 XPS 分析结果，从表中可以看出，PC/ABS 和 PC/ABS/OPS3 两个样品燃烧后的炭层中，表面炭层的氧含量高于内部炭层的氧含量，碳含量则是内部炭层的碳含量高于外部的。PC/ABS/OPS3 表面炭层的碳氧比为 1.38，低于 PC/ABS 的 1.57，这进一步证实由于 OPS 迁移到 PC/ABS 的表面，抑制了 PC/ABS 的进一步氧化。值得一提的是 N 在 PC/ABS/OPS3 表面的含量为零，这是由于在燃烧后炭层表面被 OPS 燃烧后的产物所覆盖，再者 N 在 PC/ABS 中的含量本来就非常低。此外，对于 PC/ABS/OPS3 的炭层，表面的硅含量高于内部的硅含量，这是 OPS 燃烧后的产物在 PC/ABS 表面聚集的结果。

表 6-6　PC/ABS 和 PC/ABS/OPS3 的 XPS 分析结果

样品		PC/ABS				PC/ABS/OPS3			
		C	O	N	Si	C	O	N	Si
原子分数 (%)	表面	61.01	38.87	1.02	0	52.36	37.93	0	9.71
	内部	73.01	26.44	0.55	0	70.90	24.53	0.74	3.83

6.1.5.4　炭层形貌分析

由图 6-14（a）看出 PC/ABS CONE 测试后的炭层较少并且表面有许多空洞。由图 6-14（b）看出，PC/ABS/OPS3 燃烧后的炭层较多并且致密，表面被大量的白色物质覆盖，因而表现在具体测试参数上就是质量损失较小，热释放速率较慢，燃烧的过程具有成炭的过程。

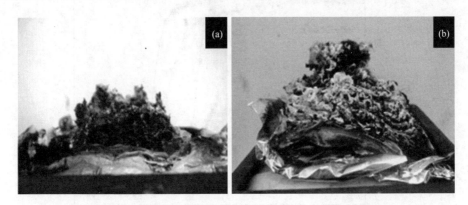

图 6-14　PC/ABS（a）和 PC/ABS/OPS3（b）的 CONE 测试后的炭层照片

6.2　PC/ABS/含磷杂菲 POSS 复合材料

本书作者将自主合成的含磷（DOPO 基）笼形硅倍半氧烷，如 DOPO-POSS，用于阻燃 PC/ABS 树脂，得到 PC/ABS/DOPO-POSS 复合材料。将 PC 树脂、ABS 树脂和 DOPO-POSS 在 100℃的鼓风干燥箱中烘至恒重，然后按表 6-7 中的配比将其和 PTFE 和抗氧剂均匀混合。将混合均匀后的配方利用双螺杆挤出机进行熔融共混，挤出造粒。造粒后的粒子烘干 2～3h，在注塑机上以不同模具注塑得性能测试所需的标准样条。

表 6-7　PC/ABS 和 PC/ABS/ DOPO-POSS 复合材料实验配方

样品	PC/ABS	PC/ABS/DOPO-POSS-1	PC/ABS/DOPO-POSS-2	PC/ABS/DOPO-POSS-3
PC/ABS（85/15）	98.55	93.55	91.05	88.55
DOPO-POSS	0	5	7.5	10
PTFE	0.45	0.45	0.45	0.45
抗氧剂	1	1	1	1

6.2.1　PC/ABS/DOPO-POSS 复合材料热性能

图 6-15 和图 6-16 为 PC、ABS、PC/ABS、DOPO-POSS 和 PC/ABS/DOPO-POSS
复合材料的 TG 和 DTG 曲线。表 6-8 列出了相关的热分解数据。

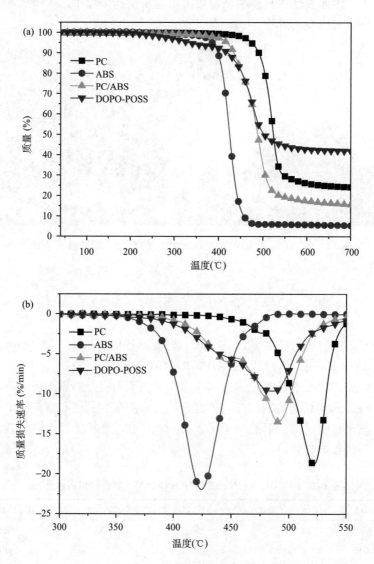

图 6-15　PC、ABS、PC/ABS、DOPO-POSS 的 TG（a）和 DTG（b）曲线

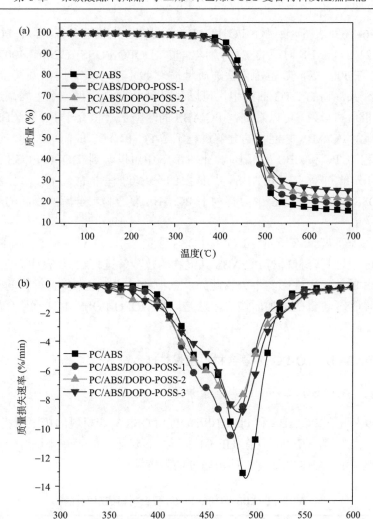

图 6-16　PC/ABS 和 DOPO-POSS 阻燃 PC/ABS 复合材料的 TG（a）和 DTG（b）曲线

表 6-8　PC、ABS、DOPO-POSS、PC/ABS 和 DOPO-POSS 阻燃 PC/ABS 复合材料的 TG 分析数据

样品	T_{onset}（℃）	$T_{max\,1}$（℃）	$T_{max\,2}$（℃）	700℃时的残炭量（%）
PC	474	521	/	24.3
ABS	386	424	/	5.4
DOPO-POSS	334	479	/	42
PC/ABS	419	446	491	14.7
PC/ABS/DOPO-POSS-1	401	452	474	17.8
PC/ABS/DOPO-POSS-2	381	/	477	20.9
PC/ABS/DOPO-POSS-3	404	/	486	24.7

如图 6-15 和表 6-8 所示，PC 和 ABS 都只有一个快速分解阶段，PC 对应的 $T_{max\,1}$ 为 521℃，ABS 对应的 $T_{max\,1}$ 为 424℃。DOPO-POSS 在 200～400℃范围内分解缓慢，在 400～500℃ 范围内快速质量损失 49%，在 700℃ 时的残炭量为 42%。在 PC/ABS 共混物的 DTG 曲线中，可以观察到 446℃ 出现一个主峰，这一现象与前人的报道相一致。可以看到，PC/ABS 的两个 T_{max} 值介于 PC 和 ABS 的 T_{max} 之间，因此，PC/ABS 共混物的分解过程不是 PC 和 ABS 的简单加和。这意味着在分解过程中，PC 和 ABS 互相影响。在图 6-15 中可以看到，DOPO-POSS 在 400～500℃ 的分解过程与 PC/ABS 共混物的分解过程非常相似。这意味着将 DOPO-POSS 加入 PC/ABS 中会有利于 PC/ABS 复合材料分解产物间的凝聚相相互作用。

如图 6-16 和表 6-8 所示，DOPO-POSS 含量分别为 5 wt%、7.5 wt%和 10 wt% 的 PC/ABS 阻燃复合材料与 PC/ABS 共混物的热分解过程相似，表明 DOPO-POSS 对 PC/ABS 的热稳定性影响不大。此外，三种 PC/ABS 阻燃复合材料的残炭量随着 DOPO-POSS 含量的增加而增加，这是因为 DOPO-POSS 本身就具有很高的残炭量。

6.2.2　PC/ABS/DOPO-POSS 复合材料阻燃性能

6.2.2.1　极限氧指数和 UL-94 垂直燃烧

表 6-9 列出了 PC/ABS 和 PC/ABS/DOPO-POSS 复合材料的极限氧指数(LOI) 值和垂直燃烧级别(UL-94)。在 UL-94 实验中，纯 PC 的垂直燃烧等级可以达到 V-2 级，但是 PC/ABS 共混物表现出较差的阻燃性。

表 6-9　PC/ABS/DOPO-POSS 复合材料的阻燃性能

样品	LOI(%)	UL-94(3.2 mm)	t_1(s)	t_2(s)	熔滴
PC/ABS	23.7	NR	>30	>30	有
PC/ABS/DOPO-POSS-1	24.4	V-2	18	17	有
PC/ABS/DOPO-POSS-2	25.1	V-1	9	12	无
PC/ABS/DOPO-POSS-3	26.0	V-0	5	6	无

注：t_1 和 t_2 均为 5 个样品的平均值。

如表 6-9 所示，PC/ABS/DOPO-POSS 复合材料的氧指数大于 PC/ABS，且随 DOPO-POSS 含量的增加而呈现略微增加的趋势。当 DOPO-POSS 的含量为 10 wt% 时，复合材料的氧指数为 26.0%。这表明 DOPO-POSS 对 PC/ABS 的氧指数影响不大。然而，PC/ABS 复合材料的垂直燃烧等级随着 DOPO-POSS 含量的增加有明显变化。当 DOPO-POSS 含量为 10 wt%时，PC/ABS 复合材料的熔滴现象消失了，并且 UL-94 垂直燃烧等级达到了 V-0 级。在 UL-94 测试中，可以看到，加入 DOPO-POSS 后，PC/ABS 复合材料会形成更多的炭层，这些炭层能够在一定程度上保护基体远离火焰。当 DOPO-POSS 含量为 10 wt%时，炭层的含量足以使复合材料的垂直燃烧等级达到 V-0 级。这就解释了为什么 PC/ABS-3 在 UL-94 测试中表现出最好的性能。

6.2.2.2　锥形量热测定

锥形量热分析实验结果如图 6-17 和表 6-10 所示。图 6-17 给出了 PC/ABS 和 PC/ABS/DOPO-POSS-3 的热释放速率曲线和总热释放量曲线。从图 6-17 可以看

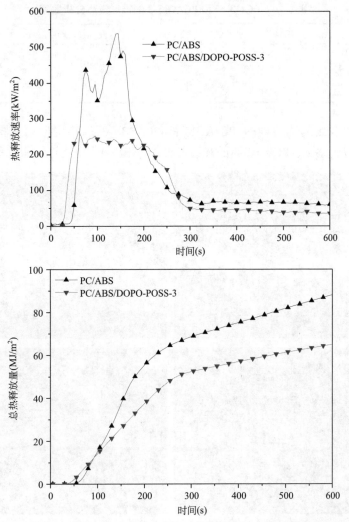

图 6-17　PC/ABS 和 PC/ABS/DOPO-POSS-3 的热释放速率曲线和总热释放量曲线

出,在燃烧过程中 PC/ABS 的热释放过程分为两个阶段。第一阶段是 ABS 的分解,第二阶段是 PC 的分解,这与 PC/ABS 的 TG 分析结果相一致。然而,PC/ABS/DOPO-POSS-3 的热释放速率曲线具有热释放平台,这与 PC/ABS 有很大的不同。这表明 DOPO-POSS 和 PC/ABS 在燃烧过程中存在相互作用。除此之外,加入 10wt%DOPO-POSS 可使 PC/ABS 体系的 p-HRR 值从 539 kW/m^2 降低到 266 kW/m^2,THR 值从 88 kW/m^2 降低到 65 kW/m^2。这归因于在 PC/ABS/DOPO-POSS-3 的燃烧过程中会产生大量残炭。从表 6-10 中可以看出,与 PC/ABS 相比,PC/ABS/DOPO-POSS-3 的点燃时间缩短。这是由于 DOPO-POSS 可以加速 PC 的热分解,因为 POSS 中含有酸性硅羟基,容易水解 PC。

表 6-10　PC/ABS 和 PC/ABS-3 的锥形量热分析数据

分析参数	PC/ABS	PC/ABS/DOPO-POSS-3
TTI（s）	40	24
p-HRR（kW/m^2）	539	266
THR（MJ/m^2）	88	65

　　由锥形量热测试得到的 PC/ABS 和 PC/ABS-3 的炭层形态见图 6-18。由图 6-18 可以观察到,PC/ABS-3 的炭层相比 PC/ABS 具有更为连续和致密的表面层。

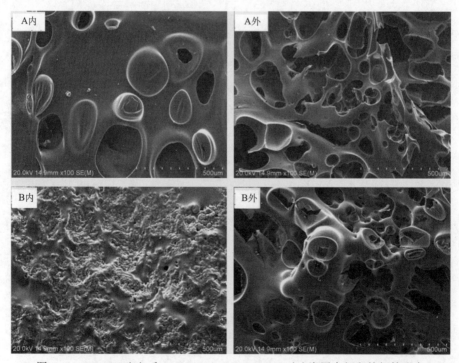

图 6-18　PC/ABS（A）和 PC/ABS/DOPO-POSS-3（B)炭层内部和外部的形态

PC/ABS 和 PC/ABS/DOPO-POSS-3 的内部炭层显示出相似的薄炭层和小孔隙的微观结构。这表明 DOPO-POSS 的加入会使得 PC/ABS 复合材料形成致密的保护炭层。这与 UL-94 的测试结果相一致。

6.2.3　PC/ABS/DOPO-POSS 复合材料阻燃机理

6.2.3.1　TG-FTIR 分析

图 6-19 是 PC/ABS 和 PC/ABS/DOPO-POSS-3 气相产物的三维 TG-FTIR 光谱图，图 6-20 是 PC/ABS 和 PC/ABS/DOPO-POSS-3 在 T_{max} 时的气相分解产物 FTIR 光谱图。表 6-11 列出了 PC/ABS/DOPO-POSS-3 在 T_{max} 时气相分解产物各基团的特征吸收峰位。如图 6-20 和表 6-11 所示，PC/ABS/DOPO-POSS-3 在 940 cm^{-1} 处出现了 DOPO-POSS 的 P—O 伸缩振动峰，除此之外，PC/ABS/DOPO-POSS-3 和 PC/ABS 的气相分解产物组成相似。在图 6-20 中 PC/ABS/DOPO-POSS-3 的 FTIR 光谱中没有发现 DOPO-POSS 气相产物的其他特征吸收存在。这表明 DOPO-POSS 的大部分分解产物都保留在凝聚相中。这可解释 PC/ABS/DOPO-POSS-3 在热重分析中表现出较高残炭的原因。

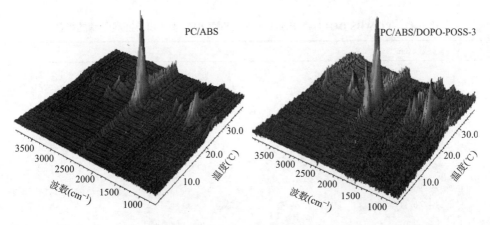

图 6-19　PC/ABS 和 PC/ABS/DOPO-POSS-3 气相产物的三维 TG-FTIR 光谱

如图 6-20 所示，PC/ABS 和 PC/ABS/DOPO-POSS-3 的主要气相分解产物成分包括苯酚衍生物/水（3656 cm^{-1}）、苯乙烯衍生物（3036 cm^{-1}）、甲烷（3016 cm^{-1}）、脂肪链化合物（2972 cm^{-1} 和 2869 cm^{-1}）和 CO$_2$（2360 cm^{-1}），这与前人的测试结果相一致。根据 PC/ABS 和 PC/ABS/DOPO-POSS-3 在 TG-FTIR 光谱中的吸收，图 6-21 表示出了苯乙烯衍生物、苯酚衍生物/水、甲烷和 CO$_2$ 的吸收强度随时间的变化。

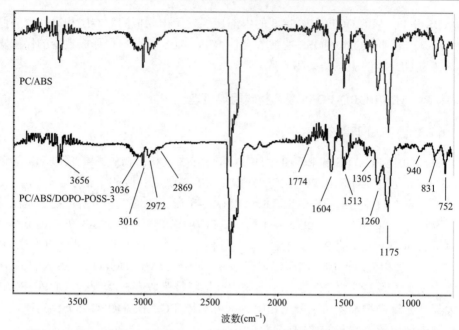

图 6-20　PC/ABS 和 PC/ABS/DOPO-POSS-3 在 T_{max} 时气相分解产物的 FTIR 光谱

表 6-11　**PC/ABS/DOPO-POSS-3 在 T_{max} 时气相分解产物特征吸收峰的指认**

波数（cm^{-1}）	归属
3656	酚羟基或水的 O—H 伸缩振动
3036	苯乙烯衍生物的 C_{Ar}—H 伸缩振动
3016, 1305	甲烷上 C—H 的伸缩振动
2972, 2869	脂肪族的 R—CH_2—R, R—CH_3 伸缩振动
2360	CO_2
1774	C=O 伸缩振动
1604, 1513	芳香环的振动
1260, 1175	C—O 伸缩振动
940	P—O 伸缩振动
831, 752	苯环的 C—H 弯曲振动

　　对于 PC/ABS，苯乙烯衍生物和甲烷的释放有两个主要阶段，而 CO_2、苯酚衍生物/水的释放仅是一个阶段。苯乙烯衍生物和甲烷第一阶段和第二阶段释放应该分别归因于 ABS 和 PC 的分解。CO_2 释放量呈现出强峰，这是由酯基的 C—O 键断裂和聚碳酸酯的分子重排反应所致。随后，苯乙烯衍生物、甲烷、苯酚衍生物/水开始快速释放。

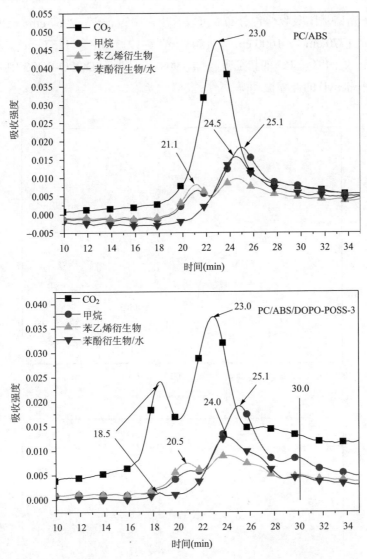

图 6-21　PC/ABS 和 PC/ABS/DOPO-POSS-3 不同气相产物的吸收强度随时间的变化曲线

　　由于 DOPO-POSS 的加入，PC/ABS/DOPO-POSS-3 的分解过程发生了明显变化。CO_2 和少量 H_2O 的早期释放发生在 18.5 min 左右。这可能是由于 DOPO-POSS 上的 Si—OH 与 PC 的分解产物发生反应，导致了 CO_2 和 H_2O 的释放。在此之后，观察到苯酚衍生物/水、苯乙烯衍生物和甲烷的释放。

　　图 6-22 为 PC/ABS 和 PC/ABS/DOPO-POSS-3 在 TG 测试中的特定分解温度下凝聚相产物的 FTIR 光谱。表 6-12 为 PC/ABS/DOPO-POSS-3 在 25℃时凝聚相

产物 FTIR 光谱基团吸收峰位分布。可以看出，3059 cm^{-1}、2967 cm^{-1}、2929 cm^{-1}、2866 cm^{-1}、1770 cm^{-1}、1600 cm^{-1}、1503 cm^{-1}、1217 cm^{-1}、1157 cm^{-1}、1186 cm^{-1} 和 755 cm^{-1} 处的峰是 PC 的特征吸收峰。909 cm^{-1} 处为 DOPO-POSS 中 P—O—苯基（P—O—phenyl）的伸缩振动峰。

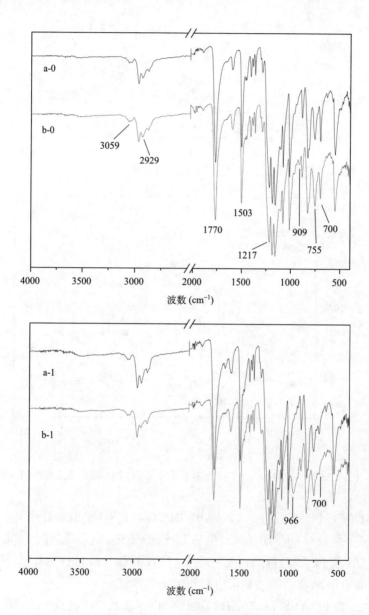

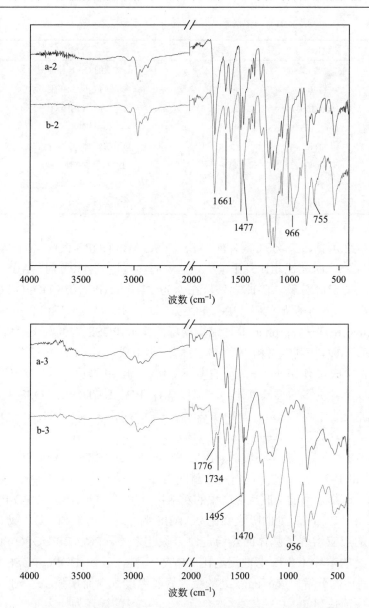

图 6-22　凝聚相产物的 FTIR 光谱 a: PC/ABS, b: PC/ABS/DOPO-POSS-3（编号 0, 1, 2, 3 分别代表 25℃, 450℃, 485℃，520℃）

表 6-12　PC/ABS/DOPO-POSS-3 25℃时凝聚相产物 FTIR 光谱中的基团吸收峰位

波数（cm⁻¹）	分配
3059	芳香环的 C—H 伸缩振动

续表

波数（cm^{-1}）	分配
2967, 2929, 2866	脂肪族的 C—H 伸缩振动
1770	羰基的 C=O 伸缩振动
1600, 1503	芳香环的振动
1217, 1157	C—O 伸缩振动
1186	异丙基的 C—C 弯曲振动
909	P—O—苯基伸缩振动
755	苯环的 C—H 伸缩振动
700	脂肪族的 C—H 弯曲振动

由图 6-22 可见，在 450℃时，PC/ABS 和 PC/ABS/DOPO-POSS-3 中 700 cm^{-1} 处的吸收峰与 25℃时相比相比几乎消失，这表明温度达到 450℃时，ABS 中的大部分脂肪族组分已经分解。除此之外，在 450℃ 时，PC/ABS/DOPO-POSS-3 在 966 cm^{-1} 处出现一个明显的吸收峰，这个吸收峰为 Si—O—苯基和 P—O—苯基（Si—O—phenyl 和 P—O—phenyl）伸缩振动峰。笼形 POSS 在高温下分解时，可形成 Si—OH，同时烷基酚可由 PC 的热分解产物生成。Si—OH 与烷基酚在高温下发生反应，生成含有 Si—O—苯基的中间支化产物，并释放出水。PC 的加速水解或醇解可以消耗更多的羰基基团，这可以解释 PC/ABS/DOPO-POSS-3 具有新的 CO_2 释放阶段的原因。此外，DOPO 基团的分解可以产生 P—OH，P—OH 与酚基发生酯化反应，可形成 P—O—苯基结构。

由图 6-22 可见，在 485℃时，PC/ABS 和 PC/ABS/DOPO-POSS-3 的光谱在 1661 cm^{-1} 和 1477 cm^{-1} 处呈现出两个新的芳香吸收峰。这可能是由于聚碳酸酯的断链和分解产物之间的交联反应产生的新结构。然而，PC/ABS/DOPO-POSS-3 在 1661 cm^{-1} 和 1477 cm^{-1} 处的吸收峰比 PC/ABS 弱，这是由于 Si—OH 或 P—OH 与酚类基团的反应增强了基体的热稳定性。除此之外，PC/ABS/DOPO-POSS-3 在 755 cm^{-1} 处的苯环 C—H 弯曲振动比 PC/ABS 强，表明 DOPO-POSS 可以阻碍 PC/ABS 基体的分解。966 cm^{-1} 处的吸收峰随温度升高而增强，这意味着残炭中有 Si—O—苯基和 P—O—苯基结构。这一事实可以解释为什么 PC/ABS/DOPO-POSS-3 的 THR 值低于 PC/ABS 的值。

由图 6-22 可见，在 520℃时，PC/ABS 和 PC/ABS/DOPO-POSS-3 的 FTIR 光谱表现出明显的变化。1770 cm^{-1} 处的 C=O 吸收峰分裂成 1776 cm^{-1} 和 1734 cm^{-1} 处两个较弱的吸收峰。这表明羰基组分分解成 CO_2 并形成新的羰基结构。这表明异丙基发生了分解。在 956 cm^{-1} 处的峰增强并且向低波数发生移动，这表明炭层中存在更多的 Si—O—苯基、P—O—苯基以及更多的交联结构。

6.2.3.2   凝聚相 XPS 光谱分析

通过 XPS 分析，研究了 PC/ABS 和 PC/ABS/DOPO-POSS-3 残炭表面和内部的元素组成。表 6-13 中列出了 C、O、N、Si 和 P 的浓度。可以看到，PC/ABS 和 PC/ABS/DOPO-POSS-3 的残炭表面氧原子所占的百分比均高于内部的氧原子，残炭表面碳原子所占的百分均低于内部的碳原子。这是由于在富氧条件下炭层表面高度氧化。在表 6-13 中还观察到，PC/ABS/DOPO-POSS-3 残炭表面的 Si 和 P 含量均高于内部，这表明 Si 和 P 可以聚集在炭层表面，DOPO-POSS 的存在可以提高炭层的热氧化稳定性，并减少基体中挥发性物质的释放。

表 6-13   PC/ABS 和 PC/ABS/DOPO-POSS-3 残炭在 500℃时的 XPS 测试结果

样品	元素	原子分数（%）	
		表面	内部
PC/ABS	C	61.01	73.01
	O	37.87	26.44
	N	1.02	0.55
	Si	0	0
	P	0	0
PC/ABS/DOPO-POSS-3	C	58.90	70.76
	O	31.02	25.24
	N	1.94	0.52
	Si	5.66	3.18
	P	2.48	0.30

参 考 文 献

[1] Zhang W C, Li X M, Guo X Y, et al. Mechanical and thermal properties and flame retardancy of phosphorus-containing polyhedral oligomeric silsesquioxane（DOPO-POSS）/polycarbonate composites. Polym Degrad Stabil, 2010, 95（12）: 2541-2546.

[2] Zhang W, Yang R. Synthesis of phosphorus-containing polyhedral oligomeric silsesquioxanes via hydrolytic condensation of a modified silane. J Appl Polym Sci, 2011, 122（5）: 3383-3389.

[3] Perret B, Pawlowski K H, Schartel B. Fire retardancy mechanisms of arylphosphates in polycarbonate（PC）and PC/acrylonitrile-butadiene-styrene. J Thermal Anal Calorimetry, 2009, 97（3）: 949-958.

[4] Jang B N, Wilkie C A. A TGA/FTIR and mass spectral study on the thermal degradation of bisphenol A polycarbonate. Polym Degrad Stabil, 2004, 86（3）: 419-430.

[5] Levchik S V, Weil E D. Overview of recent developments in the flame retardancy of

polycarbonates. Polym Int, 2005, 54(7): 981-998.

[6] Feng J, Hao J, Du J, et al. Flame retardancy and thermal properties of solid bisphenol A bis(diphenyl phosphate) combined with montmorillonite in polycarbonate. Polym Degrad Stabil, 2010, 95(10): 2041-2048.

[7] Song L, He Q, Hu Y, et al. Study on thermal degradation and combustion behaviors of PC/POSS hybrids. Polym Degrad Stabil, 2008, 93(3): 627-639.

第7章 聚乳酸/POSS 纳米复合材料及阻燃性能

聚乳酸(PLA)是一种线形热塑性合成聚酯，是一种可完全自然循环型的可生物降解材料。PLA 具有良好的生物相容性、加工性能及高模量的力学性能，已广泛应用于医疗器械、包装材料和纺织等领域，但 PLA 的极限氧指数只有 19%，极其易燃，燃烧时伴有大量熔滴，没有成炭性，将其应用于电子、汽车等领域时不能满足这些领域中较高的阻燃要求。因此，为扩大 PLA 的应用领域，PLA 的阻燃研究势在必行。

7.1 聚乳酸/笼形八苯基 POSS 复合材料

本书作者采用笼形八苯基 POSS(OPS)对 PLA 进行阻燃改性。首先，将 PLA 粒料与 OPS 化合物在 80℃鼓风干燥箱中干燥 8 h，然后参照配方(表 7-1)，通过高速混合机，使聚乳酸粒料分别与 1wt%、3 wt%、5 wt%和 10 wt%的 OPS 混合均匀，之后通过双螺杆挤出机挤出。挤出机转速 15～20 r/min，喂料速度 8～10 r/min，挤出机温度设置参数 195℃、195℃、200℃、195℃、195℃、190℃。切粒并充分干燥后，在注塑机上注射成型。注塑各区温度为 200℃、200℃、190℃和 190℃。将部分样品进行热处理，条件是置于鼓风干燥箱中，于 120℃恒温 30 min。

表 7-1　PLA/OPS 复合材料配方

样品	PLA (wt%)	OPS (wt%)
纯 PLA	100	0
PLA/1wt%OPS	99	1
PLA/3wt%OPS	97	3
PLA/5wt%OPS	95	5
PLA/10wt%OPS	90	10

7.1.1 聚乳酸/OPS 复合材料微观形貌

图 7-1 中为纯 PLA 及 PLA/OPS 复合材料淬断面的扫描电镜图片，从图 7-1(a)中可以看出纯 PLA 的断面表面平滑，为典型的脆性断裂。而图 7-1(b)中，当 OPS 的添加量为 5wt%时，PLA/OPS 的淬断面相对粗糙，但 OPS 在 PLA 中分散情况

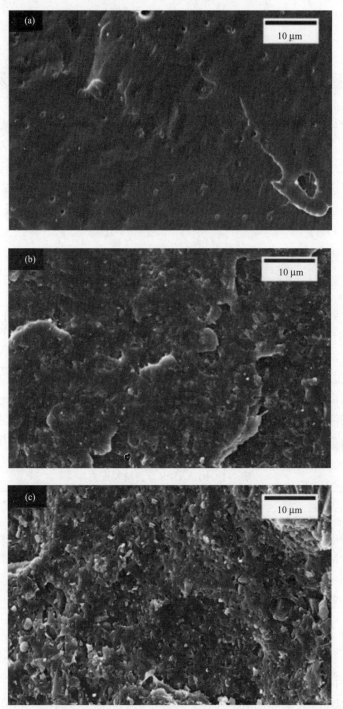

图 7-1　PLA 以及 PLA/OPS 复合材料的扫描电镜照片：(a) PLA；(b) PLA/5wt%OPS；
(c) PLA/10wt%OPS

较好，OPS 均匀地分散在 PLA 中，并没有明显的大颗粒，OPS 的颗粒粒径在 100～300 nm，OPS 纳米颗粒可以利用熔融共混时高的剪切作用均匀地分散在 PLA 基体中。当 OPS 的添加量为 10 wt%时，如图 7-1(c)所示，大部分的 OPS 颗粒依然还是比较均匀地分散在 PLA 中，但也能够清晰地看到 OPS 的团聚体，直径在 1.5 μm 左右。总体来说，OPS 在 PLA 中的分散是亚微米级的，具有较好的分散，但是当添加量增高至 10 wt%时，OPS 分子间的作用比 OPS 与 PLA 之间的强，导致 OPS 与聚合物相容性变差，形成脆弱的界面。

7.1.2　聚乳酸/OPS 复合材料结晶性能

将纯 PLA 及 PLA/OPS 复合材料在 DSC 测试中的降温段以及二次升温段的热流曲线绘制为图 7-2，其相关数据总结于表 7-2 中。由图 7-2(a)和表 7-2 可知，纯 PLA 样品的结晶温度峰值为 107.9℃，结晶的温度区间较宽，达 14.6℃，而 PLA/OPS 复合物的结晶温度峰值要高一些，且随着 OPS 添加量的增加，峰值温度也逐渐升高。对于 PLA/10wt%OPS 来说，结晶温度峰值是 117.3℃，而结晶的温度区间只有 8.2℃，结晶峰形状更尖锐。结晶速度越快，越说明 OPS 起到了结晶成核剂的作用。

从图 7-2(b)和表 7-3 中可知，纯 PLA 的玻璃化转变温度(T_g)为 63.4℃，PLA/OPS 复合材料与之相比，T_g 略有降低。纯 PLA 有两个相近的熔融温度(T_m)，分别是 $T_{m1}=165℃$ 和 $T_{m2}=170℃$，许多半结晶聚合物都可以观察到双熔融峰现象或者多熔融行为，例如尼龙-6[1]、聚对苯二甲酸乙二醇酯(PET)[2, 3]、聚苯硫醚[4, 5]等。

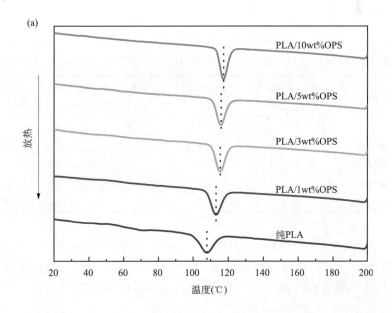

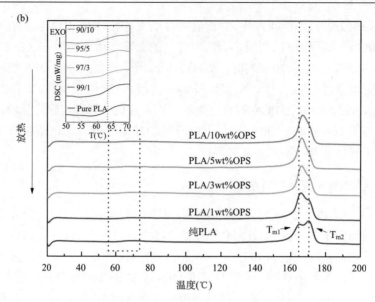

图 7-2　PLA 和 PLA/OPS 复合材料的 DSC 曲线：(a)降温结晶；(b)二次升温熔融

表 7-2　PLA 以及 PLA/OPS 复合材料的 DSC 测试中结晶过程参数

样品	起始结晶温度(℃)	结晶终止温度(℃)	结晶温度范围(℃)	结晶温度峰值(℃)	结晶热 ΔH_c(J/g)
纯 PLA	115.1	100.5	14.6	107.9	-38.1
PLA/1wt%OPS	118.8	107.9	10.9	113.1	-38.0
PLA/3wt%OPS	120.5	110.7	9.8	115.4	-38.0
PLA/5wt%OPS	120.8	111.2	9.6	115.8	-36.2
PLA/10wt%OPS	121.7	113.5	8.2	117.3	-37.2

表 7-3　PLA 以及 PLA/OPS 复合材料的 DSC 测试中二次升温熔融过程数据

样品	玻璃化转变温度 T_g(℃)	熔融温度1 T_{m1}(℃)	熔融温度2 T_{m2}(℃)	熔融焓 ΔH_m(J/g)	结晶度 X_c(%)
纯 PLA	63.4	165.1	170.3	37.4	40.2
PLA/1wt%OPS	63.8	165.8		37.8	41.1
PLA/3wt%OPS	63.4	166.1		38.1	42.3
PLA/5wt%OPS	62.2	166.2		35.1	39.7
PLA/10wt%OPS	61.8	166.7		35.0	41.8

　　对于 PLA/OPS 复合材料、当 OPS 添加量由 1wt%增至 3wt%时，T_{m1} 的峰逐渐清晰明显而 T_{m2} 的峰逐渐降低成为一个小肩峰，随着 OPS 的添加量增加至 10wt%，两个熔融温度峰融合为一个峰，呈现为形状对称且熔点只有一个位于 T_{m1}

处的峰，说明 PLA 与 OPS 发生作用，在 OPS 表面附近生成新的晶体结构，OPS 在 PLA 基体中起到了异相成核的作用[6]。而且，PLA 片层越厚，熔点越高，较低熔点通常对应于 PLA 的次 α 晶型的形成[7, 8]，就是说 OPS 的添加促进了 PLA 次 α 晶型的形成，从而提高了结晶速率。

将样品在 200℃熔融 5 min 消除热历史，以 20℃/min 的速率降温至 120℃，并于 120℃下进行等温结晶。图 7-3 为温度为 120℃时，PLA 以及 PLA/5wt%OPS 的等温结晶时的交叉偏振光学显微镜图像比较。由图中可见，在结晶开始的时候，纯 PLA 中并没有成核点；5 min 左右的时候，均相成核点开始出现，之后逐渐长大成为球晶，纯 PLA 的球晶晶粒尺寸大，形状不规则，尺寸大小不均一，晶核密度低，大球晶之间相互碰撞、挤压，造成球晶之间存在明显的界限；20 min 时，球晶的最大尺寸约为 50 μm。而 PLA/5wt%OPS，当温度冷却到 120℃时，在结晶开始的时候就存在众多小亮点，尺寸在 1～2 μm，这些小亮点就是所添加的 OPS。8 min 左右的时候，均相成核点开始大量出现，之后逐渐长大成为细小球晶，且球晶尺寸相对于纯 PLA 较大幅度地降低。这是因为 OPS 导致体系内的空间不连续，迫使 PLA 球晶为进入 OPS 空隙而缩减尺寸，球晶尺寸明显变小，晶粒细化，晶核密度更高，晶体之间的界限变得模糊、不明显。OPS 与 PLA 基体的反应点多，界面相互作用力较强，分散的 OPS 限制了 PLA 分子链的灵活性，OPS 主要为 PLA 结晶提供异相成核点，形成异相成核。

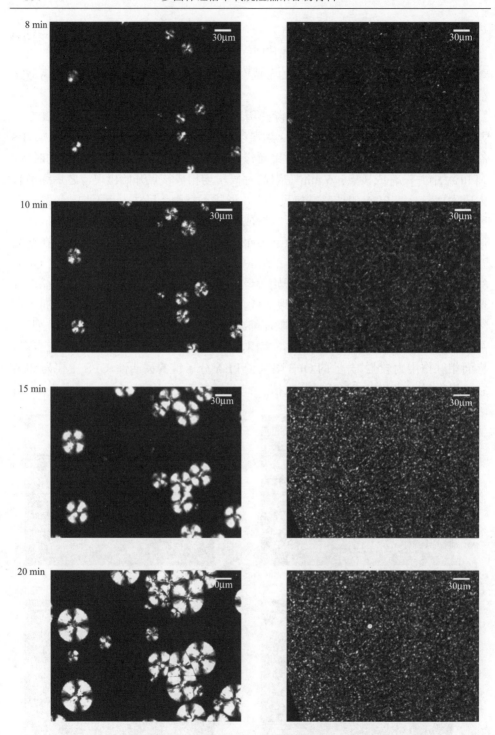

图 7-3　120℃下纯 PLA（左）及 PLA/OPS 复合材料（右）等温结晶时的球晶形态

　　从注塑机中直接注塑出来的样品命名为未处理样品，在直接注塑条件下得到的样品通常由于 PLA 低的结晶速率而呈非晶状态。为了提高 PLA 的结晶度，将部分样品进行 120℃下恒温 30 min 的热处理，这些样品称为热处理样品（heat-treated，HT）。用 X 射线衍射（XRD）测试来确认热处理前后样品的不同。

　　图 7-4 为 OPS、纯 PLA 以及不同配比的 PLA/OPS 复合材料的 XRD 曲线。从图 7-4（a）中可知，纯 PLA 样品的衍射峰是馒头峰，呈无定形状态，说明在加工的条件下，PLA 并没有结晶，这些 PLA/OPS 复合材料的 XRD 谱图与纯 PLA 十分相似。OPS 晶体衍射峰位于 2θ=7.9°，2θ=8.3°，2θ=18.4°处，这些位置附近强的衍射峰是 POSS 的典型结晶峰。

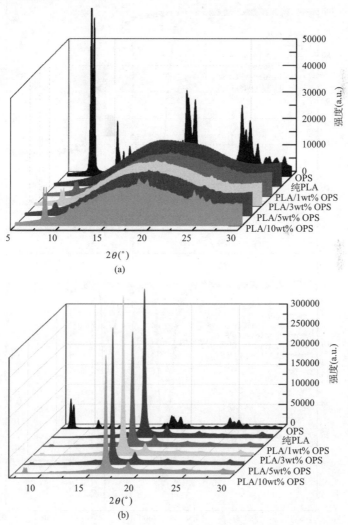

图 7-4　OPS、纯 PLA 及不同配比 PLA/OPS 复合材料的 XRD 曲线：（a）未处理样品；（b）热处理样品（120℃，30 min）

从图 7-4(b)中可知热处理后的纯 PLA 和 PLA/OPS 复合材料的衍射峰均为尖锐的峰型，即为结晶的状态，其中 $2\theta=16.5°$ 和 $2\theta=18.9°$ 处的强烈衍射峰对应的是 PLA 的 α 晶型的(200/110)和(203)晶面的特征衍射峰[9]。图 7-4(b)中显示 PLA/OPS 复合材料的 X 射线衍射特征峰的位置与纯 PLA 并没有明显变化，说明热处理后，纯 PLA 和 PLA/OPS 复合材料中的 PLA 是相同的晶体构型。

7.1.3　聚乳酸/OPS 复合材料热稳定性

图 7-5 为纯 PLA 以及 PLA/OPS 复合材料在 N_2 气氛中的热重(TG)和微分热

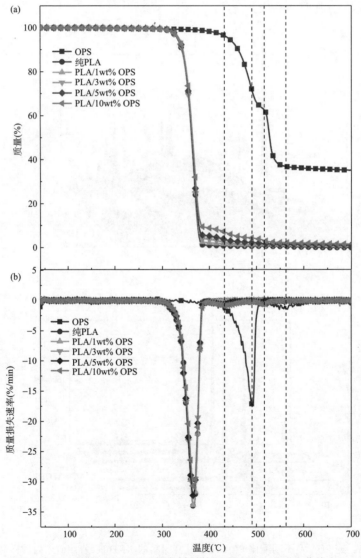

图 7-5　OPS、纯 PLA 以及 PLA/OPS 复合材料的 TG(a)和 DTG(b)曲线(N_2, 10℃/min)

重(DTG)曲线，表 7-4 为热重曲线的相关参数。由图 7-5 和表 7-4 可知，纯 PLA 仅有一步降解，纯 PLA 的热降解于 330℃开始，一般于 370℃后基本完全分解。OPS 的初始分解温度(T_{onset})为 441.6℃，而最大质量损失率发生在 492.3℃和 561.1℃，并且 700℃时的残炭量为 35.70%，具有较高的热稳定性。PLA/OPS 复合物的分解过程主要包括两个阶段，第一步是样品中 PLA 的分解，第二步是第一步形成的残余物以及 OPS 的分解。对于 PLA/OPS 复合材料，当 OPS 的添加量为 1 wt%、3 wt%和 5 wt%时，由于 OPS 添加量较低，第二步分解在 TG 和 DTG 曲线中不是很明显，而当 OPS 添加量达 10 wt%时，两步分解清晰可见。在 PLA 的热降解温度下，OPS 主体尚未发生热分解，因此，一部分 OPS 发挥了惰性填料的作用，以 PLA/10wt%OPS 为例，残留物的质量相当于所添加的 OPS 的质量，因此 OPS 扮演着惰性填料的角色。事实上，不论是 TG 实验还是非成炭 PLA 体系的耐火实验，残留物的量几乎都要低于惰性填料的添加量。对于非成炭高聚物来说，即使硅酸盐与 PLA 间的相互作用形成了 C—Si 表层，额外的含碳量也是相当小的(0~5%)。

OPS 的添加使得 PLA/OPS 复合材料的 T_{onset} 略有提升，OPS 在 PLA 中良好的界面作用都会使复合材料的耐热性稍有提高。OPS 比 PLA 的热分解温度要高，因此 OPS 和 PLA 在 PLA/OPS 复合材料的热分解过程中呈相对独立的分解过程，也说明 OPS 并未改变 PLA 的热降解过程。

表 7-4　OPS、纯 PLA 以及 PLA/OPS 复合材料的 TG 相关数据(N$_2$, 10 ℃/min)

样品	T_{onset} (℃)	T_{max1} (℃)	T_{max2} (℃)	T_{max3} (℃)	实验残炭量 (%,700℃)	理论残炭量 (%,700℃)
OPS	441.6		492.3	561.1	35.70	-
PLA	332.1	365.6			0	-
PLA/1wt%OPS	335.6	365.5			0.79	0.35
PLA/3wt%OPS	333.5	365.0	430.0		0.70	1.07
PLA/5wt%OPS	334.8	365.3	431.7		1.03	1.79
PLA/10wt%OPS	334.8	367.0	435.9	516.4	1.57	3.57

7.1.4　聚乳酸/OPS 复合材料阻燃性能

7.1.4.1　极限氧指数

将直接注塑得到的未处理 PLA/OPS 复合材料样品和热处理之后的 PLA/OPS 复合材料样品进行极限氧指数测试，测试结果列于表 7-5 中。随着 OPS 添加量的增加，PLA/OPS 复合材料的极限氧指数并没有提升，相反，有轻微下降的趋势。考虑到 TG 测试结果，PLA/OPS 复合材料中的 PLA 和 OPS 为相对独立的分解过程，OPS 在 PLA 快速分解过程中并没有发挥阻燃作用。一方面，OPS 在没有形成 SiO_2 之前并不能有助于成炭；另一方面，小尺寸的 PLA 次 α 晶型相对来说也更容易熔化，导致 LOI 的降低。即当 PLA 正在熔化和分解的时候，OPS 粒子可能相对稳定的存在起到了灯芯效应。

值得关注的一点是对于纯 PLA，热处理之后的样品比直接注塑得到的未处理样品的极限氧指数略高，这一点是经过试验反复测试验证过的结果。由于未处理的样品是无定形状态，而热处理后的样品是结晶状态，因此，结晶更完善的 PLA 可能有助于减缓凝聚相中易燃气体的释放。但是对于 PLA/OPS 复合材料来说，这一规律并不明显，可能是由于 OPS 对 PLA 的异相成核作用形成了尺寸更小的微晶，与 OPS 惰性填料的影响相结合，导致对热处理前后样品的 LOI 值影响不大。

表 7-5 PLA/OPS 复合材料的极限氧指数测试结果

样品	LOI（%）	
	未处理	热处理
纯 PLA	20.2	20.8
PLA/1wt%OPS	20.0	19.7
PLA/3wt%OPS	19.6	19.5
PLA/5wt%OPS	19.2	19.4
PLA/10wt%OPS	19.3	19.4

7.1.4.2 锥形量热测试分析

未处理的和热处理后的纯 PLA 和 PLA/OPS 复合材料的锥形量热测试结果如图 7-6 所示，相应的数据结果见表 7-6。由图 7-6 可知，纯 PLA 的 HRR 曲线有一个尖峰，在测试过程中，纯 PLA 样品受热熔融，表面伴有气泡产生，燃烧实验结束时，无任何残余物存在，说明成炭作用很差。PLA/OPS 复合材料的热释放速率曲线的形状与之类似，都是只有一个峰值。而阻燃剂 OPS 的添加，使 PLA/OPS 复合材料的热释放速率峰值（p-HRR）和平均热释放速率（av-HRR）都有所降低，纯 PLA 的 p-HRR 是 580 kW/m^2，PLA/10wt%OPS 体系具有最低的 p-HRR，为 480 kW/m^2。从表 7-6 中可以看出随着 OPS 添加量的增加，平均热释放速率逐渐降低，纯 PLA 的平均热释放速率是 402 kW/m^2，而 PLA/10wt%OPS 具有最低的平均热释放速率（352 kW/m^2）。然而，总热释放（THR）并没有降低，尽管添加了 OPS，复合材料中的 PLA 也依然是完全燃烧[10]。

从点燃时间（TTI）可以看出材料的易点燃性，由图 7-6 以及表 7-6 中可以看出 PLA/OPS 复合材料的 TTI 并没有展现出明确的规律性。OPS 的高热稳定性以及次 α 晶型的低熔点都有可能对点燃时间造成影响。还有一个非期望的结果，即

PLA/OPS 复合材料的总烟释放随着 OPS 添加量的增加而增加。表 7-4 中热重分析结果显示对于 PLA/10wt%OPS，实验测得的 700℃时的残炭量要低于理论计算量，表明由 OPS 热分解生成的部分 SiO₂ 小颗粒可能被 PLA 分解产物带到了气相，从而没有在凝聚相中起到作用。

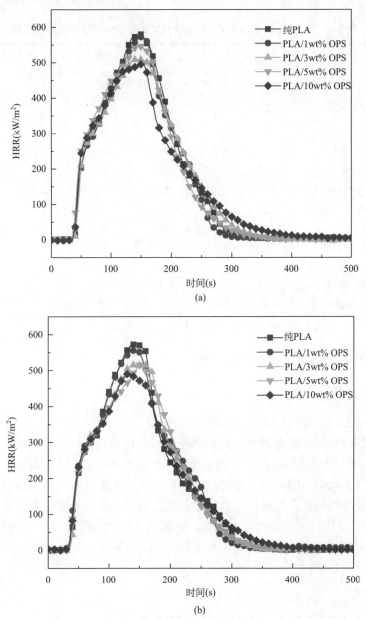

图 7-6　纯 PLA 和 PLA/OPS 复合材料的 HRR 曲线(50 kW/m²)：(a) 未处理样品; (b) 热处理后样品(120℃，30 min)

　　另外，值得注意的一点是热处理后样品的平均热释放速率都要低于未处理的样品的平均热释放速率，这可能与 PLA 晶体的熔融过程有关。在现实的火灾场景中，平均热释放速率与燃烧的最初阶段紧密相关[11]。因此，高结晶度的 PLA 有助于提高纯 PLA 和 PLA/OPS 复合材料的阻燃性。

表 7-6　纯 PLA 和 PLA/OPS 复合材料的锥形量热测试相关数据结果

样品	TTI (s)	p-HRR (kW/m^2)	av-HRR (kW/m^2)	THR (MJ/m^2)	CO$_2$ Y (kg/kg)	TSR (m^2/m^2)
未处理样品						
纯 PLA	36	580	402	81	1.9	2.0
PLA/1wt%OPS	34	572	386	79	2.1	4.7
PLA/3wt%OPS	37	509	376	79	2.0	70
PLA/5wt%OPS	31	547	394	80	2.1	219
PLA/10wt%OPS	34	480	352	78	2.0	440
热处理样品(120℃，30 min)						
纯 PLA	32	575	376	80	1.9	4.3
PLA/1wt%OPS	34	555	376	79	2.0	1.4
PLA/3wt%OPS	33	516	372	79	2.0	70
PLA/5wt%OPS	30	516	364	78	2.0	254
PLA/10wt%OPS	30	490	347	78	2.0	379

7.1.5　聚乳酸/OPS 复合材料阻燃机理

7.1.5.1　凝聚相研究

　　燃烧残余物的结构分析有助于阐明阻燃机理。图 7-7 为纯 PLA 和 PLA/10wt%OPS 的锥形量热测试后的残炭照片。两者展示出截然不同的形貌。纯 PLA 在燃烧过程中受热熔融，大量小气泡在样品表面喷溅，热裂解后未留下任何残炭。而 PLA/10wt%OPS 在锥形量热测试后却在底部形成了一层粗糙且不连续的肉眼可见裂纹的残炭，其表层是白色的，底部是黑色的，表明在表面形成了 SiO$_2$ 层。纯 PLA 受热时只是解聚而不成炭，但 PLA/10wt%OPS 在热分解时则能成炭。锥形量热测试后，盛放试样的容器底部残留有表层白色，底下黑色的片层残炭，但未形成覆盖整个样品表面的网状结构保护层，相对而言，阻燃效果有所改善，但作用有限。

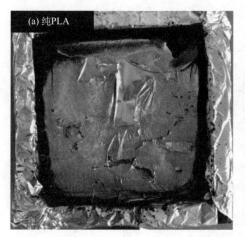

图 7-7　CONE 测试后的残炭照片

图 7-8 给出 PLA 和 PLA/10wt%OPS CONE 测试后残炭的扫描电镜照片，从微观层面来继续分析其特点。从图 7-8(a)中可以看出残炭外层是粗糙的絮状颗粒且相对紧密，而从图 7-8(b)中则可以看到内壁光滑且具有较大的孔洞，这些孔洞以及这一层的形成可能是由于 PLA/10wt%OPS 的气相分解产物释出时造成的，并且这些释出产物将 SiO_2 带到了表层，形成了这样的残炭阻隔层。燃烧后试样表面所形成的保护层具有双层结构：白色、多孔的表层是由 SiO_2 形成的，而表面上黑色的小颗粒是由含碳残留物形成的。

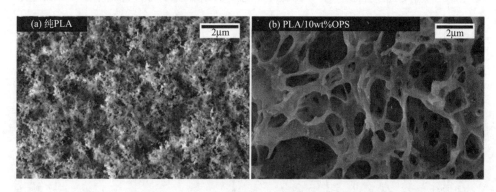

图 7-8　PLA 和 PLA/10wt%OPS 在 CONE 测试后残炭的 SEM 照片

用红外光谱(FTIR)来进一步检测残炭中的化学键类型。图 7-9 为 CONE 测试结束后 PLA/10wt%OPS 残炭的红外光谱。1053 cm^{-1} 处为 Si—O—Si 的伸缩振动吸收峰，1433 cm^{-1} 处归属为 C=O 的对称伸缩振动吸收峰，1598 cm^{-1} 处归属为芳环上—C=C 伸缩振动吸收峰。以上结果表明 PLA/10wt%OPS 的残炭主要由芳香型物质和 SiO$_2$ 的混合物构成。

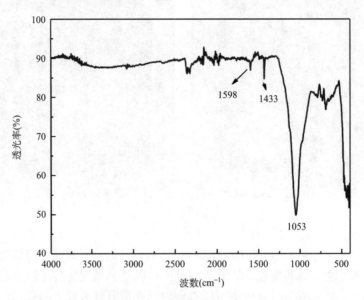

图 7-9　CONE 测试后 PLA/10wt%OPS 残炭的红外谱图

用 XPS 测试来进一步分析残炭的化学元素组成及其状态，采用 XPSPEAK 软件对 C1s, O1s, Si2p 谱进行分峰处理，相关结果展示在图 7-10 和表 7-7 中。由表 7-7 中可知 C1s 具有两个峰，284.5 eV 对应的是脂肪族和芳香族中的 C—H 键和

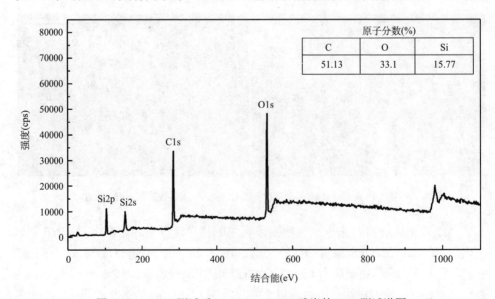

原子分数(%)		
C	O	Si
51.13	33.1	15.77

图 7-10　CONE 测试后 PLA/10wt%OPS 残炭的 XPS 测试谱图

C—C 键，相对较弱的 285.2 eV 对应于碳单质的 sp^3 杂化[12]。O1s 同样具有两个峰，532.4 eV 对应于 C=O，而 533.6 eV 对应于 C—O—C 和 C—OH 中的 —O—[13]。对于 Si2p 则只有一个峰值位于 103.0 eV 处的峰，对应于 SiO_2 中的 Si—O 键。XPS 测试结果与 FTIR 结果一致，说明 PLA/10wt%OPS 残炭中主要由芳香型物质和 SiO_2 的混合物构成。

表 7-7　**PLA/10wt%OPS 的 C1s, O1s 和 Si2p 拟合结果**

元素	峰	结合能(eV)	占比(%)
C	1	284.5	73
	2	285.2	27
O	1	532.4	97
	2	533.6	7
Si	1	103.0	—

7.1.5.2　气相产物分析

为进一步了解 PLA/OPS 复合材料燃烧时的热裂解过程，结合动态 FTIR 测试，分析纯 PLA 及 PLA/OPS 复合材料热降解的气相产物，可以全面地分析材料的热降解过程。将 TG-FTIR 测试按温度的高低分为三个阶段，①350～430℃；②420～490℃；③520～699℃。纯 PLA 和 PLA/OPS 复合材料的 350～430℃气相产物的红外光谱如图 7-11 所示，纯 PLA 和 PLA/OPS 复合材料的最大分解速率在 380℃左右。图中各红外吸收峰的归属列于表 7-8 中。在这一温度段纯 PLA 和 PLA/OPS 复合材料的气相产物类似。聚乳酸的主要热分解产物为丙交酯、乳酸、CO_2、CO 和 PLA 低聚物。在图 7-11(c) 中，羰基的峰裂分为三个峰，表示有三种羰基存在，分别对应于丙交酯、乳酸和乙醛。这是由于在较低温度下 PLA 脱除端基或发生分子内或分子间酯变换，形成低聚物或环状低聚物。随着温度的升高，PLA 降解加速，分解产物为 CO_2、乙醛或其他碎片。

一般来说，有机化合物的 C=O 所形成的氢键通常要比自由的 C=O 所形成的氢键的红外光谱峰波数偏低[14]。在图 7-11(a) 和 (b) 中，当温度小于 400℃时，主要的含羰基的产物特征峰在 1760 cm^{-1} 处，这是因为在快速分解阶段，大量的丙交酯、乳酸和乙醛在气相产物中，并且在这些分子间存在大量氢键的作用。而随着温度的逐步升高，含有羰基的气相产物种类逐渐减少，氢键的作用也逐渐降低，所以当温度大于 400℃时，主要的含羰基的产物特征峰由 1760 cm^{-1} 转移到 1790 cm^{-1}。

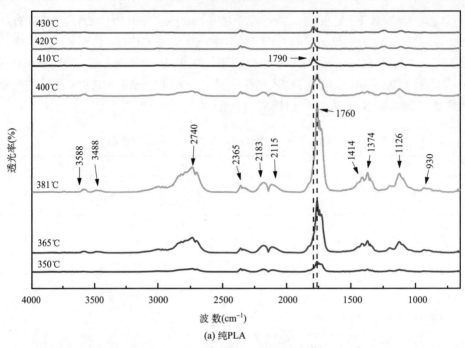

(a) 纯PLA

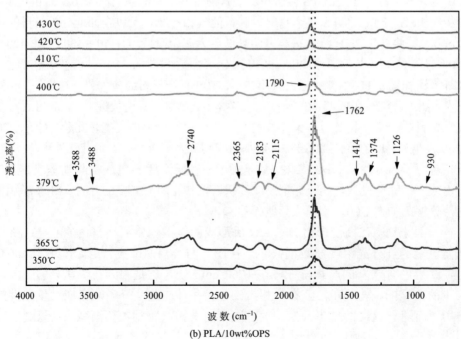

(b) PLA/10wt%OPS

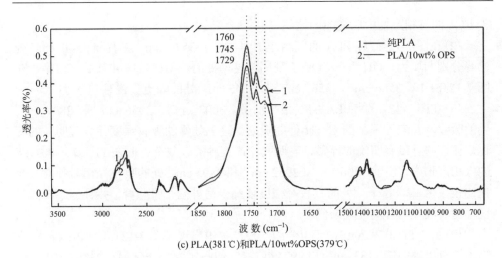

(c) PLA(381℃)和PLA/10wt%OPS(379℃)

图 7-11　PLA 与 PLA/10wt%OPS 从 350℃到 430℃气相中红外产物图

表 7-8　PLA 和 PLA/OPS 复合材料热分解气相产物红外光谱峰指认

波数(cm^{-1})	归属
3588, 3488	水或羟基的 O—H 伸缩振动
2980~2850	—CH$_3$ 的 C—H 键的伸缩振动
2740	醛的 C—H 伸缩振动
2365	CO$_2$
2183, 2115	CO
1760	羰基(C=O)键的伸缩振动
1374, 1414	—CH$_3$ 的 C—H 弯曲振动
1250~1100	C—O 伸缩振动
930	乳糖环骨架振动

　　纯PLA和PLA/OPS复合材料420~490℃段气相产物的红外光谱如图7-12(a)和(b)所示，这一温度段中较强的吸收峰 1790 cm^{-1}、1260 cm^{-1}、1240 cm^{-1}、1112 cm^{-1} 和 3550 cm^{-1} 随着温度的升高而逐渐降低，到这一阶段的末期，释放出来的气相产物总量已经减少了。这一阶段纯 PLA 和 PLA/OPS 复合材料的气相产物的区别主要有以下几点。

　　(1) 1260 cm^{-1} 左右归属为丙交酯的羰基吸收峰，而 1762 cm^{-1} 归属为乳酸的羰基吸收峰[15, 16]，在图 7-12 (a)中，在 420℃左右，纯 PLA 的产物中 1261 cm^{-1} 处的吸收峰强度要低于 1240 cm^{-1} 处的吸收峰；而在图 2-13 (b) PLA/10wt%OPS 的气相产物中，最开始 1260 cm^{-1} 处和 1242 cm^{-1} 处的峰强度几乎相同，并且随着温度的升高，强度逐渐降低，这表明在 PLA/10wt%OPS 的气相产物中丙交酯的比例要大于 PLA 的气相产物中丙交酯的比例。

(2) 在图 7-12(a) 纯 PLA 的气相产物中, 位于 3579 cm⁻¹ 左右和 3540 cm⁻¹ 处的峰分别归属为—OH 和—COOH 基团, 这两处的峰型比较宽并且弱; 但是, 在图 7-12(b) 中, 3586 cm⁻¹, 3567 cm⁻¹ 和 3545 cm⁻¹ 处的峰更尖锐且独立。

(3) 在图 7-12(a) 纯 PLA 的气相产物中, 3007 cm⁻¹, 2956 cm⁻¹ 和 2897 cm⁻¹ 处的吸收峰归属为甲基的 C—H 伸缩振动, 这三处峰的吸收强度并没有明显的变化规律, 并且没有明确的界限, 表明气相产物种类较复杂; 而在 PLA/10wt%OPS 的气相产物中, 位于 3006 cm⁻¹, 2952 cm⁻¹ 和 2895 cm⁻¹ 处的吸收峰相对独立且变化比较规律, 3006 cm⁻¹ 处的吸收峰强度要高于另外两个吸收峰, 并且三个峰的强度都随着温度的升高而逐渐降低。

(4) 图 7-12(b) PLA/10wt%OPS 的气相产物中出现了图 7-12(a) 纯 PLA 气相产物中没有出现的峰 1133 cm⁻¹ 和 997 cm⁻¹, 它们归属为 Si—O 的典型红外吸收峰, 表明在 440℃ 左右 OPS 的分解产物 SiO₂ 随着气流被带到了气相当中。

420~490℃, 纯 PLA 的气相分解产物中 C—H 更容易被检测到, 而且乳酸多于丙交酯; PLA/10wt%OPS 的气相分解产物中, 产物的红外特征峰更尖锐并且变化更有规律, 说明产物间的相互作用更少并且更有规律, 并且在气相中检测到 SiO₂ 产物。

纯 PLA 和 PLA/10wt%OPS 复合材料的 520~699℃ 气相产物的红外光谱分别如图 7-12(c) 和 (d) 所示, 图中 3007 cm⁻¹、1791 cm⁻¹、1238 cm⁻¹ 和 1109 cm⁻¹ 左右处的吸收峰强度都随着温度的升高而降低。在 PLA/OPS 复合材料的气相产物中, —OH 的红外特征吸收峰 3586 cm⁻¹, 3567 cm⁻¹ 和 3545 cm⁻¹ 以及 Si—O 的红外特征峰 1133 cm⁻¹ 和 997 cm⁻¹ 要比 420~490℃ 阶段产物的红外吸收峰强度稍有下降但是峰型变得更尖锐, 说明乳酸等含—OH 产物以及 SiO₂ 的量虽降低但依然可以

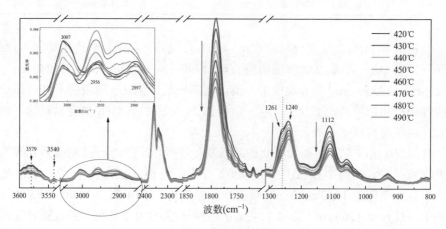

(a) 纯PLA从420℃到490℃

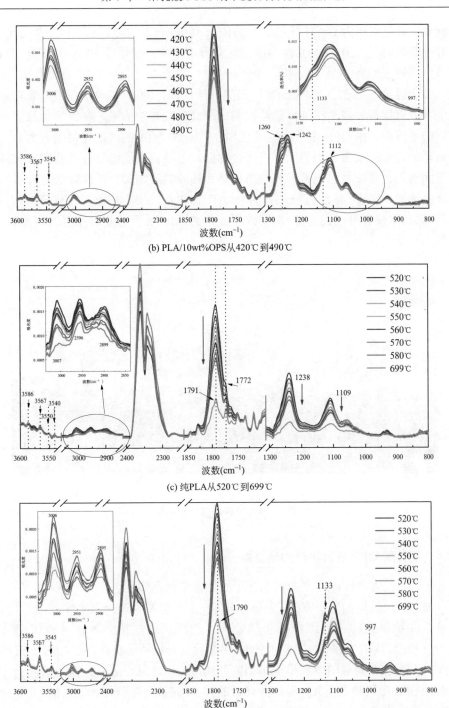

(b) PLA/10wt%OPS从420℃到490℃

(c) 纯PLA从520℃到699℃

(d) PLA/10wt%OPS从520℃到699℃

图 7-12　PLA 与 PLA/10wt%OPS 分别在 420~490℃和 520~699℃温度区间的气相产物红外光谱图

检测到；并且归属为 C—H 伸缩振动的位于 3006 cm^{-1}, 2951 cm^{-1} 和 2895 cm^{-1} 左右处的吸收峰与 420~490℃段中的变化差异都不大，说明在 PLA/OPS 复合材料的分解末期仍然有 PLA 在分解。

　　综合讨论，对 PLA/OPS 而言，虽然分散性良好的 OPS 粒子在极限氧指数测试中并没有优势，但是在锥形量热仪测试中具有较好的效果。在锥形量热仪测试燃烧的过程中，由 OPS 热分解生成的 SiO$_2$ 产物从 PLA 的内部被带到表面，纳米二氧化硅粒子的表面自由能比有机聚合物低，而低自由能组分往往趋向于向材料的表面富集，并在表面积累形成一个传热和传质的阻隔层，从而降低复合材料的热释放速率。但是，依然有一部分的 SiO$_2$ 产物随着气相产物的挥发被带入气相当中，表面硅层或者可以说是硅-炭层的形成是 PLA/OPS 复合材料主要的阻燃机理，如图 7-13 所示。

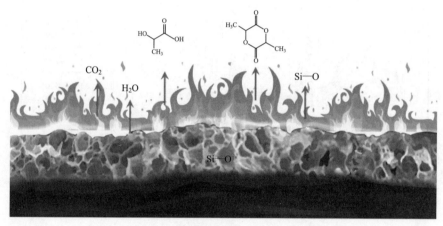

图 7-13　PLA/OPS 复合材料的阻燃机理示意图

7.1.6　聚乳酸/OPS 复合材料力学性能

　　聚合物的力学性能和聚合物高分子聚集态结构密切相关。一般来说，半结晶聚合物的微观结构如分子取向、晶体结构、相容性等都会影响聚合物的力学性能。对直接注塑得到的未处理样品和热处理后的样品进行拉伸测试，测试结果如图 7-14 所示。从图 7-14(a)中可知，添加 OPS 后复合材料的拉伸强度相对于纯 PLA 降低，且随 OPS 含量的增加呈现单调降低的趋势，这主要是由于当纳米粒子含量增加时 OPS 团聚严重所致。而热处理后的样品与直接注塑得到的样品相比，拉伸强度都有所增加。从图 7-14(b)中可知，OPS 的添加对 PLA 的拉伸应变略有提升，除了 95/5，而且相对于冷模具样品来说，热处理样品的拉伸应变都有所增加。

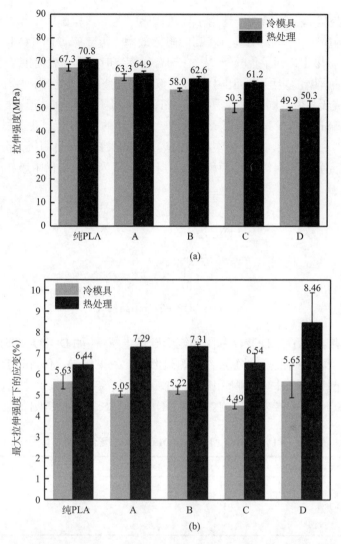

图 7-14　未处理和热处理的纯 PLA 和 PLA/OPS 复合材料样品的拉伸测试结果：(a)拉伸强度；(b)最大拉伸强度下的应变。A：PLA/1wt%OPS；B：PLA/3wt%OPS；C：PLA/5wt%OPS；D：PLA/10wt%OPS

7.2　聚乳酸/含磷杂菲 POSS 复合材料的结构与性能

　　9,10-二氢-9-氧杂-10-磷杂菲-10-氧化物(DOPO)是一种新型阻燃剂，也是一种中间体，DOPO 的分子结构式如图 7-15 所示，DOPO 中的活泼氢易与不饱和化合物发生加成反应，生成衍生物，DOPO 及其衍生物近年来受到阻燃界的广泛关注

[17]。DOPO 及其衍生物已被广泛用于环氧树脂[18, 19]、聚氨酯[20]、聚丙烯[21]、聚酯[22]等材料的阻燃当中，表明其有较高的阻燃效率。近年来，DOPO 也被研究者应用到 PLA 的阻燃中，效果优异[23, 24]。在聚合物燃烧时，磷元素提供了成炭的趋势，分解时产生高含磷的炭层。POSS 中的硅在聚合物燃烧时能够提高炭层的热稳定性，分解时则生成无机物；同时聚合物中的有机硅能够促进材料在高温下成炭，而炭层中的 Si—O—Si 基团又有助于形成连续的、抗氧化的 SiO$_2$ 层，提高材料的极限氧指数及耐高温稳定性能，并保护炭层下的基材。如果在同一种阻燃剂分子中，同时含有 P 和 Si 元素，则可以通过两种不同的阻燃机理为材料提供阻燃性能。

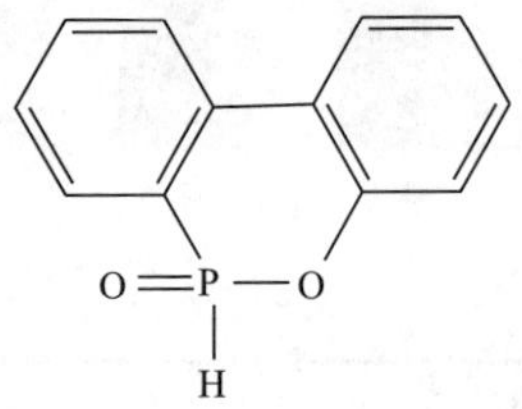

图 7-15　DOPO 的分子结构式

本书作者合成了含 DOPO 基团的笼形硅倍半氧烷，如 DOPO-POSS，并将其用于环氧树脂[25]、聚碳酸酯[26]等聚合物的阻燃中，效果优异。作者将 DOPO-POSS 用于 PLA 的阻燃，同时制备出 PLA/DOPO 复合材料用于性能比较，探究 DOPO-POSS 对 PLA 带来的影响。PLA/DOPO-POSS 复合材料制备配方见表 7-9。

表 7-9　PLA/DOPO 和 PLA/DOPO-POSS 复合材料制备配方

样品	PLA (wt%)	DOPO (wt%)	DOPO-POSS (wt%)
纯 PLA	100	0	0
PLA/DOPO	95	5	0
PLA/DOPO-POSS	95	0	5

7.2.1　聚乳酸/DOPO-POSS 复合材料微观形貌

纯 PLA，PLA/DOPO 和 PLA/DOPO-POSS 复合材料淬断面的 SEM 照片如图 7-16 所示。整体来看，纯 PLA，PLA/DOPO 和 PLA/DOPO-POSS 复合材料都呈现均匀且光滑的淬断面，没有明显的大的 DOPO 或 DOPO-POSS 团聚体。DOPO 的熔点是 120℃，DOPO-POSS 的玻璃化转变温度为 115℃。因此在加工温度 160～180℃的条件下，DOPO 和 DOPO-POSS 可以均匀地分散到 PLA 基体中。不过，图 7-16(c) 中还是可以看到少量直径在 1～5 μm 的 DOPO-POSS 小颗粒，这说明与 DOPO-POSS 相比，DOPO 在 PLA 中具有更好的相容性。

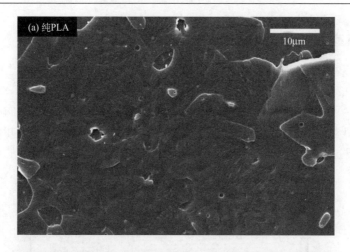

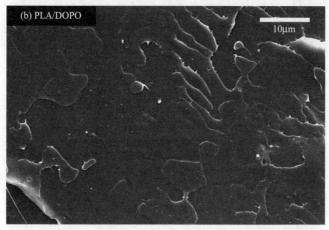

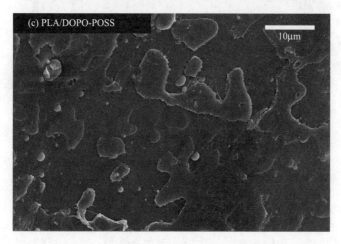

图 7-16　纯 PLA 及 PLA 复合材料淬断面的扫描电镜照片

7.2.2 聚乳酸/DOPO-POSS 复合材料结晶性能

图 7-17 为纯 PLA 和阻燃 PLA 的 DSC 测试结果,相关的数据总结在表 7-10 中。由图 7-17(a)和表 7-10 中可知:纯 PLA 在降温阶段的结晶温度(T_c)是 102.1℃,结晶焓(ΔH_c)为 29.6 J/g,而 PLA/DOPO 的 T_c=92.5℃,要比纯 PLA 的结晶温度低 10℃左右,结晶峰较弱,ΔH_c 仅为 18.4 J/g。在图 7-17(b)中 PLA/DOPO 复合材料在二次升温过程中出现了冷结晶峰:T_{cc}=102.0℃,同时 PLA/DOPO 的玻璃化转变

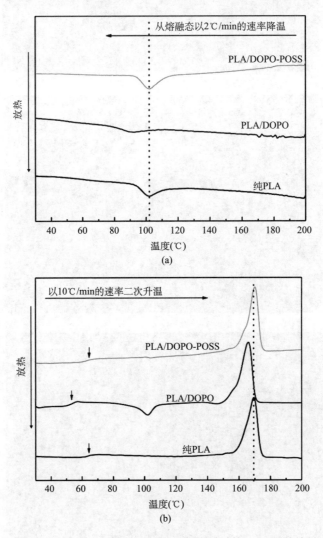

图 7-17 纯 PLA、PLA/DOPO 和 PLA/DOPO-POSS 复合材料的 DSC 测试结果:(a)降温结晶曲线; (b)二次升温熔融曲线

温度(T_g)是 54.1℃，低于纯 PLA 的 T_g(63.9℃)，相应地，熔点(165.9℃)也相应地低于纯 PLA 的熔点(169.4℃)，这些结果说明 DOPO 降低了 PLA 的结晶能力。这可能是由于 DOPO 的熔点为 120℃，与 PLA 的结晶温度接近，在降温段，当温度高于 120℃时，DOPO 呈液态，因此很容易和 PLA 链段发生相互作用，即使当温度低于 PLA 的熔点时，这种相互作用也依然一定程度地存在，从而使得 PLA 的 T_g 降低，即起到了增塑的作用。从表 7-10 中可知，PLA/DOPO 由于在二次升温的过程中出现了冷结晶现象，虽然结晶度 X_c 的计算结果与纯聚乳酸的结晶度相近，其中在二次升温段的冷结晶的 PLA 部分在熔点处占熔融焓的比例是：$(-\Delta H_{cc}/\Delta H_m)\times100\%=15\%$，这说明在降温阶段，由于 DOPO 的添加起了增塑的作用，抑制了 15% 的 PLA 结晶，这一部分原本在降温段可以结晶的 PLA 在二次升温阶段于 102.0℃左右又进一步结晶，从而出现了冷结晶现象，部分原因也是因为 DOPO 的熔点(120℃)大于 PLA/DOPO 的 T_{cc}。

从图 7-17 和表 7-10 中可知，纯 PLA 和 PLA/DOPO-POSS 复合材料在降温阶段可以完全结晶，且 T_{cc} 和 ΔH_c 也相近；从图 7-17(b) 中可知，在二次升温阶段中，DOPO-POSS 的加入几乎没有影响 PLA 的 T_g 和熔点，也没有出现冷结晶现象，说明 PLA/DOPO-POSS 复合材料的熔融行为与纯 PLA 类似，而 PLA/DOPO-POSS 复合材料的 X_c 略高一些，这是由于在 PLA 结晶温度范围内，DOPO-POSS 虽处于玻璃化转变的阶段，但依然在 PLA 中起到了异相成核的作用。

表 7-10　纯 PLA、PLA/DOPO 和 PLA/DOPO-POSS 复合材料的 DSC 测试数据

样品	降温阶段的结晶温度 T_c(℃)	结晶热 ΔH_c(J/g)	玻璃化转变温度 T_g(℃)	熔融温度 T_m(℃)	熔融焓 ΔH_m(J/g)	结晶度 X_c(%)
纯 PLA	102.1	-29.6	63.9	169.4	31.6	34.0
PLA/DOPO	92.5	-18.4	54.1	165.9	35.4	34.0
PLA/DOPO-POSS	102.1	-33.8	62.7	170.1	33.2	37.5

在 DSC 测试的降温段过程中的降温速率是 2℃/min，这与实际的注塑过程相比是一个相当慢的降温速率，因此，在实际的加工过程中，PLA 制品多是无定形或结晶不完善的状态，这会影响 PLA 制品的力学、阻燃及其他性能。

接下来采用 X 射线衍射测试来检测热处理前后纯 PLA 和阻燃 PLA 复合材料的结晶状态。图 7-18 为热处理前后纯 PLA 和 PLA 复合材料的 XRD 测试结果，为方便比较，同时给出阻燃剂 DOPO 和 DOPO-POSS 的 XRD 曲线。

DOPO 的特征衍射峰位置在 $2\theta=8.8°$，$12.8°$，$13.8°$，$21.0°$，$23.0°$，$26.0°$，DOPO-POSS 的 XRD 曲线为无定形形态并且强度很低。在图 7-18 (a) 中，对于未

处理样品，纯 PLA 和 PLA 复合材料的 XRD 曲线都呈现出馒头峰的状态，在 $2\theta=16.8°$ 左右有最大值，并没有明显的结晶峰，说明纯 PLA 和 PLA 复合材料的未处理样品都是无定形的状态。在 PLA/DOPO 复合材料中，由于 DOPO 的添加量只有 5 wt%，所以在 PLA/DOPO 复合材料的 XRD 曲线中并不能检测到 DOPO 的特征衍射峰。

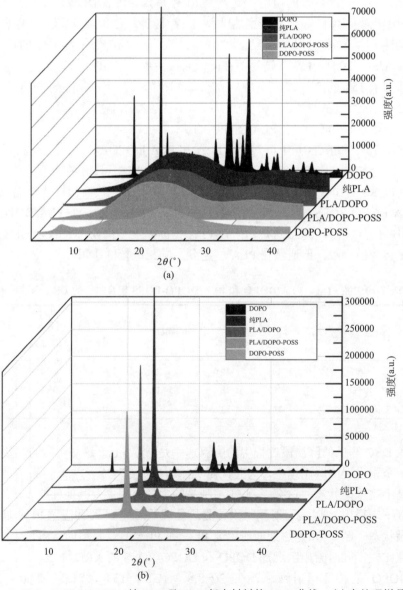

图 7-18　DOPO、DOPO-POSS、纯 PLA 及 PLA 复合材料的 XRD 曲线：(a)未处理样品；(b) 热处理样品(120℃，30 min)

在图 7-18(b)中，对于热处理后的样品，纯 PLA、PLA/DOPO 和 PLA/DOPO-POSS 的 XRD 曲线都在 $2\theta=16.7°$、$19.0°$ 和 $22.4°$ 呈现出强衍射峰，分别对应于 PLA 的 α 晶型的 (200/110)、(203) 和 (210) 晶面[27, 28]，这表明 DOPO 和 DOPO-POSS 的加入并没有改变 PLA 材料的晶型结构。

对于 (200/110) 和 (203) 晶面的 XRD 数据，XRD 衍射峰的半峰宽(FWHM)和晶粒尺寸可以根据 Scherrer 公式计算得到[29]，结果如表 7-11 中所示。根据 (200/110) 晶面衍射峰($2\theta=16.7°$) 的计算结果可知，PLA/DOPO-POSS 复合材料的晶粒尺寸(17.0 nm)小于纯 PLA(29.1 nm)和 PLA/DOPO 的尺寸(28.3 nm)；根据 (203) 晶面特征衍射峰 ($2\theta=19.0°$) 计算出的结果也具有同样的规律，说明 DOPO-POSS 的异相成核作用使得 PLA/DOPO-POSS 复合材料在热处理过程中重新结晶时的晶粒更为细化。

表 7-11　热处理后的纯 PLA、PLA/DOPO 和 PLA/DOPO-POSS 的 XRD 参数

样品	$2\theta=16.7°$		$2\theta=19.0°$	
	半峰宽 (°)	晶粒尺寸 (nm)	半峰宽 (°)	晶粒尺寸 (nm)
纯 PLA	0.29	29.1	0.40	20.7
PLA/DOPO	0.30	28.3	0.44	19.0
PLA/DOPO-POSS	0.44	18.5	0.49	16.7

对未处理和热处理的纯 PLA 及其复合材料样品进行 DSC 一次升温测试，升温速率为 20℃/min，计算出未处理样品和热处理样品的准确结晶度，得到的参数列于表 7-12 中。对于所有未处理样品，都出现了冷结晶现象，因此结晶度很低，PLA/DOPO-POSS 的结晶度高于纯 PLA 的结晶度。热处理后，PLA/DOPO-POSS 样品的结晶度依然最高，为 43.5%。以上结果与 XRD 测试结果一致，证明纯 PLA 以及 PLA 复合材料未处理的样品结晶度极低，热处理过程提高了 PLA 基体的结晶度，而且 DOPO-POSS 更有利于提高 PLA 的结晶度。

表 7-12　未处理和热处理的纯 PLA 及其复合材料 DSC 一次升温曲线参数

未处理样品	熔融焓 ΔH_m (J/g)	结晶度 X_c (%)	热处理样品	熔融焓 ΔH_m (J/g)	结晶度 X_c (%)
PLA	29.1	6.2	PLA	34.3	36.9
PLA/DOPO	31.0	2.5	PLA/DOPO	28.0	31.7
PLA/DOPO-POSS	31.3	7.1	PLA/DOPO-POSS	40.5	43.5

7.2.3　聚乳酸/DOPO-POSS 复合材料热稳定性

图 7-19 是纯 PLA、PLA/DOPO 和 PLA/DOPO-POSS 复合材料的 TG 和 DTG

曲线，相关数据列于表 7-13 中，阻燃剂 DOPO 和 DOPO-POSS 的测试结果也一并给出。

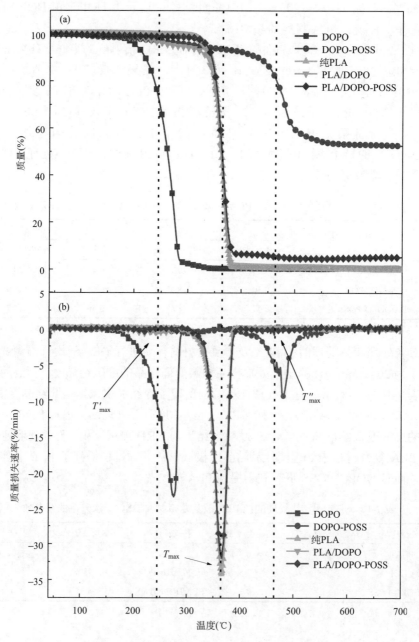

图 7-19　DOPO、DOPO-POSS、纯 PLA 及 PLA 复合材料的 TG（a）和
DTG 曲线（b）（N₂，10℃/min）

为便于分析，作者将材料分解过程划分为 300℃以下，300～400℃和 400～500℃三个温度区间，将 DOPO、DOPO-POSS、纯 PLA 及 PLA 复合材料在这三个温度区间出现的最大质量损失速率温度标记为T'_{max}、T_{max} 和 T''_{max}。阻燃剂DOPO 的 T_{onset}=203.4℃，只有一段热分解过程，最大质量损失速率下的温度 T'_{max}=275.5℃，在 700℃时几乎没有残炭剩余；DOPO-POSS 的 T_{onset}=319.1℃，有两段热分解过程，分别在 T_{max}=332.1℃和 T''_{max}=480.6℃，且在 700℃时依然有 52.56%的残炭。很明显，DOPO-POSS 具有相当高的热稳定性。纯 PLA 的 T_{onset} 在 332℃左右，只有一段热分解过程，T_{max}=365.6℃，且在 380℃左右热分解过程基本结束。

PLA/DOPO 复合材料的 T_{onset}=276.5℃，具有两段热分解过程：第一段最大质量损失速率温度 T'_{max}=241.6℃，明显低于纯 PLA 的初始分解温度，即这一部分质量损失归因于 DOPO 在 200～280℃的分解；第二段最大质量损失速率温度在 T_{max}=364.2℃处，对应于 PLA 主体的分解。这说明，DOPO 和 PLA 在 PLA/DOPO 复合材料的热分解过程中是相对独立的，DOPO 的较早分解使得 PLA/DOPO 复合材料的初始分解温度降低。

表 7-13　**DOPO、DOPO-POSS、纯 PLA 及 PLA 复合材料的 TG 相关数据**（N_2，10℃/min）

样品	T_{onset} （℃）	T'_{max} （℃）	T_{max} （℃）	T''_{max} （℃）	实验残炭量 （%，700℃）	理论残炭量 （%，700℃）
DOPO	203.4	275.5			0.71	—
DOPO-POSS	319.1		332.1	480.6	52.56	—
纯 PLA	332.1		365.6		0	0
PLA/DOPO	276.5	241.6	364.2		0.84	0.04
PLA/DOPO-POSS	334.8		366.2	462.5	5.23	2.63

PLA/DOPO-POSS 复合材料的 T_{onset}=334.8℃，略高于纯 PLA 的 T_{onset}=332.1℃，也具有两段热失重过程：第一段 T_{max}=366.2℃，与纯 PLA 的 T_{max} 相近（365.6℃）。由表 7-13 可知，阻燃剂 DOPO-POSS 第一段热失重过程的 T_{max}=332.1℃，与纯 PLA 的 T_{onset}=332.1℃相同，因此 DOPO-POSS 的第一段热失重与纯 PLA 的初始分解过程虽匹配，但对 PLA/DOPO-POSS 复合材料中 PLA 主体的快速分解阶段影响不大；而第二段热失重过程中的 T''_{max}=480℃归因于 DOPO-POSS 的分解。将实验测得的 PLA/DOPO-POSS 复合材料的 TG 曲线与拟合的曲线相比，如图 7-20 所示，DOPO-POSS 的添加增加了 PLA/DOPO-POSS 材料在 700℃时的剩余质量。

由上可见，DOPO 和 PLA 的热分解过程都是相对独立的，并不匹配，DOPO 在 PLA 主体分解之前分解；DOPO-POSS 的第一段热失重过程与 PLA 主体的初始分解过程匹配，PLA/DOPO-POSS 的 T_{onset} 和 700℃时的残炭量略高于纯 PLA，最大分解速率也相近，因此，PLA/DOPO-POSS 复合材料的热稳定性与纯 PLA 相比略有提高。

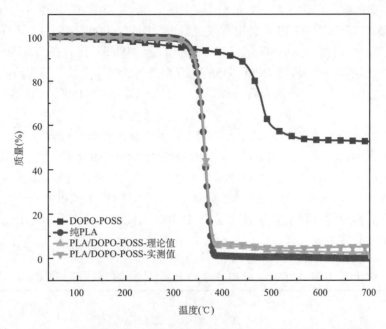

图 7-20　实验测得和理论计算的 PLA/DOPO-POSS 复合材料 TG 曲线

7.2.4　聚乳酸/DOPO-POSS 复合材料阻燃性能

7.2.4.1　极限氧指数

表 7-14 为纯 PLA 和阻燃 PLA 复合材料的未处理和热处理样品的极限氧指数（LOI）测试结果。从表中可以看出，PLA 是一种极易燃的聚合物，LOI 只有 20.0%。PLA/DOPO 和 PLA/DOPO-POSS 复合材料的 LOI 分别为 26.5%和 21.7%，说明DOPO 仅在添加量为 5 wt%的时候就可以有效地提高 PLA 的 LOI，而 DOPO-POSS

表 7-14　纯 PLA，PLA/DOPO，PLA/DOPO-POSS 复合材料的极限氧指数（LOI）测试结果

样品	LOI（%）	
	未处理样品	热处理样品
纯 PLA	20.0	20.2
PLA/DOPO	26.5	26.4
PLA/DOPO-POSS	21.7	21.0

并没有那么有效。这可能是由于 DOPO 的热分解温度较低，在气相发挥作用可以延迟火焰的传播，而 DOPO-POSS 中的 DOPO 基团含量较低，从而没有那么有效地提高 LOI 值。另外，将每种材料的热处理样品与未处理样品相比，发现热处理后的样品 LOI 值并没有明显的变化，说明 PLA 结晶程度的提高对于 LOI 的影响不大。

7.2.4.2　锥形量热测试结果

图 7-21 为热处理前后纯 PLA 和阻燃 PLA 复合材料锥形量热测试的热释放速率（HRR）曲线。表 7-15 列出了锥形量热测试的相关数据。纯 PLA 的热释放速率峰值（p-HRR）为 536 kW/m^2，总热释放（THR）为 74 MJ/m^2；PLA/DOPO 的 p-HRR 为 500 kW/m^2，THR 为 72 MJ/m^2；PLA/DOPO-POSS 的 p-HRR 为 400 kW/m^2，THR 为 59 MJ/m^2。与纯 PLA 相比，DOPO 和 DOPO-POSS 都可以降低 PLA 的 p-HRR 和 THR，但 DOPO-POSS 更为有效。

从表 7-15 中可知，DOPO 和 DOPO-POSS 的添加对于 PLA 的点燃时间（TTI）都有一些降低。纯 PLA 完全燃烧后的总烟释放（TSR）仅有 2.5 m^2/m^2，而 PLA/DOPO 和 PLA/DOPO-POSS 复合材料的 TSR 分别为 624 m^2/m^2 和 434 m^2/m^2，与 DOPO 相比，DOPO-POSS 有较低的总烟释放。

值得关注的是，将每组未处理样品和热处理之后的样品相比（图 7-21 和表 7-15），THR 几乎相同，并且每组样品的 p-HRR 和 TTI 也没有明显的区别，说明 PLA 的结晶程度对于这些燃烧参数并没有明显的影响。

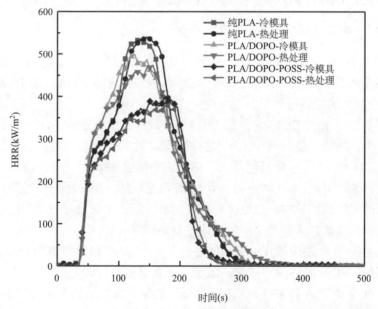

图 7-21　热处理前后纯 PLA 及 PLA 复合材料的 HRR 曲线（热流：50 kW/m^2）

而对于到达热释放速率峰值的时间($T_{p\text{-}HRR}$)这一参数来说,热处理后样品要比未处理样品更长,尤其是 PLA/DOPO 复合材料,这可能是由于 PLA 晶体的熔融可以延迟 PLA 和 PLA 复合材料到达热释放速率峰值的时间。

综上所述,在锥形量热测试结果中,DOPO-POSS 比 DOPO 对 PLA 具有更好的阻燃性能,并且 PLA 结晶程度的提高在一定程度上有助于提高 PLA 和 PLA 复合材料的阻燃性能。

表 7-15　热处理前后纯 PLA 及 PLA 复合材料的锥形量热测试数据(热流:50 kW/m²)

样品	TTI (s)	p-HRR (kW/m²)	av-HRR (kW/m²)	$T_{p\text{-}HRR}$ (s)	THR (MJ/m²)	TSR (m²/m²)
未处理样品						
纯 PLA	35	536	356	135	74	2.5
PLA/DOPO	34	500	362	125	72	624
PLA/DOPO-POSS	30	400	309	175	59	434
热处理样品						
纯 PLA	34	540	368	145	74	2.5
PLA/DOPO	31	474	382	155	73	659
PLA/DOPO-POSS	33	379	296	180	57	326

7.2.5　聚乳酸/DOPO-POSS 复合材料阻燃机理

7.2.5.1　锥形量热仪燃烧过程数据分析

将纯 PLA 与 PLA/DOPO-POSS 复合材料的锥形量热(CONE)测试结果中的 HRR、TSR 和质量损失曲线绘制到图 7-22 中,来深入研究纯 PLA 及 PLA/DOPO-POSS 复合材料的燃烧过程。

由图 7-22 可知纯 PLA 被点燃后迅速燃烧,释放出大量的热,HRR 曲线有一个高而较尖锐的峰,随后热释放速率急剧下降,很快材料被烧尽,且燃烧后无残炭剩余。而 DOPO-POSS 明显地降低了体系的热释放速率。因为 PLA/DOPO-POSS 体系在受热燃烧时,DOPO-POSS 形成了黑色絮状物,阻止了材料燃烧时热降解所释放出的可燃性挥发物向燃烧区释放,同时又阻止了燃烧时所产生的热量向材料表面反馈,使其热降解产生可燃性挥发物的速率降低。

下面对图 7-22 中的过程做细致的分析。纯 PLA 和 PLA/DOPO-POSS 被点燃后迅速燃烧,PLA 基体受热融化、发泡、氧化热解,同时开始质量损失。170 s 之前,纯 PLA 和 PLA/DOPO-POSS 的热分解质量曲线几乎是重叠的,均为聚乳酸基体的热分解,但是燃烧的过程却是不同的。

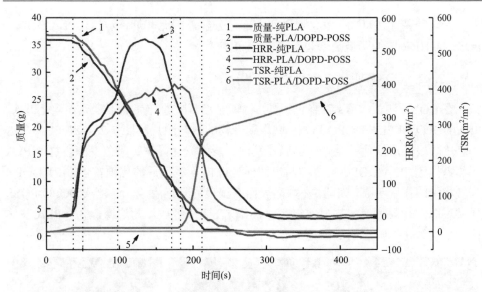

图 7-22　纯 PLA 及 PLA/DOPO-POSS 复合材料的锥形量热测试结果（热流 50 kW/m²）

从测试样品被点燃到 50 s 左右时，纯 PLA 和 PLA/DOPO-POSS 的 HRR 曲线是重合的，而 50 s 左右开始，PLA/DOPO-POSS 的表面开始有黑点形成，相应的热释放速率值开始低于纯 PLA。97s 时，虽然 PLA 及 PLA/DOPO-POSS 的质量损失基本相同，但是纯 PLA 的 HRR 上升也就是曲线的斜率开始增加，而 PLA/DOPO-POSS 的 HRR 不仅低于纯 PLA，上升速率也比纯 PLA 要缓和得多，从 50 s 开始时形成的黑点开始逐渐长大，形成黑色絮状物覆盖在 PLA 基体的表面。

纯 PLA 和 PLA/DOPO-POSS 到达热释放速率峰值的时间分别为 135 s 和 155 s，达到峰值的过程也不同，纯 PLA 是快速地到达热释放速率峰值，而 PLA/DOPO-POSS 到达 p-HRR 更为缓慢，且相对来说平台期较长，说明生成了有效的炭层。

到 170 s 时，大部分的 PLA 基体已经分解完毕，纯 PLA 的 HRR 处于降低的阶段，而 PLA/DOPO-POSS 仍处于平台期。纯 PLA 及 PLA/DOPO-POSS 的 HRR 曲线在 170 s 和 206 s 时两次相交，在 170~206 s 的过程中，纯 PLA 的 HRR 值始终低于 PLA/DOPO-POSS 的 HRR 值，PLA/DOPO-POSS 的 HRR 值是先处于平台期的末端之后快速下降；且从 170 s 开始，PLA/DOPO-POSS 体系开始生烟，并且 PLA/DOPO-POSS 的质量损失速率开始大于纯 PLA，此时 PLA/DOPO-POSS 质量的降低是由于表面形成的黑色絮状物开始燃烧分解，先是被絮状物包裹住的以及附近的聚乳酸先分解，之后是絮状物的分解，最后是在絮状物下方的材料热分解，且分解并不完全，从而增加了产烟量。

从 206 s 开始，PLA/DOPO-POSS 的 HRR 值开始低于纯 PLA，且生烟速率相比 170~206 s 之间要缓慢，原因是覆盖在基体表面的黑色絮状物及下面覆盖住的少量聚乳酸基体在 170～260 s 之间大部分分解，因此产烟量放缓，PLA/DOPO-POSS 的 HRR 值的降低速率也较纯 PLA 更快。

7.2.5.2　CONE 测试中的凝聚相产物分析

在 CONE 测试 120 s 时终止实验，将辐射锥下方的样品取下来灭火，纯 PLA、PLA/DOPO 和 PLA/DOPO-POSS 燃烧剩余物的数码照片见图 7-23。纯 PLA 在这一燃烧阶段经历软化、熔融、膨胀、发泡，表面氧化降解，颜色变深，整个 PLA 呈焦糖棕色；PLA/DOPO 整个样品也同样呈现 PLA 氧化后的焦糖棕色，由于 DOPO 在气相中的作用明显，因此，在样品表面有很多的气泡生成；而 PLA/DOPO-POSS 样品表面则有黑色絮状物出现，气泡多出现在铝箔纸载体的边缘，整个 PLA 基体依然呈现氧化裂解后的焦糖色。

图 7-23　CONE 测试 120 s 时纯 PLA、PLA/DOPO 和 PLA/DOPO-POSS 凝聚相照片

对 CONE 测试 120 s 时纯 PLA（命名为纯 PLA）、PLA/DOPO、PLA/DOPO-POSS 的黑色絮状物部分（命名为 PLA/DOPO-POSS-黑）及其基体（命名为 PLA/DOPO-POSS-黄）分别取样进行 FTIR 和 XPS 测试。

图 7-24 为 FTIR 结果，图中各个吸收峰以及其所对应的分子结构总结列于表 7-16 中。由图 7-24 及表 7-16 可知，纯 PLA、PLA/DOPO 与 PLA/DOPO-POSS-黄的红外吸收峰的位置大体相同，由于 PLA/DOPO 中的 DOPO 阻燃剂主要在气相中发挥作用，因此在凝聚相中并没有检测到阻燃剂 DOPO 的红外特征吸收峰；在 PLA/DOPO-POSS-黄中，由于 DOPO-POSS 向表面的迁移作用，使得这一部分中也不能检测到阻燃剂 DOPO-POSS 的红外特征吸收峰。而 PLA/DOPO-POSS-黑的红外光谱中有新峰出现：1593 cm^{-1}，1582 cm^{-1} 和 1476 cm^{-1} 为苯环骨架振动吸收峰，909 cm^{-1} 为—Si—OH 弯曲振动吸收峰，715 cm^{-1} 为苯环变形振动吸收峰，新峰归属为 DOPO-POSS 的特征吸收峰，从而说明 PLA/DOPO-POSS 被点燃后，DOPO-POSS 向样品表面迁移，并且促进基体成炭，形成黑色絮状物，从而保护了下面覆盖的基体。

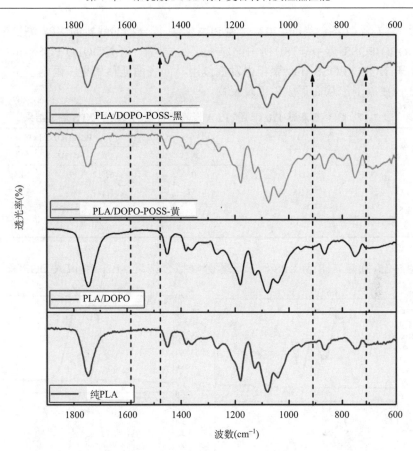

图 7-24　CONE 测试 120 s 时纯 PLA 及其复合物的残炭的红外光谱图

表 7-16　CONE 测试 120 s 时纯 PLA 及其复合物的残炭的红外吸收峰归属

纯 PLA	PLA/DOPO	PLA/DOPO-POSS-黄	PLA/DOPO-POSS-黑	归属
2995, 2944	2994,2952	2994, 2945	2992, 2941	—CH₃ 伸缩振动
1746	1745	1745	1746	—C=O 伸缩振动
—	—	—	1593,1582,1476	苯环骨架振动
1450	1451	1451	1448	—CH₃ 弯曲振动
1181	1179	1181	1181	C—O 伸缩振动
1080	1074	1078	1081	C—O—C 伸缩振动
1041	1037	1043	1042	C—CH₃ 伸缩振动
953	953	953	953	丙交酯六元环状物伸缩振动
—	—	—	909	—Si—OH 弯曲振动
753	753	754	751	—CH₂CH₂O—变形振动
—	—	—	715	苯环变形振动

表 7-17 为 CONE 测试 120 s 时纯 PLA 及其复合物的残炭的 XPS 测试结果。PLA/DOPO-POSS-黑中硅(Si)所占的原子比例要比在 PLA/DOPO-POSS-黄中多，这是由于 DOPO-POSS 在凝聚相中发挥作用，向表面迁移聚集，固定了更多的凝聚相产物在周围，从而形成黑色凝聚物。

表 7-17　CONE 测试 120 s 时纯 PLA 及其复合物的残炭的 XPS 测试结果

原子分数(%)	纯 PLA	PLA/DOPO	PLA/DOPO-POSS	
			黄	黑
C	61.74	63.05	61.12	64.48
O	38.26	36.51	36.83	30.47
Si	—	—	1.64	4.22
P	—	0.44	0.40	0.64

图 7-25 和表 7-18 为 XPS 测试元素分峰拟合结果。P2p 在 PLA/DOPO、PLA/

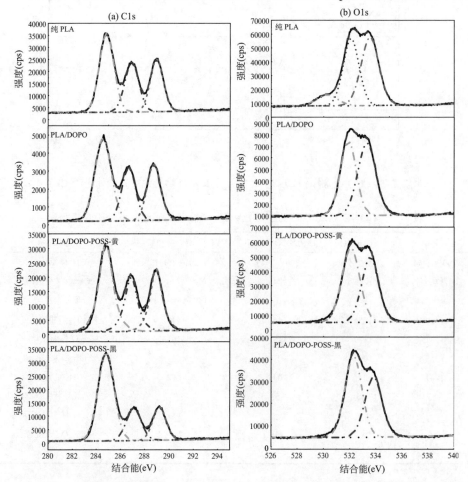

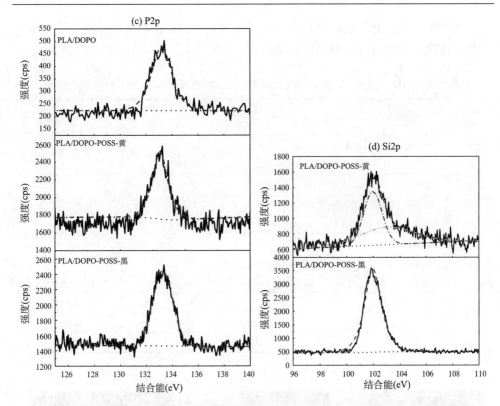

图 7-25　CONE 测试 120s 时纯 PLA 及其复合物的残炭的 XPS 测试元素分峰拟合曲线

DOPO-POSS-黑和 PLA/DOPO-POSS-黄中的峰位都在 133.2 eV 左右，且都只有单峰，说明在 PLA/DOPO 和 PLA/DOPO-POSS 复合材料燃烧残炭中 P 元素都处于同一化学状态，这是由于 DOPO 的热分解温度较低，它在燃烧时主要在气相中起作用，而在凝聚相中的作用有限，因此 CONE 测试 120 s 后的 PLA/DOPO 和 PLA/DOPO-POSS-黄部分中所含 P 的原子比接近，而 PLA/DOPO-POSS-黑中则由于外层残炭的包裹而有更多的 DOPO-POSS 留在凝聚相中，使得 P 元素的比例略多。Si2p 的拟合结果是：在 PLA/DOPO-POSS-黄中有两种状态，都归属于 Si—O 键，在 PLA/DOPO-POSS-黑中则只有位于 102.0 eV 的一个峰，归属于 $RSiO_{1.5}$ 中的 Si—O 结构，状态较稳定，说明 DOPO-POSS 参与黑色絮状物的形成。

7.2.5.3　CONE 测试最终残炭分析

图 7-26 为纯 PLA、PLA/DOPO 和 PLA/DOPO-POSS 复合材料 CONE 测试结束后最终剩余残炭的数码照片。纯 PLA 除了载体铝箔纸外，几乎没有剩余物；PLA/DOPO 复合材料的残炭也同样几乎没有剩余物，卷曲的铝箔纸上面虽然呈黑色，但由于残留的物质太少，以至于不能取下来；而 PLA/DOPO-POSS 样品的残

炭虽然极薄，并且有裂纹，但是有肉眼可见的剩余物存在，且相对均匀地覆盖在载体铝箔纸上，并且有很多黑色的块状残余物存在。

表 7-18　CONE 测试 120 s 时纯 PLA 及其复合物的残炭的 XPS 测试分峰拟合结果

元素分峰	峰序号	纯 PLA		PLA/DOPO		PLA/DOPO-POSS-黄		PLA/DOPO-POSS-黑		峰位归属
		峰位置 (eV)	比例	峰位置 (eV)	比例	峰位置 (eV)	比例	峰位置 (eV)	比例	
C1s	1	284.8	35	284.5	31	284.8	36	284.8	34	C—C 或 C=C
	2	286.9	34	286.7	38	286.8	33	287.1	36	C—O
	3	289.0	31	288.7	31	288.9	31	289.2	30	C=O
O1s	1	530.2	39	—						C=O
	2	532.1	29	531.9	46	532.1	51	532.3	49	C=O
	3	533.5	33	533.3	54	533.5	49	533.8	51	C—O—C, C—O—P
Si2p	1	—				102.0	24	102.0		Si—O
	2	—				103.1	76	—		Si—O
P2p	1	—		133.2		133.0		133.2		$(HPO_4)^{2-}$

图 7-26　纯 PLA 及其复合材料 CONE 测试最终残炭照片

　　对 CONE 测试结束后的 PLA/DOPO-POSS 复合材料中的黑色小块状进行残炭进行微观形貌分析，结果如图 7-27 所示。由图可见，残炭外表面平整且致密，而内表面有很多小的孔洞，但依然是连续的状态，说明是有效的炭层。

　　对 CONE 测试结束后的 PLA/DOPOPOSS 复合材料的残炭进行 FTIR 测试，结果如图 7-28 所示。其中 1599 cm^{-1} 为芳香环上 C=C 键的吸收峰，1041 cm^{-1} 和 785 cm^{-1} 为 Si—O—Si 的典型红外吸收峰。此外，对残炭还进行了 XPS 表征，XPS 全谱及残炭中各元素的原子比例如图 7-29 所示，对典型的 XPS 峰进行分峰拟合，拟合结果如图 7-30 和表 7-19 所示。

　　文献报道[30]称 P2p 在 134.7 eV 的键能峰是由于—P(=O)—O—Si—结构的生成产生的，这种结构可以使—Si—O—结构与稠环芳烃相连接，说明 DOPO-POSS 在燃烧的过程中促进了交联成炭，形成有效的隔热炭层从而有效降低 HRR，提高了 PLA/DOPO-POSS 的阻燃性能。

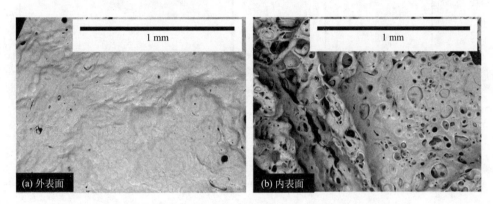

图 7-27　PLA/DOPO-POSS 在锥形量热测试结束后残炭的 SEM 照片

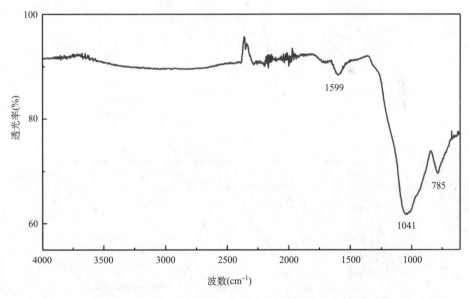

图 7-28　PLA/DOPO-POSS 锥形量热测试后残炭的红外光谱

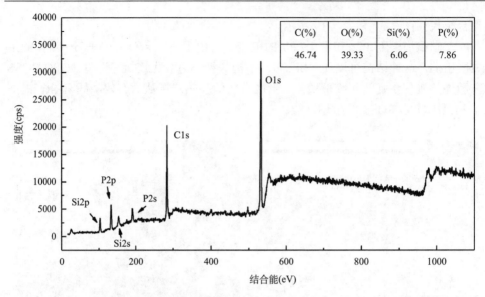

C(%)	O(%)	Si(%)	P(%)
46.74	39.33	6.06	7.86

图 7-29 PLA/DOPO-POSS 锥形量热测试后残炭的 XPS 全谱及各元素的原子比例

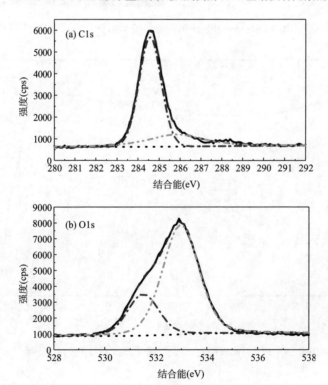

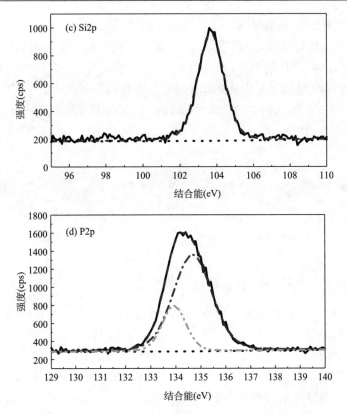

图 7-30　PLA/DOPO-POSS 锥形量热测试后残炭的 XPS 元素拟合曲线

表 7-19　PLA/DOPO-POSS 锥形量热测试后残炭的 XPS 峰的拟合结果

元素分峰	峰序号	峰位置(eV)	所占比例(%)	峰归属
C1s	1	284.6	31	C—H
	2	285.8	69	C—OR 或 C—OH
O1s	1	531.5	46	C=O
	2	533.0	54	C—O—C，C—O—P 中的—O—
Si2p	1	103.7	—	Si—O
P2p	1	134.7	62	—P(=O)—O—Si—
	2	133.9	38	—(O=P)—O—C

　　综合分析，PLA 及 PLA 复合材料的燃烧过程是一个复杂的动态过程，包括受热升温、点燃起火、火焰传播、聚合物的断链、燃烧充分发展、火焰熄灭。纯 PLA 可以完全燃烧，产物主要为 CO_2 和 H_2O；PLA/DOPO 复合材料中 DOPO 主要在气相中发挥作用；PLA/DOPO-POSS 复合材料随着材料的熔融分解，

DOPO-POSS 迁移到表面聚集并在上表面形成絮状保护物，最终形成有效的含碳炭层，其热阻隔性可减弱对其下面部分 PLA 基体的热辐射和火焰热反馈，表现为HRR 的降低。随着燃烧的进行，PLA 主体大部分燃烧完毕，黑色絮状物开始分解。DOPO-POSS 的阻燃作用主要是 P 和 Si 元素发生协同作用形成更稳定的残炭结构，从而提高成炭性。PLA/DOPO-POSS 复合材料在锥形量热测试中的燃烧过程如图 7-31 所示。

图 7-31　PLA/DOPO-POSS 复合材料在 CONE 测试中的燃烧过程示意图

7.2.6　聚乳酸/DOPO-POSS 复合材料力学性能

为了研究 DOPO 和 DOPO-POSS 的添加对 PLA 基体力学性能的影响，并探讨 PLA 及 PLA 复合材料的结晶行为和力学性能之间的关系，作者对于热处理前后的纯 PLA 和 PLA 复合材料样品都进行了拉伸测试。所有样品的典型应力-应变曲线如图 7-32 所示。热处理前后的纯 PLA、PLA/DOPO 和 PLA/DOPO-POSS 样品相应的拉伸强度和断裂伸长率如图 7-33 所示。

由图 7-33 可知，未处理的纯 PLA 样品拉伸强度为 68.1 MPa，断裂伸长率为6.3%，热处理后纯 PLA 样品拉伸强度为 70.3 MPa，断裂伸长率为 7.1%，可见热处理后的纯 PLA 与未处理纯 PLA 相比具有更好的力学性能，表现为具有更高的拉伸强度和更大的断裂伸长率，尤其是断裂伸长率。对比 PLA/DOPO 和PLA/DOPO-POSS 热处理前后的样品，也具有同样的规律。这是由于直接注塑得到的样品是无定形状态，热处理后的结晶样品显然具有更好的力学性能。

与 PLA 相比，PLA/DOPO 复合材料的拉伸强度明显降低，这是由于 DOPO在一定程度上抑制了 PLA 的结晶，并表现出增塑作用。对于热处理后的PLA/DOPO 样品，其拉伸强度增加到 70.0 MPa，且断裂伸长率增加到 10.8%，低于热处理后纯 PLA 的拉伸强度和断裂伸长率（分别是 70.3 MPa 和 7.1%）。对于PLA/DOPO-POSS 复合材料，其拉伸强度与纯 PLA 相比地同样降低了，但是其断裂伸长率无论是未处理的还是热处理后的都高于纯 PLA，但要低于 PLA/DOPO复合材料。这是因为 DOPO 在 PLA 中起到增塑的作用，提高了断裂伸长率，而DOPO-POSS 在 PLA 中则表现为普通的填料作用，但基本维持了 PLA 材料本身的力学性能。总而言之，热处理过程有利于提高纯 PLA、PLA/DOPO 和PLA/DOPO-POSS 复合材料的拉伸性能。

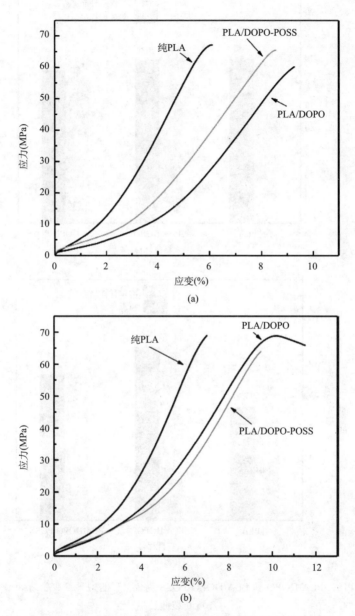

图 7-32　纯 PLA、PLA/DOPO 和 PLA/DOPO-POSS 复合材料的应力-应变曲线：(a) 未处理样
品；(b) 热处理后样品

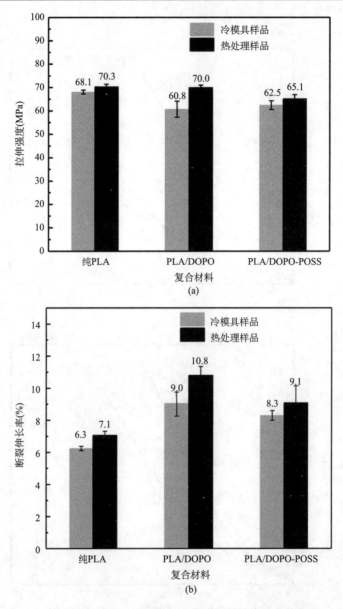

图 7-33　纯 PLA、PLA/DOPO 和 PLA/DOPO-POSS 复合材料的力学参数总结：(a) 拉伸强度；
(b) 断裂伸长率

参 考 文 献

[1]　Todoki M, Kawaguchi T. Origin of double melting peaks in drawn nylon 6 yarns. J Polym Sci:
　　Polym Phys Edit, 1977, 15(6): 1067-1075.

[2]　Zhou C, Clough S B. Multiple melting endotherms of poly(ethylene terephthalate). Polym Eng Sci, 1988, 28(2): 65-68.

[3]　Tan S, Su A, Li W, et al. New insight into melting and crystallization behavior in semicrystalline poly(ethylene terephthalate). J Polym Sci, Part B: Polym Phys, 2015, 38(1): 53-60.

[4]　Chung J S, Cebe P. Melting behaviour of poly(phenylene sulphide): 1. Single-stage melt crystallization. Polymer, 1992, 33(11): 2312-2324.

[5]　Breach C D, Xiao H. Dynamic mechanical spectroscopy and modulated differential scanning calorimetry of an annealed poly(phenylene sulphide). J Mater Sci Lett, 1996, 15(16): 1416-1419.

[6]　Sun Y, Zhang Z, Wong C P. Influence of interphase and moisture on the dielectric spectroscopy of epoxy/silica composites. Polymer, 2005, 46(7): 2297-2305.

[7]　Saeidlou S, Huneault M A, Li H, et al. Poly(lactic acid) crystallization. Prog Polym Sci, 2012, 37(12): 1657-1677.

[8]　Jalali A, Huneault M A, Elkoun S. Effect of thermal history on nucleation and crystallization of poly(lactic acid). J Mater Sci, 2016, 51(16): 7768-7779.

[9]　Zhang J, Tashiro K, Tsuji H, et al. Disorder-to-order phase transition and multiple melting behavior of poly(l-lactide) investigated by simultaneous measurements of WAXD and DSC. Macromolecules, 2008, 41(4): 1352-1357.

[10]　Chigwada G, Jash P, Jiang D D, et al. Synergy between nanocomposite formation and low levels of bromine on fire retardancy in polystyrenes. Polym Degrad Stabil, 2005, 88(3): 382-393.

[11]　Shukor F, Hassan A, Islam M S, et al. Effect of ammonium polyphosphate on flame retardancy, thermal stability and mechanical properties of alkali treated kenaf fiber filled PLA biocomposites. Mater Design, 2014, 54(2): 425-429.

[12]　Zhao D, Sheng G, Chen C, et al. Enhanced photocatalytic degradation of methylene blue under visible irradiation on graphene@TiO_2 dyade structure. Appl Catal, B, 2012, 111(2): 303-308.

[13]　Bourbigot S, BRAS M L E, Delobel R, et al. XPS study of an intumescent coating. II. Application to the ammonium polyphosphate/pentaerythritol/ethylenic terpolymer fire retardant system with and without synergistic agent. Appl Surf Sci, 1997, 120(1): 15-29.

[14]　Pengfei S I, Luo F, Hai M. Intermolecular interactions and crystallization and melting behavior of poly(L-lactic acid)/4,4′-thiobis phenol blends. Chem J Chinese U, 2015, 36(1): 188-194.

[15]　Gunter G C, Craciun R, Man S T, et al. FTIR and ^{31}P-NMR spectroscopic analyses of surface species in phosphate-catalyzed lactic acid conversion. J Catal, 1996, 164(1): 207-219.

[16]　Mcneill I C, Leiper H A. Degradation studies of some polyesters and polycarbonates—1. Polylactide: General features of the degradation under programmed heating conditions. Polym Degrad Stabil, 1985, 11(3): 267-285.

[17]　Artner J, Ciesielski M, Ahlmann M, et al. A Novel and effective synthetic approach to 9,10-dihydro-9-oxa-10-phosphaphenanthrene-10-oxide(DOPO) derivatives. Phosphorus, Sulfur Silicon Relat Elem, 2007, 182(9): 2131-2148.

[18]　Zhang W, Li X, Fan H, et al. Study on mechanism of phosphorus-silicon synergistic flame retardancy on epoxy resins. Polym Degrad Stabil, 2012, 97(11): 2241-2248.

[19] Perez R M, Sandler J K W, Altstädt V, et al. Effective halogen-free flame retardants for carbon fibre-reinforced epoxy composites. J Mater Sci, 2006, 41(15): 4981-4984.

[20] Gaan S, Liang S, Mispreuve H, et al. Flame retardant flexible polyurethane foams from novel DOPO-phosphonamidate additives. Polym Degrad Stabil, 2015, 113180-188.

[21] Dong Q, Liu M, Ding Y, et al. Synergistic effect of DOPO immobilized silica nanoparticles in the intumescent flame retarded polypropylene composites. Polym Advan Technol, 2013, 24(8): 732-739.

[22] Wang C S, Shieh J Y, Sun Y M. Synthesis and properties of phosphorus containing PET and PEN (I). J Appl Polym Sci, 2015, 70(10): 1959-1964.

[23] Gu L, Qiu J, Sakai E. Effect of DOPO-containing flame retardants on poly (lactic acid): Non-flammability, mechanical properties and thermal behaviors. Chemical Research in Chinese Universities, 2017, 33(1): 143-149.

[24] Long L, Yin J, He W, et al. Synergistic effect of different nanoparticles on flame retardant poly (lactic acid) with bridged DOPO derivative. Polym Composite, 2018.

[25] Zhang W, Li X, Yang R. Novel flame retardancy effects of DOPO-POSS on epoxy resins. Polym Degrad Stabil, 2011, 96(12): 2167-2173.

[26] Zhang W, Li X, Guo X, et al. Mechanical and thermal properties and flame retardancy of phosphorus-containing polyhedral oligomeric silsesquioxane (DOPO-POSS)/polycarbonate composites. Polym Degrad Stabil, 2010, 95(12): 2541-2546.

[27] Ikada Y, Jamshidi K, Tsuji H, et al. Stereocomplex formation between enantiomeric poly (lactides). Mecromolecules, 1987, 20(4): 904-906.

[28] Hoogsteen W, Postema A R, Pennings A J, et al. Crystal structure, conformation, and morphology of solution-spun poly (L-lactide) fibers. Macromolecules, 1990, 23(2): 634-642.

[29] Barroca N, Daniel-Da-Silva A L, Vilarinho P M, et al. Tailoring the morphology of high molecular weight PLLA scaffolds through bioglass addition. Acta Biomater, 2010, 6(9): 3611-3620.

[30] Zhang W C, Li X M, Fan H B, et al. Study on mechanism of phosphorus-silicon synergistic flame retardancy on epoxy resins. Polym Degrad Stabil, 2012, 97(11): 2241-2248.

第8章 环氧树脂/POSS复合材料及其阻燃性能

环氧树脂(EP)是一类重要的热固性聚合物,它的固化物具有优良的物理机械性能、电绝缘性能、化学稳定性能和黏结性能,因而被广泛地应用于航空航天、兵器、造船等领域,是国民经济发展中不可缺少的重要材料[1]。然而,普通环氧树脂的极限氧指数(LOI)只有19.8%,属于易燃材料,在空气条件下就能持续燃烧。本书作者将9,10-二氢-9-氧杂-10-膦杂菲-10-氧化物(DOPO)和多面体硅倍半氧烷(POSS)结合用于阻燃环氧树脂,以发挥磷、硅两种阻燃元素的协同作用。有意义的还在于用DOPO-POSS(结构式见第5章,图5-40)阻燃环氧树脂时,我们发现了吹熄效应,并对吹熄阻燃环氧树脂机理进行了详细研究。

8.1 环氧树脂/DOPO-POSS复合材料及其吹熄阻燃效应

DOPO-POSS阻燃环氧树脂复合材料是通过热固化获得的。首先,将DOPO-POSS与双酚A型环氧树脂(DGEBA)在140℃混合2小时。预反应完成后,将混合体系降温到80℃,然后添加固化剂间苯二胺(m-PDA)。树脂中DGEBA与m-PDA的质量比为25:3。添加固化剂之后,体系在80℃下固化2小时,然后在150℃下固化2小时。阻燃测试样条是通过机械切割制备的。DOPO-POSS在EP复合材料中的含量如表8-1所示。

表8-1 DOPO-POSS阻燃EP复合材料配方及其阻燃性能

样品名称	EP (wt%)	DOPO-POSS (wt%)	LOI (%)	UL-94 (3.2 mm)	t_1 (s)	t_2 (s)	熔滴
EP-0	100.0	0.0	25.0	NR	>30	/	有
EP-1.5	98.5	1.5	29.0	V-1	21	8	无
EP-2.5	97.5	2.5	30.2	V-1	8	3	无
EP-3.5	96.5	3.5	29.1	V-1	11	12	无
EP-5.0	95.0	5.0	28.5	NR	35	20	无
EP-10	90.0	10.0	23.0	NR	>30	/	无

8.1.1　环氧树脂/DOPO-POSS 复合材料吹熄效应及其阻燃性能

环氧树脂/DOPO-POSS 复合材料的极限氧指数如表 8-1 所示。从表 8-1 中可以看出，当 2.5 wt% DOPO-POSS 添加到环氧树脂体系中时，可以使环氧树脂的极限氧指数从 25%增加到 30.2%。但当 DOPO-POSS 的添加量从 2.5 wt%逐步增加到 10 wt%的过程中，环氧树脂的极限氧指数却从 30.2%开始逐步降低。这一结果与传统观念有很大不同。通常情况下，磷和硅元素可以显著提高环氧树脂的成炭量，而且，阻燃环氧树脂的极限氧指数随着磷和硅元素含量的增加呈增长趋势。

阻燃环氧树脂的垂直燃烧结果如表 8-1 所示。如表 8-1 所示，当 DOPO-POSS 添加到环氧树脂中以后，环氧树脂的阻燃性能明显的提高，环氧树脂的熔滴现象消失了。而且，当 DOPO-POSS 的添加量在 1.5 wt%～5 wt%时，环氧树脂还出现了自熄现象。最好的阻燃效果出现在 DOPO-POSS 添加量为 2.5 wt%时，此时的环氧树脂 UL-94 垂直燃烧等级达到了 V-1 级且 $t_1 = 8$ s、$t_2 = 3$ s，而且，这一指标与 V-0 级非常接近。

通过对 DOPO-POSS 阻燃环氧树脂的燃烧试验进行观察，我们发现含有 2.5 wt% DOPO-POSS 的环氧树脂(EP-2.5)与纯环氧树脂(EP-0)或含有 10 wt% DOPO-POSS 的环氧树脂(EP-10)的燃烧现象有很大的不同。对于 EP-0(图 8-1A)来说，样品点燃以后，没有明显的炭层形成，样品分解表面直接暴露在火焰中，样条的火焰从点燃端迅速向上扩散。对于 EP-10(图 8-1C)来说，样品点燃以后，我们可以看到明显的炭层形成，而且点燃端的火焰向上传播非常缓慢。但是在整个燃烧过程中，自熄现象始终没有在 EP-10 样品中出现。这一结果表明，虽然 EP-10 的炭层可以减慢火焰的传播速度，但是，这种炭层不能够阻止炭层外的热量向炭层内部传播，也不能阻止炭层内部的分解气体向炭层外部扩散。从图 8-1C 中可以看出，EP-10 的膨胀炭层上有很多肉眼可见的小孔，正是这些小孔的存在，才致使 EP-10 炭层的隔离作用大打折扣。而在 EP-2.5(图 8-1B)的燃烧测试过程中，我们可以观察到一种有趣的吹熄作用。当 EP-2.5 点燃后的几秒内，炭层迅速在样品点燃端表面形成。如图 8-1B 所示，这种炭层几乎保持着环氧树脂样条原有的尺寸。最吸引人的现象就是炭层形成后，可以观察到有热分解气体从炭层上的小孔喷射而出，而火焰则很难在这股喷射气流的顶端继续燃烧。有时自熄现象就发生在气体喷射的一瞬间。样品 EP-1.5，EP-3.5，EP-5 都有吹熄作用存在，只是它们的吹熄作用强度较弱。

8.1.2　环氧树脂/DOPO-POSS 复合材料热稳定性及其气相产物分析

为了进一步了解 DOPO-POSS 阻燃环氧树脂所表现出来的吹熄现象，我们对环氧树脂的热稳定性及热分解产生的气体进行了分析。不同配方的环氧树脂的 TG

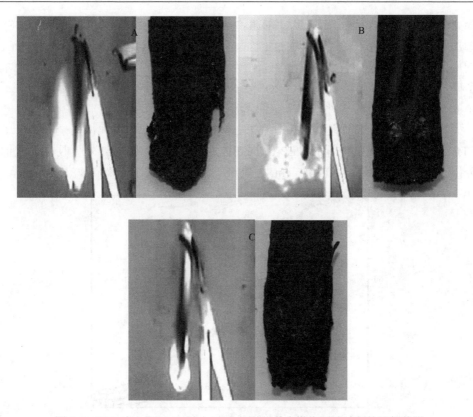

图 8-1　EP-0（A），EP-2.5（B），EP-10（C）垂直燃烧测试过程的视频截图

和 DTG 曲线如图 8-2 所示。与其相关的数据列于表 8-2 中，其中包括样品失重 5% 时所对应的温度（T_{onset}），最快失重速率对应的温度（T_{max1} 和 T_{max2}），以及 700℃时样品的残炭量。

　　从图 8-2 中可以看出，DOPO-POSS 的初始分解温度比纯 EP（EP-0）高很多，但是当 DOPO-POSS 与环氧树脂混合以后，阻燃环氧树脂的初始分解温度与 EP-0 并没有明显区别。如图 8-2 所示，所有环氧树脂的第一个热失重区间为 350℃～450℃。随着 DOPO-POSS 添加量的增加，DOPO-POSS/EP 复合材料在这一温度区间的热稳定性并没有明显增加。所有的环氧树脂在 500℃时的残炭量约为 38%。然后，所有环氧树脂在 525～625℃区间表现为一个缓慢的失重过程，这一过程通常被认为是残炭的氧化分解过程。在这一温度区间，环氧树脂的热稳定性随着 DOPO-POSS 含量的增加而逐渐增加。

　　对于图 8-2 中环氧树脂的 DTG 曲线，环氧树脂在第一失重区间的热重速率随着 DOPO-POSS 含量的增加而逐步减慢。而在第二失重区间中，不但热重速率随着 DOPO-POSS 含量的增加而逐步减慢，而且环氧树脂的 T_{max2} 也随着

DOPO-POSS 含量的增加而逐步提高。虽然 TG 和 DTG 曲线显示高的 DOPO-POSS
添加量有利于提高环氧树脂的热稳定性，但是当 DOPO-POSS 的添加量从 3.5 wt%
增加到 10 wt%过程中，环氧树脂的阻燃性能却严重降低了。这一结果显示，在本
章研究中，环氧树脂随着 DOPO-POSS 含量增加而提高的热稳定性及残炭量并不
是 EP-2.5 具有独特阻燃性能的决定性因素。

　　我们对热重分析过程中 EP-0 和 EP-2.5 在 T_{max1} 和 T_{max2} 的固体残余物进行了
FTIR 分析。如图 8-3 所示，EP-0 与 EP-2.5 有几乎相同的红外吸收峰，它们
分别在 3200～3600 cm^{-1}，3055 cm^{-1}，2868～2962 cm^{-1}，1602 cm^{-1}，1504 cm^{-1}，

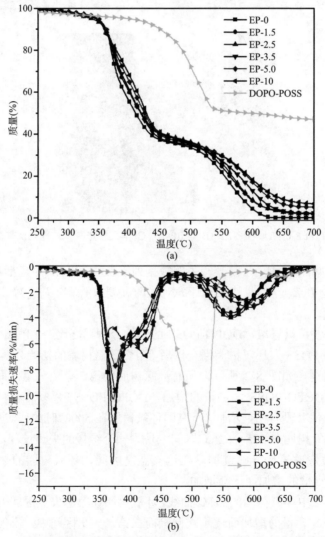

图 8-2　环氧树脂复合材料和 DOPO-POSS 的 TG(a) 和 DTG(b) 曲线(空气)

表 8-2　环氧树脂复合材料和 DOPO-POSS 的热分析数据（空气）

样品名称	T_{onset}（℃）	T_{max1}（℃）	T_{max2}（℃）	700℃ 残炭(%)
EP-0	345	370	559	0.1
EP-1.5	346	372	561	2.0
EP-2.5	345	371	562	2.8
EP-3.5	346	375	595	3.8
EP-5.0	349	375	599	5.2
EP-10	346	423	593	6.8
DOPO-POSS	398	522	/	46.9

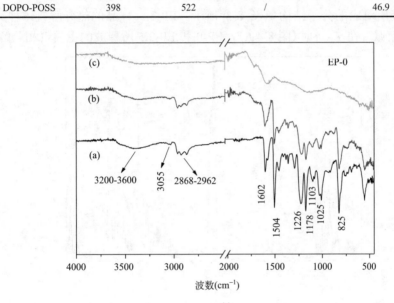

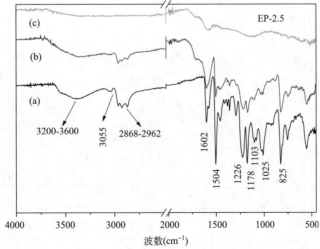

图 8-3　EP-0 和 EP-2.5 样品残炭的红外谱图分析：未分解时（a），在 T_{max1} 时（b），在 T_{max2} 时（c）

1226 cm^{-1}, 1178 cm^{-1}, 1103 cm^{-1}, 1025 cm^{-1} 和 825 cm^{-1}。这些都是环氧树脂交联网络分子结构的特征吸收峰[2]。在 T_{max1} 时,虽然大部分环氧树脂交联网络的分子结构仍然保留着,但是残炭中芳香化合物的吸收峰(1504 cm^{-1})和醚键的吸收峰(1103 cm^{-1}, 1025 cm^{-1})都明显减弱了。而在 T_{max2} 时,残炭中脂肪链的吸收峰完全消失了。同时,芳香环中 C═C 在 1504 cm^{-1} 处的吸收峰完全消失,而它在 1602 cm^{-1} 处的吸收峰变宽了。这一结果表明残炭中有稠环芳烃的形成。EP-0 和 EP-2.5 残炭的红外分析指出,EP-0 和 EP-2.5 具有相同的热分解过程。

样品 EP-0 和 EP-2.5 在 T_{max1} 和 T_{max2} 时的气体红外分析如图 8-4 所示。不同红外吸收峰所对应的分子结构如表 8-3 所示。EP-2.5 样品的热分解气体种类与 EP-0 非常相似。在 T_{max1} 时(图 8-4 A),EP-0 和 EP-2.5 所释放的主要气相分解产

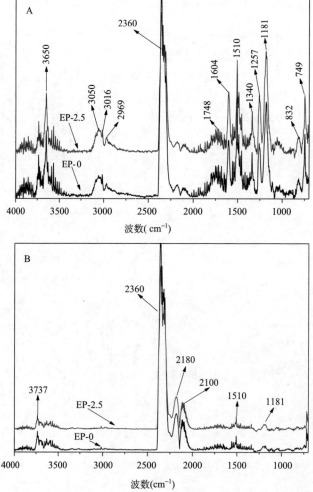

图 8-4　样品 EP-0 和 EP-2.5 在 T_{max1}(A)和 T_{max2}(B)时的气体产物红外谱图

物是苯酚衍生物/水(3737 cm^{-1}，3650 cm^{-1})，芳香化合物(3050 cm^{-1}，1604 cm^{-1}，1510 cm^{-1}，1340 cm^{-1})，脂肪链化合物(3016 cm^{-1}，2969 cm^{-1})和酯/醚类化合物(1257 cm^{-1}，1181 cm^{-1}，1052 cm^{-1})。这些气相产物的吸收峰都是环氧树脂基质热分解产物的特征峰。在 T_{max2} 时(图 8-4 B)，EP-0 和 EP-2.5 主要的气相产物是 CO_2(2360 cm^{-1})和 CO(2180 cm^{-1} 和 2100 cm^{-1})。同时，也能看到少量的苯酚衍生物/水、芳香化合物、脂肪链化合物和酯/醚类化合物的红外吸收峰。这部分热分解气体是炭层在高温下氧化分解的产物。从整个气体产物分析结果看，2.5wt% DOPO-POSS 并没有影响环氧树脂热分解气体产物的种类。

表 8-3 环氧树脂气相产物红外吸收峰对应的分子结构

波数(cm^{-1})	归属
3737, 3650	苯酚衍生物/水中 O—H 伸缩振动
3050	C_{Ar}—H 伸缩振动
3016	甲烷上 C—H 的伸缩振动
2969	脂肪链段 R—CH$_2$—R, R—CH$_3$ 伸缩振动
2360	CO_2
2180, 2100	CO
1748	C=O 伸缩振动
1604, 1510, 1340	芳香化合物芳环结构
1257, 1181, 1052	C—O 伸缩振动
832, 749	C_{Ar}—H 变形振动

8.1.3 环氧树脂/DOPO-POSS 复合材料锥形量热分析

对 DOPO-POSS/EP 复合材料锥形量热分析主要的测试参数包括：点燃时间(TTI)，热释放速率(HRR)，热释放速率峰值(p-HRR)，总的质量损失(TML)和总热释放(THR)。测试结果见图 8-5 和表 8-4 中。从表 8-4 可以看出，环氧树脂的点燃时间随着 DOPO-POSS 含量的提高而增加。这与表 8-1 中 DOPO-POSS/EP 的阻燃性能变化趋势不同。热稳定性分析部分显示，DOPO-POSS 可以提高环氧树脂的热稳定性，所以在热辐照过程中，较高的热稳定性意味着较少的热分解气体，这将有助于提高样品的点燃时间。

不同样品的热释放速率曲线如图 8-5 所示。从图中可以看出，EP-0 样品点燃以后迅速燃烧，热释放速率很快达到了峰值 855 kW/m^2。从 EP-0 的热释放速率曲线中可以看出，EP-0 是典型的非成炭聚合物。如图 8-5 所示，EP-5.0 和 EP-10 样品的 p-HRR 都有较大降低，分别达到了 588 kW/m^2 和 483 kW/m^2。但是，EP-2.5 的热释放速率曲线却很让人惊奇，因为 EP-2.5 的 p-HRR 达到了了 969 kW/m^2，这一数值比 EP-0 的热释放速率峰值（855 kW/m²）还要高。这一结果与 EP-2.5 良好的 LOI 和 UL-94 结果形成很大反差。如图 8-6 所示，DOPO-POSS/EP 复合材料的总热释放随着 DOPO-POSS 添加量的增加而逐步降低。考虑到 DOPO-POSS 所占比例的增加会减少可燃物质的比例，所以我们将不同配方样品总热释放（THR）的理论值列于表 8-4 中，可以看出，不同样品 THR 的实验值要略低于理论计算值。

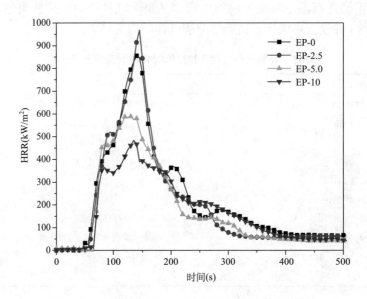

图 8-5　DOPO-POSS/EP 复合材料的热释放速率曲线

表 8-4　DOPO-POSS/EP 复合材料锥形量热分析数据

分析参数	EP-0	EP-2.5	EP-5.0	EP-10
TTI（s）	45	48	58	61
p-HRR（kW/m²）	855	969	588	483
THR-实验值（MJ/m²）	112	103	92	85
THR-理论值（MJ/m²）	112	109	106	100
TSR（m²/m²）	4182	3562	4452	5566
平均 SEA（m²/kg）	897	878	1056	1343
平均 COY（kg/kg）	0.07	0.09	0.12	0.13
平均 CO_2Y（kg/kg）	1.82	1.86	1.68	1.63
TML（%）	89	88	86	84

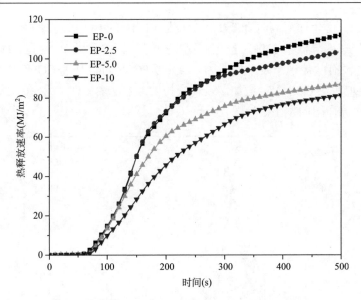

图 8-6　DOPO-POSS/EP 复合材料的总热释放速率曲线

　　基于样品燃烧过程中所表现出的吹熄效应，我们对锥形量热测试过程中产生的其他数据也做了总结，如 CO 产生速率(COPR)，CO_2 产生速率(CO_2PR)，总的烟释放(TSR)，比消光面积(SEA)。这些参数可以用来评价 DOPO-POSS 对环氧树脂燃烧过程中热解气体和烟的释放的影响。

　　从表 8-4 可以看出，不同 EP 样品的平均 CO 释放量(COY)随着 DOPO-POSS 添加量的增加而逐渐增加，同时，EP 样品的平均 CO_2 释放量(CO_2Y)则随着 DOPO-POSS 添加量的增加而逐渐降低。不完全燃烧产物 CO 的增加，意味着 DOPO-POSS 有一定的气相阻燃作用。表 8-4 中样品 EP-2.5，EP-5.0 和 EP-10 的比消光面积(SEA)随着 DOPO-POSS 含量的增加而明显增加。这一结果同样是由于 DOPO-POSS 抑制了 EP 基材热分解产物的完全燃烧造成的。值得注意的是，EP-2.5 样品的平均 COY 值和平均 CO_2Y 值都比 EP-0 要高一些。这一结果指出，DOPO-POSS 可以增加 CO 和 CO_2 的释放。但是，EP-5.0 和 EP-10 残炭量的增加则意味着 CO 和 CO_2 的释放量的降低。CO 和 CO_2 的产生速率曲线如图 8-7 和图 8-8 所示。样品 CO 产生速率数据是根据 CO 的释放量和样品的质量损失速率获得的。与 EP-0 相比，EP-2.5 具有更低的质量损失速率和更高的 CO 产生速率。最大的变化出现在图 8-7 中，当 EP 中 DOPO-POSS 的添加量为 2.5 wt%时，EP-2.5 的 CO_2 产生速率达到了最大值。从图 8-7 和图 8-8 可以看出，样品 EP-2.5 同时具有最大的 CO 产生速率和 CO_2 产生速率，这一结果似乎可以解释 EP-2.5 在垂直燃烧测试时表现出最强的吹熄作用，因为较大量的 CO、CO_2 气体从炭层空隙中快速喷射而出，可以将火焰吹离材料表面并将其熄灭。但对于 EP-10 来说，CO 产

生速率和 CO_2 产生速率同时降低了，尤其是 EP-10 的 CO_2 产生速率，它比 EP-2.5 的 CO_2 产生速率降低了 57%。这一结果似乎可以解释虽然 EP-10 具有很高的残炭量，但是并没有吹熄现象发生的原因。DOPO-POSS 可以加速 CO 和 CO_2 的释放，但是随着 DOPO-POSS 含量增加，残炭量的增加意味着 CO_2 产生速率的降低，这将不利于吹熄作用的发生。

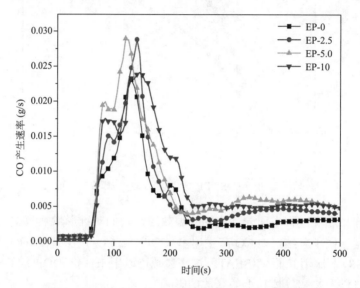

图 8-7　DOPO-POSS/EP 复合材料的 CO 产生速率曲线

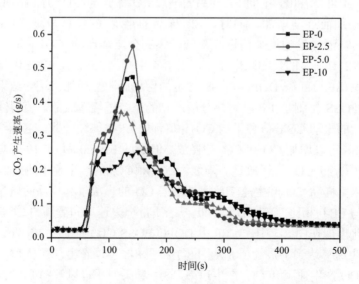

图 8-8　DOPO-POSS/EP 复合材料的 CO_2 产生速率曲线

8.2　环氧树脂/八苯基 POSS 复合材料及其吹熄阻燃效应

环氧树脂/八苯基 POSS(OPS)复合材料是通过热固化获得的。首先,将不同阻燃剂(OPS,DOPO,OPS/DOPO)与 DGEBA 在 140℃混合 2 h。混合完成后,将混合体系降温到 80℃,然后添加固化剂间苯二胺(m-PDA)。树脂中 DGEBA 与 m-PDA 的质量比为 25∶3。添加固化剂之后,体系在 80℃下固化 2 h,然后在 150℃下固化 2 h。不同 EP 复合材料中的配方见表 8-5。

表 8-5　EP 复合材料配方表

样品	EP(wt%)	OPS(wt%)	DOPO(wt%)
EP	100.0	0.00	0.00
EP/2.5wt%OPS	97.5	2.50	0.00
EP/5wt%OPS	95.0	5.00	0.00
EP/2.5wt%DOPO	97.5	0.00	2.50
EP/5wt%DOPO	95.0	0.00	5.00
EP/3.75wt%OPS/1.25wt%DOPO	95.0	3.75	1.25
EP/2.5wt%OPS/2.5wt%DOPO	95.0	2.50	2.50
EP/1.25wt%OPS/3.75wt%DOPO	95.0	1.25	3.75

8.2.1　环氧树脂/OPS 复合材料吹熄效应及其阻燃性能

8.2.1.1　极限氧指数

阻燃剂 OPS,DOPO,或 OPS/DOPO 对环氧树脂极限氧指数(LOI)的影响见表 8-6。当 2.5 wt%或 5 wt%的 OPS 添加到环氧树脂中以后,环氧树脂的极限氧指数从 25.0%增长到了 26.8%和 27.6%。这一结果显示,单独使用 OPS 只能少量提高环氧树脂 LOI 值。但是,如表 8-6 所示,单独添加 2.5 wt%或 5 wt%的 DOPO 却可以使环氧树脂的极限氧指数分别增加到 30.3%和 31.1%。当以不同 OPS、DOPO 配比,添加 5 wt% OPS/DOPO 混合物到环氧树脂中时,环氧树脂的极限氧指数分别达到了 27.1%,29.0%和 30.3%。这一结果显示,环氧树脂极限氧指数随着阻燃剂中 DOPO 含量的提高而增加。

8.2.1.2　UL-94 垂直燃烧

不同环氧树脂样品的垂直燃烧等级见表 8-6。如表 8-6 所示,单独使用 OPS 或者 DOPO 使环氧树脂的垂直燃烧性能有了明显的提升。虽然样品的垂直燃烧等级仍属于无级别，但是单独添加 OPS 或者 DOPO 之后，样品的熔滴现象消失了，并且在测试过程中出现了自熄现象。当 OPS 与 DOPO 按照一定比例混合添加到环氧树脂中之后，环氧树脂样品的阻燃性能进一步提高，并都表现出了明显的吹熄现象。例如，样品 EP/2.5wt%OPS/2.5wt%DOPO 的两次熄灭时间都为 6 s，这一数据已经非常接近 UL-94 V-0 级。这一结果正是我们所期望的，通过将 OPS 与 DOPO 混合使用来让环氧树脂出现吹熄阻燃效应，提高其垂直燃烧阻燃等级。

表 8-6　不同配方的环氧树脂阻燃性能

样品	LOI (%)	UL-94 (3.2 mm)	t_1 (s)	t_2 (s)	熔滴
EP	25.0	NR	>30	/	有
EP/2.5wt%OPS	26.8	NR	30	58	无
EP/5wt%OPS	27.6	NR	25	54	无
EP/2.5wt%DOPO	30.3	NR	45	67	无
EP/5wt%DOPO	31.1	NR	50	60	无
EP/3.75wt%OPS/1.25wt%DOPO	27.1	V-1	8	12	无
EP/2.5wt%OPS/2.5wt%DOPO	29.0	V-1	6	6	无
EP/1.25wt%OPS/3.75wt%DOPO	30.3	V-1	6	8	无

通过对不同 EP 样品垂直燃烧测试过程的仔细观察，我们发现纯的环氧树脂与阻燃环氧树脂的燃烧行为有很大不同。对于纯环氧树脂而言，样品点燃后，样品表面几乎没有炭层形成，样品的分解表面直接暴露于火焰中，并且火焰迅速向上传播。对于样品 EP/2.5wt%OPS 和 EP/5wt%OPS 而言，样品点燃后有炭层快速生成，并且火焰传播速度明显减慢。虽然测试过程中可以观察到有气体喷射现象，但是自熄时间较长，t_1 和 t_2 均超过了 30 s。对于样品 EP/2.5wt%DOPO 和 EP/5wt%DOPO 而言，它们与单独添加 OPS 的环氧树脂样品具有相似的喷气现象和自熄时间。以上结果显示，虽然单独添加 OPS 或 DOPO 到环氧树脂中能使环氧树脂出现吹熄效应，但是所需要的吹熄时间较长。对于 OPS/DOPO 混合物阻燃的环氧树脂来说，它们的炭层在样品点燃期间的几秒内就形成了，热分解气体喷射现象随即发生并很快吹熄炭层外部的火焰(图 8-9 A)。这一吹熄效应与用 2.5wt% DOPO-POSS 阻燃环氧树脂时发现的吹熄现象完全一致[3]。如图 8-9B 所示，样品 EP/2.5wt%OPS/2.5wt%DOPO 垂直燃烧测试过程中产生的炭层被小心地从环氧树脂基质上剥离下来，我们发现这是一个完整的、坚硬的炭层壳，把环氧树脂的分解表面完全包裹在内。

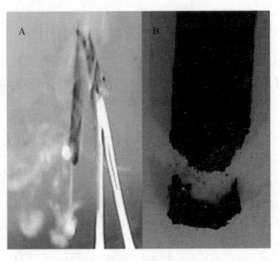

图 8-9 EP/2.5wt%OPS/2.5wt%DOPO 样品垂直燃烧等级测试视频截图(A)及残炭样条(B)照片

　　根据环氧树脂吹熄现象观察，以及对样条炭层壳宏观形貌的分析，我们对吹熄效应的作用原理给出了初步的物理模型。如图 8-10 所示，样条点燃以后，炭层很快在样条表面形成，OPS/DOPO 可以提高此炭层的热稳定性及强度，使这一炭层可以聚集样条受热过程中产生的气体产物，当炭层内部气体增多，压力不断增加，最终气体将突破炭层快速喷射而出，并熄灭炭层外部的残余火焰。这就是吹熄效应。

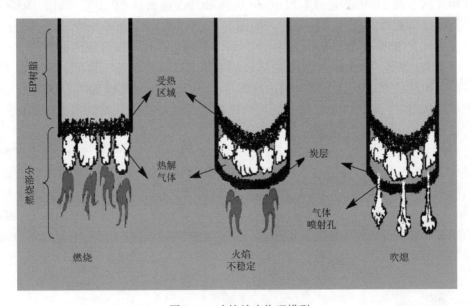

图 8-10 吹熄效应物理模型

8.2.2　环氧树脂/OPS 复合材料热稳定性及其气相产物分析

采用 TG-FTIR 对 EP 复合材料的热稳定性及热分解气体产物进行了分析。相关的参数见表 8-7。包括：失重 5%时所对应的温度(T_{onset})，最大质量损失速率所对应的温度(T_{max1}，T_{max2})，以及样品 800℃时的残炭量。

表 8-7　EP 复合材料的热稳定性参数(空气)

样品	T_{onset}(℃)	T_{max1}(℃)	T_{max2}(℃)	800℃残炭量(%)
EP	345	370	559	0.0
DOPO	228	283	381	0.0
EP/2.5wt%DOPO	325	369	559	0.0
EP/5wt%DOPO	328	361	579	0.0
OPS	450	517	656	8.5
EP/2.5wt%OPS	359	383	568	0.1
EP/5wt%OPS	338	382	561	0.8
EP/3.75wt%OPS/1.25wt%DOPO	343	371	576	1.1
EP/2.5wt%OPS/2.5wt%DOPO	347	363	591	4.2
EP/1.25wt%OPS/3.75wt%DOPO	336	372	571	0.2

EP/DOPO 样品及 DOPO 的 TG 曲线见图 8-11。虽然 DOPO 的初始分解温度明显低于纯 EP 的初始分解温度，但是当 DOPO 添加到 EP 中之后，EP/DOPO 的初始分解温度并没有明显降低。如图 8-11 所示，EP/DOPO 的第一个热失重温度区间在 350~500℃，添加 DOPO 对环氧树脂在这一温度区间的热稳定性几乎没有影响。在 500~700℃为环氧树脂第二个分解的温度区间，这一温度区间是炭层的高温氧化分解区间。从图 8-11 可以看出，高含量的 DOPO 可以使环氧树脂在 500~700℃具有更高的热稳定性，但最后却不能增加环氧树脂的残炭量。

EP/OPS 复合材料及 OPS 的 TG 曲线见图 8-12。虽然 OPS 的初始分解温度明显高于纯环氧树脂，但是 OPS 并没有提高 EP/OPS 的初始分解温度。EP/OPS 样品在 350~500℃及 500~700℃两个温度区间内的分解行为与纯 EP 非常相似。样品 EP/OPS/DOPO 的 TG 曲线见图 8-13。只有样品 EP/2.5wt%OPS/2.5wt% DOPO 的残炭量略高于其他样品，除此之外，OPS/DOPO 的混合物并没有明显改善环氧树脂的热稳定性。

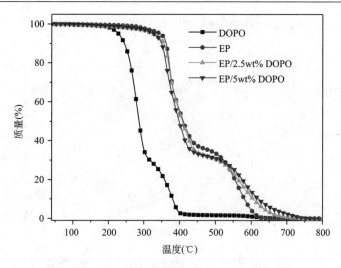

图 8-11　EP/DOPO 和 DOPO 的 TG 分析曲线(空气)

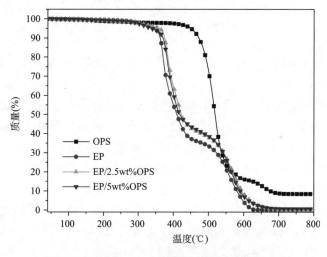

图 8-12　EP/OPS 和 OPS 的 TG 分析曲线(空气)

采用 TG-FTIR 对纯 EP，EP/5wt%DOPO，EP/5wt%OPS，及 EP/2.5wt%OPS/2.5wt%DOPO 的热分解气体进行分析。在 T_{max1} 时，环氧树脂主要的热分解气体产物包括苯酚衍生物/水(3737 cm^{-1}，3650 cm^{-1})，芳香化合物(3050 cm^{-1}，1604 cm^{-1}，1510 cm^{-1})，脂肪链化合物(3016 cm^{-1}，2969 cm^{-1})和酯/醚类化合物(1257 cm^{-1}，1181 cm^{-1}，1052 cm^{-1})。这些气体产物吸收峰都是环氧树脂基质热分解产物的特征峰。在 T_{max2} 时，EP-0 和 EP-2.5 主要的气体产物是 CO_2(2360 cm^{-1})和 CO(2180 cm^{-1} 和 2100 cm^{-1})。同时，也能看到少量的苯酚衍生物/水、芳香化合物、脂肪链化合物和酯/醚类化合物的红外吸收峰。这部分热分解气体是炭层在高温下氧化分解的

产物。这部分结果显示 OPS/DOPO 复合阻燃环氧树脂的气相分解产物种类与纯
EP 相似。

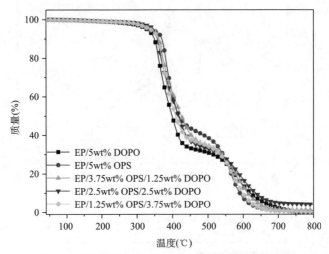

图 8-13　样品 EP/DOPO/OPS 的 TG 分析曲线(空气)

　　不同样品热分解过程中 CO_2 与 CO 释放强度随温度的变化曲线如图 8-14 所
示。其中 EP/5wt%OPS 样品的 CO_2 和 CO 释放温度与纯 EP 相比明显降低。同时，
EP/5wt%OPS 样品的 CO_2 和 CO 释放强度也是四组样品中最大的。这一结果显示
OPS 可以加速环氧树脂热分解过程中 CO_2 与 CO 的释放。同时，这一重要变化意
味着含有 OPS 的环氧树脂将产生更多的不可燃气体(CO_2)。如图 8-14 所示，
EP/2.5wt%OPS/2.5wt%DOPO 样品 CO_2 与 CO 的释放强度比 EP/5wt%OPS 低，但
是比 EP/5wt%DOPO 高，而实际测试过程中，EP/2.5wt%OPS/2.5wt%DOPO 具有
最强的吹熄效应。根据这一结果，可推断吹熄效应不仅决定于 CO_2 和 CO 等热分
解气体的释放速率，还与凝聚相的物理性质有关。

8.2.3　环氧树脂/OPS 复合材料锥形量热分析

　　OPS 与 DOPO 共同应用可以使环氧树脂表现出良好的吹熄效应，并获得良好
的阻燃性能，所以我们采用锥形量热仪对 OPS 与 DOPO 协同阻燃作用进行了进
一步研究。主要的测试参数包括：点燃时间(TTI)，热释放速率(HRR)，热释放
速率峰值(p-HRR)，总烟释放(TSR)，总热释放(THR)和平均比消光面积(平均
SEA)。锥形量热分析数据列于表 8-8 内。从表 8-8 中可以看出，添加 5 wt%的阻
燃剂(DOPO，OPS，OPS/DOPO)可以明显增加环氧树脂的点燃时间。但是，EP/
2.5wt%OPS/2.5wt%DOPO 样品的点燃时间并没有比 EP/5wt%DOPO 或 EP/5wt%OPS
样品高。

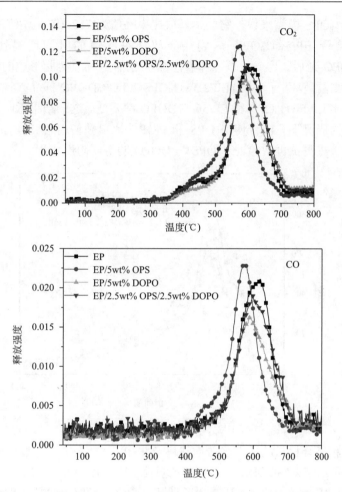

图 8-14　环氧树脂 TG-FTIR 分析过程中 CO_2 和 CO 释放强度变化曲线

表 8-8　环氧树脂复合材料的锥形量热分析数据表

样品	EP	EP/5wt%DOPO	EP/5wt%OPS	EP/2.5wt%OPS/2.5wt%DOPO
TTI（s）	45	54	60	54
p-HRR（kW/m²）	855	731	712	603
THR（MJ/m²）	112	93	103	89
TSR（m²/m²）	4182	3816	3192	2967
平均 SEA（m²/kg）	897	977	799	757

　　环氧树脂复合材料的热释放速率(HRR)曲线见图 8-15。纯的环氧树脂点燃后迅速燃烧并很快达到热释放速率峰值 855 kW/m²。而 EP/5wt%DOPO 样品的热释放速率曲线与纯 EP 相似，只是其热释放速率峰值比纯 EP 略低，为 731 kW/m²。

对于 EP/5wt%OPS 样品来说，它的热释放速率峰值为 712 kW/m²，但是从图中可以看出，样品 EP/5wt%OPS 达到热释放速率峰值的时间明显比纯 EP 和 EP/5wt%DOPO 延后。这一现象意味着添加了 OPS 的环氧树脂形成的炭层更加稳定，不易被高温破坏。而对于 EP/2.5wt%OPS/2.5wt%DOPO 样品来说，它的热释放速率峰值比 EP/5wt%OPS 和 EP/5wt%DOPO 都要低。这一结果意味着当阻燃剂添加量相同的情况下，混合使用 OPS 和 DOPO 比单独使用它们具有更高的阻燃效率。锥形量热测试再次验证了 OPS 与 DOPO 的协同阻燃作用。

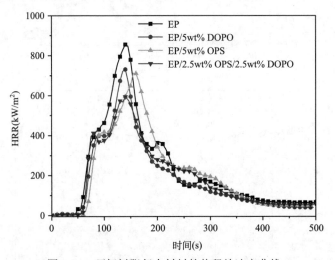

图 8-15　环氧树脂复合材料的热释放速率曲线

环氧树脂复合材料的总烟释放曲线以及 TSR，平均 SEA 等数据见图 8-16 和表 8-8。发现 EP/5wt%DOPO 样品烟释放量比 EP/5wt%OPS 样品更多。这是含磷阻燃剂具有自由基淬灭作用，在气相中抑制气相分解产物完全燃烧的结果[4, 5]。对于 EP/2.5wt%OPS/2.5wt%DOPO 样品，它的 TSR 和 SEA 数值比 EP/5wt%OPS 和 EP/5wt%DOPO 都要低。这说明 OPS/DOPO 还具有一定的抑烟作用。

EP 复合材料在锥形量热测试过程中的 CO_2 和 CO 产生速率曲线如图 8-17 所示。样品 EP/5wt%DOPO 在四组 EP 中具有最高 COPR 值，但同时它的 CO_2PR 却是四组样品中最低的。这是由于含磷阻燃剂可以使气相分解产物不完全燃烧生成 CO，抑制气相分解产物完全燃烧生成 CO_2[4, 5]。对于 EP/2.5wt%OPS/2.5wt%DOPO 样品来说，它的 COPR 比 EP/5wt%OPS 高，但比 EP/5wt%DOPO 要低。而 EP/2.5wt%OPS/2.5wt%DOPO 样品的 CO_2PR 比 EP/5wt%OPS 低，但比 EP/5wt%DOPO 要高。这一现象表明 EP/2.5wt%OPS/2.5wt%DOPO 样品在 CO_2 和 CO 的释放速率上并没有特别的增加，但它却具有最明显的吹熄阻燃效应。这一结果进一步说明吹熄效应的完成不是只取决于 CO_2 和 CO 的释放速率，还与样品燃烧过程中凝聚相的性质有关。

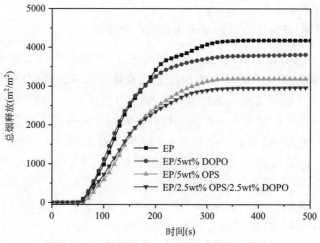

图 8-16 环氧树脂复合材料的总烟释放曲线

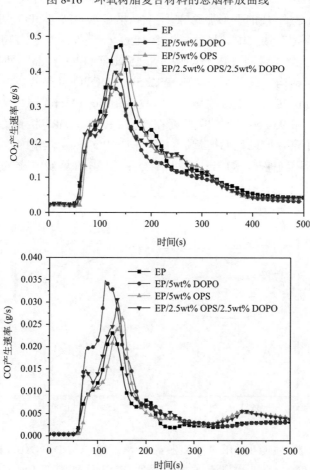

图 8-17 EP 复合材料在锥形量热测试过程中的 CO_2 和 CO 产生速率曲线

8.2.4　环氧树脂/OPS 复合材料凝聚相燃烧产物分析

　　对 EP 复合材料锥形量热测试后的残炭进行 FTIR 分析。如图 8-18 A 所示，纯 EP 的残炭中只有一个位于 1601cm^{-1} 处的宽峰，这证明残炭中有稠环芳烃形成。在图 8-18 B 中，样品 EP/5wt%DOPO 的残炭中也只有一个位于 1601cm^{-1} 处的宽峰，并没有关于 P—O 或者 P=O 的吸收峰在残炭中被发现。这可能是由于 DOPO 本身较低的热稳定性造成的。在 EP/5wt%OPS 样品残炭中，可以观察到稠环芳烃在 1601cm^{-1} 处的吸收峰。同时，还可以观察到一个位于 1059 cm^{-1} 处的宽峰，此宽峰为炭层中 C—O 或 Si—O 结构的吸收峰。

　　在图 8-18 中，样品 EP/2.5wt%OPS/2.5wt%DOPO 残炭的红外谱图与 EP/5wt%OPS 和 EP/5wt%DOPO 相比表现出多处明显的变化。EP/2.5wt%OPS/2.5wt%DOPO 样品位于 1601cm^{-1} 处稠环芳烃的吸收峰强度明显增加，而且还可以在谱图的 781cm^{-1} 处看到 C$_{Ar}$—H 的变形振动峰。这一结果显示 OPS/DOPO 混合物可以使更多的芳香结构保留在残炭中。另外，位于 1059 cm^{-1} 处的宽峰比 EP/5%OPS 也明显提高了。这一结果说明 EP/2.5wt%OPS/2.5wt%DOPO 样品的残炭中有更多的 C—O 和 Si—O 结构。在 EP/2.5wt%OPS/2.5wt%DOPO 样品残炭中还可以观察到一个位于 954 cm^{-1} 处的新的吸收峰，此吸收峰是 Si—O—phenyl 和 P—O—phenyl 的伸缩振动峰。在 954 cm^{-1} 处的吸收峰在样品 EP/5wt%OPS 和 EP/5wt%DOPO 的残炭中都没有出现，所以我们推断是 OPS 与 DOPO 在凝聚相中发生了某种反应，从而使更多的芳香结构，C—O，Si—O 和 P—O 结构保留在残炭中。通过 OPS 与 DOPO

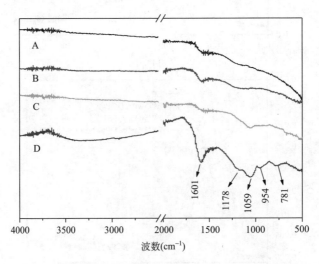

图 8-18　EP 复合材料残炭的 FTIR 分析谱图：纯 EP(A)，EP/5wt%DOPO(B)，EP/5wt%OPS(C)
和 EP/2.5wt%OPS/2.5wt%DOPO(D)

之间的相互作用，可以增加 EP/2.5wt%OPS/2.5wt%DOPO 样品残炭的热稳定性。这一结论可以解释 EP/2.5wt%OPS/2.5wt%DOPO 样品具有优异阻燃效果的原因。同时，这一稳定炭层似乎更有利于热分解气体的聚集，并最终形成显著的吹熄阻燃效应。

　　为了进一步确认残炭的 FTIR 分析结果，我们对纯 EP，EP/5wt%OPS，EP/5wt%DOPO 和 EP/2.5wt%OPS/2.5wt%DOPO 样品的残炭进行了 XPS 分析。不同残炭样品中的 C，O，N，Si 和 P 元素的元素含量列于表 8-9 中。EP/5wt%DOPO 样品中的各元素含量与纯 EP 相似，不同点在于有少量 P 元素残留，这一结果与 FTIR 分析结果相符合。对于 EP/5wt%OPS 样品，有大量的 Si 元素保留在残炭中。同时，EP/5wt%OPS 样品残炭中 C 元素比例大幅降低，而 O 元素比例则大幅度提高。这是由于 EP/5wt%OPS 样品残炭中存在大量的 O—Si—O 结构。对于 EP/2.5wt%OPS/2.5wt%DOPO 样品，它的残炭中 P 元素比例明显增加，这一比例甚至比 EP/5wt%DOPO 样品残炭中的 P 元素比例还要高。而且如表 8-9 所示，EP/2.5wt%OPS/2.5wt%DOPO 样品残炭中的 Si 元素比例比理论计算值要高。从这些结果中我们推断，OPS 与 DOPO 的协同作用可以保留更多的 Si、P 元素在残炭中，这些元素的存在将有助于提高残炭的热稳定性。残炭的 XPS 分析结果与残炭的 FTIR 结果正好相互印证，再次证明了 OPS 与 DOPO 确实在凝聚相中存在协同作用。

表 8-9　环氧树脂残炭样品中 C，O，N，Si 和 P 元素含量

样品	元素含量（%）				
	C	O	N	Si	P
EP	87.65	9.60	2.75	0.00	0.00
EP/5wt%DOPO	83.25	11.41	4.99	0.00	0.35
EP/5wt%OPS	33.15	48.88	0.00	17.97	0.00
EP/2.5wt%OPS/2.5wt%DOPO	50.71	32.96	5.01	10.48	0.83
EP/2.5wt%OPS/2.5wt%DOPO-理论值	58.20	30.14	2.49	8.99	0.18

　　环氧树脂复合材料在锥形量热测试之后，不同样品的残炭形貌有很大不同。如图 8-19 所示，纯 EP 在燃烧以后几乎没有形成炭层，而添加了阻燃剂的环氧树脂均具有较为明显的炭层生成。样品 EP/5wt%OPS 的炭层膨胀明显，并且在表面覆盖有一层柔软易碎的白色的二氧化硅。虽然二氧化硅具有很高的热稳定性，但是不连续的二氧化硅层并没有很好地保护环氧树脂基材，也没有使 EP/5wt%OPS 具有比 EP/5wt%DOPO 更低的热释放速率。而对于 EP/2.5wt%OPS/2.5wt%DOPO 样品而言，虽然我们在炭层表面没有观察到明显的二氧化硅层，但是 FTIR 和 XPS 分析都证明它的炭层中有大量的 Si—O 结构。这一结果说明，EP/2.5wt%OPS/2.5wt%

DOPO 样品残炭中的 Si—O 结构可能通过某种化学键分散在样品的残炭中。正是这分散的 Si—O 结构，使 EP/2.5wt%OPS/2.5wt%DOPO 样品的炭层具有较高的热稳定性，从而作为屏障更好的保护未燃烧的 EP 基质。

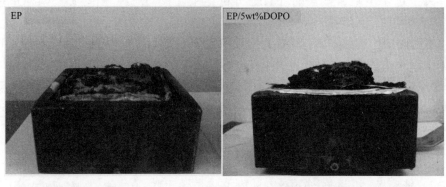

图 8-19　环氧树脂复合材料锥形量热测试的残炭照片

8.3　环氧树脂/八氨基苯基 POSS 复合材料及其吹熄阻燃效应

环氧树脂/八氨基苯基 POSS 复合材料是通过热固化获得的。其中八氨基苯基笼形低聚硅倍半氧烷 (OAPS) 中的氨基 (-NH$_2$) 可以与 DGEBA 中的环氧基团发生开环加成反应。在制备环氧树脂固化体系时，首先将规定量的阻燃剂 (OPS，OAPS，DOPO) 与 DGEBA 在 140℃混合 2 小时。预混合完成后，先要将混合体系降温到 80℃，然后添加一定量的 m-PDA。树脂中 DGEBA 与 m-PDA 的质量比为 25:3。添加固化剂之后，体系在 80℃下固化 2 个小时，然后再在 150℃下固化 2 个小时。不同配方中阻燃剂添加量如表 8-10 所示。

表 8-10　环氧树脂配方表

样品	EP (wt%)	阻燃剂含量（wt%）			
		POSS	Si	DOPO	P
EP	100.0	/	/	/	/
EP/OPS	95.9	4.1	0.90	/	/
EP/OAPS	95.4	4.6	0.90	/	/
EP/DOPO	93.7	/	/	6.3	0.90
EP/DOPO/OPS	94.8	2.1	0.45	3.1	0.45
EP/DOPO/OAPS	94.6	2.3	0.45	3.1	0.45

8.3.1　环氧树脂/OAPS 复合材料热稳定性

采用 TG 对环氧树脂 EP 的热稳定性进行分析。相关的数据列于表 8-11 中，其中包括：样品失重 5%时对应的温度（T_{onset}），最大失重速率对应的温度（T_{max1} 和 T_{max2}），以及 800℃时样品的残炭量。

表 8-11　环氧树脂的热重分析数据

样品	T_{onset}（℃）	T_{max1}（℃）	T_{max2}（℃）	800℃残炭(%)
EP	345	370	559	0.0
EP/OPS	364	379	576	0.6
EP/OAPS	351	378	575	0.9
EP/DOPO	336	354	588	0.0
EP/DOPO/OPS	348	363	581	3.9
EP/DOPO/OAPS	342	356	575	2.7

如表 8-11 所示，在环氧树脂（EP）以及 EP/DOPO 复合材料中添加 POSS（OPS 或 OAPS）可以少量提高它们的 T_{onset}。如图 8-20 所示，在环氧树脂第一个失重区间（350～500℃），OPS 或者 OAPS 可以提高环氧树脂体系的热稳定性。500～700℃ 为环氧树脂的第二个失重区间，这一失重区间是残炭在高温下氧化分解的结果。在环氧树脂复合材料的第二个失重区间，OPS 或 OAPS 对环氧树脂的热稳定性几乎没有影响。但是，如表 8-11 所示，EP/DOPO/POSS 复合材料在 800℃时的残炭量高于其他配方的环氧树脂，此结果说明笼形低聚硅倍半氧烷与 DOPO 之间在凝聚相中可能存在协同作用。对比 OPS 与 OAPS 在环氧树脂中的表现发现，非反应型的 OPS 更能提高 DGEBA/*m*-PDA 环氧树脂的热稳定性。

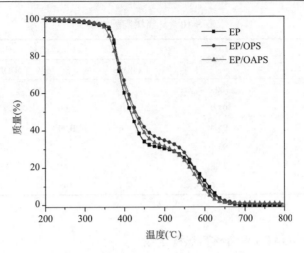

图 8-20　环氧树脂复合材料的 TG 分析曲线

8.3.2　环氧树脂/OAPS 复合材料锥形量热分析

　　采用锥形量热分析来研究不同阻燃剂对环氧树脂体系燃烧性能的影响。相关参数包括点燃时间(TTI)，热释放速率(HRR)，热释放速率峰值(p-HRR)，总热释放(THR)，总烟释放(TSR)和平均比消光面积(平均 SEA)。环氧树脂体系的锥形量热分析数据见表 8-12。从表 8-12 可以看出，在 EP 中添加 OPS，OAPS 或者 DOPO 都可以明显的提高 EP 的 TTI。TTI 的提高是环氧树脂阻燃性能提高的一个重要指标。

　　不同 EP 复合材料的热释放速率曲线如图 8-21 所示，可以看到纯 EP 点燃之后迅速燃烧，并很快达到 855 kW/m^2 的热释放速率峰值。当 OPS，OAPS 或者 DOPO 单独添加到 EP 中时，它们的 p-HRR 明显低于纯 EP 的 p-HRR。样品 EP/OPS，EP/OAPS，EP/DOPO 的 p-HRR 分别达到了 626 kW/m^2，635 kW/m^2，686 kW/m^2。这一结果显示，与 DOPO 相比，OPS 和 OAPS 能够更好地降低 EP 的 p-HRR。这

表 8-12　环氧树脂复合材料的锥形量热分析数据

样品	EP	EP/OPS	EP/OAPS	EP/DOPO	EP/DOPO/OPS	EP/DOPO/OAPS
TTI (s)	45	55	57	54	51	53
p-HRR (kW/m^2)	855	626	635	686	557(656)	645(661)
THR (MJ/m^2)	112	112	110	96	95(104)	102(103)
TSR (m^2/m^2)	4182	3729	3753	4675	3671(4202)	3961(4214)
平均 SEA (m^2/kg)	897	899	893	1111	902(1005)	944(1002)

注：括号里面为计算值。

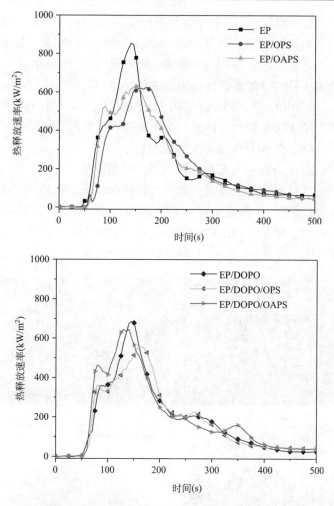

图 8-21　环氧树脂复合材料的热释放速率曲线

种现象是因为 OPS 和 OAPS 能够使 EP 产生一种含有—Si—O—结构的稳定炭层[6]，而这一稳定炭层可以有效地降低 p-HRR。对于样品 EP/DOPO/OPS 和样品 EP/DOPO/OAPS，它们的 p-HRR 比纯 EP 显著降低，而且明显低于它们的理论计算值。其中样品 EP/DOPO/OPS 具有所有样品中最低的 p-HRR（557 kW/m²）。这说明 DOPO 与笼形低聚硅倍半氧烷之间存在着相互作用，从而提高 EP 残炭的热稳定性并有效降低 p-HRR。对比 OPS 和 OAPS 对 EP 和 EP/DOPO 复合材料的阻燃表现，发现 OPS 比 OAPS 的阻燃效率更高，具有活性氨基苯基的 OAPS 并没有表现出更好的阻燃效率。

　　环氧树脂的总烟释放和平均比消光面积见表 8-12。从表 8-12 可以看出，样品 EP/DOPO 的总烟释放量最大。含磷阻燃剂可以通过自由基淬灭机理来抑制聚合物气相分解产物的完全燃烧,而不完全燃烧的结果就是产生更大量的烟雾[4,5]。这是含磷阻燃剂的气相阻燃机理的表现。对于样品 EP/DOPO/OPS 和 EP/DOPO/OAPS,它们的 TSR 和平均 SEA 值与 EP/OPS 或 EP/OAPS 样品相似,这说明样品 EP/DOPO/POSS 中 DOPO 的阻燃作用应该主要发生在凝聚相中,而不是在气相中。如表 8-12 所示,EP/DOPO/POSS 样品的 THR 明显低于 EP/ POSS 样品。我们推断,当采用 DOPO/POSS 阻燃 EP 时,凝聚相阻燃机理起主导作用,这也再次证明了 DOPO 与 POSS 的相互作用发生在凝聚相中。

图 8-22 为 EP 复合材料锥形量热测试后的残炭照片。如图 8-22 所示,纯 EP 几乎没有炭层形成,而阻燃的环氧树脂复合材料都有膨胀和坚固的炭层。另外,在图 8-22 中还观察到一个有趣的现象,样品 EP/POSS 的炭层表面都覆盖着一场白色的二氧化硅层。但是,当 DOPO 添加到 EP/POSS 中时,这一独立的二氧化硅层却消失了。这一现象再次证明了 DOPO 与笼形低聚硅倍半氧烷之间在凝聚相

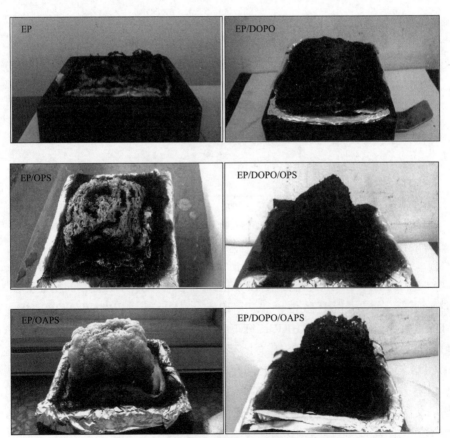

图 8-22　EP 复合材料锥形量热测试后的残炭照片

中存在相互作用。对比 EP/OPS 样品与 EP/OAPS 样品的炭层可以发现，EP/OAPS 炭层上的白色二氧化硅层更加完整，这可能与 OAPS 具有反应性基团有关，但是，从锥形量热分析结果分析，显然 OPS 的阻燃效率更高。

8.3.3　环氧树脂/OAPS 复合材料凝聚相燃烧产物分析

8.3.3.1　FTIR 分析

EP/POSS 复合材料锥形量热测试后炭层表面白色物质的 FTIR 分析谱图见图 8-23。从图中可以看出，EP/OPS 与 EP/OAPS 残炭具有几乎一样的红外谱图，这说明 OPS 与 OAPS 的残炭具有相似的化学结构。EP/POSS 残炭的 FTIR 谱图中只有两个明显的吸收峰，它们分别是位于 1037 cm^{-1} 处 Si—O—Si 的伸缩振动峰，以及位于 803 cm^{-1} 处 Si—O—C 变形振动峰，或者 Si—C 结构的伸缩振动峰。在该谱图中没有发现脂肪链段或者芳香环中 C—C 结构的吸收峰。这意味着白色物质主要由 Si—O—Si 结构组成（如图 8-24 A）。

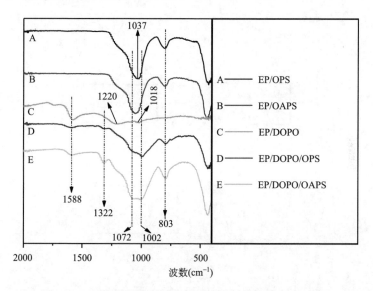

图 8-23　环氧树脂锥形量热测试后外层残炭的 FTIR 分析

对于 EP/DOPO 复合材料，可以在它们的 FTIR 谱图中看到位于 1220 cm^{-1} 处的 P═O 结构的吸收峰，这说明部分 P═O 结构被保留在残炭中。而在 1018 cm^{-1} 处的弱峰则代表 P—O 或者 C—O 的伸缩振动峰。同时，在该谱图中，还能看到位于 1588 cm^{-1} 处稠环芳烃的吸收峰，以及位于 1741 cm^{-1} 处 C═O 基团的吸收峰。文献报道称，在含磷阻燃体系中，燃烧后的碳元素多以稠环芳烃形式存在，而这些稠环芳烃则通过磷酸酯结构连接在一起[7, 8]。根据以上的分析，我们推断

EP/DOPO 样品残炭的主要化学结构为稠环芳烃和磷酸酯结构(如图 8-24 B)。

在图 8-23 中，我们看到 EP/DOPO/POSS 样品残炭的 FTIR 谱图出现了很多变化。首先，EP/POSS 谱图中位于 1037 cm^{-1} 处代表 Si—O—Si 结构的单峰，在 EP/DOPO/POSS 中已经裂分成了双峰(1002 cm^{-1} 和 1072 cm^{-1})。这一变化说明，在 EP/POSS 样品中添加 DOPO 使炭层中 Si—O—Si 键所处的化学环境发生了变化。与此同时，样品 EP/DOPO 中位于 1220 cm^{-1} 处 P=O 的吸收峰在 EP/DOPO/POSS 中完全消失了，取而代之的是位于 1322 cm^{-1} 处的 P=O 吸收峰。这一结果说明 EP/DOPO/POSS 残炭中 P=O 的化学环境与 EP/DOPO 残炭中 P=O 的化学环境已经完全不同了。另一方面，EP/DOPO/POSS 残炭 FTIR 谱图中位于 1588 cm^{-1} 处稠环芳烃的吸收峰与 EP/DOPO 残炭中稠环芳烃的吸收峰相同。而且，EP/DOPO/POSS 残炭 FTIR 谱图中位于 803 cm^{-1} 处 Si—O—C 结构或者 Si—C 结

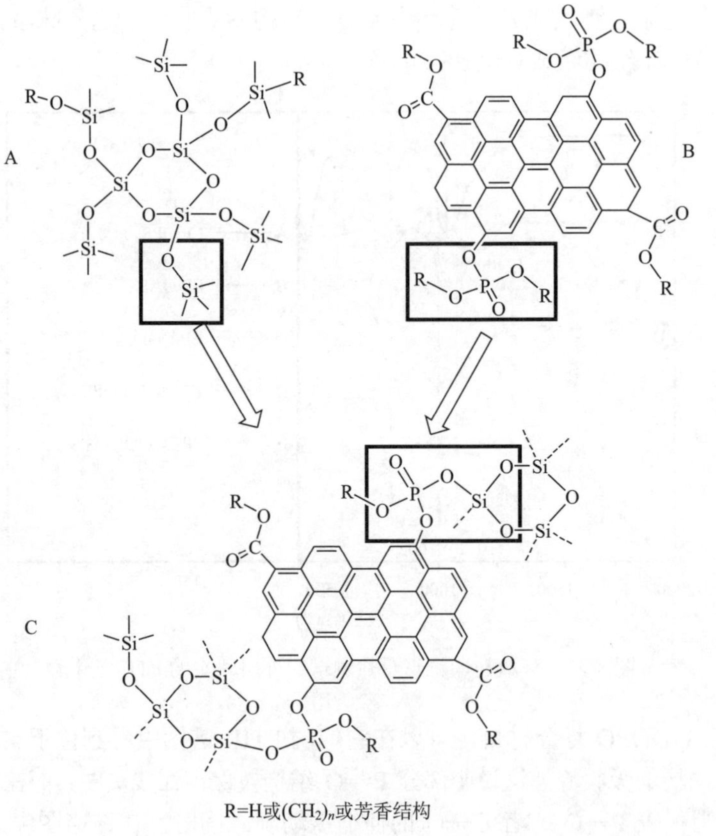

R=H或(CH₂)ₙ或芳香结构

图 8-24　EP/DOPO/POSS 复合材料残炭的化学结构

A：含 Si—O—Si 结构；B：含稠环芳烃和磷酸酯结构；C：含—P(=O)—O—Si—结构

构的吸收峰与 EP/POSS 残炭吸收峰相同。这一结果说明，EP/DOPO/POSS 残炭中含炭结构的化学环境与 EP/POSS 样品和 EP/DOPO 样品残炭的化学环境基本相同。基于以上分析，我们分析在磷酸酯结构与 Si—O—Si—O 结构之间一定存在相互作用，而最可能相互作用产物就是—P(═O)—O—Si—结构[9-11]（如图 8-24 C）。

8.3.3.2 XPS 分析

经过 XPS 分析，环氧树脂炭层中 C，O，Si，P，N 的元素含量列于表 8-13 中。在 EP/POSS 复合材料中，残炭中的主要元素为 Si 和 O，只有少量的 C 保留在残炭中。这一结果显示 EP/POSS 炭层中主要成分为二氧化硅，这与炭层的 FTIR 分析结果相吻合。对于 EP/DOPO 样品的残炭，它的 C，O 元素含量与纯 EP 的非常相似，只是 EP/DOPO 样品残炭中额外多了少量的 P 元素。对于 EP/DOPO/POSS 样品残炭来说，炭层中残留的 P 元素比例明显提高，其比例甚至高于 EP/DOPO 残炭中 P 元素比例。同时，EP/DOPO/POSS 样品残炭中的 Si 元素比例也明显高于理论计算值。根据以上结果，可推断复合使用 DOPO 和 POSS（OPS 或 OAPS）可以使更多的 P，Si 元素保存在残炭中，提高残炭的热稳定性。

表 8-13　环氧树脂炭层中 C，O，Si，P，N 的元素含量(%)

样品	C	O	Si	P	N	C/Si	O/Si
EP	78.58	19.27	0.00	0.00	2.15	/	/
EP/OPS	6.74	65.92	27.34	0.00	0.00	0.25	2.40
EP/OAPS	3.98	67.58	28.44	0.00	0.00	0.14	2.37
EP/DOPO	77.06	14.20	0.00	1.92	6.82	/	/
EP/DOPO/OPS	24.45	53.88	19.11(13.65)	2.55(0.96)	0.00	1.28	2.81
EP/DOPO/OAPS	9.10	64.70	22.20(14.22)	3.99(0.96)	0.00	0.41	2.91

注：括号里面为计算值。

不同配方环氧树脂残炭中的 C/Si 比例和 O/Si 比例见图 8-25。如图 8-25 所示，EP/DOPO/POSS 样品残炭中 C/Si 比例明显高于 EP/POSS 样品残炭中的 C/Si 比例。这一结果说明，添加 DOPO 以后，环氧树脂中的 Si 原子可以在炭层中保留更多的 C 原子。另外，由于 DOPO 的加入，使 EP/DOPO/POSS 样品残炭中 O/Si 比例也比 EP/POSS 样品残炭中的 O/Si 提高了。氧元素比例的增加与其残炭中 P 元素含量的增加有关，因为更多的 P 元素意味着更多的 P(═O)—O 结构的存在。我们推断 EP/DOPO/POSS 样品残炭中 C/Si 比例和 O/Si 比例增加是由于在 Si，P 元素之间出现新结构—P(═O)—O—Si—结构造成的。

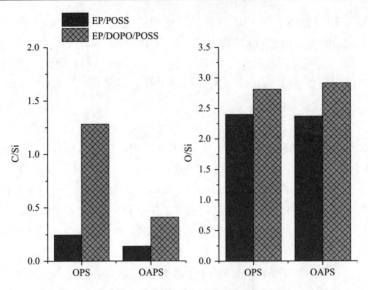

图 8-25　不同配方环氧树脂残炭中的 C/Si 比例和 O/Si 比例

　　通过 XPS 对 EP/DOPO，EP/OPS 以及 EP/DOPO/OPS 样品的外部炭层进行了详细分析。这些残炭样品中 Si2p 和 P2p 的谱图见图 8-26。文献报道称键能在 133～135 eV 的是磷酸酯中 P—O—C—及 PO$_3$ 基团[7]。对于 EP/DOPO 残炭，P2p 谱图中只有 133.4 eV 处的键能峰，这是炭层中—P(═O)—O—C—结构产生的。而 EP/DOPO/OPS 炭层中 P2p 谱图可以被分成 133.5 eV 和 134.6 eV 两个键能峰，而这个 134.6 eV 处的新的键能峰则是由于新结构—P(═O)—O—Si—造成的。并且，在 EP/DOPO/OPS 炭层中 P2p 谱图中，134.6 eV 处的键能峰面积明显大于 133.5 eV 处键能峰面积，这就意味着残炭中的 P 元素大部分都是以新结构—P(═O)—O—Si—的形式存在。这一结果正好解释了在残炭的 FTIR 中，位于 1220 cm^{-1} 处 P=O 的吸收峰消失，而在 1322 cm^{-1} 处出现了一个新的 P=O 吸收峰的原因。因此，XPS 分析中关于—P(═O)—O—Si—的形成能够与残炭的 FTIR 分析相吻合。

　　如图 8-26 所示，EP/OPS 样品炭层中 Si2p 谱图中只是位于 103.4 eV 的键能峰。文献报道称 103.4 eV 的键能峰代表 Si(—O)$_4$ 和 Si—O 结构[12, 13]。但是，对于样品 EP/DOPO/OPS 残炭中的 Si2p 谱图，它可以被分为 103.4 eV 和 104.3 eV 处的两个结合能峰。而在 104.3 eV 处的结合能峰进一步证明了—P(═O)—O—Si—的形成。另外，104.3 eV 处的键能峰面积比 103.4eV 处的结合能峰面积小，这就意味着只有一小部分 Si(—O)$_4$ 和 Si—O 结构转化成了—P(═O)—O—Si—结构。这一结果与表 8-13 中关于 P，Si 元素含量的定量分析结果相一致。

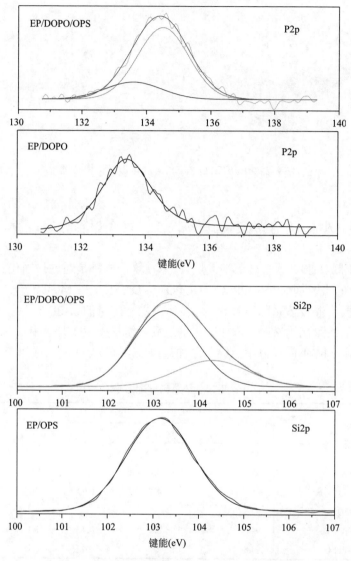

图 8-26　环氧树脂残炭中 Si，P 元素的 XPS 谱图

综合分析 FTIR 结果与 XPS 结果发现，DOPO 与 POSS 可以在凝聚相中发生相互作用并生成新结构—P(═O)—O—Si—，该结构可以作为连接键将三维 $Si(—O)_4$ 网络与稠环芳烃相连接(如图 8-27 所示)。该结构中稠环芳烃的保留可以大大提高样品的残炭量，同时，稠环芳烃周围的 $Si(—O)_4$ 网络可以减缓稠环芳烃受热分解的速度。总之，EP/DOPO/POSS 炭层中—P(═O)—O—Si—结构的形成可以同时增加该样品的残炭量和残炭的热稳定性。

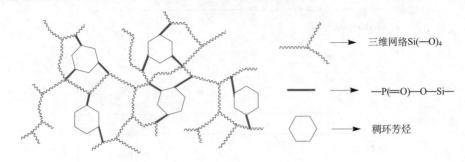

图 8-27　EP/DOPO/POSS 炭层化学结构模拟图

8.4　环氧树脂/梯形聚苯基硅倍半氧烷复合材料及其吹熄阻燃效应

　　环氧树脂/梯形聚苯基硅倍半氧烷(PPSQ)复合材料是通过热固化获得的。首先将规定量的阻燃剂(OPS，PPSQ，DOPO)与 DGEBA 在 140℃混合 2 h。预混合完成后，先要将混合体系降温到 80℃，然后添加一定量的 m-PDA。树脂中 DGEBA 与 m-PDA 的质量比为 25:3。添加固化剂之后，体系在 80℃下固化 2 h，然后再在 150℃下固化 2 h。不同配方中阻燃剂添加量以及 m-PDA 的添加量如表 8-14 所示。

表 8-14　环氧树脂配方表

样品	EP（wt%）	阻燃剂含量（wt%）			
		POSS	Si	DOPO	P
EP	100.0	/	/	/	/
EP/OPS	95.9	4.1	0.90	/	/
EP/PPSQ	95.9	4.1	0.90	/	/
EP/DOPO	93.7	/	/	6.3	0.90
EP/DOPO/OPS	94.8	2.1	0.45	3.1	0.45
EP/DOPO/PPSQ	94.8	2.1	0.45	3.1	0.45

8.4.1　环氧树脂/PPSQ 复合材料微观形貌

　　通过 SEM 对环氧树脂(EP)的脆断表面进行分析，见图 8-28。如图 8-28 所示，在 EP 的断面中，OPS 团聚成较大的颗粒，而 PPSQ 则在 EP 中分散较为均匀。OPS 本身为结晶性分子，它的结晶面与环氧树脂基材相容性较差，而 PPSQ 为非晶聚合物，它侧链上的苯环结构与环氧树脂基材的相容性较好。

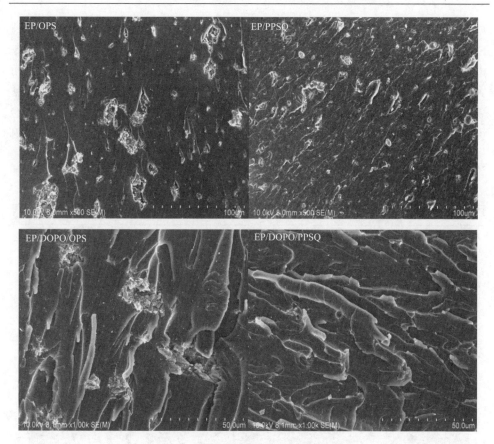

图 8-28　环氧树脂断面的 SEM 照片

8.4.2　环氧树脂/PPSQ 复合材料阻燃性能

含有不同硅倍半氧烷的 EP 的极限氧指数(LOI)见表 8-15。当单独添加 OPS 或者 PPSQ 到 EP 中时，它们的 LOI 值从 25.0%增加到了 27.1%左右。而当 OPS 和 PPSQ 被添加到 EP/DOPO 复合材料中之后，样品的 LOI 值只从 30.5%增加到了 31.1%左右。该结果显示，含 OPS 或者 PPSQ 的环氧树脂复合材料的 LOI 基本相同。

不同 EP 样品的 UL-94 燃烧等级结果列于表 8-15。当 OPS 或者 PPSQ 单独添加到 EP 中时，EP 的熔滴现象消失了。对于 EP/OPS 样品，测试过程中还可观察到一个强度较弱的吹熄现象，该吹熄现象是样品在点燃后大约 45s 时出现自熄。而对于 EP/PPSQ 样品，在垂直燃烧测试过程中并没有弱的吹熄现象发生。对于 DGEBA/m-PDA 环氧树脂来说，OPS 比 PPSQ 表现出了更好的阻燃效果。当 OPS 和 PPSQ 添加到 EP/DOPO 复合材料中后，OPS 同样表现出了更好的阻燃效果。

如表 8-15 所示，样品 EP/DOPO 的垂直燃烧等级为无级别，当 PPSQ 添加到 EP/DOPO 中之后，EP/DOPO/PPSQ 样品的阻燃性能并没有得到明显提高。而令人惊奇的是，当 OPS 添加到 EP/DOPO 中之后，样品 EP/DOPO/OPS 的熄灭时间大幅降低，使样品的垂直燃烧等级达到了 V-0 级。重要的是，EP/DOPO/OPS 样品表现出来显著的吹熄效应(图 8-29)。在该环氧树脂体系中，OPS 表现出了比 PPSQ 更好的阻燃效果。根据该结果，我们推断 OPS 和 PPSQ 的结构对它们的阻燃作用以及吹熄阻燃现象有很大影响。

表 8-15　环氧树脂的阻燃性能表

样品	LOI (%)	UL-94 (3.2 mm)	t_1(s)	t_2(s)	熔滴
EP	25.0	NR	>30	/	有
EP/OPS	27.2	NR	45	40	无
EP/PPSQ	27.1	NR	>30	/	无
EP/DOPO	30.5	NR	30	45	无
EP/DOPO/OPS	31.1	V-0	6	3	无
EP/DOPO/PPSQ	31.2	NR	36	15	无

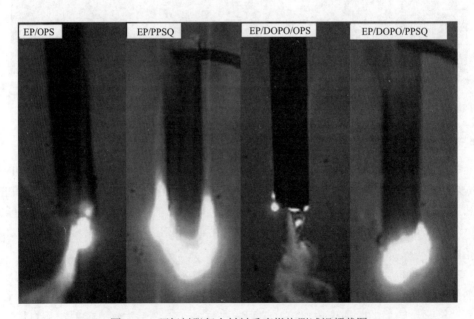

图 8-29　环氧树脂复合材料垂直燃烧测试视频截图

另外，如表 8-15 所示，EP/DOPO/OPS 复合材料的极限氧指数为 31.1%，垂直燃烧等级为 V-0 级。此时 DGEBA/*m*-PDA 体系中含有 2.1wt%的 OPS 和 3.1wt%

的 DOPO。而如 8.2.1 节中表 8.6 所述，含有 2.5 wt% 的 OPS 和 2.5 wt% 的 DOPO 的 DGEBA/m-PDA 环氧树脂的极限氧指数为 29%，垂直燃烧等级为 V-1 级。对比两组数据发现，不同配比的 OPS/DOPO 对该环氧树脂体系的阻燃性能影响明显不同。该对比结果说明添加 2.1wt% 的 OPS 和 3.1wt% 的 DOPO 就可以使 DGEBA/m-PDA 体系达到较高的阻燃效果，具有很好的应用价值。

8.4.3　环氧树脂/PPSQ 复合材料热稳定性

采用 TG 对环氧树脂 EP 的热稳定性进行分析，相关的数据列于表 8-16 中，其中包括：样品失重 5% 时对应的温度（T_{onset}），最大失重速率对应的温度（T_{max1} 和 T_{max2}），以及 800℃时样品的残炭量。

表 8-16　环氧树脂复合材料的热重分析数据

样品	T_{onset}（℃）	T_{max1}（℃）	T_{max2}（℃）	800℃残炭量(%)
OPS	450	517	656	8.5
PPSQ	504	612	692	45.8
EP	345	370	559	0.0
EP/OPS	364	379	576	0.6
EP/PPSQ	360	381	577	0.4
EP/DOPO	336	354	588	0.0
EP/DOPO/OPS	348	363	581	3.9
EP/DOPO/PPSQ	346	361	567	2.5

OPS 与 PPSQ 的 TG 分析曲线如图 8-30 所示，从图中我们可以清楚地看出 PPSQ 具有比 OPS 更高的热稳定性。但在表 8-16 中可以看出，OPS 或者 PPSQ 添加到纯 EP 或 EP/DOPO 复合材料中之后，都只能少量提高 EP 的 T_{onset}。如图 8-31 所示，在 350~500℃这一失重区间内，添加 OPS 或 PPSQ 可以增加 EP 复合材料在这一温度区间的热稳定性。从图中可以看出，含有 OPS 的 EP 样品比含 PPSQ 的 EP 样品具有更高的热稳定性。如表 8-16 所示，EP/DOPO/OPS 和 EP/DOPO/PPSQ 比其他 EP 样品具有更高的残炭量。这是由于 DOPO 与 POSS 在凝聚相中可以相互作用并产生—P(═O)—O—Si—结构。该结构有助于环氧树脂残炭的热稳定性并提高其残炭量[14]。TG 分析结果显示，虽然 PPSQ 本身具有比 OPS 更高的热稳定性，但是它们对环氧树脂复合材料热稳定性的影响却很相似。

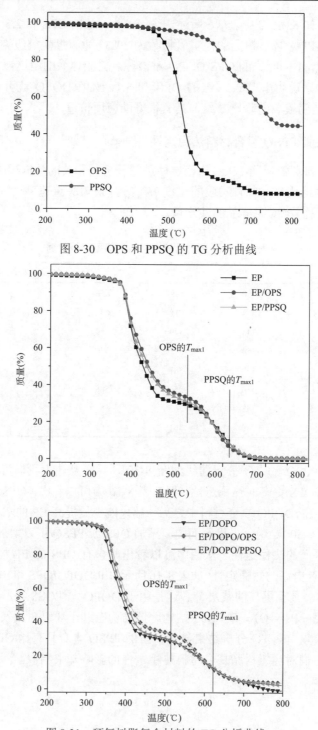

图 8-30　OPS 和 PPSQ 的 TG 分析曲线

图 8-31　环氧树脂复合材料的 TG 分析曲线

8.4.4　环氧树脂/PPSQ 复合材料锥形量热分析

采用锥形量热分析来研究不同 POSS 化合物对环氧树脂体系阻燃性能的影响。相关参数包括点燃时间(TTI)，热释放速率(HRR)，热释放速率峰值(p-HRR)和总热释放(THR)。环氧树脂体系的锥形量热分析数据见表 8-17。从表 8-17 可以看出，在 EP 中添加 OPS，PPSQ 或者 DOPO 都可以明显的提高 EP 的点燃时间。

表 8-17　环氧树脂复合材锥形量热分析数据

样品	EP	EP/OPS	EP/PPSQ	EP/DOPO	EP/DOPO/OPS	EP/DOPO/PPSQ
TTI (s)	45	55	50	54	51	49
p-HRR (kW/m^2)	855	626	925	686	557	895
THR (MJ/m^2)	112	112	116	96	95	100
平均 COY (kg/kg)	0.07	0.08	0.08	0.13	0.11	0.11
平均 CO$_2$Y (kg/kg)	1.82	2	2.05	1.7	1.82	1.84

图 8-32 为环氧树脂复合材料的热释放速率曲线，从图中可见，纯 EP 点燃以后迅速燃烧并很快达到 855 kW/m^2 的热释放速率峰值。当 OPS 或 PPSQ 添加到纯 EP 中时，OPS 与 PPSQ 在阻燃 EP 上竟然表现出了很大不同。如图 8-32 所示，EP/OPS 样品的热 p-HRR 从 855 kW/m^2 降低到了 626 kW/m^2。出乎人意料的是，EP/PPSQ 样品的 p-HRR 是 925 kW/m^2，该数值比纯 EP 的 p-HRR 还要高。这种趋势同样出现在 OPS 和 PPSQ 添加到 EP/DOPO 复合材料中。如图 8-32 所示，OPS 可以降低 EP/DOPO 的 p-HRR，而 PPSQ 却使 EP/DOPO 的 p-HRR 增加。这一结果可能是因为 PPSQ 的梯形结构更易于生产 SiO$_2$ 粒子，过多的刚性 SiO$_2$ 粒子使含有 PPSQ 的环氧树脂炭层脆性增加，燃烧时更易破裂。而笼形的 OPS 在受热分解时会在较长时间保持一个整体，尤其在有 DOPO 参与的情况下，炭层中容易形成—P—O—Si—、—P(═O)—O—Si—结构，这些结构有助于形成完整连续的炭层。

环氧树脂样品的 CO 释放速率(COPR)曲线和 CO$_2$ 释放速率(CO$_2$PR)曲线见图 8-33。如图 8-33 A 所示，EP/PPSQ 样品的 COPR 和 CO$_2$PR 是该图中三个样品最高的。在图 8-33 B 中，EP/DOPO/PPSQ 样品的 COPR 和 CO$_2$PR 仍然是该图中三个样品最高的。而含有 OPS 的 EP 样品的 COPR 和 CO$_2$PR 则是该组样品中最低的。该结果显示梯形的 PPSQ 明显比 OPS 更能加速环氧树脂 CO 和 CO$_2$ 的释放。然而，如表 8-17 所示，含有 OPS 或者 PPSQ 的环氧树脂样品的 CO 释放量或者 CO$_2$ 释放量却几乎相同。

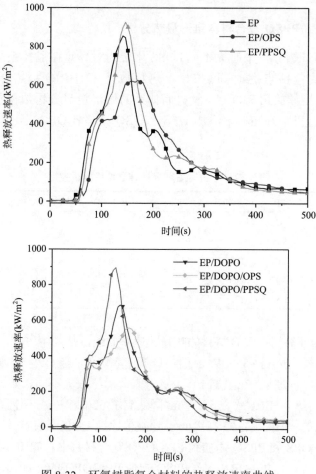

图 8-32　环氧树脂复合材料的热释放速率曲线

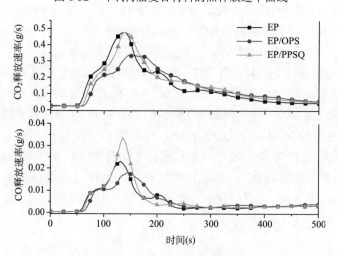

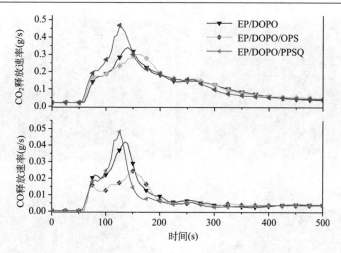

图 8-33　环氧树脂的 CO 释放速率曲线和 CO_2 释放速率曲线

环氧树脂样品 CO 释放速率和 CO_2 释放速率的提高通常被认为有利于环氧树脂吹熄效应的发生，但是如图 8-29 所示，样品 EP/PPSQ 与样品 EP/DOPO/PPSQ 都没有表现出吹熄现象，相反，CO 释放速率和 CO_2 释放速率较低的 EP/OPS 样品与 EP/DOPO/OPS 样品却表现出来显著的吹熄效应。因此，OPS，PPSQ 在 EP 以及 EP/DOPO 中所表现出的不同现象，可能要归因于它们在凝聚相中所表现出的不同作用。

8.4.5　环氧树脂/PPSQ 复合材料凝聚相燃烧产物分析

8.4.5.1　宏观现象分析

当 EP 样品做完锥形量热分析以后，通过肉眼观察可以看到一些有趣的现象。如图 8-34 所示，样品 EP/OPS 与样品 EP/PPSQ 都具有明显的膨胀炭层，并且都在炭层表面覆盖有白色二氧化硅结构。这一现象说明燃烧过程中有二氧化硅在表面聚集。

当 DOPO 添加到 EP/OPS 或 EP/PPSQ 之后，在样品 EP/DOPO/OPS 和 EP/DOPO/PPSQ 的表面没有白色二氧化硅结构生成了。这是由于它们的炭层中生成了一P(═O)—O—Si—结构，这种结构可以使—Si—O—结构与稠环芳烃相连接，所以没有单独的二氧化硅结构迁移到残炭表面了。另外，从图 8-34 可以看出，EP/PPSQ 和 EP/DOPO/PPSQ 的炭层明显比 EP/OPS 和 EP/DOPO/OPS 的炭层破裂更严重。

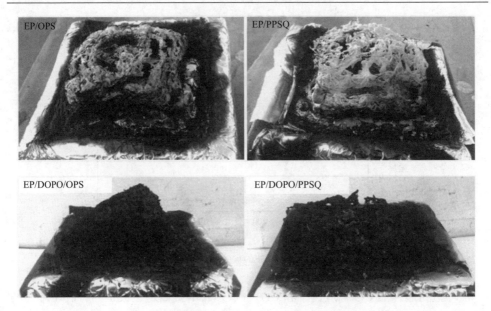

图 8-34　阻燃 EP 锥形量热测试后的残炭照片

8.4.5.2　微观形貌分析

阻燃环氧树脂外部炭层的 SEM 照片见图 8-35，样品 EP/OPS 和样品 EP/DOPO/OPS 的炭层表现为连续的薄膜状炭层，而样品 EP/PPSQ 和样品 EP/DOPO/PPSQ 的炭层则有很多裂缝。从以上分析看，笼形的 OPS 可以促使 EP 或者 EP/DOPO 形成有效的炭层，保护未燃烧的 EP 基材，而梯形的 PPSQ 则不能使 EP 形成有效的炭层保护。通常情况下，密实均匀的炭层可以对聚合物基材进行更好地保护，防止热量和气相分解产物的自由传播，而以上环氧树脂炭层的微观结构正好可以解释 OPS 比 PPSQ 更能降低环氧树脂 p-HRR 的原因。

8.4.5.3　XPS 分析

为了进一步了解为什么梯形的 PPSQ 与笼形的 OPS 使环氧树脂具有不同的炭层结构，我们用 XPS 对环氧树脂炭层进行了分析。环氧树脂中 C，O，Si，P，N 元素的元素含量如表 8-18 所示。

对于 EP/OPS 和 EP/PPSQ，它们的外部炭层中含有很少量的 C 元素，但含有大量的 Si 和 O 元素。在它们的内部炭层中，C 元素是最多的，而大量的 Si 元素都以二氧化硅的形式迁移到了炭层表面。

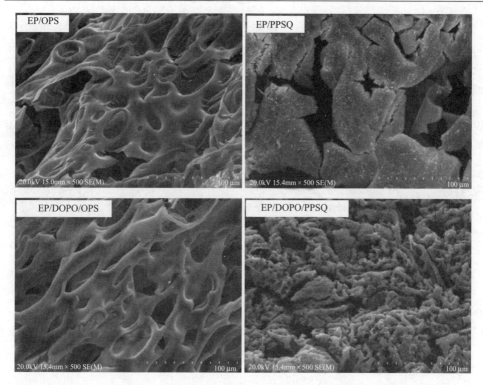

图 8-35　阻燃环氧树脂外部炭层的 SEM 照片

对于 EP/DOPO/OPS 和 EP/DOPO/PPSQ 来说，与 EP/OPS 和 EP/PPSQ 相比，它们外部炭层中 C 元素的含量有明显增加，而 Si 元素和 O 元素的比例则有所下降。硅，磷元素的协同作用能够抑制二氧化硅的形成以及它迁出行为。而 EP/DOPO/OPS 和 EP/DOPO/PPSQ 样品内部残炭的元素含量与 EP/OPS 和 EP/PPSQ 内部炭层相比变化不大。

表 8-18　环氧树脂炭层中的元素含量(%)

样品	外部					内部				
	C	O	Si	P	N	C	O	Si	P	N
EP	78.5	19.2	0.0	0.0	2.1	80.5	17.0	0.0	0.0	2.4
EP/OPS	6.74	65.9	27.3	0.0	0.0	82.5	11.1	2.3	0.0	3.9
EP/PPSQ	3.2	68.2	28.4	0.0	0.01	54.6	31.3	11.4	0.0	2.5
EP/DOPO	77.0	14.2	0.0	1.9	6.8	81.1	15.8	0.0	0.5	2.3
EP/DOPO/OPS	24.4	53.8	19.1	2.5	0.0	80.7	11.4	2.3	0.2	5.1
EP/DOPO/PPSQ	37.3	43.7	12.3	2.6	3.8	64.1	23.3	6.1	1.3	5.0

　　总结前面的研究成果，OPS 与 PPSQ 在阻燃 EP 和 EP/DOPO 中的表现其不同之见表 8-19。研究表明 OPS 与 DOPO 能够在凝聚相中相互作用，并产生 —P(＝O)—O—Si—结构，这一结构可以连接 Si(—O)$_4$ 结构与稠环芳烃结构，并使 EP/DOPO/OPS 在燃烧过程中形成密实和连续的炭层。在 EP 或者 EP/DOPO 中的 PPSQ 更多的是产生刚性 SiO$_2$ 粒子，而较少或较慢的形成 —Si—O—C—结构或 —P(＝O)—O—Si—结构，过多的刚性 SiO$_2$ 粒子使含有 PPSQ 的环氧树脂炭层脆性增加，燃烧时更易破裂。样品表面炭层的破裂会导致内部的环氧树脂进一步燃烧，从而导致较高的热释放速率和较快的 CO 与 CO$_2$ 释放。

表 8-19　OPS，PPSQ 在 EP 和 EP/DOPO 中的阻燃行为对比

样品	UL-94		吹熄效应	p-HRR	COPR 和 CO$_2$PR	炭层	炭层内部 Si 含量
	EP/	EP/DOPO/					
OPS	NR	V-0	有	最小	低	密实且连续	少
PPSQ	NR	NR	无	最高	高	龟裂的	多

8.5　环氧树脂/八(二苯砜基)硅倍半氧烷复合材料

　　本书作者合成了的笼形低聚八(二苯砜基)硅倍半氧烷(ODPSS)，并应用到 DGEBA 和 4,4'-二氨基二苯砜(DDS)固化的环氧树脂体系中(图 8-36)。对材料的

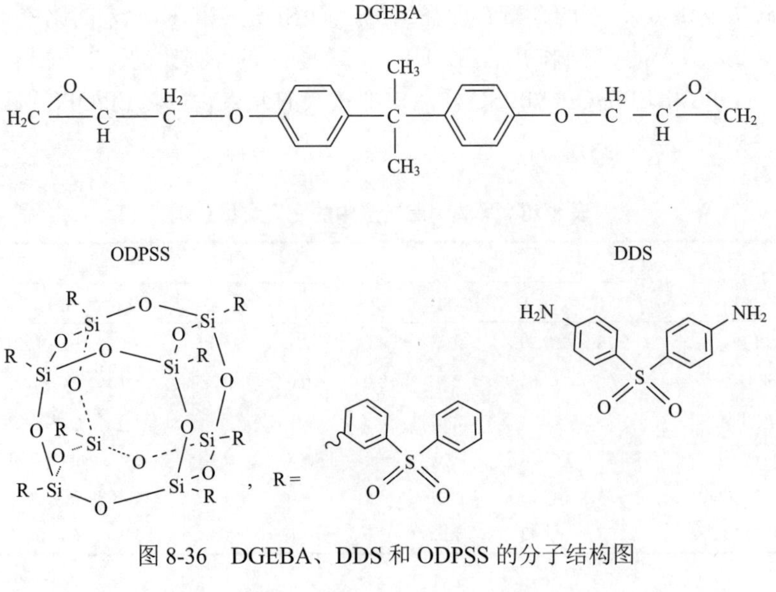

图 8-36　DGEBA、DDS 和 ODPSS 的分子结构图

力学、热性能和阻燃性能进行了研究。首先，将 ODPSS 加入到 DGEBA 中，在140℃下搅拌 1h。然后，加入固化剂 DDS，DGEBA 与 DDS 的质量比为 100：27.3。添加固化剂之后，体系在 180℃固化 4 h。不同配方中 ODPSS 的添加量如表 8-20所示。阻燃和拉伸测试样条是通过标准模具浇注固化制备的。

表 8-20　不同 ODPSS 含量的 EP/ODPSS 复合材料配方

样品	EP（wt%）	ODPSS（wt%）
EP-0	100	0.0
EP-2.5	97.5	2.5
EP-5	95	5
EP-7.5	92.5	7.5

8.5.1　环氧树脂/ODPSS 复合材料形貌分析

图 8-37 为不同 ODPSS 含量的环氧树脂复合材料外观，从图中可以看出当ODPSS 的添加量在 5 wt%以下时，复合材料表现出了良好的透明性，而当 ODPSS的添加量继续增加到 7.5 wt%时，复合材料的透明性开始恶化。说明当 ODPSS 的添加量较小时，它与 EP 基体的相容性较好，能够比较均匀地分散在 EP 基体中，

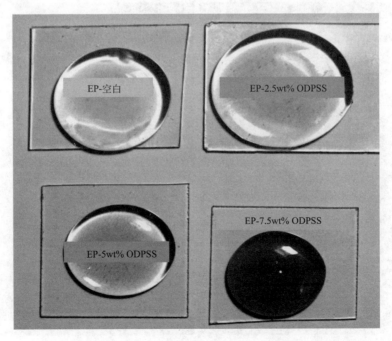

图 8-37　EP/ODPSS 复合材料的外观照片

维持复合材料的透明性；而当 ODPSS 的添加量较大时，它与 EP 基体的相容性急剧变差，复合材料的透明性降低。图 8-38 列出了添加量为 5 wt%时，EP/ODPSS 和 EP/OPS 复合材料的外观对比照片。从图中可以看出，EP/ODPSS 复合材料的透明性明显高于 EP/OPS 复合材料。这是因为 ODPSS 与 DGEBA/DDS 体系的相容性更好，能够更均匀地分散在复合材料基体中。

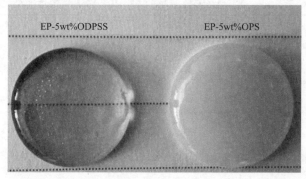

图 8-38　添加量为 5 wt%时，EP/ODPSS 与 EP/OPS 复合材料的外观对比照片

采用 SEM 对 EP/ODPSS 复合材料的断面进行分析。如图 8-39 所示，2.5 wt% 的 ODPSS 在复合材料 EP-2.5 中分散均匀，分散的尺寸小于 100 nm，实现了纳米

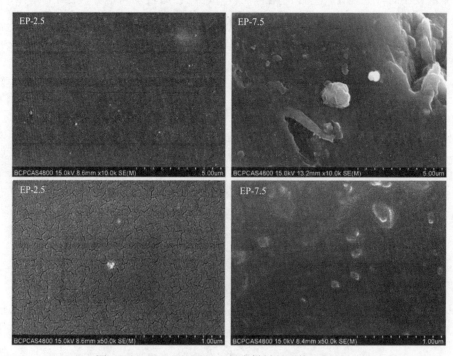

图 8-39　EP-2.5 和 EP-7.5 复合材料断面的 SEM 照片

级别的分散；而 7.5 wt%的 ODPSS 在 EP-7.5 复合材料中观察到了尺寸大于 1μm 的 ODPSS 团聚体。结合图 8-37 分析，当 ODPSS 添加量较小时，ODPSS 粒子在 EP 基体能够均匀地分散，表现为复合材料的透明性良好；而当 ODPSS 的添加量较大时，ODPSS 与 EP 基体的相容性达到上限，ODPSS 粒子无法充分地分散在 EP 基体中，而是更容易团聚形成尺寸较大的团聚体，因此影响了复合材料外观的透明性。图 8-40 显示的是 EP-2.5 和 EP-7.5 复合材料的 EDS 分析图，在两个样品中均可以观察到的 ODPSS 中 Si 和 S 元素的存在。

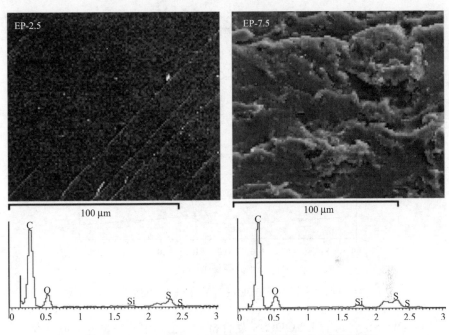

图 8-40　EP-2.5 和 EP-7.5 复合材料断面的 EDS 分析谱图

8.5.2　环氧树脂/ODPSS 复合材料热性能

EP/ODPSS 复合材料的玻璃化转变温度 (T_g) 由 DSC 测定。如图 8-41 所示，相应的 T_g 列于表 8-21 中。随着 ODPSS 添加量的增加，质量分数少于 5 wt%添加量的 EP/ODPSS 复合材料相对 EP-0 展现出了更高的 T_g，这种提高源于 ODPSS 起到锚点作用的刚性结构。含有 7.5 wt%的 ODPSS 的 EP-7.5 的 T_g 的相对其他复合材料降低的原因可能是 ODPSS 限制了 EP 复合材料的交联，降低了交联密度。因此，复合材料的 T_g 受到 ODPSS 的锚点作用和树脂交联密度的共同影响。另外，复合材料只表现出一个玻璃化转变温度意味着 ODPSS 在复合材料中的分散程度较高。

表 8-21　ODPSS 和不同 ODPSS 含量的 EP/ODPSS 的 DSC 和 TG 分析数据(空气，20℃/min)

样品	T_g (℃)	$T_{d5\%}$ (℃)	T_{max1} (℃)	T_{max2} (℃)	800℃ 残炭量 (%)
EP-0	178	379	419	597	0
EP-2.5	186	389	419	598	1
EP-5	182	391	427	607	2
EP-7.5	178	380	427	613	3
ODPSS	135	525	575	679	24

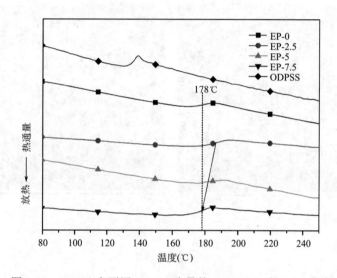

图 8-41　ODPSS 和不同 ODPSS 含量的 EP/ODPSS 的 DSC 曲线

　　不同 ODPSS 含量的 EP/ODPSS 复合材料在空气中的热重分析曲线及相关数据如表 8-21 和图 8-42 所示。EP/ODPSS 复合材料与 EP-0 有着相似的热失重行为。在空气中，这种失重行为分为两个阶段。第一阶段，降解主要是交联网状结构中烷基链的分解；第二阶段，降解主要是芳香基团的分解。明显地，ODPSS 的引入导致环氧树脂的初始热分解温度($T_{d5\%}$：失重 5%时对应的温度)和最大质量损失速率对应的温度(T_{max})的提高。然而，这种提高不是完全单调的。EP-5 的 $T_{d5\%}$(391℃)比 EP-0(379℃)高 12℃，然而，EP-7.5 的 $T_{d5\%}$又降低到 380℃。另外，EP 复合材料的热分解速率在第一阶段也被降低。这表明在 400℃以下时，ODPSS 的添加能够延缓烷基链的热降解速率。在 550℃以上时，EP/ODPSS 复合材料的降解比 EP-0 更快，这是由于 ODPSS 中芳香基团的快速降解所引起。EP/ODPSS 复合材料的残炭量也较 EP-0 略有提高。相比 ODPSS 在复合材料中所占的质量分数，复合材料的残炭量比预期更高。可能的原因是二氧化硅粒子能够起到隔氧隔热作用，促进了炭层的形成。在空气中，EP/ODPSS 复合材料的热稳定性要优于纯的环氧树脂。

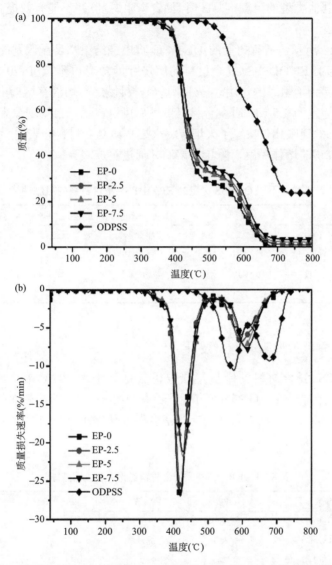

图 8-42　ODPSS 和不同 ODPSS 含量的 EP/ODPSS 的 TG(a)和 DTG(b)曲线(空气，20℃/min)

8.5.3　环氧树脂/ODPSS 复合材料阻燃性能

8.5.3.1　极限氧指数和垂直燃烧

如表 8-22 所示，EP/ODPSS 复合材料的 LOI 值的范围是 23.0%～26.0%。可见，ODPSS 的添加对复合材料 LOI 的提高比较有限，当添加量较大时(如添加

7.5 wt%的 ODPSS），还会使复合材料的 LOI 较纯环氧树脂略有降低。这表明当 ODPSS 不与其他类型的阻燃剂复配时（如含磷阻燃剂）并不能有效提高 EP 的 LOI 值[15]。

如表 8-22 所示，所有树脂的 UL-94 垂直燃烧结果都是无级别的。尽管阻燃级别没有提高，EP/ODPSS 复合材料的燃烧行为却变得不像 EP-0 一般剧烈，ODPSS 仍然起到了阻燃的作用。另外，复合材料燃烧时均没有熔滴出现，而且当 ODPSS 的添加量为 2.5 wt%时复合材料点燃后可以自熄。自熄现象表现为气体从复合材料内部急速喷出，吹熄了火焰或将火焰吹离复合材料的表面。ODPSS 的加入提高了聚合物的熔体黏度，阻止了熔滴并促进了成炭。

表 8-22　不同 ODPSS 含量的 EP/ODPSS 复合材料的阻燃性能

样品	Si (wt%)	LOI (%)	UL-94 (3.2mm)	t_1 (s)	t_2 (s)	熔滴
EP-0	0.00	23.2	无级别	无自熄	/	有
EP-2.5	0.26	26.0	无级别	134	2	无
EP-5	0.52	24.3	无级别	无自熄	/	无
EP-7.5	0.78	23.0	无级别	无自熄	/	无

8.5.3.2　锥形量热仪分析

EP/ODPSS 复合材料的锥形量热分析数据列于表 8-23 中。比起 EP-0，EP/ODPSS 复合材料的 TTI 都降低了，且随着 ODPSS 含量的提高而降低。这可能是因为 ODPSS 通过降低聚合物的交联密度促进基体在更低的温度下熔融，降解出小分子被点火器点燃。

表 8-23　EP/ODPSS 复合材料锥形量热分析数据

分析参数	EP-0	EP-2.5	EP-5	EP-7.5
TTI (s)	64	62	59	57
p-HRR (kW/m²)	821	681	417	304
到达 p-HRR 的时间 (s)	140	125	85	80
THR (MJ/m²)	94	81	74	68
TSR (m²/m²)	4227	3396	3496	3817
平均 COY (kg/kg)	0.07	0.07	0.06	0.06
平均 CO₂Y (kg/kg)	1.73	1.72	1.59	1.50
TML (%)	94	87	83	84

样品的 HRR 曲线如图 8-43 所示，相比 EP-0，EP/ODPSS 复合材料的 p-HRR 和 THR 都明显降低。EP-0 点燃后燃烧的非常剧烈，热释放速率峰值为 821 kW/m^2。EP-7.5 的 p-HRR 为 304 kW/m^2，相比 EP-0 降低了 63%。从时间上分析，EP-7.5 在最短时间内达到了 p-HRR，说明充足的 ODPSS 能够更快地促进一个致密的隔热炭层的形成。炭层能够保护 EP 基体并充当树脂气化和蒸发的扩散壁垒。如图 8-44 所示，随着 ODPSS 含量的提高，EP/ODPSS 复合材料的 THR 值也从 94 MJ/m^2 降低到 68 MJ/m^2，降低了 28%。从成炭情况分析，EP-0 达到 p-HRR 所需的时间

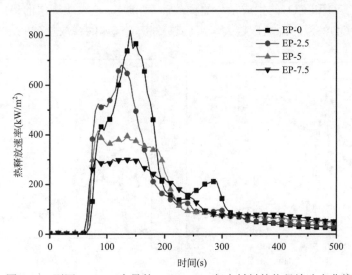

图 8-43　不同 ODPSS 含量的 EP/ODPSS 复合材料的热释放速率曲线

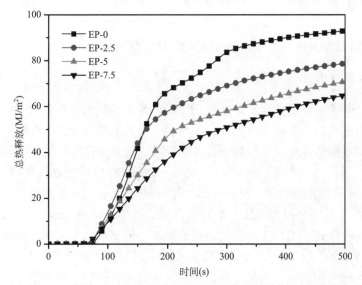

图 8-44　不同 ODPSS 含量的 EP/ODPSS 复合材料的 THR 曲线

最长，且呈现出两个明显的热释放峰值，表明 EP-0 在成炭后使其燃烧的 HRR 有所降低，但是由于炭层的耐热性较差，炭层很快被破坏，导致了 HRR 达到第二个峰值。由此可见，EP/ODPSS 复合材料的成炭能力和炭层的稳定性均明显优于 EP-0。

对比图 8-43 和 8-45，ODPSS 的添加成功抑制了 EP/ODPSS 复合材料的烟释放量。EP-0 的 CO 和 CO_2 释放量最高，可能是由于它燃烧的最充分，引起了最大的质量损失所致。EP/ODPSS 复合材料的 CO 和 CO_2 的产率随着 ODPSS 的加入逐渐降低，且 CO 和 CO_2 的生成量与热释放速率相关，这表明炭层的形成抑制了气体的溢出。ODPSS 的添加量越大，炭层越致密，气体的释放量越低。

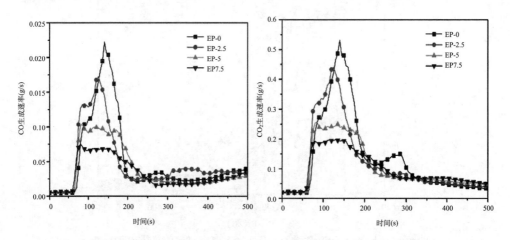

图 8-45　不同 ODPSS 含量的 EP/ODPSS 复合材料的 CO 和 CO_2 生成速率曲线

8.5.4　环氧树脂/ODPSS 复合材料凝聚相燃烧产物分析

8.5.4.1　FTIR 和 XPS 分析

FTIR 和 XPS 被用来进一步分析 EP/ODPSS 复合材料经锥形量热仪燃烧测试后的外部炭层。如图 8-46 的 FTIR 谱图所示，残炭中相同的吸收峰是：1590 cm^{-1} 处苯环的伸缩振动，证明了残炭中芳烃的存在。随着 ODPSS 含量提高到 5 wt%，观察到了一些新的吸收峰：1037 cm^{-1} 处 Si—O 或 C—O 的伸缩振动峰，788 cm^{-1} 处的 C_{Ar}—H 变形振动峰和 951 cm^{-1} 处 Si—O—phenyl 的伸缩振动峰。这说明当 ODPSS 的添加量提高时会导致更多的芳香基团和 Si—O—phenyl 基团保留在炭层中。强的 Si—O 键拥有比 C—C 键更高的键能，能够增强凝聚相中炭层的热稳定性。这一结论支持了 EP-7.5 在锥形量热测试中优异的阻燃效果，即 ODPSS 有利于复合材料形成稳定的二氧化硅保护炭层，从而降低材料燃烧时热量的释放。因此，ODPSS 对 EP 的阻燃体现出了凝聚相的阻燃机理。

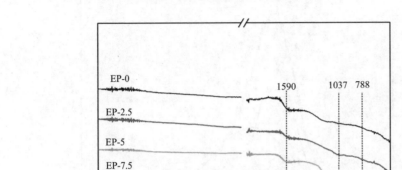

图 8-46　不同 ODPSS 含量的 EP/ODPSS 复合材料残炭的 FTIR 谱图

为了进一步确认 EP/ODPSS 复合材料残炭的 FTIR 分析结果，对残炭的外部炭层做了 XPS 分析。样品中 C、O、N、Si、S 的 XPS 分析数据列于表 8-24 中。随着复合材料中 ODPSS 含量的提高，C 的百分含量极大地降低，而 O 和 Si 的百分含量明显提高。例如，在 EP-7.5 的残炭中，C 的含量降低到 52.2%，而 Si 的含量提高到 10.8%，O 的含量提高到 32.8%。这是由于残炭中存在大量的 Si—O 结构，形成了二氧化硅保护层，从而提高了炭层的热稳定性。图 8-47 是 EP-7.5 复合材料残炭的 Si2p 的结合能谱图的拟合曲线。可见，EP-7.5 残炭中 Si2p 的谱图可被分成 Si—O—C(102.5 eV) 和 SiO$_2$ (103.4 eV)两个结合能峰[16-18]。这与 FTIR 的结果相吻合，相互印证了复合材料残炭中存在大量的 S—O 结构，揭示了 ODPSS 凝聚相的阻燃作用。

表 8-24　EP/ODPSS 复合材料残炭中 C、O、N、Si、S 的 XPS 分析数据

样品	原子分数(%)				
	C	O	N	Si	S
EP-0	84.3	10.6	4.0	0.0	1.1
EP-2.5	77.4	15.8	3.5	3.1	0.2
EP-5	72.2	18.0	4,8	4.7	0.3
EP-7.5	52.2	32.8	3.7	10.8	0.5

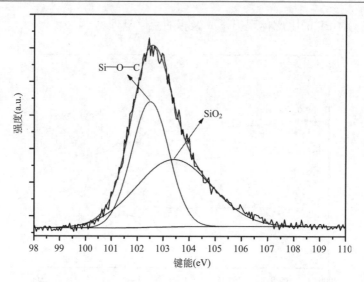

图 8-47　EP-7.5 复合材料残炭的 Si2p 结合能的拟合曲线

8.5.4.2　残炭形貌分析

锥形量热测试后样品炭层的形貌如图 8-48 所示。EP-0 没有明显的炭层形成，而 EP/ODPSS 复合材料的炭层是都是明显膨胀的。其中，ODPSS 含量分别为 5 wt%

图 8-48　不同 ODPSS 含量的 EP/ODPSS 锥形量测试后的残炭照片

和 7.5 wt%的 EP-5 和 EP-7.5 的炭层被一层明显的白色陶瓷所覆盖，这层陶瓷被 FTIR 和 XPS 证明是二氧化硅。与 EP-5 相比，EP-7.5 的膨胀程度虽然没有更高，但是 EP-7.5 的炭层更加致密和连续，这层具有隔氧隔热作用的保护层是减少热传递的屏障。

　　EP/ODPSS 复合材料外部炭层的 SEM 照片如图 8-49 所示。复合材料内外表面炭层的微观形貌有很大的差别。EP-2.5 的外部炭层比较光滑，上面分布有尺寸较大的孔洞；内部炭层呈现出网状结构，其中包含大量大小不一的气囊和孔洞，且气囊的外壳较薄，这样的气囊结构有利于气相分解产物的短暂聚集和急速喷出。气囊的存在解释了 EP-2.5 在 UL-94 垂直燃烧测试中的自熄现象：复合材料被点燃后，材料的内部降解生成网状结构的炭层，气相产物在炭层中短暂聚集形成气囊，当气体压力超过气囊的承载能力后，气体突然快速喷出熄灭火焰。因此，只有当炭层中气囊强度与气相分解产物的释放量相匹配时，才能使复合材料在 UL-94 测试中自熄。EP-7.5 的炭层形貌与 EP-2.5 差别明显。EP-7.5 外部炭层呈现出高度密集的多层蜂窝状结构，内部炭层则连续致密，包含少量孔径很小的孔洞，不含气囊结构。该炭层在锥形量热实验中展现出了良好的隔热作用：外部多层次复杂的网状结构是抵御高温的外部屏障，内部高度连续和致密的炭层阻碍着热量向下继续传播，大量的残炭量和优异的炭层结构保证了测试中最低的 p-HRR 和 THR。炭层的 SEM 分析再次证明了高添加量的 ODPSS 有助于凝聚相中致密的炭层结构的形成，而具有基体保护作用的炭层结构是凝聚相阻燃的关键。

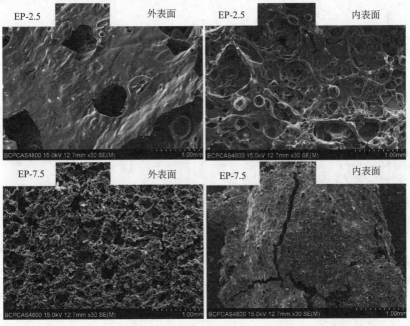

图 8-49　不同 ODPSS 含量的 EP/ODPSS 炭层微观形貌的 SEM 照片

8.5.5　环氧树脂/ODPSS 复合材料拉伸性能

EP/ODPSS 复合材料相较纯的 EP 表现出了更优异的阻燃性能。为了衡量 ODPSS 对 EP 基体力学性能的影响，更全面地表征复合材料的性能，我们测试了 EP/ODPSS 复合材料的拉伸性能。

EP/ODPSS 复合材料的配方和拉伸强度如表 8-25 和图 8-50 所示。可见，ODPSS 的加入提高了复合材料的拉伸强度。当 ODPSS 的添加量为 4 wt%时，复合材料的拉伸强度提高了 31%，达到 67 MPa。可见，ODPSS 的加入对复合材料起到了加

表 8-25　不同 ODPSS 含量的 EP/ODPSS 复合材料的拉伸强度

样品	EP (wt%)	ODPSS (wt%)	拉伸强度（MPa）
EP-0	100	0	51
EP-1wt%ODPSS	99	1	58
EP-2 wt%ODPSS	98	2	60
EP-3 wt%ODPSS	97	3	63
EP-4 wt%ODPSS	96	4	67
EP-5 wt%ODPSS	95	5	59
EP-6 wt%ODPSS	94	6	58

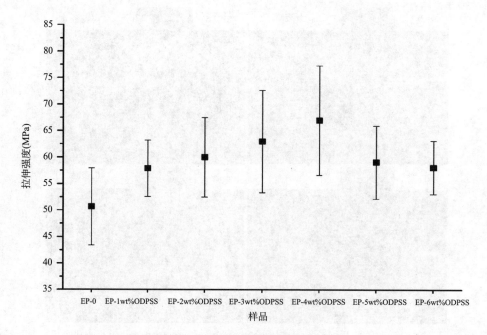

图 8-50　EP/ODPSS 复合材料的拉伸强度

固的效果,这是因为 ODPSS 的刚性结构在拉伸作用下不能产生大的形变,从而抑制了裂纹的增长[19]。ODPSS 与 EP 基体良好的相容性也对复合材料拉伸强度的提高起到了积极的作用。然而,拉伸强度的提高并不是单调的,当 ODPSS 的添加量较少时,拉伸强度的提高可能归因于 ODPSS 在 EP 基体中良好的分散;而随着添加量的增加,ODPSS 的团聚体逐渐形成并增大,这种大的团聚体与聚合物基体的黏附性较弱,使得 ODPSS 与聚合物基体的界面面积急剧降低,从而使复合材料的拉伸强度有所下降[20]。

8.6　环氧树脂/八(甲基二苯砜基)硅倍半氧烷复合材料

在环氧树脂(EP)/八(二苯砜基)硅倍半氧烷(ODPSS)复合材料体系中,ODPSS 的加入能够有效提高复合材料的力学、热性能和阻燃性能。笼形低聚八(甲基二苯砜基)硅倍半氧烷(OMDPSS)拥有与 ODPSS 相似的 T_8R_8 笼形结构,而 OMDPSS 的溶解性更加优异。为了进一步提高八苯基 POSS 衍生物在环氧树脂复合材料中的分散性,制备纳米级的聚合物复合材料,作者将自己合成的 OMDPSS(图 8-51)应用到 4,4′-二氨基二苯砜(DDS)固化的双酚 A 型环氧树脂(DGEBA)体系中,并对该材料的外观,热性能和阻燃性能进行了研究。不同配方中 OMDPSS 的添加量如表 8-26 所示。

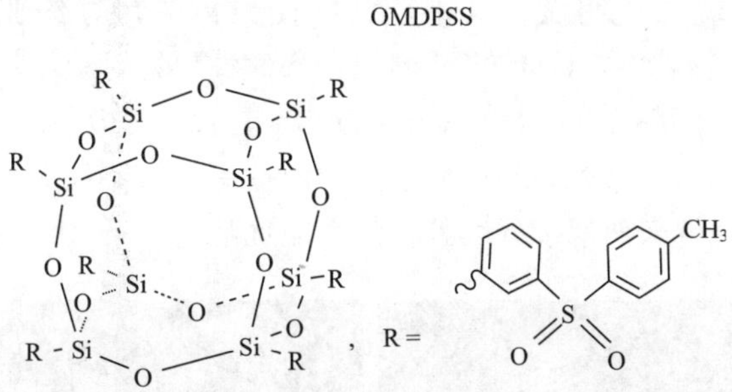

OMDPSS

图 8-51　OMDPSS 的分子结构图

表 8-26　不同 OMDPSS 含量的 EP/OMDPSS 复合材料配方

样品	EP (wt%)	OMDPSS（wt%）
EP-0	100	0.0
EP-1	99	1
EP-2.5	97.5	2.5
EP-5	95	5

8.6.1 环氧树脂/OMDPSS 复合材料形貌分析

图 8-52 为不同 OMDPSS 添加量的 EP/OMDPSS 复合材料，从图中我们可以看出当 OMDPSS 的添加量在 5 wt%以下时，复合材料均表现出了良好的透明性。说明 OMDPSS 与 DGEBA/DDS 体系的相容性较好，能比较均匀地分散在 EP 基质中，维持复合材料的透明性。

图 8-52　EP/OMDPSS 复合材料的外观照片

为了对比 OMDPSS 和 ODPSS 粒子在复合材料中的分散性，采用 SEM 对 EP/5wt%ODPSS 和 EP/5wt%OMDPSS 复合材料的断面进行对比分析。如图 8-53 所示，ODPSS 在复合材料中的粒子尺寸比 OMDPSS 在复合材料中的粒子尺寸的更大，粒子团聚现象更明显，其中较大的团聚体的尺寸约在 500 nm。而在 EP/OMDPSS 复合材料中，OMDPSS 的粒子分散性更好，粒子的尺寸比较平均且大多小于 100 nm。可见，OMDPSS 比 ODPSS 更易均匀地分散在 EP 基体中，与 EP 基体的相容性更好。OMDPSS 粒子的分散性更好，不仅对复合材料的外观影响较小，可能还会带来纳米级分散独特的性能优势。

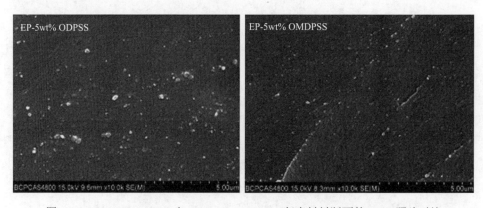

图 8-53　EP/5wt%ODPSS 与 EP/5wt%OMDPSS 复合材料断面的 SEM 照片对比

8.6.2　环氧树脂/OMDPSS 复合材料的热性能

EP/OMDPSS 复合材料的玻璃化转变温度(T_g)由 DSC 测得。复合材料的 DSC 曲线如图 8-54 所示,相应的 T_g 列于表 8-27 中。随着 OMDPSS 添加量的增加,少于 2.5 wt%添加量的 EP/OMDPSS 复合材料相对 EP-0 展现出了更高的 T_g,这种提高源于 OMDPSS 起到锚点作用的刚性结构。然而随着 OMDPSS 添加量的继续增大,复合材料的 T_g 随之降低,降低的速率明显超过 EP/ODPSS 复合材料中 ODPSS 添加量增加所引起的 T_g 降低的速率。当 OMDPSS 的添加量达到 5wt%时,EP-5 的 T_g 的急剧降低至 164℃,可能的原因是 OMDPSS 中八个甲基的存在使其拥有比 ODPSS 更大的分子体积,这降低了固化时 EP 复合材料的交联密度,导致复合材料在更低的温度下发生链段运动,即玻璃化转变温度的急剧下降。复合材料只表现出唯一的 T_g 意味着 OMDPSS 在复合材料中的分散程度较高。

表 8-27　OMDPSS 和不同 OMDPSS 含量的 EP/OMDPSS 材料的 DSC 和 TG 分析数据(氮气,20℃/min)

样品	T_g (℃)	$T_{d5\%}$ (℃)	T_{max} (℃)	800℃残炭 (%)
EP-0	178	392	430	12
EP-1	184	393	432	14
EP-2.5	180	393	430	15
EP-5	164	392	432	20
OMDPSS	145	428	512	55

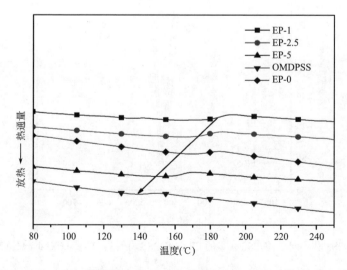

图 8-54　OMDPSS 和不同 OMDPSS 含量的 EP/OMDPSS 材料的 DSC 曲线

EP/OMDPSS 复合材料在氮气中的热重分析曲线及相关数据如表 8-27 和图 8-55 所示。EP/OMDPSS 复合材料与 EP-0 的热失重行为十分相似。在氮气中,两者都只有一段在 400～500℃的快速热失重行为。OMDPSS 的引入并没有明显影响 EP 的初始热分解温度($T_{d5\%}$)和最大质量损失速率对应的温度(T_{max})。EP-0 和 EP/OMDPSS 复合材料的 $T_{d5\%}$ 和 T_{max} 分别在 392℃和 430℃左右。然而,EP/OMDPSS 复合材料的最大质量损失速率却随着 OMDPSS 添加量的提高而降

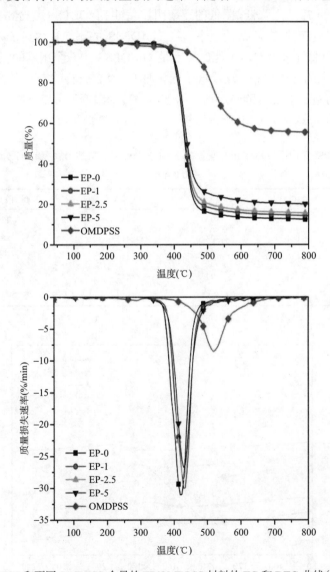

图 8-55 OMDPSS 和不同 OMDPSS 含量的 EP/OMDPSS 材料的 TG 和 DTG 曲线(氮气, 20℃/min)

低，说明 OMDPSS 有抑制复合材料热降解速率的作用。EP/OMDPSS 复合材料的残炭率也随着 OMDPSS 添加量的提高而增加，当 5 wt%的 OMDPSS 添加到 EP中后，样品的残炭率由 EP-0 的 12%提高到 EP-5 的 20%，这是因为复合材料中的OMDPSS 与其他苯基 POSS 衍生物一样，都有利于复合材料残留更多的有机基团在其结构中[21]。在氮气中，EP/OMDPSS 复合材料的热稳定性要优于纯的 EP，主要归结为复合材料热分解速率峰值的降低和残炭率的提高。

8.6.3 环氧树脂/OMDPSS 复合材料阻燃性能

8.6.3.1 极限氧指数和垂直燃烧

如表 8-28 所示，EP/OMDPSS 复合材料的 LOI 值的范围是 23.5%～25.1%。可见，OMDPSS 的添加对复合材料 LOI 的提高比较有限。当 OMDPSS 的添加量在 2.5 wt%以下时，复合材料的 LOI 有所提高；当添加量达到 5 wt%时，复合材料的 LOI 没有继续升高，而是回落到 23.7%。这与 EP/ODPSS 复合材料 LOI 值得变化趋势相同。这表明 OMDPSS 与其他硅系阻燃剂相似，在单独使用时并不能有效提高 EP 的 LOI 值[15]。

表 8-28　不同 OMDPSS 含量的 EP/OMDPSS 复合材料的阻燃性能

样品	Si (wt%)	LOI (%)	UL-94 (3.2 mm)	t_1 (s)	t_2 (s)	熔滴
EP-0	0.00	23.2	无级别	无自熄	/	有
EP-1	0.10	23.5	无级别	无自熄	/	有
EP-2.5	0.25	25.1	无级别	47	6	无
EP-5	0.50	23.7	无级别	无自熄	/	无

如表 8-28 所示，所有树脂的 UL-94 垂直燃烧结果都是无级别的。尽管阻燃级别没有提高，OMDPSS 的添加还是对复合材料的燃烧行为产生了很大的影响。当 OMDPSS 添加量为 2.5 wt%时，复合材料在点燃 47 s 后自熄，二次点燃后 6 s仍可以自熄。自熄现象表现为气体从复合材料内部急速喷出，吹熄火焰或将火焰吹离复合材料的表面。同时，当 OMDPSS 的添加量超过 2.5 wt%时，复合材料燃烧时熔融滴落现象消失了。如图 8-56 所示，EP-1 的样条在燃烧过程中没有形成明显的炭层，复合材料直接暴露于火焰中；而 EP-2.5 的样条表面形成了炭层，且样条尺寸与测试前基本一致。另外，在 EP-2.5 的燃烧过程中不断有热解气体从炭层中喷出，火焰在此气流作用下燃烧得很不稳定，并最终被气流熄灭。因此，OMDPSS 确实起到了阻燃的作用，它能够促进复合材料成炭而阻止熔滴的产生，当添加量合适时 (如 2.5 wt%)还会使材料在燃烧中自熄。

图 8-56　OMDPSS 含量分别为 1 wt%和 2.5 wt%的 EP-1 和 EP-2.5 垂直燃烧测试样条的残炭照片

8.6.3.2　锥形量热仪分析

EP/OMDPSS 复合材料的锥形量热分析数据列于表 8-29 中，比起 EP-0，EP/OMDPSS 复合材料的 TTI 都降低了，这是因为 OMDPSS 通过降低聚合物的交联密度促进基体在更低的温度下熔融，降解出小分子被点火器点燃。

表 8-29　不同 OMDPSS 含量的 EP/OMDPSS 的锥形量热分析数据

分析参数	EP-0	EP-1	EP-2.5	EP-5
TTI (s)	64	59	53	57
p-HRR (kW/m^2)	821	497	493	366
THR (MJ/m^2)	94	68	70	70
TSR (m^2/m^2)	4227	4322	3803	3855
平均 COY (kg/kg)	0.07	0.06	0.06	0.07
平均 CO$_2$Y (kg/kg)	1.73	1.30	1.39	1.36
TML (%)	94	95	89	86

样品的 HRR 曲线如图 8-57 所示，相比 EP-0，EP/OMDPSS 复合材料的 p-HRR 和 THR 都明显降低。而且，OMDPSS 的效率很高，仅添加 1 wt%时就能使 EP 的 p-HRR 降低 39%；OMDPSS 添加 5 wt%时复合材料的 p-HRR 为 366 kW/m^2，相比 EP-0 降低了 55%。EP-5 能够快速有效的降低材料的 p-HRR，说明充足的 OMDPSS 能够更快地促进一个致密的隔热炭层的形成，炭层能够保护 EP 基体并减缓热解气体向炭层外扩散。如图 8-58 所示，OMDPSS 可以显著降低复合材料的 THR 值，仅添加 1wt%OMDPSS 就可以使复合材料的 THR 值降低 28%。原因可能是纳米级分散的 OMDPSS 能够更均匀地分散在复合材料中，保护周围的 EP 基体。EP 基体并没有充分地燃烧就转化为烟气而释放掉，导致 TSR 的提高和 THR 的显著降低。但是继续提高 OMDPSS 的添加量，复合材料的凝聚相阻燃效果明显提高，越来越多的 EP 基体转化为炭层，质量损失率降低，烟气释放量也随之降低，但同时 THR 值降低幅度基本不变。

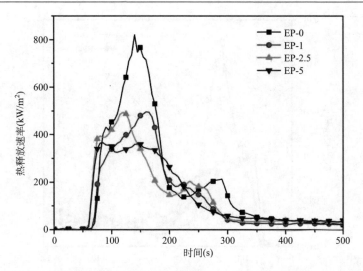

图 8-57　不同 OMDPSS 含量的 EP/OMDPSS 的热释放速率(HRR)曲线

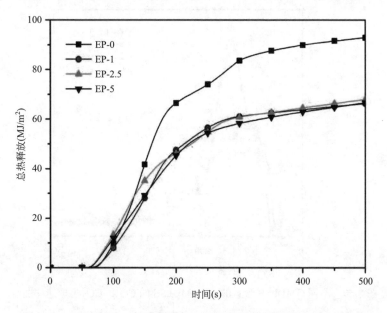

图 8-58　不同 OMDPSS 含量的 EP/OMDPSS 的总热释放(THR)曲线

对比图 8-57 和图 8-59，OMDPSS 可以抑制复合材料的烟和热解气体的释放量。EP/OMDPSS 复合材料的 CO_2 的产率随着 ODPSS 的加入逐渐降低，而 CO 的产率则几乎不受影响。CO 和 CO_2 的生成量与热释放速率相关，这表明炭层的形成抑制了气体的释放。

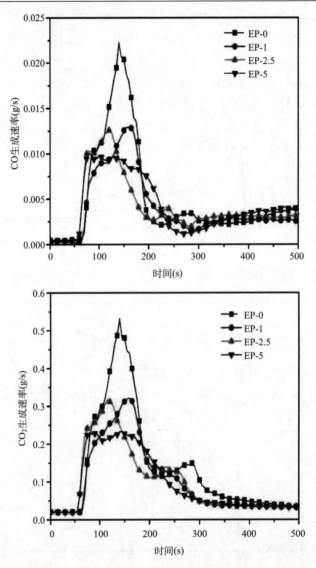

图 8-59　不同 OMDPSS 含量的 EP/OMDPSS 的 CO 和 CO_2 生成速率曲线

8.6.4　环氧树脂/OMDPSS 复合材料凝聚相燃烧产物分析

　　FTIR 和 XPS 被用来进一步分析 EP/OMDPSS 复合材料经锥形量热仪燃烧测试后外部的炭层。如图 8-60 的 FTIR 谱图所示，残炭中相同的吸收峰是：1590 cm^{-1} 处苯环的伸缩振动，证明了残炭中芳烃的存在。OMDPSS 的添加量仅为 1 wt%时，就观察到了一些新的吸收峰：1037 cm^{-1} 处 Si—O 或 C—O 的伸缩振动峰，788 cm^{-1} 处的 C_{Ar}—H 变形振动峰和 951 cm^{-1} 处 Si—O—phenyl 的伸缩振动峰。对比

EP/ODPSS 复合材料，当 ODPSS 添加量为 5 wt%时才观察到以上特征峰。可能的原因是，OMDPSS 在 EP 基体中的分散性更好，更有利于发挥凝聚相的阻燃作用，即均匀地增强炭层的热稳定性，全面保护周围的 EP 基体。另外，EP-1 的残炭量相对较低，那么热稳定性好的 Si—O 结构在残炭中的含量则相对较高，在 FTIR 测试中更容易被检出。这一结论支持了当在 OMDPSS 添加量较少时，EP/OMDPSS 复合材料在锥形量热测试中就有着优异的阻燃效果，反映了 OMDPSS 高的阻燃效率。

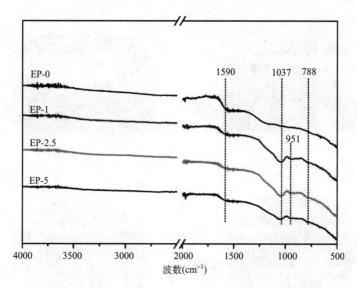

图 8-60　不同 EP/OMDPSS 复合材料残炭的 FTIR 谱图

　　为了进一步确认 EP/OMDPSS 复合材料残炭的 FTIR 分析结果，我们对残炭做了 XPS 分析。样品中 C、O、N、Si、S 的 XPS 分析数据列于表 8-30 中。随着 EP/OMDPSS 复合材料中 OMDPSS 含量的提高，C 的百分含量相应地提高。EP-1

表 8-30　不同 EP/OMDPSS 复合材料残炭中 C、O、N、Si、S 的 XPS 分析数据

样品	元素含量(%)				
	C	O	N	Si	S
EP-0	84.3	10.6	4.0	0.0	1.1
EP-1	54.1	32.1	2.8	10.4	0.6
EP-2.5	71.8	20.2	3.0	4.7	0.3
EP-5	73.2	18.4	3.9	4.2	0.3

的 Si 和 O 的含量较高，说明 Si—O 结构在相对少量的残炭中所占的比重较高。正是由于残炭中存在的 Si—O 结构提高了炭层的热稳定性。XPS 与 FTIR 的结果相吻合，都证明了复合材料残炭中 Si—O 结构的存在。

锥形量热测试后样品炭层的形貌如图 8-61 所示。EP-0 没有明显的炭层形成，EP-1 的残炭量也很低。EP-2.5 和 EP-5 的炭层是膨胀的，且上表面被明显的白色陶瓷所覆盖，这层陶瓷被 FTIR 和 XPS 证明是二氧化硅。虽然 EP-1 的残炭表层没有被二氧化硅所覆盖，但是 FTIR 和 XPS 分析都证明它的炭层中存在 Si—O 结构。

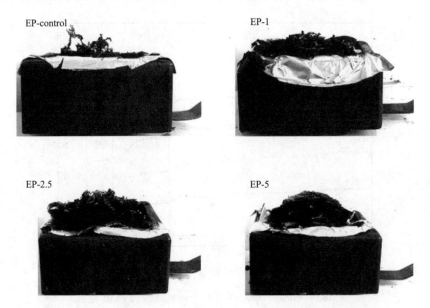

图 8-61　不同 OMDPSS 含量的 EP/OMDPSS 锥形量测试后的残炭照片

8.7　环氧树脂/八(二苯砜基)硅倍半氧烷/DOPO 复合材料

本书作者将八(二苯砜基)硅倍半氧烷(ODPSS)与 9,10-二氢-9-氧杂-10-磷杂菲-10-氧化物(DOPO)结合制备了含有硅和磷两种阻燃元素的 EP/ODPSS/DOPO 复合材料，并系统地研究了复合材料的热性能、热分解和阻燃性能，探讨了体系中硅-磷的协同阻燃作用。不同配方中 ODPSS 和 DOPO 的添加量如表 8-31 所示。

表 8-31　EP/ODPSS/DOPO 复合材料配方

样品	EP (wt%)	ODPSS (wt%)	DOPO (wt%)	P (wt%)	Si (wt%)
EP-0	100	0.00	0.00	0.00	0.00
EP-1	95	5.00	0.00	0.00	0.52

样品	EP (wt%)	ODPSS (wt%)	DOPO (wt%)	P (wt%)	Si(wt%)
EP-2	95	0.00	5.00	0.72	0.00
EP-3	95	3.75	1.25	0.18	0.39
EP-4	95	2.50	2.50	0.36	0.26
EP-5	95	1.25	3.75	0.54	0.13

8.7.1　环氧树脂/ODPSS/DOPO 复合材料形貌分析

图 8-62 为不同 ODPSS 和 DOPO 含量的 EP/ODPSS/DOPO 复合材料。从图中可以看出，当添加剂的总量为 5 wt%时，复合材料均表现出了良好的透明性，说明添加剂与 EP 基体的相容性较好，能比较均匀地分散在 EP 基质中，维持复合材料的透明性。

采用 SEM 对 EP/ODPSS/DOPO 复合材料的断面进行分析。如图 8-63 所示，ODPSS 和 DOPO 在复合材料 EP-4 中分散均匀，分散的尺寸小于 100 nm，未见尺寸较大的团聚体。DOPO 上的 P—H 基团可与 DGEBA 上的环氧基团发生反应，所以 DOPO 可以分子级地分散在 EP 基体中；而添加量为 2.5 wt%的 ODPSS 同样与 DGEBA/DDS 体系相容性较好，因此结合了 ODPSS 和 DOPO 的 EP 是纳米级的复合材料。

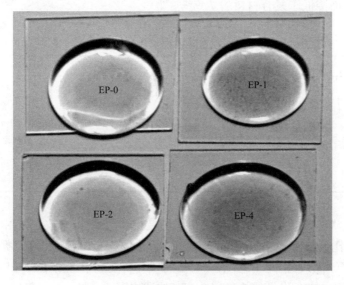

图 8-62　EP 复合材料的外观照片

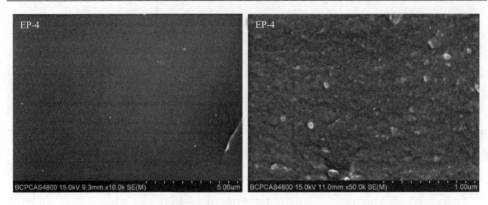

图 8-63   EP/ODPSS/DOPO 复合材料断面的 SEM 照片

8.7.2   环氧树脂/ODPSS/DOPO 复合材料热性能

EP/ODPSS/DOPO 复合材料的玻璃化转变温度(T_g)由 DSC 测得。复合材料的
DSC 曲线如图 8-64 所示,相应的 T_g 列于表 8-32 中。从图 8-64 中可以看出,复
合材料中 ODPSS 含量的提高和 DOPO 含量的降低,使复合材料的 T_g 从 170℃提
高到 178℃。即随着 ODPSS 添加量的增加复合材料的 T_g 随之提高,而随着 DOPO
添加量的增加复合材料的 T_g 持续降低。这是因为 ODPSS 的锚点作用可以提高复
合材料的 T_g,DOPO 中的 P—H 键与树脂中环氧基团的反应降低了复合材料的交
联密度,从而降低了复合材料的 T_g[22]。

表 8-32   **EP 复合材料的 DSC 和 TG 分析数据**(氮气,20℃/min)

样品	T_g(℃)	$T_{d5\%}$(℃)	T_{max}(℃)	800℃残炭率(%)
EP-0	178	392	430	12
EP-1	182	396	429	19
EP-2	165	369	393	17
EP-3	178	—	—	—
EP-4	175	380	414	20
EP-5	170	—	—	—

EP 复合材料在氮气中的热重分析曲线及相关数据如表 8-32 和图 8-65 所示。
与 EP-0 相比,EP-1 表现出了相似的初始热分解温度($T_{d5\%}$)和最大质量损失速率
对应的温度(T_{max}),但是 EP-1 在 800℃的残炭率要高于纯的 EP。EP-1 残炭率的
提高归因于 ODPSS 优异的热稳定性和高的残炭率。可见,在氮气中 ODPSS 对复
合材料分解温度的影响很小。与之形成鲜明对比的是,DOPO 的添加急剧降低了
EP 复合材料的 $T_{d5\%}$ 和 T_{max},原因可能是 DOPO 比 EP 和 ODPSS 的热稳定性低,

而且 DOPO 的反应性降低了复合材料的交联密度[15]。值得注意的是，EP-4 的残炭率比 EP-1 和 EP-2 的残炭率都高。这可以认为是 DOPO 和 ODPSS 在凝聚相中的协同效应形成了更高效的炭层，从而提高了复合材料的残炭率。

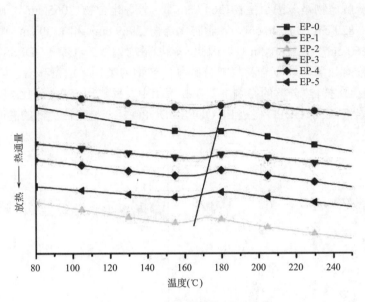

图 8-64　EP 复合材料的 DSC 曲线

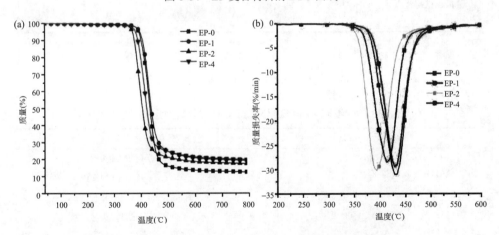

图 8-65　EP 复合材料在氮气中的 TG（a）和 DTG（b）曲线

8.7.3　环氧树脂/ODPSS/DOPO 复合材料气相分解产物分析

为了进一步研究复合材料气相分解产物的种类，本节采用 TG-FTIR 对 EP-0 和 EP-4 两种材料的气相热分解产物进行了对比分析。两者的 FTIR 谱图如图 8-66

所示，390℃和 430℃是 EP-0 的初始热分解和最大质量损失速率对应的温度。在这两个温度下，EP-0 和 EP-4 的气相分解产物的 FTIR 谱图十分相似，吸收峰对应的分解产物的成分如表 8-33 所示。EP-0 和 EP-4 在最大质量损失速率下所释放的主要气相分解产物是苯酚衍生物(3647 cm^{-1})，芳香化合物(3065 cm^{-1}，1603 cm^{-1}，1508 cm^{-1}，829 cm^{-1} 和 746 cm^{-1})，脂肪化合物(2969 cm^{-1} 和 1339 cm^{-1})和酯/醚类化合物(1260 cm^{-1} 和 1180 cm^{-1})。因此，添加量均为 2.5 wt%的 ODPSS 和 DOPO 的加入并没有显著影响复合材料热分解气体产物的类别。这意味着，ODPSS 和 DOPO 对复合材料热分解的影响主要在凝聚相中发挥作用。EP-4 相比 EP-0 的 $T_{d5\%}$ 和 T_{max} 都略低，表示 DOPO 促进 EP/ODPSS/DOPO 复合材料在更低的温度下降解。

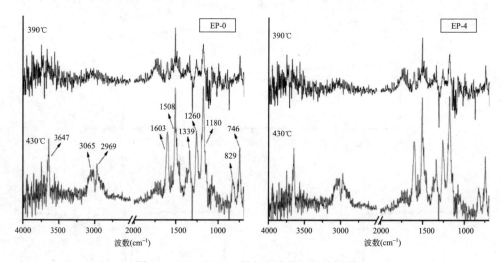

图 8-66　EP 和 EP-4 的气相产物红外分析谱图

表 8-33　EP-0 和 EP-4 气相产物 FTIR 吸收峰对应的分子结构

波数（cm^{-1}）	归属
3647	—OH 的伸缩振动
3065	C_{Ar}—H 的伸缩振动
2969	饱和脂肪链上 C—H 的伸缩振动
1603, 1508	C=C 的伸缩振动
1339	饱和脂肪链 C—H 的弯曲振动
1260, 1180	C—O 的伸缩振动
829, 746	C_{Ar}—H 伸缩振动

8.7.4　环氧树脂/ODPSS/DOPO 复合材料阻燃性能

8.7.4.1　极限氧指数和垂直燃烧

ODPSS，DOPO 和 ODPSS/DOPO 对复合材料 LOI 的影响见表 8-34。单独添加 ODPSS 对复合材料 LOI 的提高十分有限，而 ODPSS 和 DOPO 复配阻燃的复合材料的 LOI 值随着 DOPO 含量的增加而显著提高。单独添加 DOPO 的复合材料的 LOI 值最高，达到 33.7%。可见，DOPO 的添加对复合材料 LOI 的提高效果明显。

EP/ODPSS/DOPO 复合材料的 UL-94 垂直燃烧的结果如表 8-34 所示。当添加 5 wt%的 ODPSS 时，虽然复合材料的 UL-94 燃烧没有级别，但是燃烧行为没有 EP-0 剧烈，并且避免了燃烧过程中的熔融滴落现象。当添加 5 wt%的 DOPO 时，虽然 EP-2 的 LOI 值最高，但是复合材料的 UL-94 垂直燃烧的等级为 V-1 级。控制 ODPSS/DOPO 总的添加量为 5 wt%，可以使复合材料 UL-94 垂直燃烧的等级达到 V-0 级。例如，磷含量仅为 0.36 wt%的 EP-4 复合材料就可以在 UL-94 垂直燃烧测试中达到 V-0 级。而 DOPO 单独阻燃环氧树脂，只有当磷的含量达到 1.6 wt%时才能使复合材料达到 UL-94 垂直燃烧测试的 V-0 级[23]。由此可见，ODPSS 和 DOPO 在垂直燃烧测试中展示出了明显的协同作用。如图 8-67 所示，在 EP/ODPSS/DOPO 复合材料的 UL-94 垂直燃烧测试中，观察到了明显的"吹熄效应"[24, 25]。而正是因为这种气体喷射效应，使得测试中火焰被快速熄灭，提高了材料的 UL-94 垂直燃烧等级。

表 8-34　EP 复合材料的阻燃性能参数

样品	P 元素(wt%)	LOI (%)	UL-94 (3.2 mm)	t_1 (s)	t_2 (s)	熔滴
EP-0	0.00	23.2	无级别	>60	/	有
EP-1	0.00	24.3	无级别	>60	/	无
EP-2	0.72	33.7	V-1	8	10	无
EP-3	0.18	28.0	V-1	16	8	无
EP-4	0.36	29.8	V-0	4	3	无
EP-5	0.54	30.9	V-0	3	3	无

8.7.4.2　锥形量热仪分析

采用锥形量热模拟分析 EP/ODPSS/DOPO 复合材料在真实火焰燃烧条件下样品的燃烧性质，相关数据列于表 8-35 中。如表 8-35 所示，比起 EP-0，EP 复合材料的 TTI 都降低了。特别是随着 DOPO 的加入，复合材料的点燃时间明显缩短，说明 ODPSS 和 DOPO 都能够促进基体在更低的温度下降解，而且 DOPO 比 ODPSS 促进 EP 降解的效力更强。

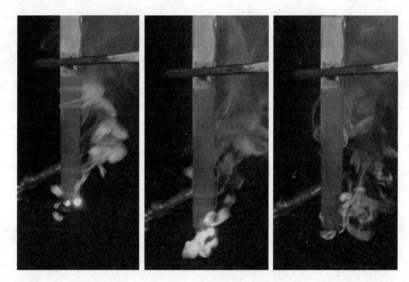

图 8-67　EP/ODPSS/DOPO 复合材料在垂直燃烧测试中的视频截图照片

表 8-35　EP 复合材料锥形量热分析数据

分析参数	EP-0	EP-1	EP-2	EP-4
TTI（s）	64	59	54	57
p-HRR（kW/m^2）	821	417	461	438
到达 p-HRR 的时间（s）	140	85	135	120
THR（MJ/m^2）	94	74	70	69
TSR（m^2/m^2）	4227	3496	4301	3321

样品的 HRR 曲线如图 8-68 所示，相比 EP-0，EP 复合材料的 p-HRR 和 THR 都明显降低。EP-1，EP-2 和 EP-4 的 p-HRR 分别为 417 kW/m^2，461 kW/m^2 和 438 kW/m^2，相对 EP-0 均降低约一半。EP-1 是复合材料中 p-HRR 的最低值，意味着 ODPSS 能够促进材料形成更加稳定和致密的隔热炭层。

虽然由 ODPSS 和 DOPO 复配阻燃的 EP 复合材料拥有最低的 THR 值，但三种 EP 复合材料的 p-HRR 和 THR 的降低程度都十分相近，这与复合材料在 LOI 和垂直燃烧测试中的结果有一定的差异。合理的解释是三种测试的条件相差很大，锥形量热测试是在强制的热辐射下进行，而 LOI 和垂直燃烧测试则没有从始至终的外界热辐射，三种测试条件的相关性还没有被很好地建立起来[26, 27]。然而，部分的相关性还是存在于垂直燃烧和锥形量热测试之间。以 EP-4 为例，EP-4 在垂直燃烧测试中达到 UL-94 的 V-0 级，是因为 ODPSS 和 DOPO 的协同作用促进复合材料快速地形成了稳定的隔热炭层。相对应地，在 HRR 曲线中，EP-4 比 EP-1 更快地达到第一个热释放的峰值，说明 EP-4 的成炭速率较快；同时，EP-4 的 p-HRR 比 EP-2 的低，又说明 EP-4 比 EP-2 形成的炭层更加稳定。因此，垂直燃烧和锥形量热测试都能够说明 EP-4 复合材料在燃烧测试中能够快速的形成稳定的隔热炭层，两种测试存在部分的相关性。

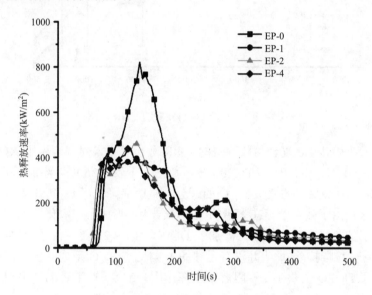

图 8-68　EP 复合材料的热释放速率(HRR)曲线

8.7.5　环氧树脂/ODPSS/DOPO 复合材料凝聚相燃烧产物分析

FTIR 和 XPS 被用来进一步分析 EP 复合材料经锥形量热仪燃烧测试后的外部炭层。如图 8-69 的 FTIR 谱图所示，残炭中相同的吸收峰是 1590 cm^{-1} 处苯环的伸缩振动，证明了残炭中芳烃的存在。与 EP-0 相似，单纯添加 DOPO 的复合材料 EP-2 的残炭 FTIR 中并没有观察到 P—O 和 P≡O 的特征吸收峰，这可能意味着 DOPO 主要在气相阻燃中发挥作用。而 EP-1 和 EP-4 残炭的 FTIR 谱图中出现了一些新的吸收峰：1037 cm^{-1} 处的 Si—O 或 C—O 的伸缩振动峰和 788 cm^{-1} 处的 C_{Ar}—H 变形振动峰。这说明 ODPSS 的添加有利于更多的芳香基团和 Si—O 基团保留在炭层中，从而提高炭层的热稳定性[28]，而稳定的炭层结构是复合材料拥有优异阻燃能力的重要条件。因此，ODPSS 对炭层的加固作用和 DOPO 对释放热解气体的促进作用是 EP-4 在 LOI、UL-94 垂直燃烧和锥形量热测试中均有良好的阻燃表现的原因。

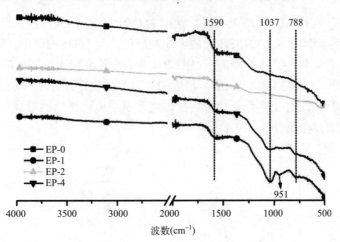

图 8-69　EP 复合材料残炭的 FTIR 谱图

　　为进一步确认 EP 复合材料残炭的 FTIR 分析结果，对残炭做了 XPS 分析。样品中 C、O、N、Si、P、S 的 XPS 分析数据列于表 8-36 中。添加了 ODPSS 的 EP-1 和 EP-4 复合材料的残炭中，C 的百分含量明显降低而 O 和 Si 的百分含量明显提高。这是由于残炭中存在大量的 Si—O 结构，形成了二氧化硅保护层，从而提高了炭层的热稳定性。然而，添加了 DOPO 的 EP-2 复合材料的残炭中，仅有少量的 P 被检测到。这说明并没有足够的 P 与 C 或者 O 形成共价键而留在炭层中，印证了 DOPO 主要在气相阻燃中发挥作用。XPS 与 FTIR 的结果相吻合。

表 8-36　EP 复合材料残炭中 C、O、N、Si、P、S 的 XPS 分析数据

样品	原子分数（%）					
	C	O	N	Si	P	S
EP-0	84.3	10.6	4.0	0.0	0.0	1.1
EP-1	72.2	18.0	4.8	4.7	0.0	0.3
EP-2	89.1	7.1	2.7	0.0	0.6	0.5
EP-4	76.3	16.5	3.1	3.5	0.2	0.5

　　锥形量热测试后样品炭层的形貌如图 8-70 所示。EP-0 没有明显的炭层形成，而 EP 复合材料的炭层形貌都是膨胀的。ODPSS 和 DOPO 复配阻燃的复合材料的炭层体积比单一组分的复合材料的炭层体积大。EP-1 的炭层表面被一层的白色陶瓷状粉末所覆盖，而 EP-2 和 EP-4 的炭层表面没有白色的陶瓷状表层。这层白色物质被 FTIR 和 XPS 证明是二氧化硅。虽然 EP-4 表面没有独立的陶瓷状表层，但是炭层中 Si—O 结构的存在还是被 FTIR 和 XPS 所证实。由 Si—O 结构参与组成的膨胀炭层具有良好的隔热作用，可以显著降低热量的传递。

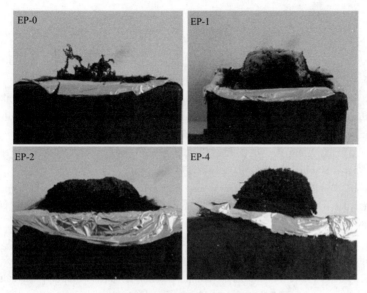

图 8-70　EP 复合材料锥形量测试后的残炭照片

8.7.6　环氧树脂/ODPSS/DOPO 复合材料拉伸性能分析

EP 复合材料的拉伸强度如表 8-37 所示。可见，仅 ODPSS 的加入有助于复合材料拉伸强度的提高，而仅 DOPO 的加入则降低了复合材料的拉伸强度。因为 ODPSS 的刚性结构对复合材料能够起到加固的作用，从而提高了复合材料的拉伸强度和弹性模量，而 DOPO 的反应性却降低了复合材料交联密度，从而降低了复合材料的拉伸强度和弹性模量。复配了 2.5 wt%ODPSS 和 2.5 wt%DOPO 的复合材料 EP-4 的拉伸强度和弹性模量都较 EP-0 分别提高了 23%和 28%，而且高于添加了 5 wt%的 ODPSS 的 EP-1 复合材料。可见结合了 ODPSS 和 DOPO 的复合材料的拉伸性能并没有因为这两种阻燃剂的添加而降低。

表 8-37　EP 复合材料的拉伸性能

样品	拉伸强度（MPa）	弹性模量（GPa）
EP-0	50.7 ± 7.3	2.9 ± 0.2
EP-1	59.1 ± 6.9	3.1 ± 0.2
EP-2	48.2 ± 2.0	2.6 ± 0.2
EP-4	62.5 ± 4.1	3.7 ± 0.2

参 考 文 献

[1] Gu H, Ma C, Gu J, et al. An overview of multifunctional epoxy nanocomposites. J Mater Chem C, 2016, 4(25): 5890-5906.

[2] Wang X, Hu Y, Song L, et al. Flame retardancy and thermal degradation mechanism of epoxy resin composites based on a DOPO substituted organophosphorus oligomer. Polymer, 2010, 51(11): 2435-2445.

[3] Zhang W, Li X, Yang R. Novel flame retardancy effects of DOPO-POSS on epoxy resins. Polym Degrad Stabil, 2011, 96(12): 2167-2173.

[4] Spontón M, Ronda J, Galià M, et al. Cone calorimetry studies of benzoxazine-epoxy systems flame retarded by chemically bonded phosphorus or silicon. Polym Degrad Stabil, 2009, 94(1): 102-106.

[5] Gilman J W, Kashiwagi T, Lichtenhan J D. Nanocomposites: a revolutionary new flame retardant approach. Sampe Journal, 1997, 3340-3346.

[6] Jiang Y, Li X, Yang R. Polycarbonate composites flame-retarded by polyphenylsilsesquioxane of ladder structure. J Appl Polym Sci, 2012, 124(5): 4381-4388.

[7] Bourbigot S, Bras M L, Delobel R, et al. XPS study of an intumescent coating. Appl Surf Sci, 1997, 120(1): 15-29.

[8] Wang J S, Wang D Y, Yun L, et al. Polyamide‐enhanced flame retardancy of ammonium polyphosphate on epoxy resin. J Appl Polym Sci, 2010, 108(4): 2644-2653.

[9] Yu D, Kleemeier M, Wu G M, et al. Phosphorus and silicon containing low-melting organic-Inorganic glasses improve flame retardancy of epoxy/clay composites. Macromol Mater Eng, 2011, 296(10): 952-964.

[10] Wawrzyn E, Schartel B, Seefeldt H, et al. What reacts with what in bisphenol a polycarbonate/silicon rubber/bisphenol a bis(diphenyl phosphate) during pyrolysis and fire Behavior? Ind Eng Chem Res, 2012, 51(3): 1244-1255.

[11] Zhu B 2014. Phosphosiloxane resins, and curable silicone compositions, free-standing films, and laminates comprising the phosphosiloxane resins. Google Patents.

[12] Song L, He Q, Hu Y, et al. Study on thermal degradation and combustion behaviors of PC/POSS hybrids. Polym Degrad Stabil, 2008, 93(3): 627-639.

[13] Su C H, Chiu Y P, Teng C C, et al. Preparation, characterization and thermal properties of organic-inorganic composites involving epoxy and polyhedral oligomeric silsesquioxane (POSS). J Polym Res, 2010, 17(5): 673-681.

[14] Zhang W, Li X, Fan H, et al. Study on mechanism of phosphorus-silicon synergistic flame retardancy on epoxy resins. Polym Degrad Stabil, 2012, 97(11): 2241-2248.

[15] Zhang W, Li X, Li L, et al. Study of the synergistic effect of silicon and phosphorus on the blowing-out effect of epoxy resin composites. Polym Degrad Stabil, 2012, 97(6): 1041-1048.

[16] Bùi L N, Thompson M, ., Mckeown N B, et al. Surface modification of the biomedical polymer poly(ethylene terephthalate). Analyst, 1993, 118(5): 463-474.

[17] Su C-H, Chiu Y-P, Teng C-C, et al. Preparation, characterization and thermal properties of

organic-inorganic composites involving epoxy and polyhedral oligomeric silsesquioxane (POSS). J Polym Res, 2010, 17(5): 673-681.

[18] Tóth A, Bertóti I, Blazsó M, et al. Oxidative damage and recovery of silicone rubber surfaces. I. X-ray photoelectron spectroscopic study. J Appl Polym Sci, 2010, 52(9): 1293-1307.

[19] Ruiz-Pérez L, Royston G J, Fairclough J P A, et al. Toughening by nanostructure. Polymer, 2008, 49(21): 4475-4488.

[20] Sánchez-Sotoa M, Illescas S. Study of the morphology and properties of melt-mixed polycarbonate–POSS nanocomposites. Eur Polym J, 2009, 45(2): 341-352.

[21] FINA, TABUANI, CARNIATO, et al. Polyhedral oligomeric silsesquioxanes (POSS) thermal degradation. Thermochim Acta, 2006, 440(1): 36-42.

[22] Perez R M, Sandler J K W, Altstädt V, et al. Effect of DOP-based compounds on fire retardancy, thermal stability, and mechanical properties of DGEBA cured with 4,4′-DDS. J Mater Sci, 2006, 41(2): 341-353.

[23] LEVCHIK, PIOTROWSKI, WEIL, et al. New developments in flame retardancy of epoxy resins, 2005.

[24] Zhang W, Li X, Yang R. Pyrolysis and fire behaviour of epoxy resin composites based on a phosphorus-containing polyhedral oligomeric silsesquioxane (DOPO-POSS). Polym Degrad Stabil, 2011, 96(10): 1821-1832.

[25] Zhang W, Li X, Fan H, et al. Study on mechanism of phosphorus-silicon synergistic flame retardancy on epoxy resins. Polym Degrad Stabil, 2012, 97(11): 2241-2248.

[26] Weil E D, Patel N G, Said M M, et al. Oxygen index: Correlations to other fire tests. Fire Mater, 2010, 16(4): 159-167.

[27] Morgan A B. Flame retarded polymer layered silicate nanocomposites: A review of commercial and open literature systems. Polym Advan Technol, 2010, 17(4): 206-217.

[28] Lei S, Qingliang H E, Yuan H U, et al. Study on thermal degradation and combustion behaviors of PC/POSS hybrids. Polym Degrad Stabil, 2008, 93(3): 627-639.

第9章　聚酰亚胺/POSS 纳米复合材料及其阻燃性能

聚酰亚胺(PI)是主链上包含有酰亚胺基团的一类环-链型高分子聚合物，20世纪 60 年代出现的一种新型聚合物材料，它具有优良的耐高温性质，以其优异的机械性能(聚酰亚胺强度可与金属相媲美，且柔韧耐折)、介电性能(聚酰亚胺的介电性能比陶瓷更优异)、耐高低温(269～400℃温度范围内性能稳定，550℃下可短期保持主要的物理性能)、耐辐射性能(经过辐照后力学性能仍能得到保持)，成为电子电器、航空航天、军工等领域中必不可少的材料，广泛应用于火箭零部件及航空航天领域[1-7]。随着科学技术的进步和现代工业的不断发展，航空、航天领域对聚酰亚胺复合材料提出了更为苛刻的要求，如更高的耐温等级(450℃以上)或更强的抗原子氧性能。含硅聚酰亚胺正是耐高温复合材料发展的方向，对我国航天航空技术和国民经济发展有重要意义，有广阔的应用前景。

9.1　聚酰亚胺/八氨基苯基硅倍半氧烷纳米复合膜材料

本书作者采用 3,3′,4,4′-二苯酮四酸二酐(BTDA)和 4,4′-二氨基二苯醚(ODA)制备聚酰亚胺(PI)基础链段，利用八氨基苯基 POSS(OAPS)参与 PI 链段的固化交联，从而制备出聚酰亚胺/八氨基苯基硅倍半氧烷(PI/OAPS)纳米复合材料。图 9-1 是 PI/OAPS 复合膜制备过程示意图，原料配比中，保持 OAPS 和 ODA 中氨基基团与 BTDA 中酸酐基团的摩尔数相同，使用的溶剂是 N,N-二甲基乙酰胺(DMA)，不同配方的投料比如表 9-1 所示。制备过程为：在三口烧瓶中加入 BTDA/DMA 溶液，然后分批加入 ODA-OAPS/DMA 溶液；保持 N_2 气氛室温搅拌 8 h 可得具有一定黏度的透明聚酰胺酸(PAA)溶液，将溶液置于洁净平整的玻璃板上固化，固化温度程序为 80℃/12 h → 120℃/4 h → 200℃/2 h → 250℃/2 h；固化脱模后得到厚度约为 50～70 μm 的薄膜。依次制备得到 OAPS 含量不同的 PI/OAPS 薄膜，记为 PI/OAPS-1、PI/OAPS-2、PI/OAPS-3 和 PI/OAPS-4，OAPS 含量分别为 1.37 wt%、2.74 wt%、4.09 wt%、5.43 wt%，投料配比如表 9-1 所示，OAPS 中氨基占总氨基的摩尔分数分别为 2.5 mol%、5 mol%、7.5 mol%和 10 mol%。

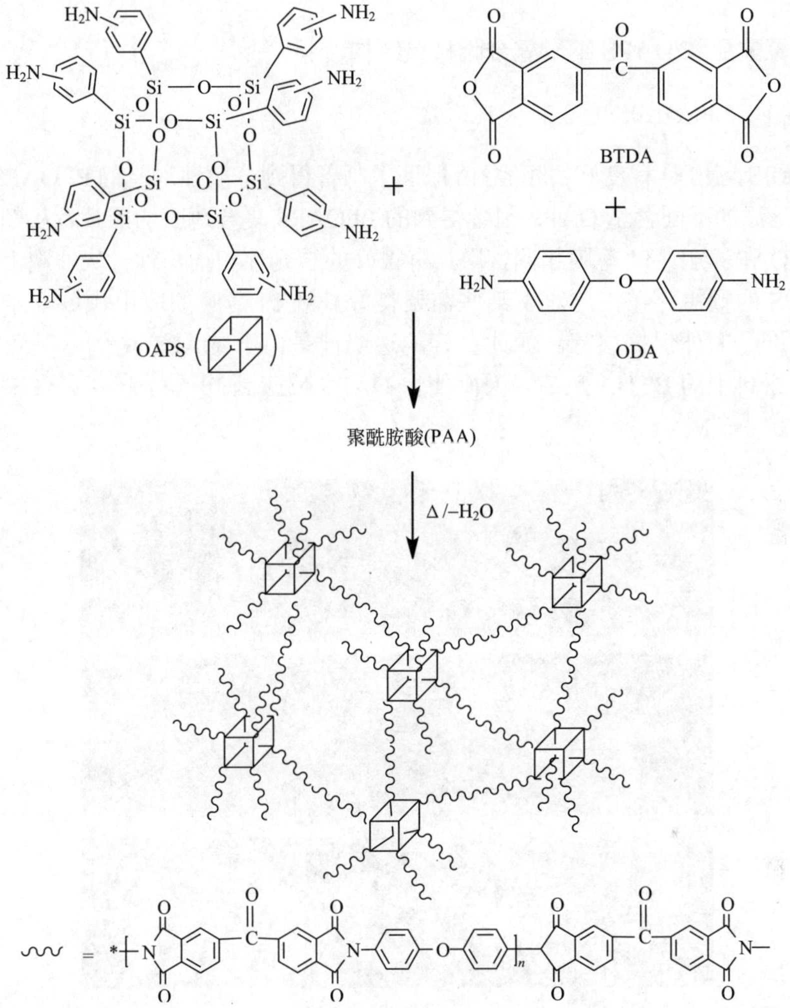

图 9-1　PI/OAPS 复合膜制备过程示意图

表 9-1　制备 PI/OAPS 复合膜的投料配比

材料	PI 空白	PI/OAPS-1	PI/OAPS-2	PI/OAPS-3	PI/OAPS-4
BTDA（g）	6.168	6.142	6.117	6.090	6.065
ODA（g）	3.832	3.721	3.610	3.501	3.392
OAPS（g）	0	0.137	0.273	0.409	0.543
OAPS 中氨基占总氨基的摩尔分数（mol%）	0	2.5	5	7.5	10
OAPS（wt%）	0	1.37	2.74	4.09	5.43
DMA（mL）	100	100	100	100	100

9.1.1　聚酰亚胺/OAPS 纳米复合膜材料结构

9.1.1.1　PI/OAPS 复合膜宏观形貌

OAPS 与 PI 具有良好的相容性，保证了制备得到分散性均一的 PI/OAPS 薄膜。图 9-2 是添加不同含量 OAPS 制备得到的 PI/OAPS 复合薄膜的照片，从图中可看到，PI/OAPS 与纯 PI 薄膜相同，均具有很好的透光性和均一性，从外观上看不到有 OAPS 的颗粒存在，这对于某些需要良好外观 PI 薄膜的应用领域非常重要，如作为饰品的外保护层等。如此良好的透明性是由于 OAPS 中的氨基可以与聚酰亚胺原料中的 BTDA 反应，因而使得 OAPS 反应到 PI 分子链中，带来良好的分散性。

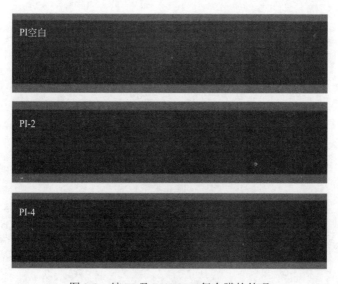

图 9-2　纯 PI 及 PI/OAPS 复合膜的外观

9.1.1.2　PI/OAPS 复合膜的红外表征

图 9-3 是纯 PI 和 PI/OAPS-4 样品的红外谱图，它们的吸收峰位置几乎相同，原因是 OAPS 的添加量很小，在 PI/OAPS-4 中 OAPS 的添加量仅有 5.43 wt%，并且 OAPS 中基团吸收峰与 PI 的基团特征峰存在重叠关系，如 OAPS 中苯环峰与 PI 中的苯环峰相重叠，且 OAPS 中在 1100 cm^{-1} 附近的 Si—O—Si 键的吸收峰就与 PI 中 1082 cm^{-1} 处的吸收峰相重叠。从图 9-3 中可看到，在 1777 cm^{-1} 处出现 C═O 的不对称伸缩振动峰，在 1713 cm^{-1} 处出现 C═O 的对称伸缩振动峰，在 1373 cm^{-1} 处出现 C—N 的伸缩振动峰，在 1082 cm^{-1} 和 717 cm^{-1} 处出现酰亚胺环

的变形振动峰,这些峰的出现,均证明在 PI 产物中,酰亚胺环的形成。而在 1890 cm⁻¹ 处酸酐基团上 C═O 的伸缩振动峰则完全消失，表明反应过程中聚酰胺酸结构的峰完全消失。

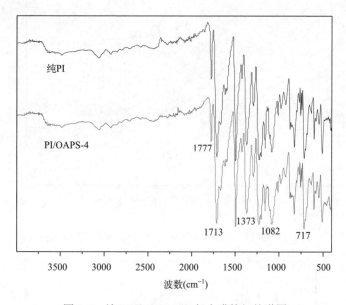

图 9-3　纯 PI 及 PI/OAPS 复合膜的红外谱图

9.1.1.3　PI/OAPS 复合膜 X 射线衍射表征

图 9-4 是 OAPS、PI 和 PI/OAPS 的 XRD 谱图,从图中可得,纯 PI、PI/OAPS-2 和 PI/OAPS-4 三种聚酰亚胺材料薄膜的 XRD 谱图基本一致,都有一个宽的非晶态的衍射峰。与 PI/OAPS 相比,OAPS 在 $2\theta = 7.75°$ 处,有一个晶面间距为 11.4 Å 的峰,该衍射峰对应于 POSS 单个分子的尺寸大小[8, 9]。而当 OAPS 与 BTDA 发生交联反应后,此峰在 PI/OAPS 复合膜中完全消失,也可佐证 OAPS 在 PI/OAPS 复合膜中反应完全,分散性很好。

9.1.2　聚酰亚胺/OAPS 纳米复合膜材料热性能

使用 DSC 对 PI/OAPS 复合膜的玻璃化转变温度(T_g)进行测定,测定曲线如图 9-5 所示,测试数据见表 9-2。纯 PI 和含 OAPS 2.74 wt%的 PI/OAPS-2 和含 OAPS 5.43 wt%的 PI/OAPS-4 均出现一个 T_g,不同的是,PI/OAPS-2 和 PI/OAPS-4 复合膜的玻璃化转变温度比纯 PI 稍高一些。T_g 是高分子材料分子链运动的直观体现,上述结果表明,OAPS 改性 PI 后,由于 OAPS 反应到 PI 主链中,Si—O 笼形结构的存在对复合物分子链的流动性起到一定的限制作用,使得 T_g 提高。

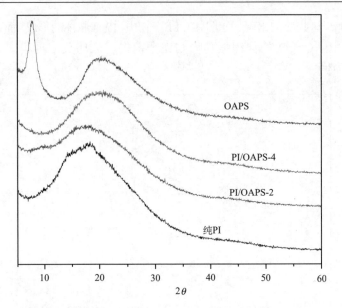

图 9-4　纯 PI、OAPS 及 PI/OAPS 复合膜的 XRD 谱图

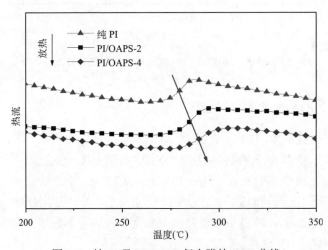

图 9-5　纯 PI 及 PI/OAPS 复合膜的 DSC 曲线

表 9-2　PI/OAPS 复合膜的 DSC 和 TG 数据

样品	T_g(℃)	T_{onset}(℃)	T_{max}(℃)	800℃时残炭量(%)
PI 空白	281.1	547.4	589.6	61.55
PI/OAPS-1	—	541.5	586.7	62.40
PI/OAPS-2	285.8	538.2	591.7	63.02
PI/OAPS-3	—	539.1	590.3	63.15
PI/OAPS-4	289.6	540.2	592.2	63.89

　　图 9-6 是 PI 及其 PI/OAPS 复合膜在氮气氛下的 TG 曲线，相关的热分解数据见表 9-2，包括初始分解温度 T_{onset}、最快分解温度 T_{max} 和 800℃时的残炭量。由图 9-6 可见，OAPS 的加入并没有改变 PI 的热分解过程，PI/OAPS 复合膜的热分解曲线与 PI 的曲线很相似。与纯 PI 相对比，PI/OAPS 复合膜的 T_{onset} 有一个约 5～10℃的降低，造成此结果的原因可能是 OAPS 的初始分解温度低于 PI 的初始分解温度，也有可能是具有八官能度的 OAPS 的加入对纯 PI 很规整的结构稍有破坏，导致 T_{onset} 稍有降低。同时，PI/OAPS 在 800℃时的残炭量均比纯 PI 高，且随着 OAPS 加入量的增加，PI/OAPS 的残炭量逐渐提高。有报道显示，一些 POSS 分子可以明显降低聚合物的燃烧性并促进聚合物燃烧过程中的成炭。硅元素可以通过化学键保留在残炭中，并促使凝聚相外层形成玻璃状的保护层，此保护层具有很好的隔热、隔氧作用，从而降低聚合物材料的可燃性[10, 11]。

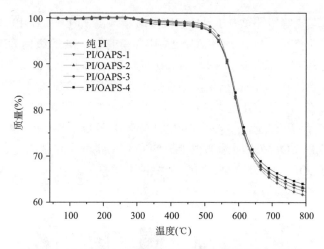

图 9-6　纯 PI 及 PI/OAPS 复合膜在氮气氛下的 TG 曲线

9.1.3　聚酰亚胺/OAPS 纳米复合膜材料力学性能

　　对纯 PI 和 PI/OAPS 复合膜的力学性能进行测试，得到拉伸强度、断裂伸长率和杨氏模量数据，如表 9-3 所示。当 OAPS 的添加量为 1.37 wt%时，相比纯 PI，PI/OAPS-1 的拉伸强度有一个小的提高，从 107.1 MPa 提高到 111.6 MPa；随着 OAPS 添加量的进一步提高，PI/OAPS 复合膜的拉伸强度稍有下降，当 OAPS 添加量为 5.34 wt%时，PI/OAPS-4 的拉伸强度下降为 101.3 MPa。因此认为，很少量的 OAPS 加入，在 PI 链中可形成刚性的交联网络结构，使 PI 复合膜的拉伸强度提高，而当 OAPS 的添加量变大后，过多的 OAPS 会使 PI 原有的高规整结构遭受到一定的破坏，从而降低 PI 的拉伸强度。同时，与纯 PI 相比，所有 PI/OAPS

复合膜的断裂伸长率均有下降，表明刚性的交联网络结构可使 PI/OAPS 复合膜的断裂伸长率降低。最后，在断裂伸长率降低的同时，刚性的交联网络结构的存在又提高了复合膜的模量。

表 9-3　PI/OAPS 复合膜的力学性能数据

指标	PI 空白	PI/OAPS-1	PI/OAPS-2	PI/OAPS-3	PI/OAPS-4
拉伸强度(MPa)	107.1 ± 4.8	111.6 ± 3.7	107.9 ± 4.0	108.1 ± 4.6	101.3 ± 5.8
断裂伸长率(%)	5.9 ± 0.2	5.5 ± 0.3	5.7 ± 0.2	5.4 ± 0.3	4.5 ± 0.4
杨氏模量(GPa)	2.6 ± 0.1	2.9 ± 0.1	2.7 ± 0.1	2.8 ± 0.1	2.8 ± 0.1

9.1.4　聚酰亚胺/OAPS 纳米复合膜材料阻燃性能

使用垂直燃烧等级测试(UL-94)和极限氧指数测试(LOI)对 PI/OAPS 复合膜的阻燃性能进行表征。纯 PI 和 PI/OAPS 复合膜的 UL-94 等级均为 V-0 级，所有样品的第一次燃烧时间均小于 3 s，第二次燃烧时间均小于 1 s。图 9-7 是纯 PI 和 PI/OAPS 复合膜的 LOI 测试结果，结果表明，随着 OAPS 添加量的提高，LOI 数值逐渐增大，纯 PI 的 LOI 值为 46.5%，而 2.74 wt% OAPS 的加入使得 PI/OAPS-2 的 LOI 值提高到了 55.5%，5.43 wt%的加入使得 PI/OAPS-4 的 LOI 值提高到了 57.0%。如此高的 LOI 值表明添加很少量的 OAPS 即可很明显地提高 PI 的阻燃性能，如此高的 LOI 值使 PI/OAPS 可用于特种阻燃材料。

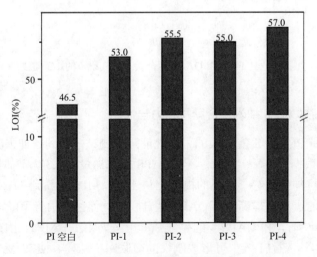

图 9-7　纯 PI 及 PI/OAPS 复合膜的 LOI 数据

9.1.5　聚酰亚胺/OAPS 纳米复合膜材料阻燃机理

9.1.5.1　PI/OAPS 复合膜气相产物分析

为研究 OAPS 对 PI 的阻燃机理，使用 TG-FTIR 联用测试对纯 PI 和 PI/OAPS 复合膜的气相产物进行分析，图 9-8 是纯 PI 和 PI/OAPS-4 (5.43 wt% OAPS) 在不

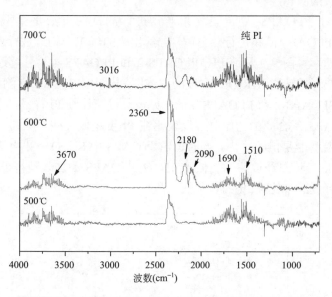

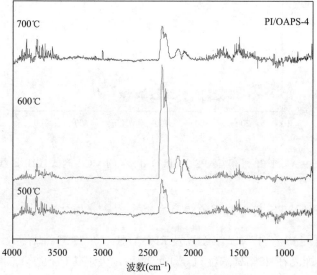

图 9-8　纯 PI 和 PI/OAPS-4 在不同温度下气相产物的红外谱图

同温度下气体产物红外谱图。从图中可得，纯 PI 和 PI/OAPS-4 在热分解过程中产生的所有气体产物均一致，产生的气体产物主要有苯酚及其衍生物/水（3670 cm^{-1}）、甲醇（3016 cm^{-1}），CO_2（2360 cm^{-1}）、CO（2180 cm^{-1}、2090 cm^{-1}）和其他芳香衍生物（1690 cm^{-1}、1510 cm^{-1}），原因是在 OAPS 中，苯氨基与 PI 反应，故分解产物与 PI 一致，而 Si—O—Si 组成的内核不分解出气相产物，大部分都保留在 PI/OAPS 薄膜热分解后的固相产物中。

　　另一种对 PI/OAPS 复合膜气相产物进行测试的方法是微型量热仪测试（MCC），将 PI/OAPS 薄膜进行热分解，分解出来的气相产物再进行燃烧测试，测试其热释放速率。图 9-9 是纯 PI、PI/OAPS-2 和 PI/OAPS-4 热分解过程中所释放气相产物的热释放速率（HRR）和温度的曲线图，从图中可见 MCC 测试结果与 TG 结果一致，PI/OAPS-2 和 PI/OAPS-4 的初始放热温度比纯 PI 样品的要稍低一些，原因是 PI/OAPS 复合膜的初始分解温度比纯 PI 要稍低一些，因此，释放出气体的燃烧放热温度也要稍低一些。同时，由于 OAPS 中 Si—O—Si 内核的存在，使得 PI/OAPS 的气体热释放速率要低于 PI，因此 OAPS 的加入使得 PI/OAPS 复合膜的最大热释放速率比纯 PI 的要稍低一些。

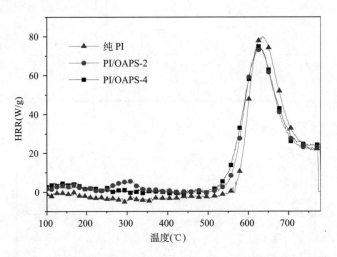

图 9-9　纯 PI 和 PI/OAPS-2，PI/OAPS-4 的 MCC 测试 HRR 曲线

9.1.5.2　PI/OAPS 复合膜凝聚相产物分析

　　图 9-10 是纯 PI 在 47%氧浓度以及 PI/OAPS-4 在 57.5%氧浓度下的燃烧过程。对于纯 PI，当样品在 47%氧浓度气氛下点燃后，火焰传播很快，同时在整个燃烧过程中伴随有很多火星从火焰中溅射出来；但是，对于 PI/OAPS-4，当样品在 57.5%氧浓度气氛下被点燃后，火焰传播稳定，且在整个燃烧过程中都没有发现有火星

溅射。当二者燃烧结束后，发现它们的残炭在外观上有很明显的区别，对于纯 PI 样品，仅有很少量的残炭形成，且残炭外观为黑色；而对于 PI/OAPS-4 而言，如图 9-10 所示，可观察到在燃烧过的样品基础上，出现外表为白色且完整坚固的残炭，而产生的残炭又起到很好的阻隔热流和质量传输作用。

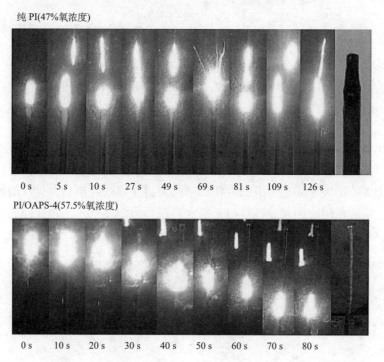

图 9-10　纯 PI 在 47%氧浓度以及 PI/OAPS-4 在 57.5%氧浓度下的燃烧过程

当燃烧气氛(O_2/N_2)中氧气浓度为 47%时，纯 PI 样品点燃后，燃烧迅速；而在此条件下，PI/OAPS-4 点燃后，火焰传播明显较慢，接着火焰慢慢变小，最后火焰熄灭，整个燃烧过程不超过 5 s，表明 OAPS 的加入提高了 PI/OAPS 复合膜在高氧浓度下的抗燃烧性能，未来可用于特种阻燃材料。图 9-11 是纯 PI 和 PI/OAPS-4 在 47%氧浓度下燃烧后残炭的照片，从图中可看到，纯 PI 燃烧后残炭呈光亮的黑色，而 PI/OAPS-4 则在炭层表面出现一层白色的保护层，正是由于白色保护层的存在，阻隔了热流的传输。

图 9-12 是纯 PI 在 47%氧浓度以及 PI/OAPS-4 在 57.5%氧浓度下火焰熄灭处的 SEM 图，从图中可见，对于纯 PI，当其在 47%氧浓度下燃烧火焰熄灭后，在熄灭处能观察到很多大的孔洞，而且这些孔洞在越接近燃烧火焰的地方越大；然而，当 PI/OAPS-4 在 57.5%氧浓度下燃烧火焰熄灭后，虽然燃烧气氛中氧气浓度明显增大，火焰熄灭处所产生的孔洞相比 PI 中要小很多，并且形成的是一些蜂窝

图 9-11　纯 PI(a)和 PI/OAPS-4(b)在 47%氧浓度下燃烧后残炭的照片

状致密的炭层。据此，图 9-10 中纯 PI 在 47%氧浓度以及 PI/OAPS-4 在 57.5%氧浓度下燃烧过程的区别可以得到合理的解释：对于纯 PI，当样品被点燃后，在热和氧的作用下，形成很多孔洞，随着燃烧的进行，这些孔洞变得越来越大，直到它们之间相互连结，因此，一些燃烧后的残炭就可以从体系中脱离出去，这也是在图 9-10 中纯 PI 燃烧过程中可观察到大量火星溅射的原因；而对于 PI/OAPS 复合薄膜，由于 OAPS 在 PI 中起到三维交联点的作用，其分解产物在体系残炭中可以限制孔洞的扩大，并且形成蜂窝状致密的炭层，这些炭层具有优异的阻隔热流和氧气传输的作用。因此，PI/OAPS 复合膜在高氧浓度下，阻燃性能的急剧提升是由于 OAPS 的加入大大提高了 PI 体系燃烧后残炭的热稳定性。

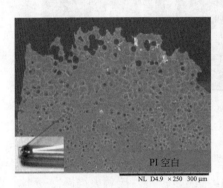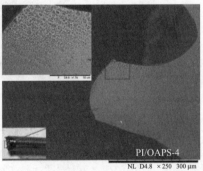

图 9-12　纯 PI 在 47%氧浓度以及 PI/OAPS-4 在 57.5%氧浓度下火焰熄灭处的 SEM 图

　　从上述分析可得出，PI/OAPS 的阻燃机理属于凝固相阻燃机理，而残炭的形貌和结构对于凝固相阻燃机理而言又十分重要，由于测试样品为薄膜卷曲成的圆筒，便于分析样品燃烧后内部和外部残炭的形貌和结构。图 9-13 是 PI/OAPS-4 在 47%氧浓度下燃烧后内部残炭和外部残炭的照片，从图中可观察到其内部残炭呈光亮黑色，而外部残炭存在大量白色包裹层。环柱形的结构使得样品外表面的燃烧十分剧烈，而内表面可得到保护，随着外表面燃烧的进行，OAPS 的 Si—O 笼形结构遭到破坏，形成以 Si—O 为主体的结构单元，而由于 PI 中芳香结构较多，二者相结合有利于形成致密的隔氧隔热的炭层。

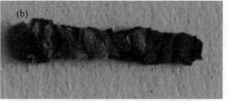

图 9-13　PI/OAPS-4 在 47%氧浓度下燃烧后内部残炭(a)和外部残炭(b)照片

为进一步分析炭层结构，使用 SEM 对 PI/OAPS-4 在 47%氧浓度下燃烧后内部残炭和外部残炭进行表征，结果如图 9-14 所示。由图可见，PI/OAPS 外表面形成一层致密的纤维状残炭，外层残炭的形成，有力地保护了内部有机基团结构不被破坏；内部炭层结构光滑而平整，没有被火焰侵蚀而分解掉。

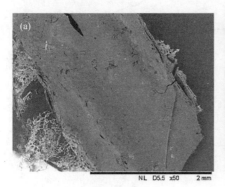
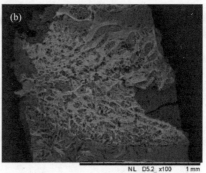

图 9-14　PI/OAPS-4 在 47%氧浓度下燃烧后内部残炭(a)和外部残炭(b)的 SEM 图

图 9-15 是 PI/OAPS-4 在 47%氧浓度下燃烧后内部残炭和外部残炭的 EDXS 图，由图可见，内部残炭中 C 元素的含量远高于外部残炭，表明内部残炭中有机物较多；而外部残炭中 O 和 Si 元素的含量则远高于内部残炭，表明外部残炭中含硅氧结构的无机物较多。这也说明图 9-14(b)中白色纤维状外部残炭中 OAPS 分解剩余的 Si—O 无机结构的比例要比内部残炭中高很多，且外部残炭起到保护内部有机结构不遭到强烈破坏的作用。而图 9-16 的 FTIR 谱图也说明此结果，图 9-16 是 PI 和 PI/OAPS-4 在 47%氧浓度下燃烧后残炭的 FTIR 谱图，从图中可见，PI/OAPS-4 的内部残炭结构与分解不完全的纯 PI 残炭结构一致；而在 PI/OAPS-4 外部残炭的红外谱图中，出现 1538 cm^{-1} 处的宽峰，表明稠芳环结构的形成，在 1047 cm^{-1}、787 cm^{-1}、449 cm^{-1} 处的三个吸收峰表明 Si—O 结构的大量存在，反映出在 PI/OAPS-4 燃烧后的外部残炭中 Si—O 结构的比例要远高于内部残炭，正是由于 Si—O 结构和稠芳环结构的存在，保护着内部有机物不被分解。

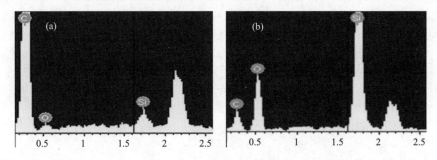

图 9-15　PI/OAPS-4 在 47%氧浓度下燃烧后内部(a)和外部(b)残炭的 EDXS 图

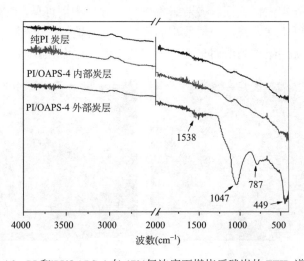

图 9-16　PI 和 PI/OAPS-4 在 47%氧浓度下燃烧后残炭的 FTIR 谱图

9.2　聚酰亚胺/环梯形氨基苯基硅倍半氧烷纳米复合材料

　　本书作者合成了环梯形氨基苯基硅倍半氧烷(PAPSQ)[12]。如图 9-17 所示，PAPSQ 是一种多分散分布的大分子，每个 PAPSQ 大分子含有 10~30 个氨基。PAPSQ 作为交联剂，用在聚酰亚胺气凝胶的制备过程中与聚酰胺酸低聚物反应。

　　如图 9-18 所示，使用 3,3,4,4-联苯四甲酸二酐(BPDA)和 4,4′-二氨基二苯醚(ODA)合成聚酰亚胺低聚物，通过使用二酐单元与$(n+1)/n$ 的比率，将低聚物中的重复单元 n 设定为 30。低聚物中的末端酸酐与交联剂[1,3,5-三(4-氨基苯氧基)苯，TAB 或 PAPSQ]中的氨基的比例为 1：1。此外，凝胶溶液中的总聚合物浓度在 1.1%~10%之间变化，用来测定可达到的最低密度以及密度对气凝胶性质的影响。凝胶溶液中使用的总聚合物浓度为 1.1%，2.2%%，3.6%，6.0%和 10%，如表 9-4 中所示。将具有 x 质量分数的样品命名为 "x%PI/OAPS-交联剂"。下面描述前体浓度为 10%，n=30 个低聚物重复单元的聚酰亚胺气凝胶的制备方法。

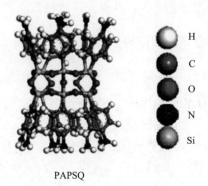

PAPSQ

图 9-17　环梯形氨基苯基硅倍半氧烷(PAPSQ)分子结构

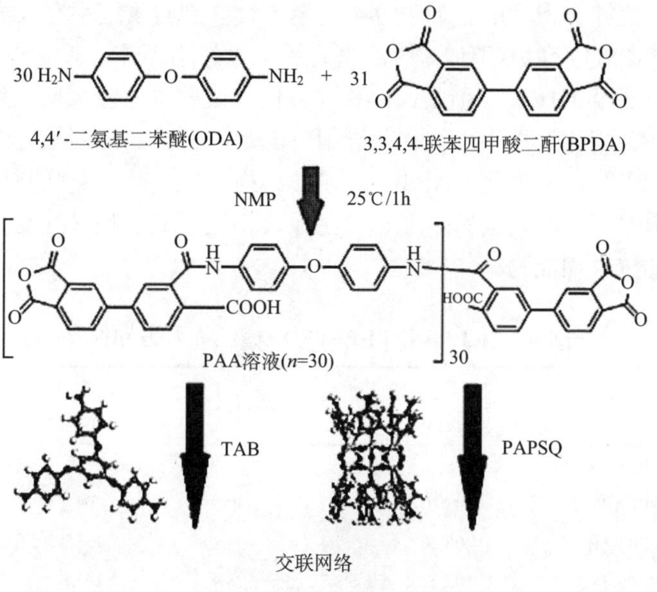

30 H₂N—⬡—O—⬡—NH₂　+　31 （BPDA structure）

4,4′-二氨基二苯醚(ODA)　　　3,3,4,4-联苯四甲酸二酐(BPDA)

NMP　　25℃/1h

PAA溶液(n=30)

TAB　　　　　　　PAPSQ

交联网络

图 9-18　PI-TAB 和 PI-PAPSQ 气凝胶的合成

首先，在 N-甲基吡咯烷酮(NMP)中将 BPDA 加入到 ODA 溶液中。搅拌溶液直至所有 BPDA 溶解。然后将交联剂溶液(PAPSQ：0.4 mmol -NH₂；TAB： 0.4 mmol -NH₂)加入 NMP 中并搅拌。此后，加入乙酸酐(49.6 mmol)，加入吡啶(49.6 mmol)作为酰亚胺化试剂。将溶液搅拌 3 min 并倒入模具中。胶凝时间取决于前体浓度与种类，从 25 min 到 2 h 不等。将凝胶在模具中老化一天，用 50％NMP 的乙醇溶液萃取并浸泡 24 h，然后在 36 h 内将凝胶内的溶剂变为乙醇。将凝胶置于 20 L 超临界流体萃取室中，并在 10 MPa 和 25℃下用液态 CO_2 进行 4 个两小时的循环洗涤。然后将萃取室加热至 50℃，使 CO_2 进入其超临界状态。在 5 h 内从气室以 150 mL/h 的速率缓慢排出气态 CO_2，并重复该过程数次。

9.2.1　聚酰亚胺/PAPSQ 气凝胶结构

9.2.1.1　气凝胶密度与孔结构

制备的所有气凝胶样品均为浅黄色并且不透明，它们的性质列于表 9-4 中。测量干燥凝胶的体积和质量计算气凝胶的密度。1.1wt%PI-PAPSQ 形成的气凝胶具有最低密度 0.010 g/cm³。气凝胶的密度随溶液浓度的增加而增加。PI-PAPSQ 气凝胶的密度始终低于 PI-TAB 气凝胶的密度。

从表 9-4 中可以看出，气凝胶具有纳米孔结构。1.1wt%PI-PAPSQ 气凝胶的孔径为 42.3 nm，其余气凝胶的孔径约 20 nm。气凝胶的收缩率是基于溶液和干燥凝胶的体积测量值计算得到的。如表 9-4 所示，交联剂对收缩率有很大影响。总的来说，对于 PAPSQ 交联气凝胶，收缩率几乎可以忽略不计，即使 PI-PAPSQ 气凝胶的质量分数低至 1.1wt%；但是，TAB 交联的气凝胶具有较大的收缩率。由于收缩主要发生在凝胶化过程中，这种差异很可能是由于受到溶剂相互作用、链刚性和链内容物的影响。考虑到 PAPSQ 的笼形结构作为气凝胶交联网络中的柱状基础，笼形结构中存在的大量 NH_2 基团产生了许多刚性、柱状、PI 支链，使得网络具有足够强的抗收缩能力。

表 9-4　PI-TAB 和 PI-PAPSQ 气凝胶的配方和性质

气凝胶	密度 (g/cm³)	孔径 (nm)	多孔性 (%)	BET 比表面积 (m²/g)	收缩率 (%)
1.1 wt% PI-TAB	—	—	—	—	—
1.1 wt% PI-PAPSQ	0.010	42.3	99.3	209.4	0.3
2.2 wt% PI-TAB	0.026	19.4	98.1	156.3	16.4
2.2 wt% PI-PAPSQ	0.022	28.7	98.4	245.8	0.3
3.6 wt% PI-TAB	0.041	22.7	97.0	181.0	15.6
3.6 wt% PI-PAPSQ	0.035	24.4	97.5	308.2	0.3
6.0 wt% PI-TAB	0.073	17.4	94.7	311.5	19.0
6.0 wt% PI-PAPSQ	0.060	25.9	95.7	341.6	0.6
10.0 wt% PI-TAB	0.120	17.8	91.3	322.8	2.9
10.0 wt% PI-PAPSQ	0.100	23.3	93.5	417.6	0.4

在图 9-19 中，由 1.1wt%PI-PAPSQ 溶液形成的超低密度气凝胶可以站立在蒲公英的顶部，而不会使其变形。该结果清楚地说明了气凝胶的超低密度。

图 9-19　1.1wt%PI-PAPSQ 气凝胶在蒲公英上的照片

图 9-20 显示了 77 K 下的氮气吸附等温线和气凝胶的 BJH 孔径分布。气凝胶的吸附等温线是具有 H1 或 H2 滞后的 IUPAC 分类Ⅳ型等温线[13]。如表 9-4 中所

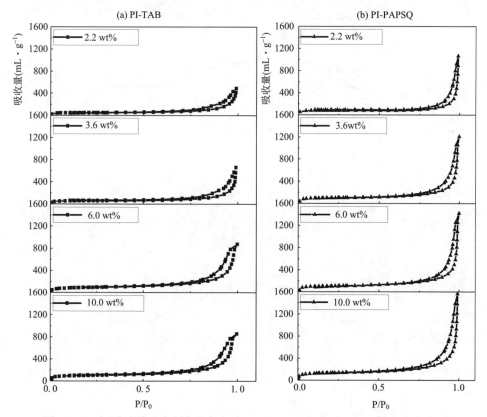

图 9-20　不同聚合物浓度制备的气凝胶 PI-TAB 和 PI-PAPSQ 的氮气吸附等温线

列，气凝胶的 BET 比表面积随着密度的增加而略微增加，PI-PAPSQ 气凝胶具有比 PI-TAB 气凝胶更大的比表面积。从图 9-20 可以看出，PI-PAPSQ 气凝胶的氮气吸附体积远高于 PI-TAB 气凝胶的氮气吸附体积。这主要是由于 PI-PAPSQ 气凝胶具有更稳定的交联结构，可以有效地抑制孔的坍塌。

　　图 9-21 为不同聚合物浓度制备的 PI-TAB 和 PI-PAPSQ 气凝胶的孔径分布图。由图可见，气凝胶结构中的孔径在 2～100 nm 范围内，分布峰在 15～30 nm 范围内。然而有趣的是，PI-PAPSQ 气凝胶具有比 PI-TAB 气凝胶更宽的孔径分布，这表明 PAPSQ 提供的刚性交联点可以产生较强的纤维状结构并支撑大孔的形成。

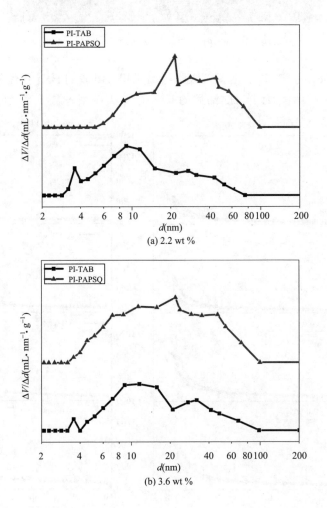

(a) 2.2 wt %

(b) 3.6 wt %

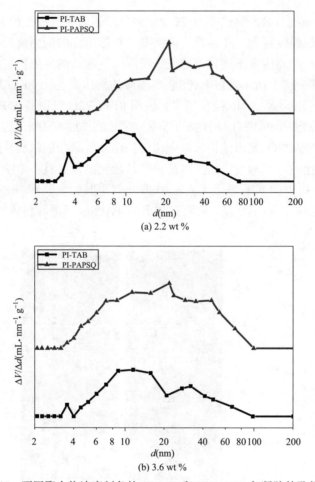

图 9-21　不同聚合物浓度制备的 PI-TAB 和 PI-PAPSQ 气凝胶的孔径分布

9.2.1.2　气凝胶微观结构

图 9-22 中气凝胶的 SEM 图像显示其为多孔纤维状结构。纤维和孔都在纳米尺寸范围。随着密度的增加，纤维状网络缠结程度增加。在低浓度条件下制备的气凝胶中，PI-PAPSQ 气凝胶的微观结构中可以看到介孔结构，这符合 BET 试验的结果。在聚合物浓度低的情况下形成较大的孔为 PI-PAPSQ 具有更强的微观结构提供了证据。

9.2.2　聚酰亚胺/PAPSQ 气凝胶力学性能

不同聚合物浓度制备的 PI-TAB 和 PI-PAPSQ 气凝胶压缩测试的应力-应变曲线如图 9-23(a)～(d)所示。从气凝胶的应力-应变曲线的初始斜率评估压缩模量，结果见图 9-23(e)～(h)。这些应力-应变曲线显示了多孔气凝胶的典型变形行为,即低应变下的线弹性行为,随后是中间应变下孔隙坍塌的应力降低,然后是塑性屈服平台,最后在高应变下硬化。通常情况下,气凝胶的压缩模量随着密度的增加而增加。如图 9-23 所示,PI-PAPSQ 气凝胶的抗压强度比 PI-TAB 气凝胶压缩80%时的抗压强度还要大几倍。压缩模量表明 PI-PAPSQ 气凝胶比 PI-TAB 气凝胶更具优势。10wt%PI-PAPSQ 气凝胶的压缩模量达到 70.36 MPa,这主要是因为凝胶网络中刚性 PAPSQ 笼形结构的增强作用。已知气凝胶的机械性能取决于交联网络之间的连接性,气凝胶中的一些链可能是悬空的,并且不影响它们的机械强度[14]。PAPSQ 提供的 NH_2 基团大大增加了 PI 气凝胶的交联网络的连通性,同时显著降低了悬空链所占的质量,从而有助于 PI-PAPSQ 气凝胶整体的高机械强度。

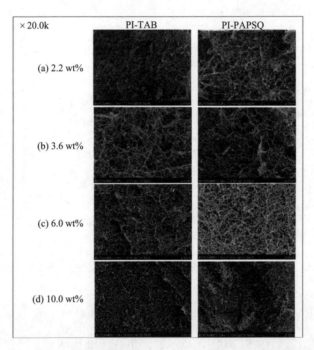

图 9-22   不同聚合物浓度制备的 PI-TAB 和 PI-PAPSQ 气凝胶的 SEM 图

图 9-24 显示 PI-PAPSQ 气凝胶在 2 mm/min 的压缩速度下压缩为圆柱形的外观。 圆柱形的微观结构被压缩成几乎致密。同时,压缩表面的微观结构清晰,但纳米级孔隙仍然存在。这些结果表明 PI-PAPSQ 气凝胶具有良好的尺寸稳定性和刚性的微观结构。强交联结构由刚性核和 PAPSQ 的大量-NH_2 基团产生。如图 9-24所示,PI-PAPSQ 气凝胶的泊松比几乎为零,这个性质对于强减震材料、空气过滤器和紧固件等应用有重要意义[15]。

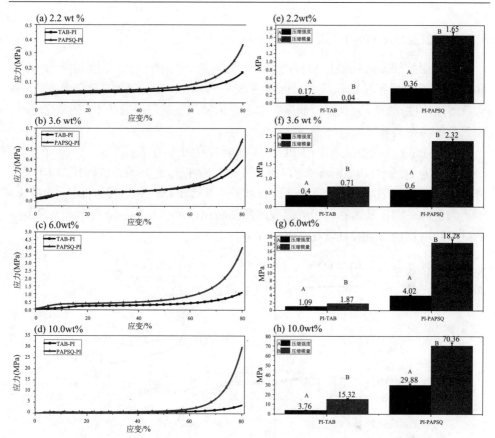

图 9-23　不同聚合物浓度制备的 PI-TAB 和 PI-PAPSQ 气凝胶的应力-应变曲线和它们的压缩强度和压缩模量

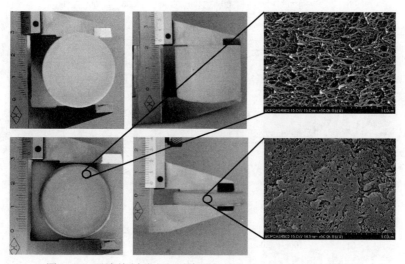

图 9-24　压缩前（上行）和压缩后（下行）6wt%PI-PAPSQ 的外观

9.2.3　聚酰亚胺/PAPSQ 气凝胶热学性能

聚酰亚胺气凝胶的热重（TG）分析在空气和氮气中进行，温度范围为 40～800℃。热重曲线和参数分别如图 9-25 和表 9-5 所示。气凝胶的 T_{onset} 随其密度（聚合物溶液浓度）的增加而增加。低聚合物溶液浓度制备的气凝胶的不完全酰亚胺化使热分解温度显著降低。

PI-PAPSQ 气凝胶显示出比 PI-TAB 气凝胶高得多的 T_{onset} 值。特别是在空气中，浓度为 2.2 wt%和 3.6 wt%时，两种气凝胶的 T_{onset} 之间的差值均超过 100℃。PI-PAPSQ 气凝胶的强交联网络结构有助于大幅度提高热稳定性。而且，PAPSQ 中更大量的—NH$_2$ 基团有利于气凝胶的酰亚胺化，增强其热稳定性。热分解温度的升高使得这些气凝胶可以在高温条件下使用。

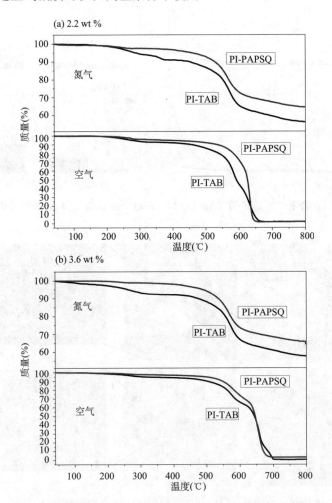

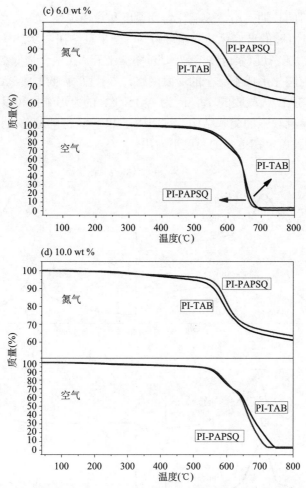

图 9-25　不同聚合物浓度制备的 PI-TAB 和 PI-PAPSQ 气凝胶在氮气和空气中的 TG 曲线

表 9-5　PI 气凝胶的热性质

样品	T_g (℃)	氮气		空气	
		T_{onset}(℃)	残炭量(%)	T_{onset}(℃)	残炭量(%)
2.2 wt% PI-TAB	225.0	287.1	56.2	275.8	1.9
2.2 wt% PI-PAPSQ	241.7	335.0	60.0	381.5	2.2
3.6 wt% PI-TAB	231.7	262.2	57.7	309.2	0.5
3.6 wt% PI-PAPSQ	248.0	489.3	65.7	421.6	1.8
6.0 wt% PI-TAB	242.6	488.2	60.5	453.8	0.9
6.0 wt% PI-PAPSQ	247.8	546.8	64.9	496.2	3.4
10.0 wt% PI-TAB	262.8	492.3	61.1	508.5	2.8
10.0 wt% PI-PAPSQ	276.9	545.2	64.3	518.8	3.5

聚合物材料的长期使用，玻璃化转变温度和热稳定性是必须考虑的参数。通过 DMA 测定气凝胶的玻璃化转变温度(T_g)，结果总结在图 9-26 和表 9-5 中。如图 9-26 所示，T_g 随密度(聚合物溶液浓度)略微上升。在聚合物低溶液浓度的情况下，不完全酰亚胺化形成不完全的交联网络，导致 T_g 降低。PI-PAPSQ 气凝胶的 T_g 显著高于 PI-TAB 气凝胶的 T_g，因为 PAPSQ 大的笼形结构和多个-NH_2 基团使气凝胶形成稳定且较强的交联结构，这阻碍了 PI 分子链的运动。该结果还表明，PI-PAPSQ 气凝胶可以在更高的温度下应用。

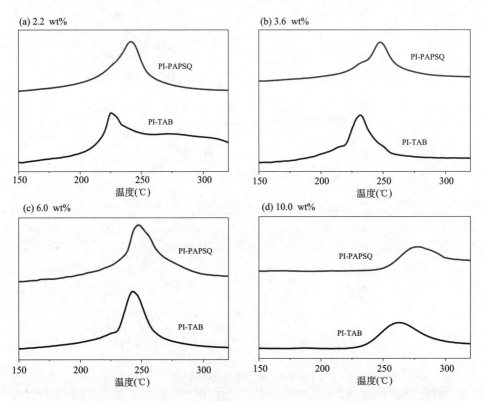

图 9-26　不同聚合物浓度制备的 PI-TAB 和 PI-PAPSQ 气凝胶的 DMA 曲线

9.2.4　聚酰亚胺/PAPSQ 气凝胶隔热性能

对不同聚合物浓度制备的 PI-TAB 和 PI-PAPSQ 气凝胶的热导率通过瞬态热丝法在 101 kPa 的压力下，分别于 25℃、75℃和 150℃进行测量，结果如图 9-27 所示。对每个样品测量 5 次，可导出误差线。对于所有研究的气凝胶，在 25℃下的热导率范围为 0.0229～0.0303 W·m^{-1}·K^{-1}。由图 9-27 可见，PI-PAPSQ 气凝胶的热导率低于 PI-TAB 气凝胶。所有 PI-PAPSQ 气凝胶和由 2.2％溶液浓度制备的

PI-TAB 气凝胶在 25℃和 75℃下具有比空气低的热导率。10wt%PI-PAPSQ 气凝胶在 150℃下具有比空气低的热导率。这里测量的所有气凝胶的热导率远低于普通有机泡沫的热导率。

聚酰亚胺气凝胶的热导率来自固体、气体和辐射热传导。PI-PAPSQ 气凝胶的宽孔径分布和高比表面积可能限制了气体分子的运动，从而提高了它的隔热能力[16]。在较高温度下，PI-PAPSQ 气凝胶比 PI-TAB 气凝胶具有更稳定的网络结构，且它们的热导率之间的差异是明显的。这些结果意味着 PI-PAPSQ 气凝胶是优良的隔热材料。

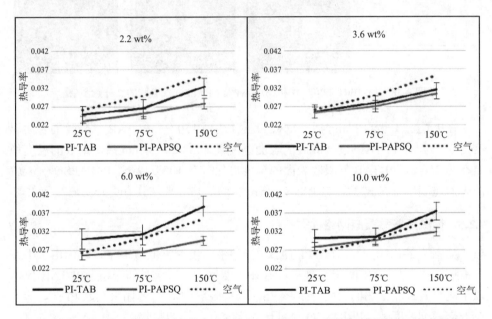

图 9-27 不同聚合物浓度制备的 PI-TAB 和 PI-PAPSQ 气凝胶在不同温度下的热导率

使用红外热探测器系统测试聚酰亚胺气凝胶的有效隔热情况。图 9-28 为由红外热探测器记录的 10wt%PI-TAB 和 10wt%PI-PAPSQ 气凝胶的图像。如图 9-28 所示，将钢板直接放在火焰上方，将 8 mm 厚的圆柱形样品放在钢板上火焰加热的中心部位，用红外摄像头从顶部拍摄进行拍摄。钢板的表面温度在 1 min 内升至 150℃，5 min 后稳定在 250℃。在图像中，表面温度通过颜色阴影显示。红外摄像机聚焦在样品的上表面上。图像的左上角显示焦点处的温度。气凝胶的表面温度与钢板之间的差异反映了样品的绝缘效果。

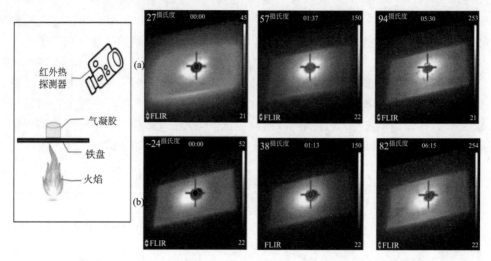

图 9-28　(a) 10wt%PI-TAB 和 (b) 10wt%PI-PAPSQ 气凝胶的红外热图像

　　在火焰上加热约 1 min 后，钢板的温度达到 150℃。PI-TAB 气凝胶的表面温度为 57℃，而 PI-PAPSQ 气凝胶的表面温度仅为 38℃。5 min 后，钢板的温度稳定在约 250℃，PI-TAB 气凝胶表面的温度可保持在 100℃ 以下，PI-PAPSQ 气凝胶的表面温度保持在 82℃。PI-PAPSQ 气凝胶的低热导率使其有更好的隔热效果。

9.2.5　聚酰亚胺气凝胶网络模型

　　如图 9-29 中所示，对于 PI-TAB，当溶液浓度非常低 (1.1wt%) 时，由于不完全酰亚胺化，悬空的 PI 链可能已经存在于网络中。在这种情况下，PI-TAB 仅可以形成溶液或非常弱的凝胶。而 PAPSQ 具有足够的 -NH$_2$ 基团来交联 PI 链，即使在低交联剂浓度下，PI-PAPSQ 也可形成强交联结构的凝胶。

　　对于更高浓度的交联剂，PAPSQ 大的笼形结构形成比 TAB 分子更刚性的交联点。此外，与 TAB 中仅 3 个 -NH$_2$ 基团相比，PAPSQ 具有许多 -NH$_2$ 基团，可连接到更多的 PI 链。因此，与 PI-TAB 网络相比，PI-PAPSQ 网络刚性更强。这种刚性网络有利于 PI-PAPSQ 气凝胶中强纤维的形成，从而解释了 PI-PAPSQ 气凝胶的高抗压强度和杨氏模量。

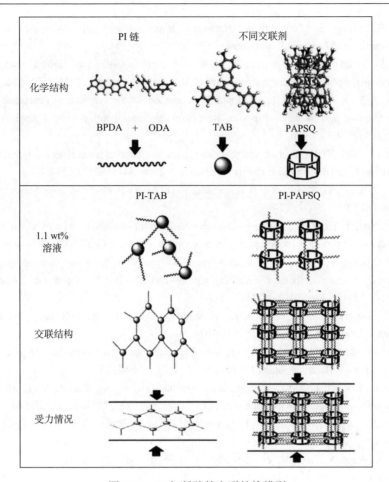

图 9-29　PI 气凝胶的交联结构模型

参 考 文 献

[1] Iyer S, Schiraldi D A. Role of Specific Interactions and Solubility in the Reinforcement of Bisphenol A Polymers with Polyhedral Oligomeric Silsesquioxanes. Macromolecules, 2007, 40(14): 4942-4952.

[2] Zhao Y, Schiraldi D A. Thermal and mechanical properties of polyhedral oligomeric silsesquioxane (POSS)/polycarbonate composites. Polymer, 2005, 46(25): 11640-11647.

[3] Gui Z L, Wang L, Toghiani H, et al. Viscoelastic and Mechanical Properties of Epoxy/ Multifunctional Polyhedral Oligomeric Silsesquioxane Nanocomposites and Epoxy/Ladderlike Polyphenylsilsesquioxane Blends. Macromolecules, 2001, 34(25): 8686-8693.

[4] Cho H S, Liang K, Chatterjee S, et al. Synthesis, Morphology, and Viscoelastic Properties of Polyhedral Oligomeric Silsesquioxane Nanocomposites with Epoxy and Cyanate Ester Matrices. J Inorg Organomet P, 2005, 15(4): 541-553.

[5] Liu H, Zheng S. Polyurethane Networks Nanoreinforced by Polyhedral Oligomeric Silsesquioxane. Macromol Rapid Comm, 2010, 26(3): 196-200.

[6] Guo H, Meador M A, Mccorkle L, et al. Polyimide aerogels cross-linked through amine functionalized polyoligomeric silsesquioxane. ACS Appl Mater Inter, 2011, 3(2): 546.

[7] Zhang J, Xu R W, Yu D S. A novel and facile method for the synthesis of octa(aminophenyl) silsesquioxane and its nanocomposites with bismaleimide‐diamine resin. J Appl Polym Sci, 2010, 103(2): 1004-1010.

[8] Qiang L, Yan Z, Hang X, et al. Synthesis and characterization of a novel arylacetylene oligomer containing POSS units in main chains. Eur Polym J, 2008, 44(8): 2538-2544.

[9] Zhang Z, Liang G, Ren P, et al. Curing behavior of epoxy/POSS/DDS hybrid systems. Polym Composite, 2010, 29(1): 77-83.

[10] Wu K, Song L, Hu Y, et al. Synthesis and characterization of a functional polyhedral oligomeric silsesquioxane and its flame retardancy in epoxy resin. Prog Org Coat, 2009, 65(4): 490-497.

[11] Su C H, Chiu Y P, Teng C C, et al. Preparation, characterization and thermal properties of organic-inorganic composites involving epoxy and polyhedral oligomeric silsesquioxane (POSS). J Polym Res, 2010, 17(5): 673-681.

[12] Wu Y, Fan H, Yang R, et al. Nitration Study of Cyclic Ladder Polyphenylsilsesquioxane. Chinese J Org Chem, 2017, 37(7): 1870-1876.

[13] Kruk M, Jaroniec M. Gas Adsorption Characterization of Ordered Organic-Inorganic Nanocomposite Materials. Chem Mater, 2001, 13(10): 3169-3183.

[14] Meador M A, Malow E J, Silva R, et al. Mechanically strong, flexible polyimide aerogels cross-linked with aromatic triamine. Acs Appl Mater Interfaces, 2012, 4(2): 536-544.

[15] Lakes R, . Foam Structures with a Negative Poisson's Ratio. Science, 1987, 235(4792): 1038-1040.

[16] Feng J, Wang X, Jiang Y, et al. Study on Thermal Conductivities of Aromatic Polyimide Aerogels. ACS Appl Mater Inter, 2016, 8(20): 12992-12996.

第 10 章　乙烯基酯树脂/POSS 纳米复合材料及其阻燃性能

乙烯基酯树脂亦称环氧丙烯酸酯，是一种液态热固性树脂，由分子量低的环氧树脂与含有不饱和双键的一元羧酸如丙烯酸或甲基丙烯酸开环加成制得，产物再用反应性单体如苯乙烯、乙烯基甲苯、双环戊二烯、丙烯酸酯等稀释，获得热固性乙烯基酯树脂，简称乙烯基酯树脂(VER)[1-3]。由于其具有环氧树脂的主链结构，其结构中不饱和点多、交联密度人、耐腐蚀性比较好，不但保留了环氧树脂优异的机械性能，还在应用固化时具有不饱和聚酯树脂的低黏度、操作方便、固化快速等特点[4,5]。按照环氧树脂种类的不同，可以将乙烯基酯树脂分为两大类：第一类为双酚 A 型乙烯基酯树脂(VERBA，结构式见图 10-1)；第二类为酚醛环氧型乙烯基酯树脂(VERPA，结构式见图 10-2)。VERBA 通常被认为比环氧树脂

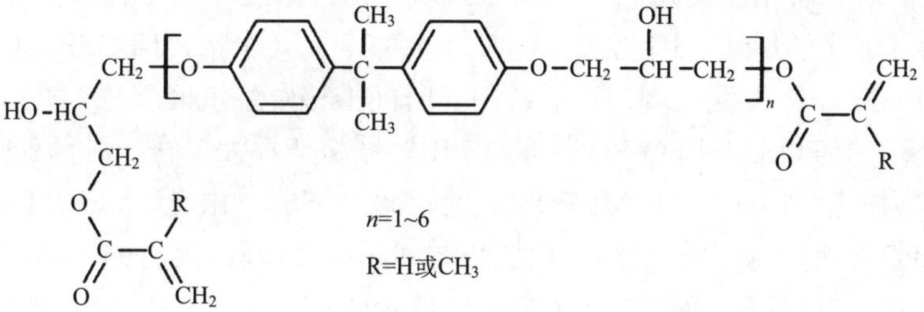

图 10-1　双酚 A 型乙烯基酯树脂(VERBA)结构式

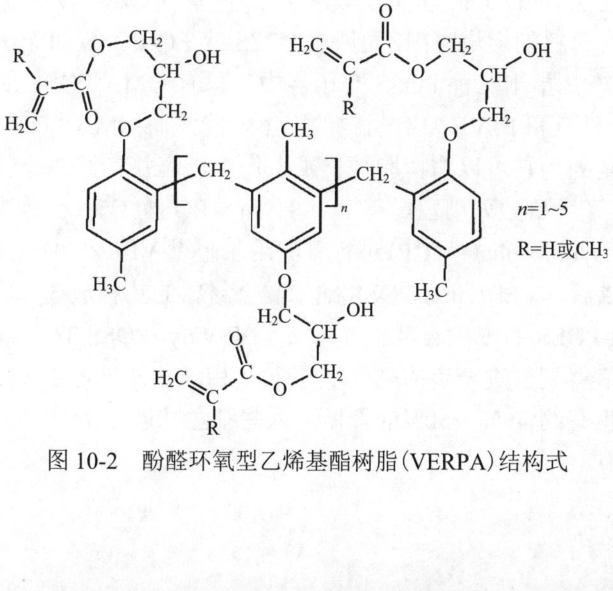

图 10-2　酚醛环氧型乙烯基酯树脂(VERPA)结构式

价格低廉且更容易加工，同时还具有比不饱和聚酯(unsaturated polyester, UPE)更加优异的性能，因此近来成为一种广受研究者关注的材料[6]。玻璃纤维增强的乙烯基酯树脂具有优异的韧性、化学稳定性和力学性质，因此它在军事和商业应用方面的用量及范围一直保持着较快的增长速度[7-10]。但 VERBA 具有很高的可燃性，而且燃烧时产烟量较大，所以它在高性能材料领域的应用受到限制。本章下文所述的乙烯基酯树脂特指 VERBA。

10.1　乙烯基酯树脂/丙烯酸基硅倍半氧烷纳米复合材料

Glodek 等[11]将三种不同 POSS 分子与乙烯基酯树脂进行混合，制备出三种不同的阻燃 VER/POSS 纳米复合材料。三种 POSS 分子分别是乙烯基聚硅倍半氧烷(FQ-POSS)、甲基丙烯酸丙酯七异丁基 POSS(methacrylisobutyl-POSS, MI-POSS, 如图 10-3 所示)和八甲基丙烯酸丙酯基 POSS(octamethacryl-POSS, OMA-POSS, 如图 10-4 所示)。经过室温下机械搅拌混合，只有 OMA-POSS 完全均匀分散于乙烯基酯树脂当中，当 OMA-POSS 的添加量为 30 wt%的时候，混合体系依然可以保持澄清。研究者指出这是因为 OMA-POSS 在机械搅拌混合过程中可以与乙烯基酯树脂发生化学反应，因此它可以均匀分散其中。对于 MI-POSS 和 FQ-POSS 来说，它们在 VER 中混合均匀以后会随着时间推移发生沉降现象，随着添加量的增加，混有 MI-POSS 和 FQ-POSS 的 VER 体系将变浑浊。在一种商业化的 VER 体系中，添加 30wt%的 MI-POSS 或 FQ-POSS，由于 VER/MI-POSS 或 VER/FQ-POSS 纳米复合材料的平均燃烧时间超过 30 s，因此它们不能够达到最低 UL-94 垂直燃烧级别。而添加了 OMA-POSS 的 VER 体系，VER/OMA-POSS 纳米复合材料的平均燃烧时间明显缩短，可以达到 UL-94 垂直燃烧 V-2 级。对于脂肪酸乙烯基酯树脂(fatty acid vinyl ester, FAVE)体系，OMA-POSS 仍然可以大幅度降低 FAVE 复合材料的燃烧时间，但 MI-POSS 或 FQ-POSS 却无法发挥出这样的作用。Glodek 等[11]指出三种 POSS 分子当中，只有 OMA-POSS 能够真正有效地提高 VER 复合材料和 FAVE 复合材料的阻燃性能，而 OMA-POSS 能够发挥这样的阻燃作用正是因为它可以与树脂基材发生化学反应并良好地分散在基材中造成的。Chigwada 等[12]单独采用乙烯基 POSS(vinyl-POSS)或将乙烯基 POSS 与磷酸三甲酚酯(tricresylphosphate, TCP)进行复配用于阻燃 VER。如表 10-1 所示，添加乙烯基 POSS 以后，VER/vinyl-POSS 纳米复合材料的热释放速率峰值明显降低。而当采用 vinyl-POSS/TCP 复配阻燃剂时，VER/vinyl-POSS/TCP 纳米复合材料的热释放速率峰值得到了进一步的降低，同时，VER/vinyl-POSS/TCP 纳米复合材料的总热释放量也有约 40%~50%的降低。这些都意味着乙烯基 POSS 可以有效地提高 VER 的阻燃性能。

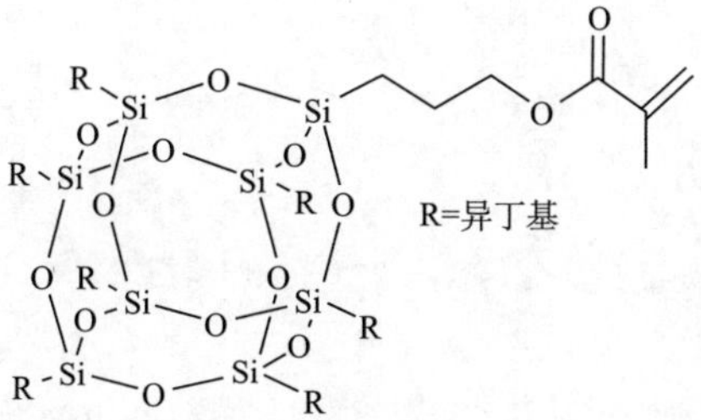

图 10-3　甲基丙烯酸丙酯七异丁基 POSS(MI-POSS)的分子结构示意图[11]

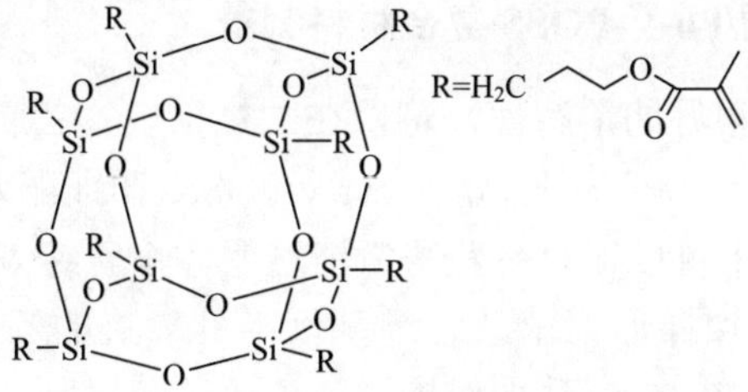

图 10-4　八甲基丙烯酸丙酯基 POSS(OMA-POSS)分子结构示意图[11]

表 10-1　VER 及 VER/POSS 纳米复合材料锥形量热测试数据[12]

样品	TTI(s)	p-HRR(kW/m²)	THR(MJ/m²)
VER	82	1197	80
VER/3wt% vinyl-POSS	71	796	71
VER/5wt% vinyl-POSS	73	844	62
VER/10wt% vinyl-POSS	69	849	69
VER/5wt% vinyl-POSS/10wt%TCP	64	479	39
VER/5wt% vinyl-POSS/15wt%TCP	63	483	41
VER/5wt% vinyl-POSS/30wt%TCP	36	384	32

10.2　乙烯基酯树脂/梯形聚苯基乙烯基硅倍半氧烷纳米复合材料

梯形聚苯基乙烯基硅倍半氧烷(Ph-V-POSS)是由本书作者合成的一种新型的具有梯形结构的硅倍半氧烷化合物(如图 10-5 所示),它同时带有苯基和乙烯基两种有机官能团,同时在梯形结构两端带有 Si—OH 基团。乙烯基的引入是为了增加乙烯基酯树脂基团的相容性,并在适当条件下引发梯形聚苯基乙烯基硅倍半氧烷的双键参与乙烯基酯树脂的固化交联反应。乙烯基酯树脂交联反应过程中,引入梯形分子结构 Ph-V-POSS 能够提高材料的刚性、玻璃化转变温度、耐热性等诸多性质。

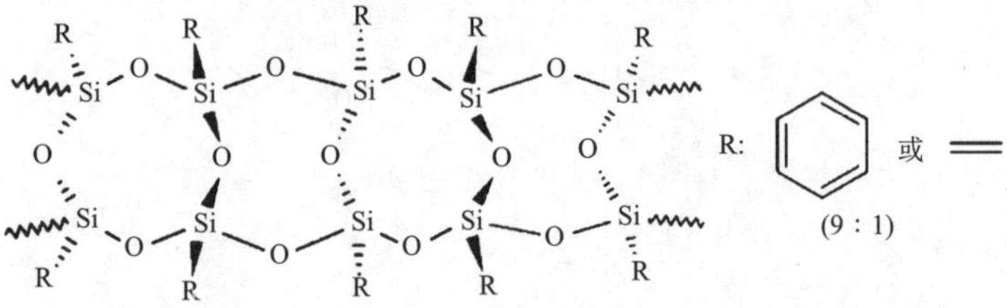

图 10-5　梯形聚苯基乙烯基硅倍半氧烷(Ph-V-POSS)结构式

10.2.1　乙烯基酯树脂/Ph-V-POSS 复合材料制备

　　Ph-V-POSS 具有很好的溶解性，可以在二氯甲烷、三氯甲烷、DMSO、苯乙烯等溶剂中溶解，因此，将不同含量的 Ph-V-POSS(详细配方见表 10-2)添加到乙烯基酯树脂 VERBA 中可以很容易获得澄清透明体系。纯 VERBA 固化后呈现浅黄色透明状态，而添加梯形聚苯基乙烯基倍半硅氧烷的乙烯基酯树脂复合材料 VERBA /Ph-V-POSS(图 10-6)基本保持了纯乙烯基酯树脂的颜色和透明性，这说明 Ph-V-POSS 本身具有的乙烯基结构有效地提高了与树脂基材的相容性，甚至是直接固化到树脂交联网络中。

表 10-2　VERBA 及 VERBA/Ph-V-POSS 复合材料配方表

样品	VERBA(wt%)	Ph-V-POSS(wt%)
VERBA	100	0
VERBA/5wt%Ph-V-POSS	95	5
VERBA/10wt%Ph-V-POSS	90	10
VERBA/20wt%Ph-V-POSS	80	20

10.2.2　乙烯基酯树脂/Ph-V-POSS 复合材料热性能

　　梯形聚苯基乙烯基硅倍半氧烷(Ph-V-POSS)在乙烯基酯树脂中具有很好的相容性，并很有可能参与交联反应，但是 Ph-V-POSS 的加入并没有影响乙烯基酯树脂在氮气中一步分解的分解路径，如图 10-7 和表 10-3 可见，纯乙烯基酯树脂的初始分解温度在 312℃，而添加 5 wt%和 10 wt%梯形聚苯基乙烯基硅倍半氧烷的 VERBA/5wt%Ph-V-POSS 和 VERBA/10wt%Ph-V-POSS 的初始分解温度(T_{onset})几乎与纯乙烯基酯树脂相同，但是，当 Ph-V-POSS 添加量达到 20 wt%时，样品 VERBA/20wt%Ph-V-POSS 的 T_{onset} 大幅提高，达到 360℃。该结果显示当 Ph-V-POSS 添加量较少时，由于其良好的分散性能和有限的反应基团个数，并不能对乙烯基酯树脂的 T_{onset} 产生明显作用，但是当 Ph-V-POSS 添加量达到一定量

图 10-6　VERBA 及其与 Ph-V-POSS 的复合材料实物照片

之后，其刚性主链结构开始明显发挥作用，并显著提高乙烯基酯树脂/Ph-V-POSS复合材料的 T_{onset}。但是出乎意料的是，Ph-V-POSS 的加入对乙烯基酯树脂的最快质量损失速率温度(T_{max})影响很小，VERBA /Ph-V-POSS 复合材料的 T_{max} 几乎与纯 VERBA 相同，只是由于 Ph-V-POSS 的添加，使材料的最快质量损失速率有所降低而已。对于 VERBA /Ph-V-POSS 复合材料在 800℃的残炭量而言，随着Ph-V-POSS 添加量的增加，它们的残炭量稳步增加，并在添加量达到 20 wt%时样品 VERBA/20wt%Ph-V-POSS 的残炭量达到 20.6 wt%。

表 10-3　**VERBA 及其与 Ph-V-POSS 的复合材料的热重分析数据**(氮气，20℃/min)

样品	T_{onset} (℃)	T_{max} (℃)	残炭量 (800℃, wt%)
VERBA	312	427	0.0
VERBA/5wt%Ph-V-POSS	309	424	7.4
VERBA/10wt%Ph-V-POSS	313	424	12.0
VERBA/20wt%Ph-V-POSS	360	422	20.6

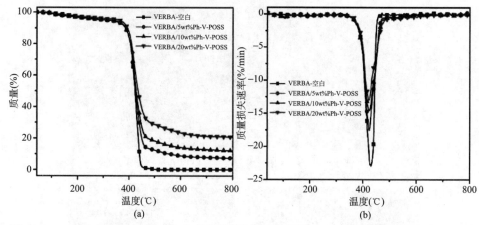

图 10-7　VERBA 及其与 Ph-V-POSS 的复合材料的 TG(a)和 DTG(b)曲线（氮气，20℃/min）

　　如图 10-8 和表 10-4 所示，VERBA/Ph-V-POSS 复合材料的玻璃化转变温度(T_g)比纯 VERBA 材料均有明显提高，从纯 VERBA 的 118.0℃，分别增加到120.7℃、120.3℃和 122.3℃。在材料受热过程中，具有刚性分子结构的 Ph-V-POSS显然使材料大分子链段间的相对滑移更加困难，使 T_g 增加。

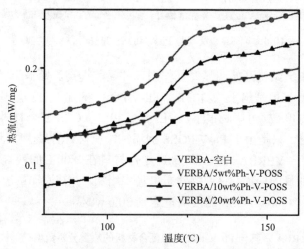

图 10-8　VERBA 及其与 Ph-V-POSS 的复合材料的 DSC 曲线

表 10-4　VERBA 及 VERBA/Ph-V-POSS 复合材料玻璃化转变温度

样品	T_g(℃)
VERBA	118.0
VERBA/5wt%Ph-V-POSS	120.7
VERBA/10wt%Ph-V-POSS	120.3
VERBA/20wt%Ph-V-POSS	122.3

10.2.3　乙烯基酯树脂/Ph-V-POSS 复合材料阻燃性能

如表 10-5 所示,虽然不同添加量的 Ph-V-POSS 对 VERBA/Ph-V-POSS 复合材料的初始分解温度和残炭量产生了明显的不同的影响,但是它们对乙烯基酯树脂的氧指数影响却非常小。

表 10-5　VERBA 及其与 Ph-V-POSS 的复合材料的 LOI 和锥形量热测试数据

样品	LOI (%)	TTI (s)	p-HRR (kW/m^2)	TSR (m^2/m^2)
VERBA	20.2±0.3	31±2	798±4	4263±5
VERBA/5wt%Ph-V-POSS	21.0±0.3	35±2	577±4	3602±5
VERBA/10wt%Ph-V-POSS	20.1±0.3	31±2	551±4	3500±5
VERBA/20wt%Ph-V-POSS	20.9±0.3	30±2	453±4	3397±5

如 VERBA/Ph-V-POSS 复合材料的热释放速率曲线所示(见图 10-9),Ph-V-POSS 对乙烯基酯树脂的点燃时间并不产生明显影响。但是添加了 Ph-V-POSS 的 VERBA/Ph-V-POSS 复合材料的热释放速率峰值明显下降,当 Ph-V-POSS 添加量为 5 wt%和 10 wt%时,VERBA/5wt%Ph-V-POSS 和 VERBA/10wt%Ph-V-POSS 样品的热释放速率峰值从纯 VERBA 的(798±4) kW/m^2 分别下降到(577±4) kW/m^2 和(551±4) kW/m^2,降幅约为 28%和 31%,二者差别并不明显。但是当 Ph-V-POSS 添加量为 20 wt%时,VERBA/20wt%Ph-V-POSS 样品的热释放速率峰值从(798±4) kW/m^2 下降到(453±4) kW/m^2,降幅超过 43%。同时,与热释放速率峰值变化规律相同,VERBA/Ph-V-POSS 复合材料的总热释放也表现出了同样的变化规律。此外,从 VERBA/Ph-V-POSS 复合材料的总烟释放量曲线(如图 10-10 所示)可以明显看出,随着 Ph-V-POSS 添加量的逐步增加,材料总烟释放量逐步降低。

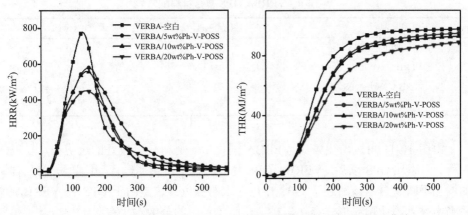

图 10-9　VERBA 及其与 Ph-V-POSS 的复合材料的 HRR 和 THR 曲线

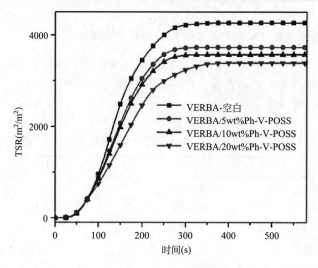

图 10-10　VERBA 及其与 Ph-V-POSS 的复合材料的 TSR 曲线

10.3　乙烯基酯树脂/八苯基硅倍半氧烷复合材料

10.3.1　乙烯基酯树脂/OPS 复合材料制备

　　笼形八苯基硅倍半氧烷(OPS)结构中没有可与 VERBA 反应的基团,而且 OPS 在大多数有机溶剂中的溶解性较差, 因此只能通过物理添加的方式引入到 VERBA 体系, 本书作者将不同质量分数的 OPS 引入到 VERBA 体系, 然后进行固化, 具体配方比例见表 10-6。研究表明引入 OPS 能够提高材料的刚性、玻璃化转变温度、耐热性等诸多性质。

表 10-6　VERBA/OPS 复合材料配方表

样品	VERBA(wt%)	OPS(wt%)
VERBA	100	0
VERBA/5wt%OPS	95	5
VERBA/10wt%OPS	90	10
VERBA/20wt%OPS	80	20

　　由图 10-11 可以看出, 纯 VERBA 固化后, 材料具有较好的透明性, 呈现浅黄色。而添加 OPS 以后, VERBA/OPS 复合材料不再透明, 且颜色随着 OPS 含量的增加不断变白, 逐渐趋于 OPS 白色粉末的颜色。这是由于 OPS 在 VERBA 体系当中是以固体颗粒形式存在, 在该树脂体系中的分散水平有限。

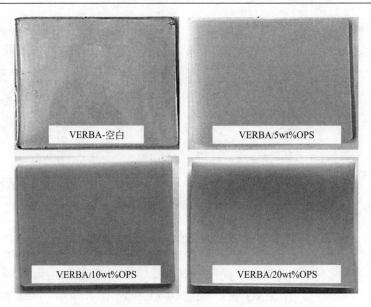

图 10-11　VERBA 及其与 OPS 的复合材料的实物照片

10.3.2　乙烯基酯树脂/OPS 复合材料热性能

由纯 VERBA 及 VERBA/OPS 复合材料的热重分析结果可见，OPS 可以显著提高 VERBA 的热稳定性。如表 10-7 和图 10-12 所示，在氮气气氛中，5 wt%～20 wt%的 OPS 可以使 VERBA 的 T_{onset} 提高 30～40℃，但对 T_{max} 影响不大。如图 10-12 所示，OPS 还可以显著降低 VERBA 的最快质量损失速率，当 OPS 添加量为 20 wt%时，最快质量损失速率由纯 VERBA 的 23.0 wt%/min 下降到 12.7 wt%/min，该结果说明 OPS 可以有效增加 VERBA 基材的热稳定性，抑制其快速分解过程。如表 10-7 所示，随着 OPS 添加量的增加，VERBA/OPS 复合材料在 800℃的残炭量显著增加，从纯 VERBA 的 0 wt%，逐渐增加到 7.0 wt%、11.6 wt%和 18.7 wt%，增加量超过理论残炭量，说明 OPS 的加入对乙烯基酯树脂基团的成炭过程有促进作用，同时能够增加炭层的热稳定性。

表 10-7　VERBA 及其与 OPS 的复合材料的热重分析数据（氮气，20℃/min）

样品	T_{onset}（℃）	T_{max}（℃）	残炭量（800℃，wt%）
VERBA	312	427	0.0
VERBA/5wt%OPS	352	421	7.0
VERBA/10wt%OPS	352	423	11.6
VERBA/20wt%OPS	344	418	18.7

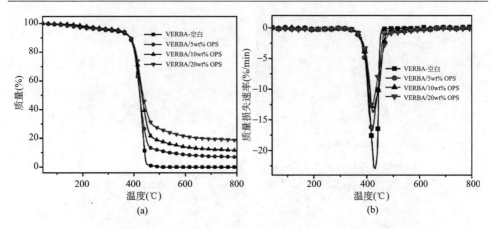

图 10-12　VERBA 及其与 OPS 的复合材料的 TG(a) 和 DTG(b) 曲线(氮气，20℃/min)

　　由于 OPS 具有三维立体刚性无机硅氧内核，同时 8 个定点连接的是苯环结构，因此 OPS 整体表现具有较大刚性。如图 10-13 和表 10-8 所示，VERBA 中添加 OPS 以后，材料的玻璃化转变温度(T_g)增加明显，从纯 VERBA 的 118.0℃，增加

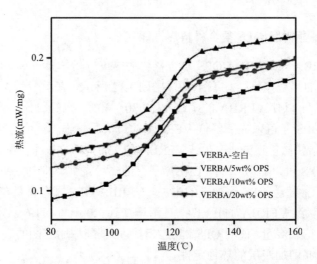

图 10-13　VERBA 及其与 OPS 的复合材料的 DSC 曲线

表 10-8　VERBA 及其与 OPS 的复合材料的玻璃化转变温度

样品	T_g(℃)
VERBA	118.0
VERBA/5wt%OPS	121.6
VERBA/10wt%OPS	121.0
VERBA/20wt%OPS	121.3

到 121.6℃、121.0℃和 121.3℃，这是因为在升温过程中，具有刚性结构的 OPS 有效抑制了 VERBA 分子链段的相对滑动，从而降低了 VERBA 的塑化作用。提高 VERBA 的玻璃化转变温度，可以进一步扩大其在高环境温度条件下的应用范围。

10.3.3　乙烯基酯树脂/OPS 复合材料阻燃性能

如表 10-9 所示，纯 VERBA 的氧指数为 20.2%，而 VERBA/OPS 复合材料的氧指数几乎与其相同，虽然 OPS 可以有效提高 VERBA 的热稳定性及残炭量，但是其对材料的氧指数却几乎没有贡献。通过锥形量热测试进一步研究 OPS 对 VERBA 的阻燃作用，结果如表 10-9 和图 10-14 所示，OPS 可以有效降低材料的热释放速率峰值，添加 20wt%的 OPS 可以使材料的热释放速率峰值从 (798 ± 4) kW/m^2 下降到 (455 ± 4) kW/m^2，降幅超过 40%，同时总热释放量也从 (103 ± 2) kW/m^2 下降到了 (87 ± 2) kW/m^2，降幅超过 15%。另外，随着 OPS 添加量的增加，材料的总烟释放量也明显降低(图 10-15)，总烟释放量从 (4263 ± 5) m^2/m^2 下降到了 (3372 ± 5) m^2/m^2，降幅超过 20%。相比于纯 VERBA，OPS 的添加总体可以提高 VERBA 复合材料的热稳定性、残炭量、玻璃化转变温度，同时可以降低复合材料的热释

表 10-9　VERBA 及其与 OPS 的复合材料的 LOI 和锥形量热测试数据

样品	LOI (%)	p-HRR (kW/m^2)	THR (kW/m^2)	TSR (m^2/m^2)
VERBA	20.2±0.3	798±4	103±2	4263±5
VERBA/5wt%OPS	20.7±0.3	529±4	100±2	3840±5
VERBA/10wt%OPS	20.1±0.3	528±4	92±2	3639±5
VERBA/20wt%OPS	20.6±0.3	455±4	87±2	3372±5

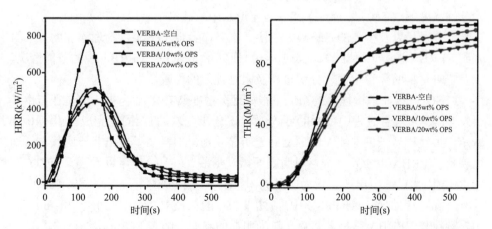

图 10-14　VERBA 及其与 OPS 的复合材料的热释放速率(HRR)和总热释放(THR)曲线

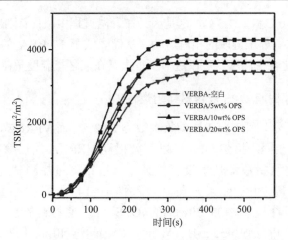

图 10-15　VERBA 及其与 OPS 的复合材料的总烟释放(TSR)曲线

放速率、总热释放量、总烟释放量等。在燃烧过程中，由于乙烯基酯树脂基材链段充分脱水、断键，产生小分子挥发物并携带大量固体颗粒，造成较高的热释放和产烟量。而在复合材料中，具有高热稳定性的 OPS 可以在热分解过程中为树脂和残炭提供附着位点，有效降低了材料的 TSR 值。同时，由于笼形结构的 OPS 的 Si—O 键能较高，断键过程需要吸收更多能量，这可能成为乙烯基酯树脂/OPS 复合材料 HRR 和 THR 值较低的一个重要因素。

10.4　乙烯基酯树脂/聚苯基硅倍半氧烷复合材料

10.4.1　乙烯基酯树脂/PPSQ 复合材料制备

梯形聚苯基硅倍半氧烷(PPSQ)是一种具有高热稳定性的 POSS 化合物，其初始分解温度超过 530℃，梯形 PPSQ 与笼形八苯基硅倍半氧烷(OPS)不同，它具有更高的分子量以及少量的 Si—OH 基团。本书作者将 PPSQ 以物理添加的方式引入到 VERBA 当中(具体配方见表 10-10)，研究了 PPSQ 在 VERBA 中的分散情况，以及它对材料的热稳定性、分解过程及阻燃性能的影响。

PPSQ 可以在机械搅拌的帮助下很好地分散在 VERBA 当中，但是在自由基引发 VERBA 聚合过程中，PPSQ 的分散情况逐步变差，直至固化完成。如图 10-16 所示，虽然样品颜色与纯 VERBA 并无明显差别，但样品呈现出非透明状态。通过观察 VERBA/PPSQ 复合材料脆断面微观形貌(图 10-17)可以发现，PPSQ 在 VERBA 固化过程中出现了较为明显的团聚现象，当 PPSQ 添加量为 5 wt%的时候(即在样品 VERBA/5wt%PPSQ 中)，团聚颗粒的粒径主要集中在 10~20 μm，且团聚颗粒与 VERBA 基材之间存在较为明显的界面。随着 PPSQ 添加量的增加，

表 10-10　VERBA/PPSQ 复合材料配方表

样品	VERBA（wt%）	PPSQ（wt%）
VERBA	100	0
VERBA/5wt%PPSQ	95	5
VERBA/10wt%PPSQ	90	10
VERBA/20wt%PPSQ	80	20

图 10-16　VERBA 及其与 PPSQ 的复合材料的实物照片

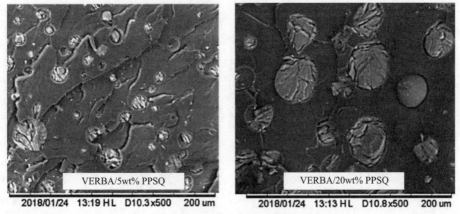

图 10-17　VERBA/PPSQ 复合材料脆断面微观形貌

团聚颗粒粒径表现出了明显的增加趋势,在 VERBA/20wt%PPSQ 样品中,PPSQ 的团聚颗粒粒径则主要集中在 30～40 μm。该结果显示,PPSQ 在 VERBA 固化物中的相容性和分散性一般。

10.4.2　乙烯基酯树脂/PPSQ 复合材料热性能

如表 10-11 和图 10-18 所示,具有高热稳定性的 PPSQ 的加入,给 VERBA 的初始分解温度带来了明显的提升,VERBA/PPSQ 复合材料的初始分解温度从纯 VERBA 的 312℃提高到了 VERBA/5wt%PPSQ 的 364℃、VERBA/10wt%PPSQ 的 362℃和 VERBA/20wt%PPSQ 的 368℃。VERBA/PPSQ 复合材料的初始分解温度普遍提高了 50℃。但同时该结果也显示,更多 PPSQ 的添加并不能给 VERBA 带来更高的热稳定性。从表 10-11 可以看出,虽然 PPSQ 可以有效提高 VERBA 体系的初始热分解温度,但对于最大热分解温度却几乎没有影响,而只能降低材料的最大质量损失速率(图 10-18)。这说明 PPSQ 对于 VERBA 基材的分解路径并不产生明显影响,但 PPSQ 的高热稳定性可抑制基材的分解速率。此外,随着 PPSQ 添加量的增加,VERBA/PPSQ 复合材料在 800℃时的残炭量也显著增加,由纯 VERBA 的 0wt%分别增加到了 VERBA/5wt%PPSQ 的 9.2wt%,VERBA/10wt% PPSQ 的 12.2 wt%和 VERBA/20wt%PPSQ 的 20.0 wt%。

表 10-11　VERBA 及其与 PPSQ 的复合材料的热重分析数据(氮气,20℃/min)

样品	T_{onset} (℃)	T_{max} (℃)	残炭量 (800℃, wt%)
VERBA	312	427	0.0
VERBA/5wt%PPSQ	364	425	9.2
VERBA/10wt%PPSQ	362	423	12.2
VERBA/20wt%PPSQ	368	422	20.0

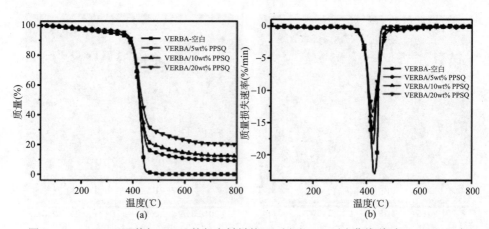

图 10-18　VERBA 及其与 PPSQ 的复合材料的 TG(a)和 DTG(b)曲线(氮气,20℃/min)

虽然 PPSQ 在 VERBA 中的相容性和分散状态较差，出现了较大的团聚颗粒，但是对 VERBA 的固化交联过程及交联网络并没有产生明显的恶化作用。PPSQ 高的热稳定性和刚性结构使 VERBA/PPSQ 复合材料的玻璃化转变温度比纯 VERBA 有所提高，从纯 VERBA 的 118.0℃，分别增加到 121.6℃、123.3℃和 124.3℃（图 10-19 和表 10-12）。

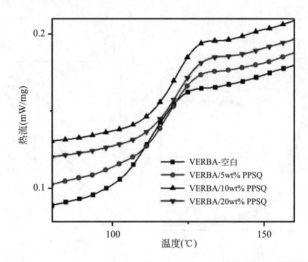

图 10-19　VERBA 及 VERBA/PPSQ 的复合材料的 DSC 曲线

表 10-12　VERBA 及 VERBA/PPSQ 复合材料玻璃化转变温度

样品	T_g(℃)
VERBA	118.0
VERBA/5wt%PPSQ	121.6
VERBA/10wt%PPSQ	123.3
VERBA/20wt%PPSQ	124.3

10.4.3　乙烯基酯树脂/PPSQ 复合材料阻燃性能

PPSQ 虽然可以显著提高 VERBA 的初始分解温度和残炭量，但是对 VERBA 的氧指数影响却非常小，添加 5 wt%～20 wt%PPSQ 的 VERBA/PPSQ 复合材料的极限氧指数差别不大（表 10-13）。进一步分析 PPSQ 对 VERBA 的热释放速率影响（图 10-20）结果发现，添加 5 wt%、10 wt%和 20 wt%PPSQ 的 VERBA/PPSQ 复合材料热释放速率峰值分别为(581±4) kW/m^2、(521±4) kW/m^2 和 (522±4) kW/m^2，与纯 VERBA 的热释放速率峰值(798±4) kW/m^2 相比，降幅均超过 25%。但是，该降幅要明显小于前述 OPS（10.3.3 节）和后述 Ph-T7-POSS（10.5.3 节）对 VERBA 的降

表 10-13　VERBA 及其与 PPSQ 的复合材料的 LOI 和锥形量热测试数据

样品	LOI (%)	TTI (s)	p-HRR (kW/m^2)	TSR (m^2/m^2)
VERBA	20.2±0.3	31±2	798±4	4263±5
VERBA/5wt%PPSQ	21.9±0.3	31±2	581±4	3799±5
VERBA/10wt%PPSQ	20.7±0.3	32±2	521±4	3740±5
VERBA/20wt%PPSQ	20.7±0.3	32±2	522±4	3504±5

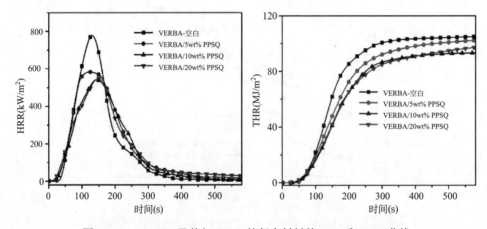

图 10-20　VERBA 及其与 PPSQ 的复合材料的 HRR 和 THR 曲线

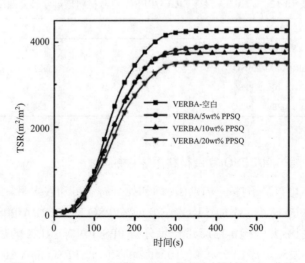

图 10-21　VERBA 及其与 PPSQ 的复合材料的 TSR 曲线

低幅度。这是由于 PPSQ 的初始分解温度在 530℃以上,而纯 VERBA 的初始分解温度只有 312℃,两者的初始分解温度差距较大,在分解过程的开始阶段,PPSQ 可以吸收热量而使 VERBA/PPSQ 复合材料的初始分解温度提高,但是由于 PPSQ 与 VERBA 基材分解温度范围重叠部分较小,导致 PPSQ 无法尽早发挥促进成炭作用,因此 VERBA/PPSQ 复合材料热释放速率峰值降低幅度较小。同样,PPSQ 虽然对 VERBA 的总烟释放量能够起到一定的降低作用(表 10-13 和图 10-21),但由于分解温度匹配问题,降低幅度也有限。

10.5　乙烯基酯树脂/苯基三硅醇硅倍半氧烷复合材料

10.5.1　乙烯基酯树脂/Ph-T7-POSS 复合材料制备

本书作者将具有缺角笼形分子结构的苯基三硅醇硅倍半氧烷(Ph-T7-POSS)以物理添加的方式引入到 VERBA 中,配方如表 10-14 所示,经过自由基引发固化交联得到样品。Ph-T7-POSS 带有 7 个苯基和 3 个 Si—OH 基团,虽然与八苯基POSS 化合物一样不能参与 VERBA 反应,但是 Ph-T7-POSS 所带的 3 个 Si—OH 基团却可以有效增加与 VERBA 分子链的相容性,同时在分解过程可以更好地与基材分解物相互作用,发挥 POSS 结构的刚性作用。如图 10-22 所示,添加 5 wt%～20 wt%的 Ph-T7-POSS 之后,VERBA 没有出现变白的现象,而是保持了材料原有的颜色,同时 Ph-T7-POSS 的添加虽然对材料透明性有所降低,但仍然保持一定的透明性,说明 Ph-T7-POSS 与 VERBA 的相容性要比 OPS 好,而这一改进正是由于 Ph-T7-POSS 所带的三个 Si—OH 基团造成的。

表 10-14　VERBA/Ph-T7-POSS 复合材料配方表

样品	VERBA(wt%)	Ph-T7-POSS(wt%)
VERBA	100	0
VERBA/5wt%Ph-T7-POSS	95	5
VERBA/10wt%Ph-T7-POSS	90	10
VERBA/20wt%Ph-T7-POSS	80	20

图 10-23 是 VERBA/ Ph-T7-POSS 复合材料脆断面的微观形貌图,从图中可以看出苯基三硅醇 POSS 在基体树脂中存在一定的团聚现象,团聚颗粒尺寸在 10 μm 以下,同时从图中还可以看出团聚体及树脂基体之间并没有明显界面,这说明苯基三硅醇 POSS 与基体树脂具有较好的相容性。

图 10-22 VERBA 及其与 Ph-T7-POSS 的复合材料的实物照片

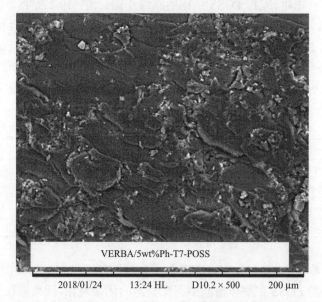

图 10-23 VERBA/5wt%Ph-T7-POSS 复合材料脆断面的微观形貌图

10.5.2 乙烯基酯树脂/ Ph-T7-POSS 复合材料热性能

由表 10-15 和图 10-24 可知，纯 VERBA 在氮气条件下表现为一步分解过程，分解主要发生在 310～450℃之间。而添加 Ph-T7-POSS 以后，相比于纯 VERBA 材料，VERBA/ Ph-T7-POSS 复合材料的初始分解温度和 800℃时的残炭量都明显提高。随着 Ph-T7-POSS 添加量的增加，VERBA/ Ph-T7-POSS 复合材料的初始分解温度从纯 VERBA 的 312℃提高到 346℃、339℃、329℃。同时，残炭量也从纯 VERBA 的没有明显残炭提高到 9.1 wt%、13.6 wt%和 20.0 wt%。从表 10-15 中可以看出，当 Ph-T7-POSS 添加量为 5 wt%时，VERBA/Ph-T7-POSS 复合材料的初始分解温度最高，且残炭量的提高幅度最大。Ph-T7-POSS 对提高 VERBA 的热稳定性和残炭量有明显的促进作用，但是这种促进作用并不是随着添加量的增加而线性增加的。

表 10-15　VERBA 及其与 Ph-T7-POSS 的复合材料的热重分析数据（氮气，20℃/min）

样品	T_{onset} (℃)	T_{max} (℃)	残炭量（800℃, wt%）
VERBA	312	427	0.0
VERBA/5wt%Ph-T7-POSS	346	425	9.1
VERBA/10wt%Ph-T7-POSS	339	426	13.6
VERBA/20wt%Ph-T7-POSS	329	422	20.0

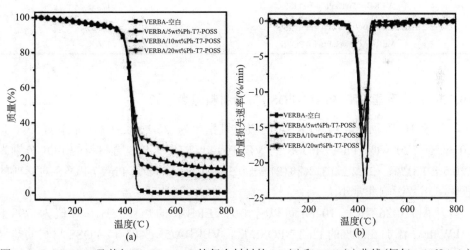

图 10-24　VERBA 及其与 Ph-T7-POSS 的复合材料的 TG（a）和 DTG（b）曲线（氮气，20℃/min）

由图 10-25 和表 10-16 可以看出，Ph-T7-POSS 的添加可以提高树脂的玻璃化转变温度，从纯 VERBA 的 118.0℃，分别增加到 VERBA/5wt%Ph-T7-POSS 的 123.0℃、VERBA/10wt%Ph-T7-POSS 的 124.9℃和 VERBA/20wt%Ph-T7-POSS 的 126.8℃。这表明在升温过程中，Ph-T7-POSS 的刚性结构使树脂大分子链段间的相对滑移更加困难，从而使玻璃化转变温度提高。

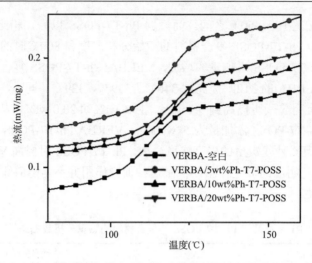

图 10-25　VERBA 及其与 Ph-T7-POSS 的复合材料的 DSC 曲线

表 10-16　VERBA 及其与 Ph-T7-POSS 的复合材料的玻璃化转变温度

样品	$T_g(℃)$
VERBA	118.0
VERBA/5wt%Ph-T7-POSS	123.0
VERBA/10wt%Ph-T7-POSS	124.9
VERBA/20wt%Ph-T7-POSS	126.8

10.5.3　乙烯基酯树脂/ Ph-T7-POSS 复合材料阻燃性能

　　如表 10-17 所示，纯 VERBA 的极限氧指数为 (20.2±0.3)%，而添加 5 wt%、10 wt% 和 20 wt% Ph-T7-POSS 的 VERBA/Ph-T7-POSS 复合材料的 LOI 分别为 (20.5±0.3)%、(21.2±0.3)% 和 (21.3±0.3)%，该结果显示 Ph-T7-POSS 对材料的极限氧指数影响非常小。

　　从图 10-26 和表 10-17 可以看出，VERBA 的热释放速率峰值为 (798±4) kW/m²，添加 5 wt% 的 Ph-T7-POSS 后，VERBA/5wt%Ph-T7-POSS 材料的热释放速率峰值下降到 518 kW/m²。与纯 VERBA 相比，降幅超过 35%。但是遗憾的是，随着 Ph-T7-POSS 添加量的增加，这种高效降低热释放速率的趋势并没有延续下去。当 Ph-T7-POSS 添加量达到 10 wt% 的时候，VERBA/10wt%Ph-T7-POSS 材料的热释放速率峰值为 403 kW/m²，为最低值，当 Ph-T7-POSS 添加量继续增加的时候，VERBA/20wt%Ph-T7-POSS 材料的热释放速率峰值反而比 VERBA/10wt%Ph-T7-POSS 材料的热释放速率峰值有所增加。此外可以看出，

VERBA/Ph-T7-POSS 复合材料的总热释放与其热释放速率峰值表现出同样的变化规律。但是，其总烟释放量是随着 Ph-T7-POSS 添加量的逐渐提高而逐步降低的，如图 10-27 所示，这主要是因为随着 Ph-T7-POSS 添加量的增加，样品的残炭量逐渐增加，意味着更多的分解产物保存在凝聚相中，从而使释放到气相中的烟雾成分降低，使总烟释放量降低。

表 10-17 纯 VERBA 及其与 Ph-T7-POSS 的复合材料的 LOI 和锥形量热测试数据

样品	LOI (%)	TTI (s)	p-HRR (kW/m^2)	TSR (m^2/m^2)
VERBA	20.2±0.3	31±2	798±4	4263±5
VERBA/5wt%Ph-T7-POSS	20.5±0.3	32±2	518±4	3816±5
VERBA/10wt%Ph-T7-POSS	21.2±0.3	32±2	403±4	3687±5
VERBA/20wt%Ph-T7-POSS	21.3±0.3	32±2	474±4	3208±5

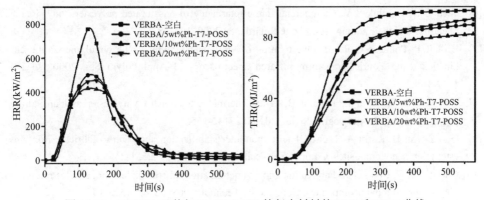

图 10-26 VERBA 及其与 Ph-T7-POSS 的复合材料的 HRR 和 THR 曲线

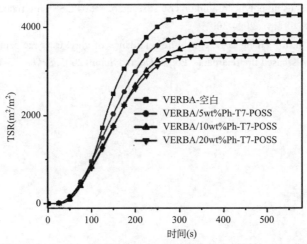

图 10-27 VERBA 及其与 Ph-T7-POSS 的复合材料的 TSR 曲线

参 考 文 献

[1] Can E, Kınacı E, Palmese G R. Preparation and characterization of novel vinyl ester formulations derived from cardanol. Eur Polym J, 2015, 72129-147.

[2] Dave P N, Patel N N. Synthesis, characterization of novel interacting blends of acrylated poly(ester-amide)s containing epoxy residues with vinyl ester resin. J. Sau. Chem. Sci., 2014, 18(5): 398-403.

[3] Jiang D, Huan Y, Sun C, et al. Thermal, mechanical and magnetic properties of functionalized magnetite/vinyl ester nanocomposites. Rsc Adv, 2016, 6(94): 91584-91593.

[4] Jiao W, Cai Y, Liu W, et al. Preparation of carbon fiber unsaturated sizing agent for enhancing interfacial strength of carbon fiber/vinyl ester resin composite. Appl Surf Sci, 2018, 43988-95.

[5] Mao W, Li S, Li M, et al. A novel flame retardant UV-curable vinyl ester resin monomer based on industrial dipentene: Preparation, characterization, and properties. J Appl Polym Sci, 2016, 133(41).

[6] Weil E D, Levchik S V. Commercial flame retardancy of unsaturated polyester, vinyl Resins, phenolics and their composites. Flame Retardants, 2009, 141-152.

[7] Brill R P, Palmese G R. An investigation of vinyl-ester styrene bulk copolymerization cure kinetics using Fourier transform infrared spectroscopy. J Appl Polym Sci, 2000, 76(10): 1572-1582.

[8] Arrieta J S, Richaud E, Fayolle B, et al. Thermal oxidation of vinyl ester and unsaturated polyester resins. Polym Degrad Stabil, 2016, 129142-155.

[9] Guo Z, Lin H, Karki A B, et al. Facile monomer stabilization approach to fabricate iron/vinyl ester resin nanocomposites. Compos Sci Technol, 2008, 68(12): 2551-2556.

[10] Guo Z, Lei K, Li Y, et al. Fabrication and characterization of iron oxide nanoparticles reinforced vinyl-ester resin nanocomposites. Compos Sci Technol, 2008, 68(6): 1513-1520.

[11] Glodek T E, Boyd S E, McAninch I M, et al. Properties and performance of fire resistant eco-composites using polyhedral oligomeric silsesquioxane (POSS) fire retardants. Compos Sci Technol, 2008, 68(14): 2994-3001.

[12] Chigwada G, Jash P, Jiang D D, et al. Fire retardancy of vinyl ester nanocomposites: Synergy with phosphorus-based fire retardants. Polym Degrad Stabil, 2005, 89(1): 85-100.

第 11 章　橡胶/POSS 纳米复合材料及其耐烧蚀性能

火箭发动机推进剂燃烧时，会产生 1800℃ 的高温和高温、高压气流，虽然时间很短，但很容易对金属(钢铁、钛、镁、硅、铬、铍)制成的构件(发动机前盖、后盖、套管等)产生破坏；或因膨胀造成总体变形而使推进结构失效；或因通路破坏导致无规律、不可控制推进方向而失败。为了保护火箭发动机的各个构件不受高温、高压气流的影响，在这些构件上必须涂上保护层或贴上耐烧蚀的衬里。保护层或衬里就是耐烧蚀材料。近年来，柔性高分子耐烧蚀基体材料如三元乙丙橡胶、硅橡胶、氢化丁腈橡胶等，广泛地在航天航空领域的极端条件下使用。

11.1　硅橡胶/POSS 纳米复合材料及其耐烧蚀性能

硅橡胶是一种以 Si—O 链为主链，其硅原子上可以连接甲基、乙烯基、苯基等有机侧基，分子链兼具无机和有机性质的高分子弹性材料[1, 2]。Si—O 键的键能为 443 kJ/mol，而 C—C 键的键能为 355 kJ/mol，所以有机硅产品的热稳定性高，高温或辐照下分子中化学键不易断裂和分解。它可以使用的温度范围很广，从 –100～315℃，为其他弹性体所不及，且经试验推定，在室外可使用 100～150 年，具有良好的耐热氧老化、耐烧蚀性能和低烟、低渣等特点。硅橡胶容易改性，且工艺性能良好，因此硅橡胶绝热耐烧蚀材料成为耐烧蚀复合材料的研究热点，有望取代三元乙丙橡胶(EPDM)，成为固体火箭发动机的主要绝热层材料[3-10]。硅橡胶按硫化温度及商品形态不同分为热硫化硅橡胶(通常也称作混炼硅橡胶)和液体硅橡胶(即室温硫化硅橡胶)。室温硫化(RTV)硅橡胶是不需要加热，在室温就能够硫化的硅橡胶，是固体火箭发动机绝热层材料优先考虑的基体材料，近些年，RTV 硅橡胶绝热耐烧蚀材料一直受到研究者的关注。

11.1.1　硅橡胶与八苯基硅倍半氧烷和八乙烯基硅倍半氧烷复合材料

本书作者将八苯基硅倍半氧烷(OPS)和八乙烯基硅倍半氧烷(OVP)分别作为改性剂添加到硅橡胶材料中，其中 OPS 添加量分别为 10 wt%、15 wt%、20 wt%，对应的样品编号为 SiR/10wt%OPS、SiR/15wt%OPS 和 SiR/20wt%OPS，而 OVP 的添加量为 15 wt%，对应的样品编号为 SiR/15wt%OVP。硅橡胶/POSS 复合材料按照各种测试所需尺寸规格预先制成半成品，然后再在特定模具中于室温、20 MPa 下冲模 20 min，泄压后室温硫化 24 h 以上得到最终样品。

11.1.1.1　硅橡胶与 OPS 及 OVP 复合材料力学性能

表 11-1 是含 OPS、OVP 的硅橡胶材料的力学性能数据，结果表明，随着 OPS 用量的增加，硅橡胶的拉伸强度和断裂伸长率逐渐降低，添加 10 wt% OPS 的硅橡胶仍有较好的力学性能。添加 15 wt% OVP 的硅橡胶的拉伸强度比添加 15 wt% OPS 的硅橡胶要大，但是断裂伸长率却下降明显，可能原因在于 OVP 能够参与交联反应。

表 11-1　硅橡胶及其与 OPS 和 OVP 复合材料的力学性能数据

样品	拉伸强度（MPa）	断裂伸长率(%)
SiR	4.50	1289
SiR/10wt%OPS	3.25	985
SiR/15wt%OPS	1.85	628
SiR/20wt%OPS	1.58	590
SiR/15wt%OVP	2.21	400

11.1.1.2　硅橡胶与 OPS 及 OVP 复合材料烧蚀性能

表 11-2 中列出了硅橡胶/OPS 和硅橡胶/OVP 复合材料的线烧蚀率。线烧蚀率是依照 GJB323A-1996 进行测定的。数据表明 OPS 和 OVP 的存在，使得硅橡胶体系的线烧蚀率降低了。硅橡胶线烧蚀率随着 OPS 含量增加而逐渐降低。值得指出的是，加入 15wt% OVP 的 SiR/15wt%OVP 线烧蚀率为 0.121 mm/s，比纯硅橡胶降低了 84.8%，比作者曾经研究过的阻燃填料、陶瓷化填料要低很多。

表 11-2　硅橡胶及其与 OPS 和 OVP 复合材料的烧蚀性能数据

样品	线烧蚀率（mm/s）
SiR	0.796
SiR/10wt%OPS	0.628
SiR/15wt%OPS	0.611
SiR/20wt%OPS	0.552
SiR/15wt%OVP	0.121

11.1.1.3　硅橡胶与 OPS 及 OVP 复合材料热稳定性

SiR/OPS 及 SiR/OVP 复合材料热稳定性分析见表 11-3 和图 11-1，结果表明，加入 OPS、OVP 的硅橡胶复合材料，其 T_{onset} 与纯硅橡胶相比都降低了，其中 OVP

的加入使材料的 T_{onset} 明显降低；而其 T_{max} 与纯硅橡胶相比都升高了，其中 15 wt%的 OVP 效果最显著，提高了 76.1℃。

表 11-3　硅橡胶及其与 OPS 和 OVP 复合材料的热稳定性分析数据

样品	T_{onset}（℃）	T_{max}（℃）	800℃残炭量（wt%）
SiR	446.0	584.4	37.6
SiR/10wt%OPS	421.7	603.6	28.6
SiR/15wt%OPS	417.9	610.1	27.3
SiR/20wt%OPS	435.7	629.6	28.9
SiR/15wt%OVP	240.5	660.5	33.1

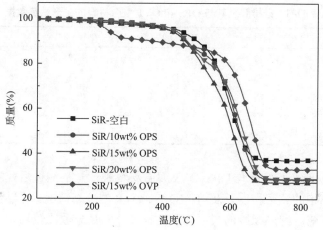

图 11-1　硅橡胶及其与 OPS 和 OVP 复合材料的 TG 曲线

11.1.1.4　硅橡胶与 OPS 及 OVP 复合材料阻燃性能

从表 11-4 中可以看出，加入 OPS 后硅橡胶体系的氧指数升高非常明显，OPS 添加量为 15 wt%时硅橡胶体系的氧指数高达 28.8%，而 OVP 添加量为 15 wt%时硅橡胶体系的氧指数仅为 22.7%。

表 11-4　硅橡胶及其与 OPS 和 OVP 复合材料的氧指数

样品	氧指数（%）
SiR	23.4
SiR/10wt%OPS	27.6
SiR/15wt%OPS	28.8
SiR/20wt%OPS	27.7
SiR/15wt%OVP	22.7

SiR/OVP、SiR/OPS 复合材料锥形量热测试结果如图 11-2 和表 11-5 所示。测试结果表明，添加了 OPS 的 SiR/OPS 材料，其 TTI 比纯 SiR 增加；随着 OPS 添加量的增多，TTI 呈先增后减的趋势，添加 15 wt% OPS 时，TTI 最大，耐点火性能最好。而添加 15 wt% OVP 的 SiR/15 wt%OVP 材料，其 TTI 相对于纯 SiR 增加了 20 s，也有明显的延迟点燃性。添加 OPS 和 OVP 之后，材料的 p-HRR 与纯 SiR 相比都降低了，但并非呈单调降低的趋势。在 OPS 添加量为 15 wt%时，材料的热释放速率峰值最小，较纯的硅橡胶材料降低了 37.1%。添加 15 wt% OVP 的 SiR/15wt%OVP 材料，其 p-HRR 相对于纯 SiR 降低了 26.7%。OVP、OPS 的添加也会使材料的 THR 有一定降低。另外，15 wt% OVP 的添加可以使硅橡胶体系的 TSR 下降 62 m^2/m^2，表现出一定的抑烟作用。

表 11-5　硅橡胶及其与 OPS 和 OVP 复合材料的锥形量热数据

样品	TTI (s)	p-HRR (kW/m²)	THR (MJ/m²)	TSR (m²/m²)
SiR	15	210	25	560
SiR/10wt%OPS	85	156	19	571
SiR/15wt%OPS	89	132	23	628
SiR/20wt%OPS	43	158	24	680
SiR/15wt%OVP	35	154	21	498

图 11-3 为硅橡胶及其与 OPS、OVP 复合材料锥形量热测试后残炭的 SEM 图。从图中炭层结构的致密程度以及填料 OPS、OVP 的分布情况，可以分析填料对硅橡胶体系的影响。纯硅橡胶的炭层孔洞比较多，但是分散比较均匀，说明硅橡胶中的白炭黑分散性好，能起到很好的补强作用。硅橡胶的炭层中是一个个小微型球串联在一起。而添加 OPS 和 OVP 填料的体系，炭层孔洞比纯硅橡胶减少很多，分布均匀，炭层非常致密，并形成了空间网状结构，表明 OPS 和 OVP 加固了硅橡胶炭层的骨架结构，使得空间网状结构更加完整紧密。

11.1.2　硅橡胶与聚苯基硅倍半氧烷及八氨基苯基硅倍半氧烷复合材料

本书作者将自主合成的梯形聚苯基硅倍半氧烷(PPSQ)和笼形八氨基苯基硅倍半氧烷(OAPS)应用于硅橡胶绝热材料，研究了添加 10 wt%的 PPSQ 和 10 wt%的 OAPS 对硅橡胶力学性能和耐烧蚀性能的影响。

11.1.2.1　硅橡胶与 PPSQ 及 OAPS 复合材料的力学性能

往硅橡胶中分别添加 10 wt%的 PPSQ 和 OAPS，得到硅橡胶复合材料。其力学性能见表 11-6。从表中可以看出，SiR/10wt%PPSQ 及 SiR/10wt%OAPS 复合材料与纯硅橡胶相比，拉伸强度均有所提升，但样品断裂伸长率却大幅度下降。

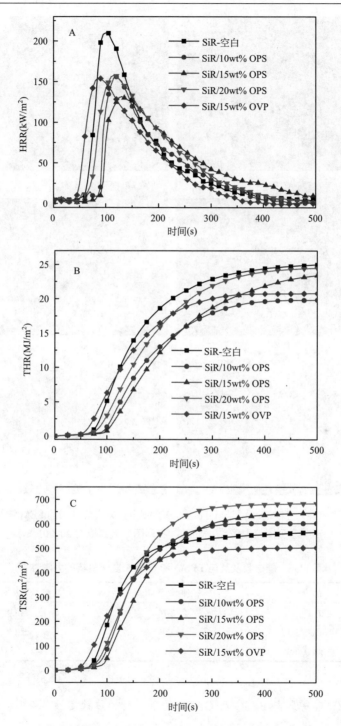

图 11-2　硅橡胶及其与 OPS 和 OVP 复合材料的 HRR、THR 和 TSR 曲线

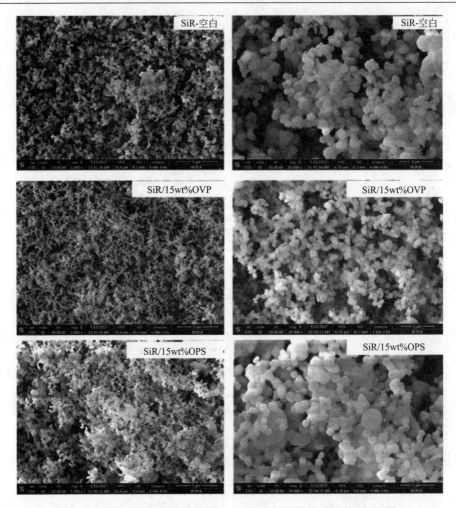

图 11-3　硅橡胶及其与 OPS 和 OVP 复合材料燃烧残炭的 SEM 图

（左列图放大倍数为 5000，右列图放大倍数为 20000）

表 11-6　硅橡胶及其与 PPSQ 和 OAPS 复合材料的力学性能

样品	拉伸强度(MPa)	断裂伸长率(%)
SiR	2.76	116.96
SiR/10wt%PPSQ	3.06	8.275
SiR/10wt%OAPS	3.96	17.53

11.1.2.2　硅橡胶与 PPSQ 及 OAPS 复合材料的热稳定性

SiR/10wt%PPSQ 和 SiR/10wt%OAPS 的热重曲线见图 11-4，相关数据见

表 11-7。从图表中可以看出，SiR/10wt%PPSQ 的 T_{onset} 比纯硅橡胶明显要高，但 SiR/10wt%OAPS 的 T_{onset} 则出现了明显的降低，这主要是由两种 POSS 本身的热稳定性决定的，PPSQ 的 T_{onset} 超过 500℃，明显高于 OAPS 的 T_{onset}。但是，添加两种 POSS 对材料的 T_{max} 几乎没有影响。PPSQ 和 OAPS 均可以提高材料的残炭量，其中添加 PPSQ 的复合材料残炭量相对最高。

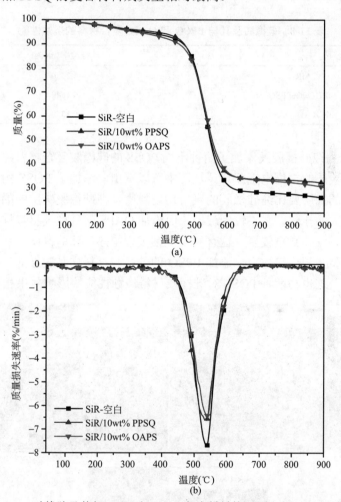

图 11-4　硅橡胶及其与 PPSQ 和 OAPS 复合材料的 TG（a）和 DTG（b）曲线

表 11-7　硅橡胶及其与 PPSQ 和 OAPS 复合材料的热分析数据

样品	T_{onset}（℃）	T_{max}（℃）	900℃残炭量（%）
SiR	339.6	537.6	26.14
SiR/10wt%PPSQ	374.1	537.3	32.51
SiR/10wt%OAPS	313.5	540.0	30.66

11.1.2.3　硅橡胶与 PPSQ 及 OAPS 复合材料的烧蚀性能

表 11-8 是添加了不同种类 POSS 的硅橡胶的线烧蚀率数据，可以看出，两种 POSS 都能够大幅降低材料的线烧蚀率，对材料的耐烧蚀性能起到明显的优化作用，其中添加 OAPS 的样品线烧蚀率最低。

表 11-8　硅橡胶及其与 PPSQ 和 OAPS 复合材料的烧蚀性能

样品	线烧蚀率(mm/s)
SiR	0.2380
SiR/10wt%PPSQ	0.1640
SiR/10wt%OAPS	0.1580

图 11-5 为纯硅橡胶及添加了两种不同 POSS 的硅橡胶复合材料经氧乙炔焰烧蚀后生成的炭层的扫描电镜照片。从图中可以看出，添加了 POSS 的硅橡胶复合材料烧蚀后的炭层要比纯硅橡胶的炭层均匀致密。纯硅橡胶炭层中的孔径尺寸不均一，有较大的孔隙，炭层较为疏松，而添加 OAPS 的硅橡胶材料样品炭层的孔径尺寸较小、气孔数量较多，这有利于烧蚀过程中热气体的排出，从而保证炭层的稳定和完整。相比较而言，添加 PPSQ 的硅橡胶材料样品炭层的气孔较大，炭层不够致密，这也与两种 POSS 对硅橡胶材料烧蚀性能的影响效果相符合。

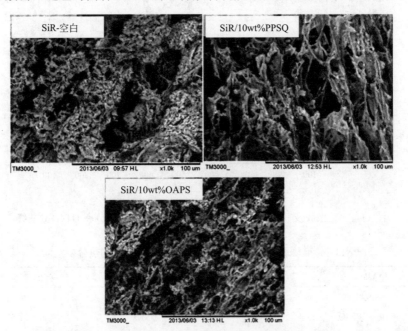

图 11-5　硅橡胶及其与 PPSQ 和 OAPS 复合材料经氧乙炔焰烧蚀后炭层内部的 SEM 照片

11.1.3　硅橡胶/八炔丙基氨苯基硅倍半氧烷复合材料

本书作者研究笼形八炔丙基氨苯基硅倍半氧烷(OPAPS)对硅橡胶绝热材料的力学性能和耐烧蚀性能的影响，OPAPS 添加量为 5wt%，样品名称为SiR/5wt%OPAPS。

11.1.3.1　硅橡胶/5wt%OPAPS 复合材料力学性能

对纯硅橡胶及硅橡胶/5wt%OPAPS 复合材料进行力学测试，数据如表 11-9 所示，硅橡胶/5wt%OPAPS 的拉伸强度明显提高，提高了近 1.7 MPa，但是其断裂伸长率却严重低于纯硅橡胶，这是由于 OPAPS 与硅橡胶基体混合工艺性差，导致其断裂伸长率较差。

表 11-9　硅橡胶及 SiR/5wt%OPAPS 的力学性能

样品	拉伸强度(MPa)	断裂伸长率(%)
SiR	3.18	79
SiR/5wt%OPAPS	4.80	54

11.1.3.2　硅橡胶/OPAPS 复合材料热稳定性

硅橡胶及 SiR/5wt%OPAPS 样品的 TG 曲线如图 11-6 所示，相关热数据如表 11-10 所示。由图及表中可见，SiR/5wt%OPAPS 的 T_{onset} 相对于纯硅橡胶降低了 30℃，说明其在较低温度即开始成炭；SiR/5wt%OPAPS 的 T_{max} 与纯硅橡胶基本没有差别，800℃时的残炭量与纯硅橡胶相比也并无明显变化。

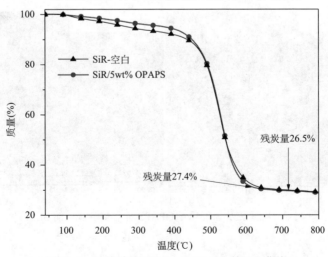

图 11-6　硅橡胶及 SiR/5wt%OPAPS 的 TG 曲线

表 11-10　硅橡胶及 SiR/5wt%OPAPS 的热分析数据

样品	T_{onset} (℃)	T_{max} (℃)	800℃时残炭量 (wt%)
SiR	300	528	26.5
SiR/5wt%OPAPS	270	530	27.4

11.1.3.3　硅橡胶/OPAPS 复合材料烧蚀性能

硅橡胶及 SiR/5wt%OPAPS 样品的线烧蚀率数据，如表 11-11 所示。由表可见 SiR/5wt%OPAPS 的线烧蚀率明显低于纯硅橡胶，变化值为–0.044 mm/s，即线烧蚀率降低了近 17%。这是由于 OPAPS 的 Si—O 笼形结构和炔基提升了硅橡胶成炭的强度。

表 11-11　硅橡胶及 SiR/5wt%OPAPS 的烧蚀性能

样品	线烧蚀率(mm/s)
SiR	0.264
SiR/5wt%OPAPS	0.220

对硅橡胶及 SiR/5wt%OPAPS 样品的烧蚀炭层形貌进行分析，结果如图 11-7 所示。由图可见，未加 OPAPS 的纯硅橡胶烧蚀炭层较为疏松，孔径尺寸不均一，有较大的孔隙，而添加 OPAPS 的 SiR/5wt%OPAPS 烧蚀炭层更加致密均匀，并且形成坚固的陶瓷层，可以有效地保护内层材料不被热流冲刷。可见，硅橡胶体系中引入 OPAPS 可以提高烧蚀炭层的致密程度，从而提高材料的耐烧蚀性能。

图 11-7　硅橡胶及 SiR/5wt%OPAPS 样品烧蚀炭层的 SEM 图

11.2　三元乙丙橡胶/POSS 纳米复合材料及其耐烧蚀性能

三元乙丙橡胶(EPDM)是以乙烯、丙烯、乙叉降冰片烯或 1,4-己二烯或双环戊二烯为单体聚合的高分子化合物，它的密度低($0.87\sim0.89$ g/cm^3)，比热容大，烧蚀率低，耐老化性及气密性好，脆性温度低，力学性能良好，是重要的绝热基体材料[11]。以 EPDM 为基体的绝热材料，密度低、延展率高，有良好的抗烧蚀性能和隔热性能，可长期储存，与丁羟(HTPB)推进剂、钢、玻璃纤维或有机纤维增强的复合材料有很好的相容性。EPDM 绝热材料适用范围广，可用作火箭发动机燃烧室内绝热层，也可用作火箭发动机喷管收敛段及火箭的外绝热层，还可用于固体推进剂装药的包覆层[12]。用于固体火箭发动机的 EPDM 绝热材料与一般民用阻燃材料不同，需在 $2000\sim4000$℃高温下使用，且在烧蚀过程中需承受高速气流冲刷，故绝热材料烧蚀过程中炭化层的质量及附着程度是影响耐烧蚀性能的重要因素[13, 14]。

绝热材料由基体材料、耐烧蚀填料和其他配合体系组成。基体在耐烧蚀材料制造过程中用作填料的黏合剂，同时也对耐烧蚀材料的性能起着至关重要的作用。由于 EPDM 基体材料本身无法满足固体火箭发动机燃烧室内高温、高压、高速气流冲刷的环境要求，因此必须加入各种耐烧蚀填料以提高其抗冲刷、耐烧蚀性能。配合体系主要包括硫化体系、填充体系、阻燃体系等，各种配合体系对绝热材料的重要作用也不可忽视[11, 15-20]。

近年来，纳米填料在内绝热层中获得了初步的应用。Koo 等在此方面做了大量工作[21]。他们研制了一种以可溶性酚醛树脂 SC-1008 为基体、以纳米蒙脱土、POSS、CNF 等代替炭黑为填料的新型纳米杂化材料。实验结果表明此纳米复合材料比现有的其他材料更轻，耐烧蚀性能和隔热性能更好。当纳米蒙脱土的用量为 28 wt%时，烧蚀率由最初的 0.40 mm/s 降低到 0.27 mm/s，并且密度也有所下降。当三硅羟基苯基 POSS 的用量为 5 wt%时，烧蚀率由最初的 0.40 mm/s 降低到 0.32 mm/s；密度也由原来的 1.44 g/cm^3 下降到 1.38 g/cm^3。当碳纳米纤维的用量为 7.5 wt%时，烧蚀率由最初的 0.40 mm/s 降低到 0.35 mm/s；密度也由原来的 1.44 g/cm^3 下降到 1.41 g/cm^3。美国空军实验室研究了含 POSS 或其衍生物的隔热涂层，结果发现 POSS 分子中的有机部分燃烧完全后形成厚度不到 2 nm(约 10个原子厚)的无机聚合物。这种含 POSS 的隔热层能够使体系温度由发动机内部的 3000℃降低到外侧的 200℃，有效地起到保护作用；同时，使隔热层重量减轻 44%，烧蚀程度减少 50%，运载能力增加 7.4%。

11.2.1　三元乙丙橡胶/八苯基硅倍半氧烷复合材料

本书作者分别将 10 wt%的八苯基硅倍半氧烷(OPS)、含磷硅倍半氧烷 (DOPO-POSS)或单巯丙基七异丁基硅倍半氧烷(SH-POSS,结构式如图11-8所示) 引入到三元乙丙橡胶中，制备得到三种 EPDM/POSS 复合材料。然后，按照各种 测试所需尺寸规格，将试样预先制成半成品，再在特定模具中于 160℃、15 MPa 平板硫化机中制得最终样品，研究三种 EPDM/POSS 复合材料的力学性能和耐烧 蚀性能。

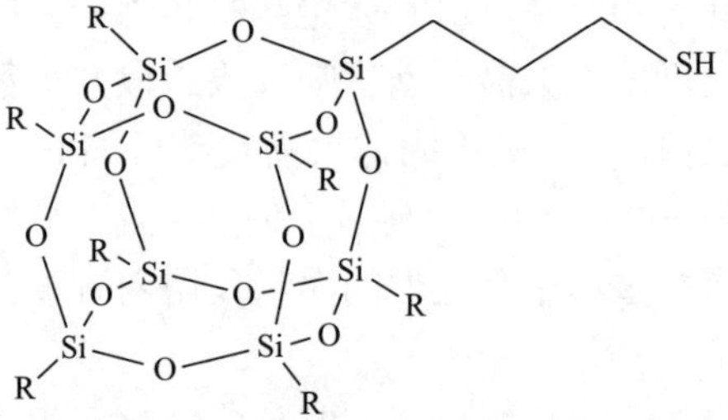

R=异丁基

图 11-8　单巯丙基七异丁基硅倍半氧烷(SH-POSS)结构式

11.2.1.1　EPDM/POSS 复合材料力学性能

EPDM 及三种 EPDM/POSS 复合材料的力学性能数据如表 11-12 所示。从表 中可见，三种 EPDM/POSS 样品的拉伸强度相比纯 EPDM 都有不同程度的下降， 但是 EPDM/OPS 和 EPDM/SH-POSS 样品的断裂伸长率分别提高了 4%和 20%。 EPDM/SH-POSS 样品表现出十分优异的断裂伸长率，这是因为相较于 OPS 和 DOPO-POSS 两种 POSS 化合物，SH-POSS 的八个有机基团具有较好的柔性。异 丁基和巯丙基很容易发生构象的改变，与 EPDM 基体具有更好的相容性。尤其是 其每个分子上都有一个巯丙基，EPDM 上的双键可以与巯基发生加成反应，从而 使 SH-POSS 分子以化学键的作用方式结合到 EPDM 基体上。相比于 OPS 和 DOPO-POSS 的刚性有机基团与 EPDM 发生的物理作用，SH-POSS 与聚合物基体

表 11-12　EPDM 及三种 EPDM/POSS 复合材料的力学性能

样品	拉伸强度(MPa)	断裂伸长率(%)
EPDM	11.51	394
EPDM/OPS	9.97	410
EPDM/DOPO-POSS	7.06	287
EPDM/SH-POSS	9.69	471

的相互作用更加不易被破坏，因此样品具有十分优异的断裂伸长率。而 EPDM/DOPO-POSS 样品力学性能较差，这与含磷杂环具有较大的极性，难于与非极性的 EPDM 基体相容，因此在 EPDM 基体中较难分散有关。

11.2.1.2　EPDM/POSS 复合材料烧蚀性能

EPDM 及三种 EPDM/POSS 复合材料的线烧蚀率数据如表 11-13 所示。线烧蚀率是依照 GJB323A-1996 进行测定的。由表可见，添加 10 wt% OPS 的 EPDM/OPS 复合材料线烧蚀率最低，比纯 EPDM 样品降低了 20%。添加 SH-POSS 的 EPDM/SH-POSS 样品耐烧蚀性能最差，其线烧蚀率比空白样品略高。

表 11-13　EPDM 及三种 EPDM/POSS 复合材料的烧蚀性能

样品	线烧蚀率（mm/s）
EPDM	0.085
EPDM/OPS	0.068
EPDM/DOPO-POSS	0.082
EPDM/SH-POSS	0.092

三种 POSS 的 TG 曲线如图 11-9 所示，三种 POSS 的 T_{onset} 分别为：OPS，442℃；DOPO-POSS，334℃；SH-POSS，235℃。三种 POSS 的 T_{max} 分别为：OPS，496℃；DOPO-POSS，468℃；SH-POSS，284℃。600℃时的残炭量，OPS 为 29.62%，DOPO-POSS 为 42.81%，SH-POSS 为 0.00%。SH-POSS 的热稳定性明显不如 OPS

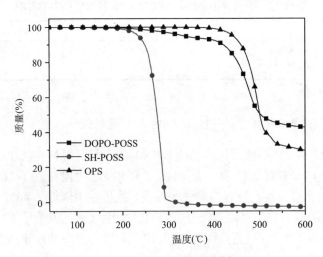

图 11-9　三种 POSS 化合物的 TG 曲线

和 DOPO-POSS，尤其是 SH-POSS 在不到 600℃时残炭量就已经为零。较低的残炭量不利于耐烧蚀填料在绝热材料中发挥耐烧蚀作用，因而含有此种 POSS 的样品线烧蚀率较大。

虽然 DOPO-POSS 具有很高的残炭量，但是由于其与 EPDM 的相容性较差，影响了此种填料对耐烧蚀性能的贡献，故在配方中加入 DOPO-POSS 后，样品的线烧蚀率下降不明显。而加入 OPS 的 EPDM 样品，耐烧蚀性能出现明显改善。这是因为 OPS 的有机基团为八个苯基，苯环具有较好的热稳定性，同时苯基又具有较小的极性，容易与 EPDM 这类非极性橡胶混合。

11.2.2　不同硫化体系的 EPDM/OPS 复合材料

11.2.2.1　不同硫化体系的 EPDM/OPS 复合材料力学性能

由于 EPDM 主链完全饱和，侧基为不饱和基团，所以可以采用过氧化物和硫黄-促进剂两种硫化方式。表 11-14 中"EPDM/OPS-过氧化物"样品的硫化体系是过氧化物与硫黄-促进剂复配体系；"EPDM/OPS-硫黄"样品硫化体系是不含过氧化物的硫黄-促进剂硫化体系。本书作者研究了不同硫化体系下，EPDM/OPS 复合材料的力学性能和耐烧蚀性能。由表 11-14 可见，采用过氧化物与硫黄-促进剂复配硫化的 EPDM/OPS-过氧化物样品具有较好的力学性能，其拉伸强度比采用硫黄-促进剂硫化体系的 EPDM/OPS-硫黄样品增加了 31%，断裂伸长率高出近一倍。

表 11-14　不同硫化体系下 EPDM/OPS 复合材料力学性能

样品	拉伸强度(MPa)	断裂伸长率(%)
EPDM/OPS-过氧化物	9.56	358
EPDM/OPS-硫黄	7.28	178

11.2.2.2　不同硫化体系的 EPDM/OPS 复合材料烧蚀性能

如表 11-15 所示，不同硫化体系的 EPDM/OPS 复合材料烧蚀性能具有明显差异。与 EPDM/OPS-过氧化物样品相比，采用硫黄-促进剂硫化体系硫化的 EPDM/OPS-硫黄样品具有较好的耐烧蚀性能，线烧蚀率降低了 46%。过氧化物的参与虽然会增加聚合物的交联点，提高材料的力学性能，但是过氧化物可能会对体系中的某些耐烧蚀填料起到负面作用，使之对提高耐烧蚀性能的贡献降低，从而使得 EPDM/OPS-过氧化物样品线烧蚀率增大。

表 11-15　不同硫化体系下 EPDM/OPS 复合材料烧蚀性能

样品	线烧蚀率 (mm/s)
EPDM/OPS-过氧化物	0.078
EPDM/OPS-硫黄	0.042

图 11-10 是采用两种不同硫化体系硫化的样品的烧蚀残炭的形貌。从图中可以看出，两种硫化方式下，炭层的外观还是有较大区别的。相比于采用过氧化物与硫黄-促进剂复配硫化的 EPDM/OPS-过氧化物样品，采用硫黄-促进剂硫化体系硫化的 EPDM/OPS-硫黄样品炭层的网状结构更加规整，炭层上的炭孔排列比较均匀。虽然 EPDM/OPS-过氧化物样品的炭孔较更小，但是排列杂乱，炭层表面不平整，有沟状凹陷。以上说明采用硫黄-促进剂硫化体系硫化更有利于降低 EPDM 绝热材料的线烧蚀率。

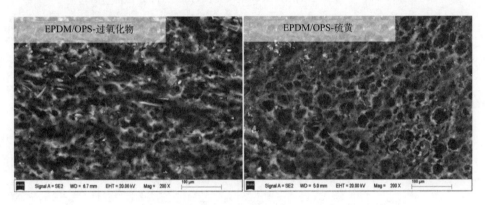

图 11-10　不同硫化体系下 EPDM/OPS 复合材料样品残炭照片

11.2.2.3　不同硫化体系的 EPDM/OPS 复合材料阻燃性能

图 11-11 和图 11-12 是含有 OPS 的样品在两种硫化方式下的 HRR 和 SPR 曲线。EPDM/OPS-过氧化物样品的热释放速率峰值为 406 kW/m^2，而 EPDM/OPS-硫黄样品只有 303 kW/m^2，EPDM/OPS-硫黄样品的总热释放和平均热释放也明显低于 EPDM/OPS-过氧化物样品。SPR 曲线的趋势与 HRR 曲线基本一致，在热释放速率很大的时候通常烟释放速率也较大。

11.2.3　三元乙丙橡胶/梯形聚苯基硅倍半氧烷纳米复合材料

本书作者将梯形聚苯基硅倍半氧烷 (PPSQ) 应用于三元乙丙橡胶中，添加量分别为 0 wt%、5 wt%、10 wt% 或 15 wt%，对应的样品名称分别是 EPDM、EPDM/5wt%

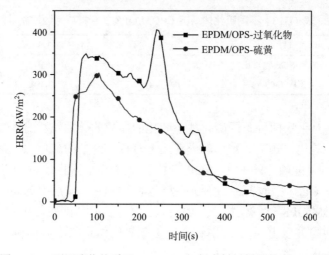

图 11-11　不同硫化体系下 EPDM/OPS 复合材料样品的 HRR 曲线

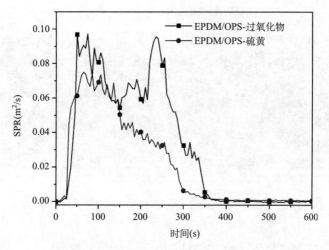

图 11-12　不同硫化体系下 EPDM/OPS 复合材料样品的 SPR 曲线

PPSQ、EPDM/10wt%PPSQ 和 EPDM/15wt%PPSQ，研究 PPSQ 对 EPDM 复合材料力学性能及耐烧蚀性能的影响。PPSQ 的 TG 曲线如图 11-13 所示，由图可见 PPSQ 的热稳定性明显好于笼形八苯基硅倍半氧烷(OPS)，尤其是 PPSQ 具有很高的残炭量，在 800℃时的残炭量为 75.77 wt%。

11.2.3.1　EPDM/PPSQ 复合材料力学性能

EPDM 及 EPDM/PPSQ 复合材料的力学性能数据见表 11-16。从表中可见，EPDM/PPSQ 复合材料的拉伸强度比纯 EPDM 要低，且随 PPSQ 添加量的增大呈现单调下降趋势，但是下降的幅度不大，添加 15 wt% PPSQ 的 EPDM/15wt%PPSQ

样品拉伸强度相对于纯 EPDM 降低了近 23%。 EPDM/PPSQ 复合材料的断裂伸长率比纯 EPDM 要大，但是随着添加量的增大，EPDM/PPSQ 断裂伸长率呈下降趋势。

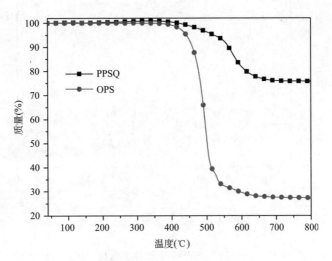

图 11-13　PPSQ 与 OPS 的 TG 曲线

表 11-16　EPDM 及 EPDM/PPSQ 复合材料力学性能

样品	拉伸强度(MPa)	断裂伸长率(%)
EPDM	10.93	332
EPDM/5wt%PPSQ	9.28	403
EPDM/10wt%PPSQ	9.18	375
EPDM/15wt%PPSQ	8.43	346

11.2.3.2　EPDM/PPSQ 复合材料热稳定性

EPDM 和 EPDM/PPSQ 复合材料的 TG 曲线如图 11-14 所示。从图 11-14 可以看出，不同 PPSQ 添加量的 EPDM/PPSQ 复合材料的 TG 曲线差别不大，初始分解温度和最大分解温度几乎没有变化，只有残炭量存在有小幅波动。

11.2.3.3　EPDM/PPSQ 复合材料烧蚀性能

EPDM 和 EPDM/PPSQ 复合材料的耐烧蚀性能如表 11-17 所示。 添加 PPSQ 的 EPDM/PPSQ 复合材料样品的线烧蚀率比纯 EPDM 明显降低。添加 10 wt%PPSQ 和 15 wt%PPSQ 的 EPDM/PPSQ 样品，其线烧蚀率均为 0.047 mm/s，比不添加 PPSQ 的 EPDM 样品降低 50%左右。综合比较不同 PPSQ 添加量的复合材料的其他性能，不难看出当 PPSQ 添加量为 10 wt%时，样品的综合性能最好。

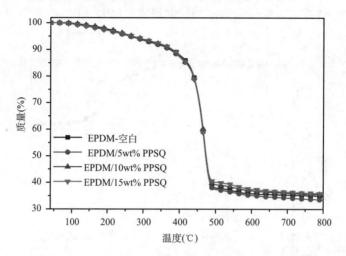

图 11-14　EPDM 和 EPDM/PPSQ 复合材料的 TG 曲线

表 11-17　EPDM 及 EPDM/PPSQ 复合材料的烧蚀性能

样品	线烧蚀率/(mm/s)
EPDM	0.093
EPDM/5wt%PPSQ	0.080
EPDM/10wt%PPSQ	0.047
EPDM/15wt%PPSQ	0.047

图 11-15 是不同 PPSQ 添加量下样品烧蚀残炭的 SEM 照片。从照片中可以看出 PPSQ 用量为 10 wt%和 15 wt%时，炭层十分致密完整，炭孔排列规整，没有很大的炭层裂缝。从宏观上看，含有 10 wt%和 15 wt%PPSQ 的样品炭层十分坚固，质地硬且不易折断。通常这样的烧蚀炭层可以耐受高温火焰和气流的冲刷，因而使得材料很不容易被烧蚀掉，具有较低的线烧蚀率。

11.2.3.4　EPDM/PPSQ 复合材料热释放速率

图 11-16 为纯 EPDM 及含有 5 wt%PPSQ 的 EPDM/5wt%PPSQ 样品 HRR 曲线。由图可见，EPDM/5wt%PPSQ 样品的热释放速率峰值明显低于不含 PPSQ 的 EPDM 样品，前者热释放速率峰值为 276 kW/m²，后者热释放速率峰值为 504 kW/m²。较大的热释放速率对样品的耐烧蚀性能不利，因为当绝热材料在短时间内急剧放热时，聚合物分解形成的炭层很容易在大量热量下被破坏，进而使得下层的基体材料再次暴露在高温火焰下，从而失去炭层应有的热防护作用。PPSQ 作为高成

炭量的耐烧蚀填料，应用于 EPDM 绝热材料中具有很好的综合性能，尤其对于提高此种材料的耐烧蚀性能极为有效。

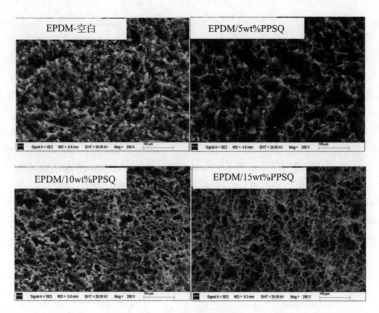

图 11-15　EPDM 及 EPDM/PPSQ 复合材料样品烧蚀实验残炭 SEM 照片

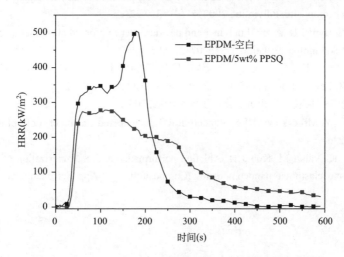

图 11-16　EPDM 及 EPDM/PPSQ 复合材料的 HRR 曲线

参 考 文 献

[1]　陈国辉，常海. 硅橡胶包覆层的研究进展. 含能材料, 2005, 13(3): 200-203.

[2] Sayles D C. Siloxane-based elastomeric interceptor motor insulation, US4953476. 1990.

[3] 李颖妮, 袁晓龙, 李哲瑜, 等. 新型丁腈基内绝热层材料的研究. 特种橡胶制品, 2014, (6): 38-41.

[4] Sandén R. Castable silicone based heat insulations for jet engines. Polym Test, 2002, 21(1): 61-64.

[5] 张玉龙, 张晋生. 特种橡胶及应用. 北京: 化学工业出版社, 2011.

[6] 丘哲明. 固体火箭发动机复合材料与工艺. 北京: 宇航出版社, 2016.

[7] Bindu R L, Nair C P R, Ninan K N. Phenolic resins bearing maleimide groups: Synthesis and characterization. J Polym Sci Part A Polym Chem, 2015, 38(3): 641-652.

[8] 尤秀兰, 刘兆峰. 芳纶浆粕纤维在橡胶制品中的应用. 特种橡胶制品, 2002, 23(2): 17-20.

[9] 邹德荣. 低特征信号绝热层用硅氧烷树脂研究. 固体火箭技术, 2000, 23(2): 65-68.

[10] Maity J, Jacob C, Das C K, et al. Fluorinated aramid fiber reinforced polypropylene composites and their characterization. Polym Composite, 2010, 28(4): 462-469.

[11] Davidson T F, Spear G B, Ludlow T L. Thermal insulation chemical composition and method of manufacture, US5023006. 1991.

[12] 张海燕. 三元乙丙橡胶及其应用. 火炸药, 1993, (4): 26-33.

[13] 张嘉蕙. 固体火箭发动机壳体内绝热层的概况与三元乙丙胶绝热层的现状. 固体火箭技术, 1983.

[14] 梁彦, 张弛, 张明. 固体火箭发动机燃烧室绝热层的设计与研究. 飞航导弹, 2004, (9): 60-64.

[15] Chang Y W, Yang Y, Ryu S, et al. Preparation and properties of EPDM/organomontmorillonite hybrid nanocomposite. Polym Int, 2002, 51(4): 319-324.

[16] Junior K E, Byrd J D. Aramid polymer and powder filler reinforced elastomeric composition for use as a rocket motor insulation. US4600732, 1985.

[17] 高俊刚. 硼酚醛树脂的合成与固化机理的研究. 化学学报, 1990, 48(4): 411-414.

[18] Graham M, Levi L, Clarke B 1998. Durable motor insulation, US5821284.

[19] 欧育湘. 实用阻燃技术. 北京: 化学工业出版社, 2002.

[20] Tsimpris C W, Mroczkowski T S, Vanderbilt R T. Engineered elastomer for reinforcement. 2005, 23228-23236.

[21] Allcorn E K, Natali M, Koo J H. Ablation performance and characterization of thermoplastic polyurethane elastomer nanocomposites. Composit Part A App Sci Manufact, 2013, 45(2): 109-118.

第 12 章　耐高温热固性树脂/POSS 纳米复合材料及其阻燃性能

在航天航空领域中，为了让有限的运载能力发挥最大的作用，对各个部件的质量控制都非常严苛。树脂基复合材料凭借其优异的综合性能，被越来越多地应用在该领域。除了对材料的力学性能有非常高的要求外，耐温方面也有很高的要求。目前，航空航天领域常用的耐高温树脂包括：聚酰亚胺树脂、聚四氟乙烯树脂、聚苯醚树脂、聚醚醚酮树脂、双马来酰亚胺树脂、氰酸酯树脂、酚醛树脂和芳炔树脂等。这些耐高温树脂普遍具有耐腐蚀、耐老化、耐酸碱、耐高低温、绝缘等特性。为了进一步扩大它们的应用领域，研究者们仍在通过各种手段改性该类树脂，从而进一步提高此类树脂的性能，用以满足极端条件下的使用要求。

12.1　双马来酰亚胺/POSS 纳米复合材料

双马来酰亚胺(bismaleimide, BMI)树脂通常用作高性能复合材料的基材树脂，广泛应用于航空航天、交通运输、机械及电子电器领域。BMI 树脂本身具有较高的热稳定性、良好的加工性以及优异的力学性能和电性能[1, 2]。

12.1.1　双马来酰亚胺/八氨基苯基硅倍半氧烷纳米复合材料

Devaraju 等[3]通过 Michael 加成反应将八氨基苯基 POSS(OAPS)添加到脂肪族醚连接的芳香族双马来酰亚胺(aliphatic ether linked aromatic bismaleimide, AEBMI)主链上，制备出 AEBMI/OAPS 纳米复合材料(图 12-1)。纯 AEBMI 以及添加了 1 wt%、3 wt%、5 wt%OAPS 的 AEBMI/OAPS 纳米复合材料的热性能数据如表 12-1 所示，随着 OAPS 含量的增加，AEBMI/OAPS 纳米复合材料的热稳定性及残炭量都有所增加，这是因为在 OAPS 与 AEBMI 之间形成稳定共价键的结果，OAPS 已经是 AEBMI 交联结构中不可分割的一部分了。残炭量越高意味着 AEBMI/OAPS 复合材料阻燃性能越好。纯 AEBMI 与 AEBMI/OAPS 纳米复合材料的极限氧指数是根据材料在 700℃时的残炭量，用 Van Krevelen 方程(LOI= $0.40\sigma+17.5$)计算出来的，其中 σ 为材料在 700℃时的残炭量[4]。由表 12-1 可见，添加 OAPS 之后的 AEBMI/OAPS 纳米复合材料的计算极限氧指数都比纯 AEBMI 的高。

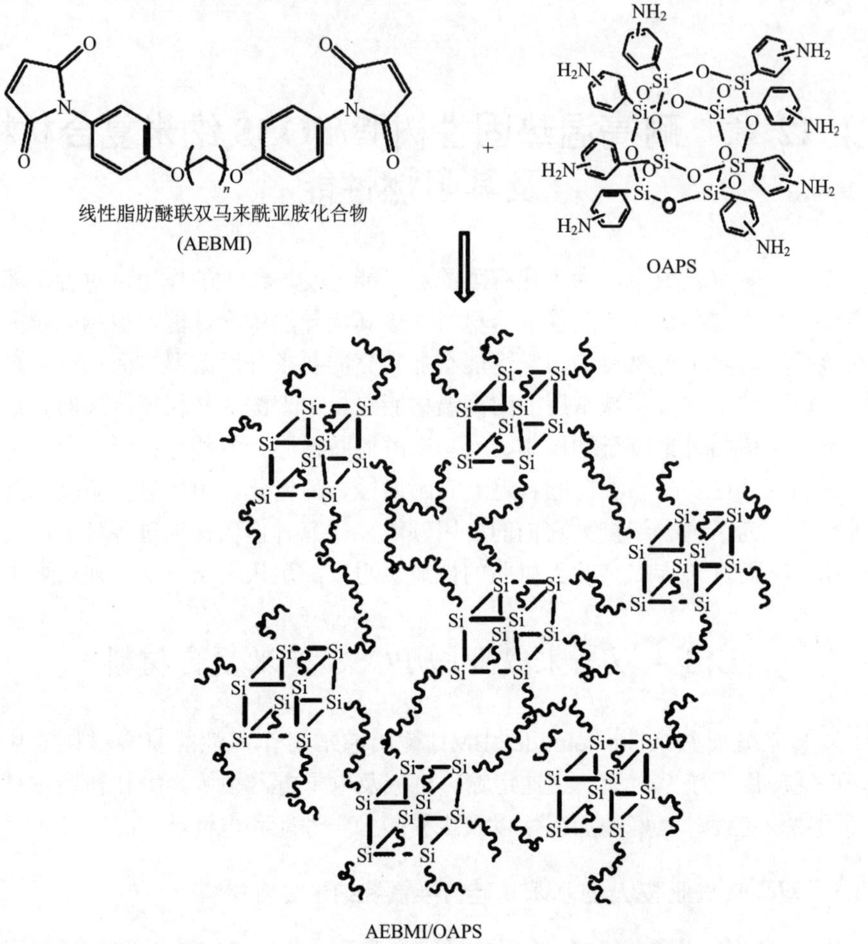

图 12-1　AEBMI/OAPS 纳米复合材料制备过程示意图[3]

表 12-1　AEBMI 及 AEBMI/OAPS 纳米复合材料的热性能和计算 LOI 值[3]

样品	TG（N₂）		LOI（%）（0.40σ+17.5）
	10% 质量损失率对应温度（℃）	700℃ 残炭量(%)	
纯 AEBMI	365	46.1	35.9
AEBMI/1wt%OAPS	300	49.0	37.1
AEBMI/3wt%OAPS	302	51.5	38.1
AEBMI/5wt%OAPS	352	52.7	38.6

12.1.2　双马来酰亚胺/含磷硅倍半氧烷纳米复合材料

Wang 等[5]将含有 DOPO 基团的 POSS(DOPO-POSS)添加到 BMI 中，研究 DOPO-POSS 对 BMI/DOPO-POSS 纳米复合材料阻燃性能的影响。BMI 树脂是通过 4,4′-双马来酰亚胺苯基甲烷(4,4′-bismaleimidophenyl methane, BDM)和 2,2′-二烯丙基双酚 A(2,2′-dially bisphenol A, DBA)固化而成的。如表 12-2 所示，添加 DOPO-POSS 之后，BMI/DOPO-POSS 纳米复合材料的极限氧指数从纯 BMI 的 $(25.3\pm0.5)\%$大幅度提高到$(38.5\pm0.5)\%$。纯 BMI 在垂直燃烧测试中只能达到 UL-94 V-1 级，不能满足高性能材料领域的应用要求，而添加了 DOPO-POSS 的 BMI/DOPO-POSS 纳米复合材料则可以达到 UL-94 V-0 级。他们指出 DOPO-POSS 可以促使材料形成类陶瓷结构炭层(如图 12-2 所示)，提高燃烧过程中 BMI 的石墨化程度，有助于材料形成完整密实的炭层。而这种提高是由于硅、磷协同作用造成的，含磷部分可以加速材料燃烧过程中的成炭作用，而含硅部分则可以提高炭层的热稳定性、减缓其降解速率。

表 12-2　BMI 和 BMI/DOPO-POSS 纳米复合材料阻燃性能[5]

样品	LOI (%)	UL-94 等级	熔滴	t_1/t_2 (s)
纯 BMI	25.3±0.5	V-1	无	5.0/13.4
BMI/5wt%DOPO-POSS	34.5±0.5	V-1	无	3.0/13.1
BMI/10wt%DOPO-POSS	35.9±0.5	V-0	无	2.6/5.3
BMI/15wt%DOPO-POSS	38.5±0.5	V-0	无	2.2/2.5

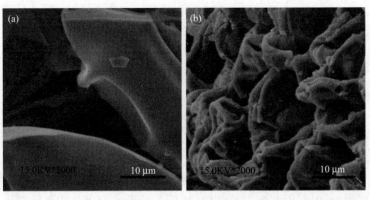

图 12-2　BMI(a)和 BMI/15wt%DOPO-POSS 复合材料(b)的 SEM 照片[5]

12.2　氰酸酯树脂/POSS 纳米复合材料

氰酸酯(cyanate ester, CE)树脂是从 20 世纪 60 年代开始发展起来的一种重要的热固性树脂。这类树脂由于具有较低的吸水性、良好的力学性能、很低的固化收缩率、优异的介电性能、良好的耐化学稳定性和抗辐射性能，因此在电子电器、航空航天、电器绝缘、涂料、胶黏剂、光学仪器、医疗器材等诸多领域获得了广泛的应用[6, 7]。目前，很多研究人员都在研究通过添加 POSS 纳米粒子对氰酸酯树脂进行改性以满足更高的应用需求[8, 9]。

Chandramohan 等[6]报道分别采用含 OAPS 的增强环氧树脂和含八缩水甘油醚基 POSS(octaglycidyl POSS, OG-POSS)的增强环氧树脂对 CE 进行改性，最终得到 CE/POSS 纳米复合材料。内部交联反应主要发生在 CE 与八官能度的 POSS 之间。热性能分析结果显示，随着两种 POSS 纳米粒子的加入，CE/OAPS 纳米复合材料和 CE/OG-POSS 纳米复合材料的热稳定性均比纯 CE 有所增加。

如图 12-3 所示，Lu 等[10]利用 CE 树脂中的氰酸酯基与 OG-POSS 上的环氧基进行反应，成功制备了多种 CE/OG-POSS 纳米复合材料。笼形结构的、带有八官能度的 OG-POSS 通过共价键连接到 CE 树脂的分子结构中之后，可显著增加 CE 树脂分子链的刚性，抑制分子链的自由活动，使 CE 树脂的热稳定性和阻燃性能得到显著提升。热重分析显示 CE/OG-POSS 纳米复合材料的残炭量随着 OG-POSS 添加量的增加而逐渐增多。这是因为 CE/OG-POSS 纳米复合材料中的 OG-POSS 可以在热分解过程中产生很多 Si—O 结构，而这些 Si—O 结构可以提高炭层的强度，有效抑制热量、火焰、氧气、燃料的扩散和传播。当 OG-POSS 的使用量从 0 增加到 50wt%，CE/OG-POSS 纳米复合材料的极限氧指数也从 32%增加到了 61%，这说明 CE/OG-POSS 纳米复合材料的阻燃性能得到了飞跃性的提升。

12.3　酚醛树脂/八苯基硅倍半氧烷复合材料

酚醛树脂(phenolic formaldehyde resin, PF)是酚类和醛类在催化剂存在的条件下发生缩聚反应生成的产物，是世界上最早的合成树脂品种，也是第一个实现工业化生成的合成树脂品种。从 20 世纪 60 年代起，它作为空间飞行器、导弹、火箭和超音速飞机的瞬时耐高温和耐烧蚀材料得以应用。经多年实践证明，传统的酚醛树脂是一较好的耐烧蚀材料基体树脂。随着宇航事业的迅速发展，要求材料具有比以往更高的耐热性能和更好的耐烧蚀性能。已开发的一些新型树脂[6]，如聚苯撑、聚酰亚胺、聚苯并咪唑、聚苯并噻唑等都具有比普通酚醛树脂高得多的耐热性和成碳率，但由于成本较高，工艺性不好，难以在航天等领域大量应用。

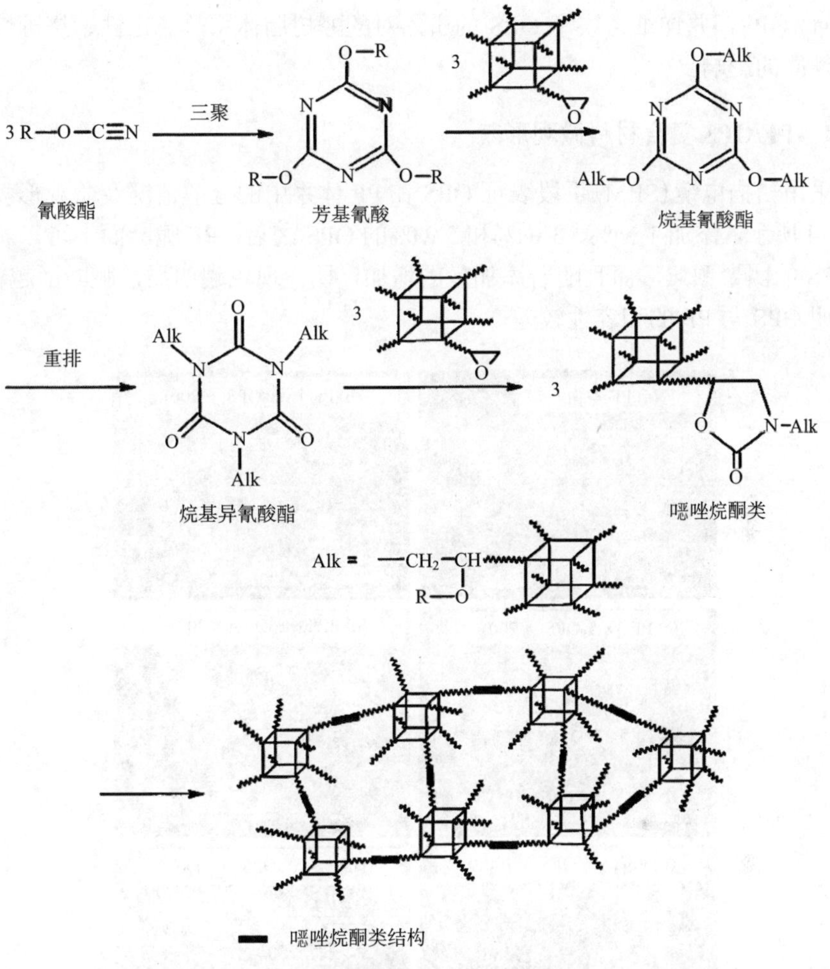

图 12-3　CE/OG-POSS 纳米复合材料的制备过程示意图[10]

而酚醛树脂具有价格低廉，工艺性良好的优点，至今仍被用作耐烧蚀材料的主要基体树脂[7]。传统的酚醛树脂由于难以满足更高的要求，因此酚醛树脂的改性就成为耐烧蚀材料基体树脂的发展方向之一。

　　研究表明将 POSS 的刚性结构引入酚醛树脂固化交联网络结构中有助于提高酚醛树脂的热性能和力学性能，例如，将苯基三硅醇 POSS 与酚醛树脂混合均匀固化后可以制备含有 POSS 的酚醛树脂，固化树脂的 T_g 以及储能模量均高于纯酚醛树脂。但是，对于 POSS 改性酚醛树脂的烧蚀性能改善的报道较少，本节作者采用 OPS 对酚醛树脂进行物理改性，通过合适的加工方法制备出分散均匀的 POSS 酚醛树脂体系，OPS 的添加量分别为 0 wt%、1 wt%、3 wt%、5 wt%和 7 wt%，对应的样品编号分别为 PF、PF/1wt%OPS、PF/3wt%OPS、PF/5wt%OPS 和

PF/7wt%OPS，并详细考察了 OPS 的引入对酚醛树脂体系热稳定性、烧蚀性能、隔热性能的影响。

12.3.1　PF/OPS 复合材料微观形貌

采用扫描电镜（SEM）手段表征 OPS 在 PF 体系中的分散情况及微观形貌，如图 12-4 所示，添加 1 wt%、3 wt%和 5 wt%的 OPS 之后，PF 脆断面上可以明显看出 OPS 的团聚颗粒，而且随着添加量的增加，团聚现象越明显，脆断面越粗糙。这说明 OPS 与 PF 的相容性较差。

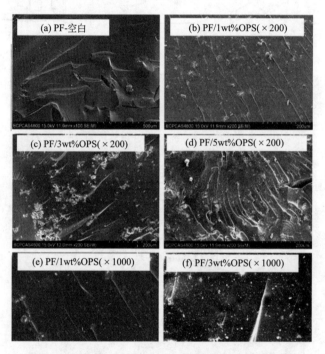

图 12-4　PF 及 PF/OPS 复合材料断面的 SEM 照片

12.3.2　PF/OPS 复合材料热稳定性

图 12-5 为纯 PF 及 OPS 含量为 0 wt %、3 wt %和 7 wt %时 PF/OPS 复合材料的 TG 曲线，从图中可以看出随着 OPS 含量的上升，材料的残炭量呈上升趋势。这是因为随着 OPS 含量的上升，树脂体系内具有高热稳定性的 Si-O 结构含量上升，高温分解会形成更多的 SiO_2，因此残炭量升高。

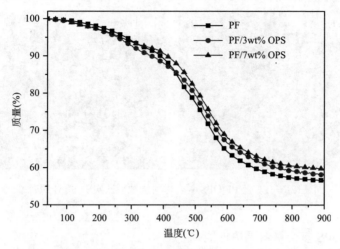

图 12-5　PF 及 PF/OPS 复合材料的 TG 曲线

12.3.3　PF/OPS 复合材料耐烧蚀性能

　　PF 及 PF/OPS 复合材料的线烧蚀率见表 12-3。线烧蚀率是依照 GJB323A-1996 进行测定的，在氧 - 乙炔火焰条件下，烧蚀时间为 20 s，试样的尺寸为 Φ30mm×10mm。从表 12-3 中可以看出加入 OPS 的 PF/OPS 复合材料耐烧蚀性能比纯 PF 明显提高，随着 OPS 添加量的增加，PF/OPS 复合材料的线烧蚀率呈下降趋势。当 OPS 含量为 7wt%时达到最小值 0.072 mm/s，较纯 PF 下降了 43%。

表 12-3　PF 及 PF/POSS 复合材料的烧蚀性能

样品	线烧蚀率(mm/s)
PF	0.128
PF/1wt%OPS	0.092
PF/3wt%OPS	0.086
PF/5wt%OPS	0.074
PF/7wt%OPS	0.072

　　图 12-6 为 PF 及 PF/OPS 复合材料烧蚀后凝聚相近表面层的 SEM 照片，可以看到纯 PF 中炭层呈片层状，烧蚀测试时易剥蚀。而添加 OPS 后在炭层中有很多分散且比较均匀的白色球体，贯穿于炭层之间，它对表面炭层的增强起到了重要作用，这是由于 OPS 的存在生成了耐热的氧化硅。

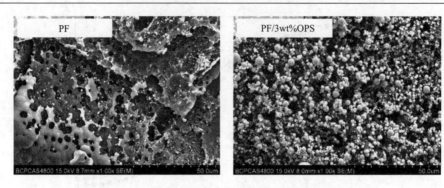

图 12-6   PF 及 PF/OPS 复合材料烧蚀后残炭的 SEM 照片

12.3.4   PF/OPS 复合材料隔热性能

隔热性能是 PF 实际应用中的一项重要考核指标，本书考核 PF 复合材料隔热性能的方法是采用丁烷喷枪火焰正面燃烧样品，火焰长度约 30 mm，固定火焰与样品的距离，将热电偶固定于样品背面，记录样品背面温度随时间的变化曲线，试样的尺寸为 100mm×100mm×4mm。图 12-7 为复合材料燃烧隔热实验结果，由结果可以看出，与纯 PF 相比，添加 OPS 后的 PF/OPS 复合材料样品背面温度都有所降低，而且复合材料背面温度随 OPS 含量的增加而降低。在测试的较后阶段纯 PF 的炭层出现裂缝导致背面温度上升速度加快，而添加 OPS 后促进生成致密的炭层抑制了背面温度的过快升高，这与 OPS 生成耐热的氧化硅层的屏障作用相关。

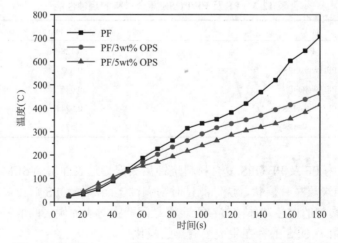

图 12-7   PF 及 PF/OPS 复合材料样品背面温度随时间的变化图

12.3.5　PF/OPS 复合材料力学性能

表 12-4 列出 PF 及 PF/OPS 复合材料的弯曲性能数据。根据这些数据可以看出，只有加入 1wt% POSS 时的 PF/1wt%OPS 复合材料的弯曲强度和弯曲模量较纯 PF 高，分别提高了 10.7%和 4.7%。随着 OPS 含量的增加，PF/OPS 复合材料的弯曲强度呈下降趋势，最低达到 29.19MPa，较纯 PF 下降了 22%。这是由于随着 OPS 含量的增加，OPS 在体系中分散情况变成所致。

表 12-4　PF 及 PF/OPS 复合材料弯曲性能

样品	弯曲强度(MPa)	弯曲模量(GPa)
PF	37.45	2.442
PF/1wt%OPS	41.45	2.557
PF/3wt%OPS	33.38	2.358
PF/5wt%OPS	32.36	2.179
PF/7wt%OPS	29.19	1.895

12.4　聚芳基乙炔树脂/POSS 纳米复合材料

聚芳基乙炔(PAA)树脂是美国国家航空航天局于 20 世纪 80 年代开发成功的一种全新的成炭树脂，黏度低、高温残炭率高，适合用作碳/碳复合材料的浸渍剂。PAA 也可作为聚合物复合材料的基体树脂，用于制造高温热结构材料和耐热烧蚀材料[11–13]。PAA 树脂仅含有 C、H 元素，经炔基的加成固化后形成高度交联的芳环结构(如图 12-8 所示)，在惰性环境下加热至高温时，只有约 10 wt%的质量损失，残炭率达 85wt%～90wt%；其吸湿性仅有 0.1%～0.2%，是酚醛树脂的 1/50[14–16]。但 PAA 树脂也存在以下缺陷，固化放热量大且难以控制，极易发生爆聚；固化产物脆性大，易产生裂纹；树脂熔体与玻璃纤维或碳纤维的浸润性都比较差，造成复合材料易于分层、界面强度偏低。因此，PAA 作为单纯的基体很难满足复合材料成型工艺要求[17, 18]。

聚合物共混共聚是改善 PAA 树脂性能的一种常规方法[19]，酚醛树脂，如炔丙基-酚醛树脂、硼-酚醛树脂，和 N-(4-炔丙基羟苯基)马来酰亚胺都被研究者们用来改性 PAA 树脂，可以有效降低 PAA 预聚物的固化速率[17, 20, 21]。然而，由于这些复合树脂热稳定性要远低于 PAA 树脂，使改性后的 PAA 树脂热稳定性有明显下降。

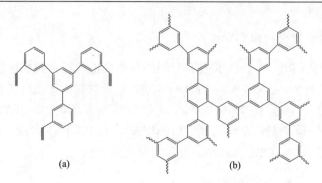

图 12-8　PAA 预聚物(a)和 PAA 树脂(b)结构示意图

　　POSS 由于具备优异的热稳定性，常用于对聚合物进行改性[22–28]。在 PAA 中加入热稳定性优良的 POSS 分子可降低 PAA 体系中炔基的密度，从而降低其固化放热量，使复合体系固化过程易于控制；同时，POSS 中硅元素的引入还有可能对 PAA 的热稳定性带来一定的改善。由于 PAA 与惰性添加剂的相容性都较差，而 POSS 可通过对其分子的有机取代基团进行改性来提高 PAA/POSS 复合体系的相容性。

12.4.1　PAA/八炔丙基氨苯基硅倍半氧烷纳米复合材料

　　含有八个端炔基基团的笼形八炔丙基氨苯基硅倍半氧烷(OPAPS) (图 12-9)，在 PAA 预聚物(prePAA)的热固化过程中，其端炔基可参与热固化反应。据此可制备 OPAPS 含量分别为 10 wt%、20 wt%、30 wt%的 PAA/OPAPS 纳米复合物材料，分别记为 PAA/10wt%OPAPS、PAA/20wt%OPAPS、PAA/30wt%OPAPS。具体制备过程：将 OPAPS 溶于少量四氢呋喃(THF)中，再往其中加入 prePAA，搅拌

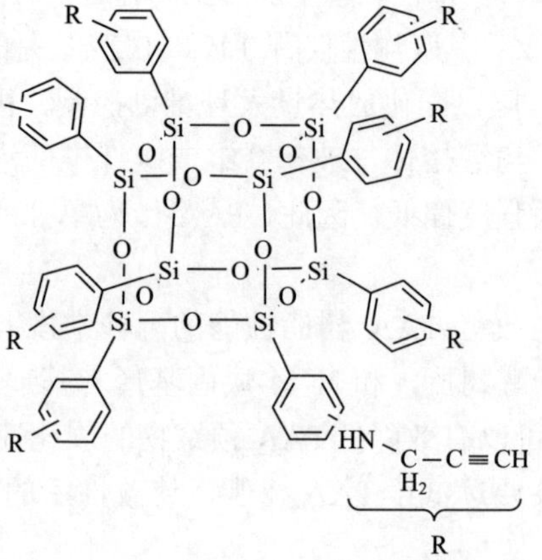

图 12-9　OPAPS 结构示意图

至均匀。然后将 prePAA/POSS 混合物在 40℃下旋蒸除去溶剂，之后置于 40℃的真空烘箱中抽真空 15 min 以抽除剩余的溶剂。最后将 prePAA/POSS 混合物移到样品瓶中置于真空烘箱中进行固化，固化程序为 130℃/1 h→150℃/1 h→170℃/1 h→190℃/1 h→210℃/1 h→230℃/1 h→250℃/1 h，得到厚度约为 2~3 mm 的片状黑褐色固化产物。

12.4.1.1 PAA/OPAPS 纳米复合材料微观形貌

图 12-10 是 PAA 树脂和 PAA/OPAPS 复合物的外观照片，从外观上来看，OPAPS 与 PAA 树脂的相容性很好。从图中可看到，和纯 PAA 树脂表面一样，样品 PAA/10wt%OPAPS 和 PAA/20wt%OPAPS 表面呈黑色光亮状，然而，相对比可知，由于 OPAPS 的添加量较大，样品 PAA/30wt%OPAPS 没有那么光亮。

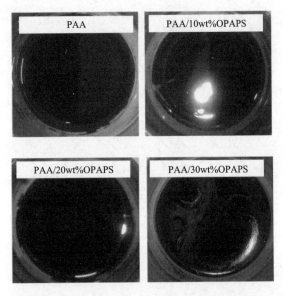

图 12-10 PAA 及 PAA/OPAPS 复合物的外观

图 12-11 是 PAA 和 PAA/20wt%OPAPS 复合物脆断截面的 SEM 图片和 EDXS 谱图。从 EDXS 谱图中可以看出，与 PAA 树脂相比，在 PAA/20wt%OPAPS 复合物的元素成分中有 Si 和 O 元素的存在；从 SEM 图片中可看到，样品 PAA/20wt%OPAPS 复合物的截面均一光滑，且 OPAPS 和 PAA 树脂基体之间没有相分离。由于 OPAPS 中存在端炔基，可以参与 PAA 树脂的热固化反应过程中，因此，OPAPS 中 Si—O 笼形结构能够反应到 PAA/OPAPS 复合物的交联网状结构中去，使得 OPAPS 和 PAA 树脂之间的相容性很好，在 PAA/20wt%OPAPS 中 OPAPS 和 PAA 没有相分离，PAA/OPAPS 复合物热固化后的化学结构如图 12-12 所示。

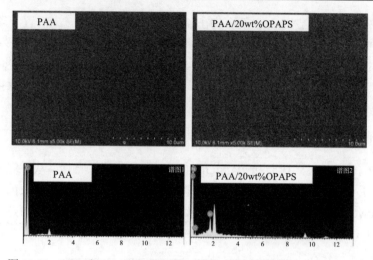

图 12-11　PAA 和 PAA/20wt%OPAPS 复合物的 SEM 图片和 EDXS 谱图

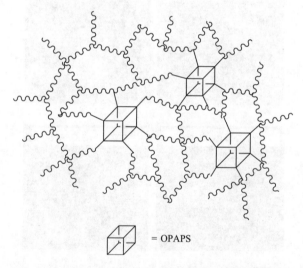

图 12-12　PAA/OPAPS 复合物热固化后的结构示意图

12.4.1.2　PAA/OPAPS 纳米复合材料化学结构

图 12-13 是 OPAPS，PAA 和 PAA/OPAPS 复合物的 XRD 图，从图中可看到 PAA 树脂和 PAA/OPAPS 复合物都只有一个宽的衍射峰，表明样品为非晶态。与 PAA/OPAPS 复合物相比，OPAPS 在 $2\theta = 6.45°$ 处有一个尖的衍射峰，晶面间距为 13.7 Å，这个衍射峰对应于单个 OPAPS 分子尺寸的大小[29, 30]。而当 PAA 和 OPAPS 发生交联反应后，OPAPS 分子与 PAA 相连，结构如图 12-12 所示，因此，此峰在 PAA/OPAPS 复合物中完全消失，此峰的消失也可佐证 OPAPS 在 PAA/OPAPS

复合物中分散很好。

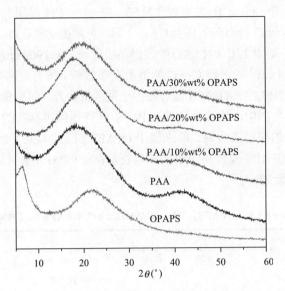

图 12-13 OPAPS，PAA 和 PAA/OPAPS 复合物的 XRD 谱图

图 12-14 是 prePAA，OPAPS，PAA 和 PAA/20wt%OPAPS 复合物四者的红外谱图，表 12-5 是红外谱图中各峰对应的位置。在图 12-14 中，prePAA 在 3288 cm^{-1} 和 610 cm^{-1} 处存在两个—C≡CH 基团上 C—H 键对应的伸缩振动吸收峰，当热固

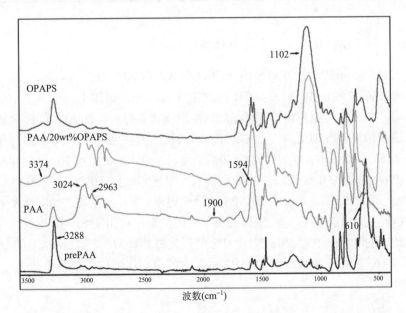

图 12-14　prePAA，OPAPS, PAA 和 PAA/20wt%OPAPS 的红外谱图

化过程结束后，在 PAA 树脂和 PAA/OPAPS 复合物红外谱图中的这两个峰强度下降很大，表明大部分—C≡CH 发生固化反应。在—C≡CH 基团上 C—H 峰强度降低的同时，在 3024 cm⁻¹ 处出现苯环上 C$_{Ar}$—H 键的伸缩振动吸收峰，在 2963 cm⁻¹ 处出现—CH≡CH—基团上 C—H 键的伸缩振动吸收峰，在 1900 cm⁻¹ 处出现苯环的泛频谱带，在 1594 cm⁻¹ 处出现 C≡C 伸缩振动吸收峰，所有这些峰的出现表明在固化产物 PAA 树脂和 PAA/OPAPS 复合物中出现大量的芳环结构和共轭多烯结构。在 PAA/OPAPS 复合物中，还观察到在 OPAPS 红外谱图中存在的在 1102 cm⁻¹ 处的 Si—O—Si 基团的振动吸收峰，原来属于 OPAPS 的 3374 cm⁻¹ 处—NH—键的振动吸收峰在 PAA/OPAPS 复合物中也依然存在，表明 OPAPS 的笼形结构仍然存在于 PAA/OPAPS 复合物中。

表 12-5　prePAA，OPAPS，PAA 和 PAA/20wt%OPAPS 的红外吸收峰的指认

波数（cm⁻¹）	归属
3374	—NH—伸缩振动
3288	—C≡CH 上 C—H 伸缩振动
3024	C$_{Ar}$—H 伸缩振动
2963	—CH≡CH—上 C—H 伸缩振动
1594	C≡C 伸缩振动
1102	Si—O—Si 振动吸收峰
610	—C≡CH 上 C—H 变形振动

12.4.1.3　PAA/OPAPS 纳米复合材料固化动力学

图 12-15 是 prePAA，OPAPS 和 prePAA/20wt%OPAPS 在升温速率条件为 10℃/min 时的 DSC 曲线，由于—C≡CH 的固化反应，DSC 曲线中都出现了一个很强的放热峰。从图中可以看出，相比 prePAA 的固化放热峰，OPAPS 的固化放热峰起始温度和结束温度都更高，且 OPAPS 的固化范围也更宽，OPAPS 的固化峰值温度为 265℃，比 prePAA 的要高约 70℃。而在 prePAA 中加入 20 wt% OPAPS 之后，prePAA/20wt%OPAPS 的放热峰整体向高温区移动约 10℃，其放热峰值温度比 prePAA 高出 5.5℃，且低于 OPAPS 的峰值温度，原因可能是在 prePAA 中引入了 Si—O 结构的无机内核后，使得端炔基之间的反应位阻变大，因此放热峰向高温区移动。同时，prePAA/20wt%OPAPS 的固化放热量 ΔH 低于 prePAA 的 ΔH，表明在 prePAA 中加入 20 wt%的 OPAPS 后，它的热固化过程变得温和。

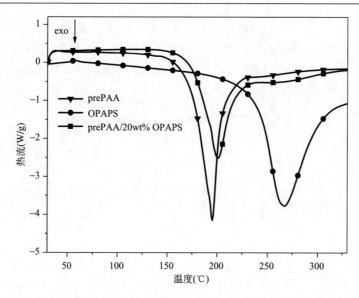

图 12-15　prePAA，OPAPS 和 prePAA/20wt%OPAPS 的 DSC 曲线

采用多重升温速率 DSC 曲线法来研究 prePAA 及 prePAA/20 wt% OPAPS 的固化动力学，在 30～330℃温度范围内，分别以升温速率 $\phi = 5$ ℃/min，7.5 ℃/min，10 ℃/min 和 15 ℃/min 为条件，测得 prePAA 和 prePAA/20wt%OPAPS 的动态 DSC 曲线，如图 12-16 所示，表 12-6 为其具体数据，包括固化反应放热量 ΔH，放热峰值温度 T_p 和峰值热流率 H_p。

表 12-6　不同升温速率下 prePAA 和 prePAA/20wt%OPAPS 的 DSC 测试结果

样品	升温速率ϕ(℃/min)	5	7.5	10	15
prePAA	ΔH (J/g)	468.4	536.8	513.3	521.1
	T_p (℃)	183.6	189.8	195.1	200.8
	H_p (W/g)	1.73	4.02	4.15	15.6
prePAA/20wt%OPAPS	ΔH (J/g)	342.4	339.5	374.9	434.8
	T_p (℃)	187.9	194.9	200.6	205.5
	H_p (W/g)	1.13	1.74	2.52	5.08

由图 12-16 可观察到，随着升温速率的增大，prePAA 及 prePAA/20wt%OPAPS 两体系的 DSC 曲线向高温区域移动，最大峰值温度随升温速率的增大逐渐变大。prePAA 固化时的平均放热量为 510 J/g，prePAA/20wt%OPAPS 的平均固化放热量比 prePAA 低了 27%，为 373 J/g。同时也观察到，prePAA 在固化时的峰值热流率也较 prePAA/20wt%OPAPS 大很多，特别是当升温速率为 15℃/min 时，prePAA

的峰值热流率为 prePAA/20wt%OPAPS 的三倍以上。也就是说，与 prePAA/20wt%OPAPS 相比，prePAA 的放热量更大且更集中，在 170～200℃，很容易引起暴聚。而 prePAA/20wt%OPAPS，低的ΔH 和 H_p 可保证其固化过程更便于控制。

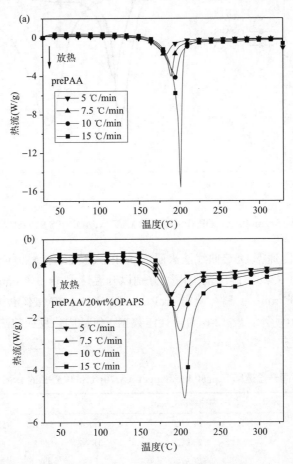

图 12-16　不同升温速率下 prePAA (a) 和 prePAA/20wt%OPAPS (b) 的 DSC 曲线

图 12-17 为 prePAA 和 prePAA/20wt%OPAPS 升温速率对数函数 $(\lg \varPhi)$ 与 $1/T_p$ 的关系曲线图，根据此拟合曲线所得出的斜率和截距数值，使用 Kissinger 与 Ozawa 方法计算 prePAA 和 prePAA/20wt%OPAPS 的固化动力学参数[31-34]，所得表观活化能 E_a、相关性系数 r、指前因子 A 和反应级数 n 的数值汇总于表 12-7 中。使用 Ozawa 和 Kissinger 方法计算得 prePAA 固化反应的 E_a 分别为 108.5 kJ/mol 和 106.5 kJ/mol，计算得 prePAA/20wt%OPAPS 的 E_a 分别为 106.2 kJ/mol 和 103.9 kJ/mol，而 OPAPS 的 E_a 分别为 133.8 kJ/mol 和 122.7 kJ/mol。因此，由于 prePAA 占主要地位，prePAA/20wt%OPAPS 的 E_a 值更接近于 prePAA 的值，OPAPS 的加入

使得 prePAA 的 E_a 稍有下降。同时，计算的 prePAA 的指前因子 A 是 prePAA/20wt%OPAPS 的 2.71 倍，根据 Arrhenius 方程 $k = A \cdot \mathrm{e}^{-E_a/RT}$ 可计算在一定温度下固化反应的反应速率，其中 k 为反应速率。在 190 ℃下，计算得到 $k_{(\text{prePAA/20wt\%OPAPS})}/k_{(\text{prePAA})} = 0.71$，表明加入 20 wt% 的 OPAPS，使得 prePAA/OPAPS 的反应速率减慢，放热量减少，正如图 12-15 所示的那样，加入 20wt%的 OPAPS，可使 prePAA/20wt%OPAPS 的固化反应过程更加温和，更有利于固化反应的控制。

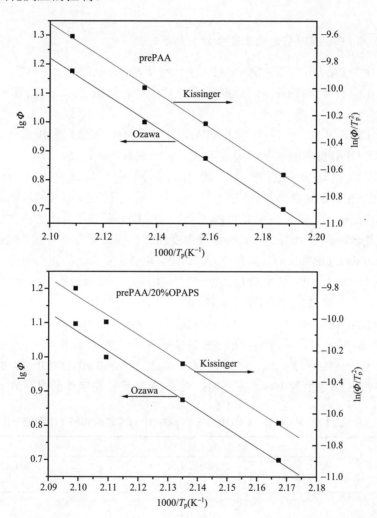

图 12-17　prePAA 和 prePAA/20wt%OPAPS 升温速率对数函数(lgΦ)与 1000/T_p 的关系曲线

表 12-7 prePAA 和 prePAA/20wt%OPAPS 的固化动力学参数

样品	方法	E_a (kJ/mol)	r	A (10^{11} min^{-1})	n^*
prePAA	Ozawa	108.5	0.9995		0.982
	Kissinger	106.5	0.9994	4.50	
prePAA/20wt%OPAPS	Ozawa	106.2	0.9943		0.978
	Kissinger	103.9	0.9935	1.66	

*表示 n 使用 Crane 方法计算[31]。

12.4.1.4 PAA/OPAPS 纳米复合材料热稳定性

固化后的 PAA 树脂和 PAA/OPAPS 复合物及 polyOPAPS 在 N_2 和空气下的 TG 曲线见图 12-18，相关的热分解数据列于表 12-8 中，包括 T_{onset}、T_{max} 和 900 ℃时的残炭量。

由图 12-18 可见，在 N_2 气氛下，PAA 在 250～450 ℃温度范围内有一个小的失重，而将 OPAPS 添加到 PAA 中固化之后，此失重消失，表明 OPAPS 的加入对 PAA 树脂的初始分解温度有一定提高。同时，从图中也可观察到，PAA/10wt%OPAPS 复合物的热稳定性与 PAA 一致，而当 OPAPS 的添加量加达到 20 wt%和 30 wt%之后，由于 OPAPS 中 Si—O、CH_2 和 NH 基团的热分解温度较低，使得复合物在大于 450 ℃时分解速率变快，且残炭量有所降低。但是在空气气氛下，10 wt% OPAPS 的加入使 PAA/10wt%OPAPS 复合物的抗热氧稳定性大大提高，PAA/10wt%OPAPS 复合物在空气气氛下的整个分解过程均在 PAA 复合物之上，初始分解温度和残炭量都较高。但当 OPAPS 的添加量增大后，PAA/20wt%OPAPS 和 PAA/30wt%OPAPS 复合物的热分解曲线在 700 ℃之前比 PAA 优异，但 700 ℃之后，PAA/OPAPS 的分解速率更快。在此基础上，改变 OPAPS 的添加量为 7 wt%或 13 wt%，得到的 TG 曲线与 PAA/10wt%OPAPS 的曲线相似，表明，OPAPS 添加量为 10wt%左右时，对 PAA 抗热氧稳定性的提高最多。

表 12-8 PAA 和 PAA/OPAPS 和 polyOPAPS 复合物的 TG 数据

样品	氮气气氛			空气气氛		
	T_{onset} (℃)	T_{max} (℃)	900 ℃时残炭量 (wt%)	T_{onset} (℃)	T_{max} (℃)	900 ℃时残炭量 (wt%)
PAA	559	574	86.7	520	630	1.5
PAA/10wt%OPAPS	552	572	87.2	512	652	6.9
PAA/20wt%OPAPS	526	523	86.1	507	652	6.3
PAA/30wt%OPAPS	508	516	85.6	480	662	8.0
polyOPAPS	384	378	74.9	392	658	33.1

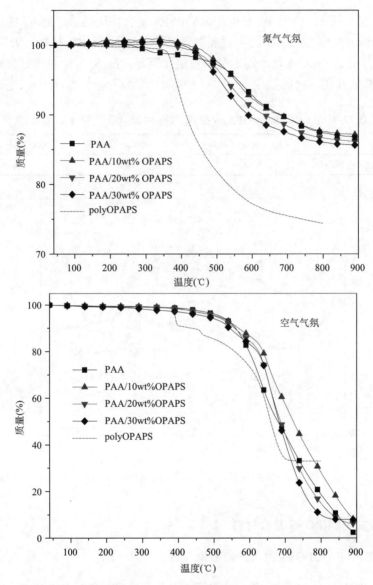

图 12-18　PAA，PAA/OPAPS 和 polyOPAPS 复合物在 N₂ 和空气气氛下的 TG 曲线

将 PAA 和 PAA/OPAPS 复合物分别放置于管式炉中，在 N₂ 气氛 1000 ℃下保持 1 h，得到分解产物。表 12-9 列出样品烧结后的残余物质量分数，产物的 XRD 谱见图 12-19。样品烧结后的质量分数与图 12-18 中 TG 的残炭结果一致，在 PAA 中添加 10 wt% OPAPS 后，在 N₂ 气氛 1000 ℃下放置 1 h，残余质量分数几乎不变，而 OPAPS 添加到 20 wt%或 30 wt%后，残余质量有所下降。同时还发现在 PAA/30wt%OPAPS 复合物烧结后的残渣表面能观察到有白色的一层物质出现，可

能是 SiO$_2$ 层。图 12-19 是 PAA 和 PAA/OPAPS 复合物烧结后产物 XRD 谱图，从
PAA/30wt%OPAPS 的 XRD 图中可观察到属于 SiO$_2$ 的衍射特征峰，表明有 SiO$_2$
的出现，但由于 PAA 固化产物本身热稳定性很好，故 SiO$_2$ 层并没有起到提高产
物残留质量的作用。

表 12-9　PAA 及 PAA/OPAPS 在 N$_2$ 气氛 1000 ℃下保持 1 h 后残余物

样品	PAA	PAA/10wt%OPAPS	PAA/20wt%OPAPS	PAA/30wt%OPAPS
残留质量(%)	83.04	82.98	76.32	70.09

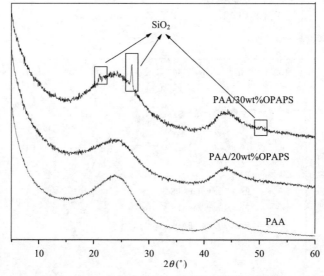

图 12-19　PAA 和 PAA/OPAPS 复合物在 N$_2$ 气氛 1000℃下分解 1 h 后产物 XRD 谱

12.4.2　芳炔树脂/POSS 复合材料

12.4.2.1　PAA/POSS 固化产物形貌

在 prePAA 中分别添加 20 wt%的笼形八苯基硅倍半氧烷(OPS)、笼形八氨基
苯基硅倍半氧烷(OAPS)和笼形八炔丙基胺苯基硅倍半氧烷(OPAPS)后，可观察
到固化产物截面有明显差异。PAA 固化产物均一，外观为光亮黑色。如图 12-20
所示，而 PAA 中加入 OPS 后发现固化产物分为明显的两层，上层为黑色，下层
偏白，表明 OPS 未均匀分散，沉积在树脂下层。在 PAA 中加入 OAPS 后，虽然
最终固化产物外观均一，但在样品制备过程中，旋蒸除溶剂时可发现壁上有很多
OAPS 的颗粒存在。而加入 OPAPS 的样品，旋蒸除溶剂过程中壁上没有任何颗粒。
因此，OPAPS 与 PAA 相容性最好，OAPS 次之，OPS 最差。

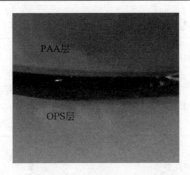

图 12-20　PAA/OPS 固化产物图

图 12-21 为 PAA 和 PAA/POSS 固化产物断面 SEM 图，图中可看出 PAA 与 PAA/20wt%OPAPS 固化后产物截面光滑平整，分散均匀；而在 PAA/20wt%OAPS 固化产物的截面图中能看到很多颗粒存在。对图 12-21 中各图的不同位置进行能谱分析，C、O、Si 元素质量百分比结果如表 12-10 所示，　PAA/20wt%OAPS 固化产物截面白色颗粒区域 Si 元素含量远高于黑色光滑区域，表明在 PAA/20wt%OAPS 中，OAPS 发生团聚，且图中白色颗粒区域为 OAPS 颗粒，表明 PAA 与 OAPS 的固化过程中，OAPS 仅为物理分散，二者不发生反应，OAPS 的团聚颗粒直径大约为 2 μm。PAA 与 OPAPS 的固化过程中，OPAPS 参与反应，形成均匀的固化产物。图 12-22 为 PAA/OAPS 和 PAA/OPAPS 固化产物交联网络的结构示意图。

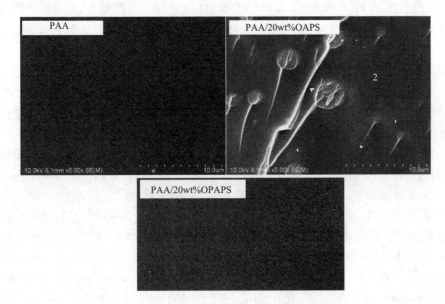

图 12-21　PAA 和 PAA/POSS 固化产物截面 SEM 图

表 12-10　PAA 和 PAA/POSS 固化产物截面不同位置元素质量百分比（wt%）

样品	C	O	Si
PAA	100	0	0
PAA/20wt%OAPS-1（白色颗粒区）	57.82	23.18	19.00
PAA/20wt%OAPS-2（黑色光滑区）	88.04	8.97	2.99
PAA/20wt%OPAPS	80.32	14.69	4.98

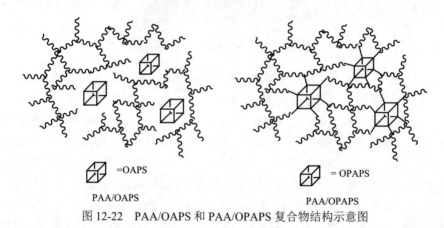

图 12-22　PAA/OAPS 和 PAA/OPAPS 复合物结构示意图

12.4.2.2　PAA/POSS 固化产物化学结构

图 12-23 为 PAA/POSS 固化产物的 XRD 衍射图，可看出 PAA 固化产物为非晶态；PAA/20wt%OPS 固化产物的下层产物中出现 OPS 很明显的衍射峰，而上层的产物衍射图为 PAA，证明 OPS 与 PAA 宏观上分相；PAA/20wt%OAPS 固化产物 XRD 衍射图中在 $2\theta = 6.80°$ 处出现一个小的衍射峰，此峰为 OAPS 分子尺寸的衍射峰，由此更可证明 OAPS 未与 PAA 发生反应，仅起添加剂的作用[31, 32]；PAA/20wt%OPAPS 固化产物 XRD 衍射图显示其为非晶态，未见 OPAPS 分子尺寸的衍射峰，表明 OPAPS 分子中的端炔基与 PAA 的端炔基发生固化交联反应。

图 12-24 为 prePAA，三种树脂 PAA、PAA/20wt%OAPS、PAA/20wt%OPAPS 的固化产物红外谱图对比。由红外谱图可知，PAA 固化后，3288 cm^{-1} 和 610 cm^{-1} 处的—C≡CH 基团振动峰减小；同时，在 PAA 及 PAA/POSS 固化产物中，3024 cm^{-1} 出现 C$_{Ar}$—H 键的伸缩振动峰，2963 cm^{-1} 出现—CH=CH—基团上的 C—H 键的伸缩振动峰，1900 cm^{-1} 出现芳香环 C=C 双键泛频吸收峰，以及 1594 cm^{-1} 处出现 C=C 键的伸缩振动峰，表明 PAA 中的端炔基发生交联固化反应，生成共轭烯及芳环结构。与 PAA 固化后产物的红外图相比，PAA/20wt%OAPS 和 PAA/20wt%OPAPS 固化后产物在 1102 cm^{-1} 与 460 cm^{-1} 处均出现了 Si—O 键的吸收峰，表明 POSS 的笼形结构得以保留，且 3383 cm^{-1} 和 3458 cm^{-1} 处属于 OAPS 的

伯胺基团以及 3374 cm⁻¹ 处属于 OPAPS 的仲胺基团的吸收峰依然存在，表明伯胺或仲胺基团在与炔基的固化过程中不发生反应，因此也表明 OAPS 并未与 prePAA 发生反应。

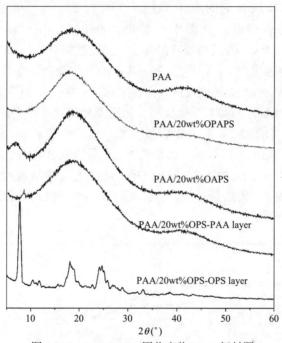

图 12-23　PAA/POSS 固化产物 XRD 衍射图

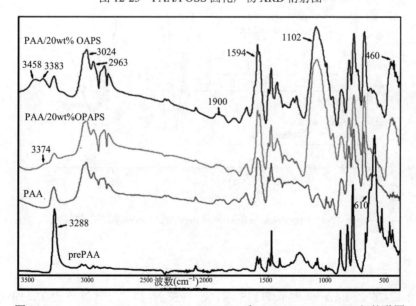

图 12-24　prePAA、PAA、PAA/20wt%OAPS 和 PAA/20wt%OPAPS 红外谱图

12.4.2.3 PAA/POSS 固化行为

图 12-25 是 prePAA、OPAPS、prePAA/20wt%OAPS 和 prePAA/20wt%OPAPS 在升温速率为 10℃ /min 时的 DSC 曲线。在图 12-25 中，ΔH 为固化放热量，T_p 为固化放热峰峰值温度。从图中可看出，prePAA、prePAA/20wt%OAPS 和 prePAA/20wt%OPAPS 三者放热峰峰形相似，位置稍有不同。prePAA/20wt%OAPS 的放热峰与 prePAA 相比，峰形与位置基本没有发生变化，T_p 也基本没有变化，表明 OAPS 不参与 PAA 的固化反应。而在 prePAA 中加入 20 wt% OPAPS 之后，由于 OPAPS 与 PAA 之间发生共聚反应，树脂预聚物放热峰位置整体向高温区偏移约 10℃，T_p 稍有增加，处于 prePAA 和 OPAPS 二者 T_p 之间。此外，在 prePAA 中加入 POSS 后，减小了体系中端炔基的密度，导致 prePAA/POSS 体系固化过程中放热量有所减小，prePAA/20wt%OAPS 的固化放热量减少 15%，prePAA/20wt%OPAPS 的固化放热量减少 27%，因此，加入 POSS 有助于固化反应的控制。

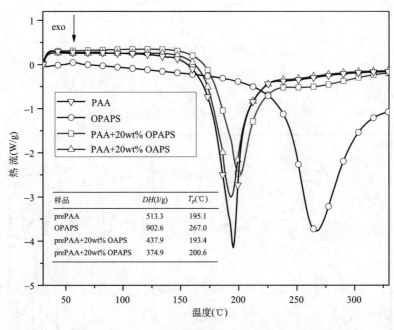

图 12-25 prePAA、OPAPS 和 prePAA/POSS 的 DSC 曲线

12.4.2.4 PAA/POSS 固化物热稳定性

图 12-26 为 PAA 和 PAA/POSS 固化产物在 N$_2$ 和空气气氛下的 TG 曲线，相

关热分解数据列于表 12-11 中。由图表可知，PAA 固化产物在氮气气氛下，初始分解温度(T_{onset})很高，达到 559℃，且它的残炭量也极高，达到了 86.7%。加入 OPAPS 或者 OAPS 后，由于 POSS 的分解温度要低于 PAA 固化产物，故 PAA/POSS 固化产物的热稳定性稍有下降，T_{onset} 下降 30℃～40℃，残炭率也稍有下降，但仍大于 85%，比文献中用酚醛树脂等改性 PAA 的热稳定性要好[24, 35]。在空气气氛下，加入 POSS 后，复合体系的热氧稳定性稍有提高，得益于加入 POSS 中 Si 元素的影响，体系 T_{max} 提高了 20℃左右，且残炭量也稍有提高。

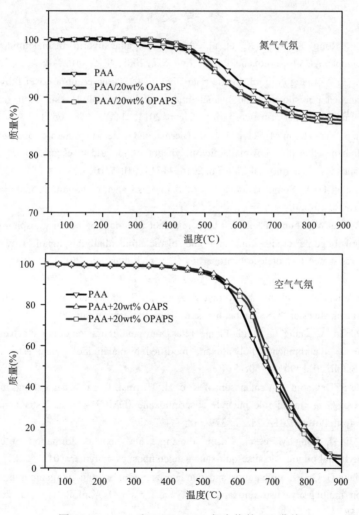

图 12-26　PAA 和 PAA/POSS 复合物的 TG 曲线

表 12-11　　PAA 和 PAA/POSS 复合物的 TG 数据

样品	氮气气氛			空气气氛		
	T_{onset}(℃)	T_{max}(℃)	900℃残炭量(%)	T_{onset}(℃)	T_{max}(℃)	900℃残炭量（%）
PAA	559	574	86.7	520	630	1.5
PAA/20wt%OAPS	517	521	85.6	531	649	4.6
PAA/20wt%OPAPS	526	523	86.1	507	652	6.3

参 考 文 献

[1] Huang F, Rong Z, Shen X, et al. Organic/inorganic hybrid bismaleimide resin with octa(aminophenyl)silsesquioxane. Polym. Eng. Sci., 2008, 48(5): 1022-1028.

[2] Zhuo D, Gu A, Liang G, et al. Flame retardancy materials based on a novel fully end-capped hyperbranched polysiloxane and bismaleimide/diallylbisphenol A resin with simultaneously improved integrated performance. J Mater Chem, 2011, 21(18): 6584-6594.

[3] Devaraju S, Vengatesan M, Selvi M, et al. Thermal and dielectric properties of newly developed linear aliphatic-ether linked bismaleimide-polyhedral oligomeric silsesquioxane (POSS-AEBMI) nanocomposites. J Therm Anal Calorim, 2014, 117(3): 1047-1063.

[4] van Krevelen D W. Some basic aspects of flame resistance of polymeric materials. Polymer, 1975, 16(8): 615-620.

[5] Wang Z, Wu W, Zhong Y, et al. Flame-retardant materials based on phosphorus-containing polyhedral oligomeric silsesquioxane and bismaleimide/diallylbisphenol a with improved thermal resistance and dielectric properties. J Appl Polym Sci, 2015, 132(9): 41545/41541-41510.

[6] Chandramohan A, Dinkaran K, Kumar A A, et al. Synthesis and characterization of epoxy modified cyanate ester POSS nanocomposites. High Perform Polym, 2012.

[7] Zhuo D, Gu A, Liang G, et al. Flame retardancy and flame retarding mechanism of high performance hyperbranched polysiloxane modified bismaleimide/cyanate ester resin. Polym Degrad Stabil, 2011, 96(4): 505-514.

[8] Jothibasu S, Devaraju S, Venkatesan M R, et al. Thermal, thermoechanical and morphological behavior of Octa (maleimido phenyl) silsesquioxane (OMPS)-cyanate ester nanocomposites. High Perform Polym, 2012, 24(5): 379-388.

[9] Lin Y, Jin J, Song M, et al. Curing dynamics and network formation of cyanate ester resin/polyhedral oligomeric silsesquioxane nanocomposites. Polymer, 2011, 52(8): 1716-1724.

[10] Lu T, Liang G, Guo Z. Preparation and characterization of organic–inorganic hybrid composites based on multiepoxy silsesquioxane and cyanate resin. J Appl Polym Sci, 2006, 101(6): 3652-3658.

[11] Katzman H A, Mallon J J, Barry W T. Polyarylacetylene-Matrix Composites for Solid Rocket Motor Components. J. Adv. Mater., 1995, 26(3): 21-27.

[12] Zhang X Z, Song Y J, Huang Y D. Properties of silsesquioxane coating modified carbon

fibre/polyarylacetylene composites. Compos Sci Technol, 2007, 67 (14): 3014-3022.

[13] Zhang X, Huang Y, Wang T. Plasma activation of carbon fibres for polyarylacetylene composites. Surf Coat Tech, 2007, 201 (9): 4965-4968.

[14] Zaldivar R J, Kobayashi R W, Rellick G S, et al. Carborane-Catalyzed Graphitization in Polyarylacetylene-Derived Carbon- Carbon Composites. Carbon, 1991, 29 (8): 1145-1153.

[15] Zhang X, Huang Y, Wang T, et al. Effects of polyhedral oligomeric silsesquioxane coatings on the interface and impact properties of carbon‐fiber/polyarylacetylene composites. J Appl Polym Sci, 2010, 102 (6): 5202-5211.

[16] 姚冬梅, 程文, 邹武, 等. 新型含硅芳基乙炔的固化及成炭机理研究. 固体火箭技术, 2009, 32 (5): 578-582.

[17] Wang M C, Tong Z. Polyarylacetylene blends with improved processability and high thermal stability. J Appl Polym Sci, 2010, 105 (5): 2939-2946.

[18] Wang S, Min L, Gu Y, et al. Experimental Study on Crack Defects Formation in Polyarylacetylene Composites and Modification Improvement of Resin. J Compos Mater, 2010, 44 (25): 3017-3032.

[19] Li L, Yu L, Dean K. Polymer blends and composites from renewable resources. Prog Polym Sci, 2006, 31 (6): 576-602.

[20] 张瑞玲, 刘锋, 刘金阁, 等. 4-炔丙氧基苯基马来酰亚胺共混改性聚芳基乙炔. 热固性树脂, 2006, 21 (3): 1-4.

[21] 罗振华, 赵绪泽, 赵彤, 等. 加成固化型高残炭芳炔基酚醛树脂作为复合材料基体的评价. 高分子材料科学与工程, 2011, 27 (10): 85-88.

[22] Iyer S, Schiraldi D A. Role of Specific Interactions and Solubility in the Reinforcement of Bisphenol A Polymers with Polyhedral Oligomeric Silsesquioxanes. Macromolecules, 2007, 40 (14): 4942-4952.

[23] Zhao Y Q, Schiraldi D A. Thermal and mechanical properties of polyhedral oligomeric silsesquioxane (POSS)/polycarbonate composites. Polymer, 2005, 46 (25): 11640-11647.

[24] Gui Z L, Wang L, Toghiani H, et al. Viscoelastic and Mechanical Properties of Epoxy/Multifunctional Polyhedral Oligomeric Silsesquioxane Nanocomposites and Epoxy/ Ladderlike Polyphenylsilsesquioxane Blends. Macromolecules, 2001, 34 (25): 8686-8693.

[25] Cho H S, Liang K, Chatterjee S, et al. Synthesis, Morphology, and Viscoelastic Properties of Polyhedral Oligomeric Silsesquioxane Nanocomposites with Epoxy and Cyanate Ester Matrices. J Inorg Organomet P, 2005, 15 (4): 541-553.

[26] Zhang J, Xu R W, Yu D S. A novel and facile method for the synthesis of octa (aminophenyl) silsesquioxane and its nanocomposites with bismaleimide‐diamine resin. J Appl Polym Sci, 2010, 103 (2): 1004-1010.

[27] Ramasundaram S P, Kim K J. In-situ Synthesis and Characterization of Polyamide 6/POSS Nanocomposites. Macromol Symp, 2010, 249-250 (1): 295-302.

[28] Chou C H, Hsu S L, Dinakaran K, et al. Synthesis and Characterization of Luminescent Polyfluorenes Incorporating Side-Chain-Tethered Polyhedral Oligomeric Silsesquioxane Units. Macromolecules, 2005, 38 (3): 745-751.

[29] Nagendiran S, Alagar M, Hamerton I.Octasilsesquioxane-reinforced DGEBA and TGDDM epoxy nanocomposites: Characterization of thermal, dielectric and morphological properties. Acta Mater, 2010, 58(9): 3345-3356.

[30] Zhang J, Xu R, Yu D. A novel poly-benzoxazinyl functionalized polyhedral oligomeric silsesquioxane and its nanocomposite with polybenzoxazine. Eur Polym J, 2007, 43(3): 743-752.

[31] Qiang L, Yan Z, Hang X, et al. Synthesis and characterization of a novel arylacetylene oligomer containing POSS units in main chains. Eur Polym J, 2008, 44(8): 2538-2544.

[32] Zhang Z, Liang G, Ren P, et al. Curing behavior of epoxy/POSS/DDS hybrid systems. Polym Composite, 2010, 29(1): 77-83.

[33] Kim J, Moon T J, Howell J R. Cure Kinetic Model, Heat of Reaction, and Glass Transition Temperature of AS4/3501-6 Graphite-Epoxy Prepregs. J Compos Mater, 2015, 36(21): 2479-2498.

[34] Dupuy J, Leroy E, Maazouz A. Determination of activation energy and preexponential factor of thermoset reaction kinetics using differential scanning calorimetry in scanning mode: Influence of baseline shape on different calculation methods. J Appl Polym Sci, 2015, 78(13): 2262-2271.

[35] 闫联生. 酚醛改性聚芳基乙炔基复合材料探索. 玻璃钢/复合材料, 2001, (4): 22-24.